Redis实战

Redis IN ACTION

〔美〕Josiah L. Carlson 著
黄健宏 译

人民邮电出版社
北京

图书在版编目（CIP）数据

Redis实战 / (美) 卡尔森 (Carlson, J. L.) 著 ; 黄健宏译. -- 北京 : 人民邮电出版社, 2015.11
书名原文: Redis in Action
ISBN 978-7-115-40284-4

Ⅰ. ①R… Ⅱ. ①卡… ②黄… Ⅲ. ①数据库－基本知识 Ⅳ. ①TP311.13

中国版本图书馆CIP数据核字(2015)第217212号

版权声明

◆ 著　　　　[美] Josiah L. Carlson
译　　　　黄健宏
责任编辑　杨海玲
责任印制　张佳莹　焦志炜

◆ 人民邮电出版社出版发行　　北京市丰台区成寿寺路 11 号
邮编　100164　　电子邮件　315@ptpress.com.cn
网址　http://www.ptpress.com.cn
北京九州迅驰传媒文化有限公司印刷

◆ 开本：800×1000　1/16
印张：19　　　　　　2015 年 11 月第 1 版
字数：395 千字　　　2024 年 11 月北京第 40 次印刷

著作权合同登记号　图字：01-2013-4956 号

定价：69.00 元

读者服务热线：(010)81055410　印装质量热线：(010)81055316
反盗版热线：(010)81055315
广告经营许可证：京东市监广登字 20170147 号

内容提要

本书深入浅出地介绍了 Redis 的 5 种数据类型，并通过多个实用示例展示了 Redis 的用法。除此之外，书中还讲述了 Redis 的优化方法以及扩展方法，是一本对于学习和使用 Redis 来说不可多得的参考书籍。

本书一共由三个部分组成。第一部分对 Redis 进行了介绍，说明了 Redis 的基本使用方法、它拥有的 5 种数据结构以及操作这 5 种数据结构的命令，并讲解了如何使用 Redis 去构建文章聚合网站、cookie、购物车、网页缓存、数据库行缓存等一系列程序。第二部分对 Redis 命令进行了更详细的介绍，并展示了如何使用 Redis 去构建更为复杂的辅助工具和应用程序，并在最后展示了如何使用 Redis 去构建一个简单的社交网站。第三部分对 Redis 用户经常会遇到的一些问题进行了介绍，讲解了降低 Redis 内存占用的方法、扩展 Redis 性能的方法以及使用 Lua 语言进行脚本编程的方法。

本书既涵盖了命令用法等入门主题，也包含了复制、集群、性能扩展等深入主题，所以无论是 Redis 新手还是有一定经验的 Redis 使用者，应该都能从本书中获益。本书面向具有基本数据库概念的读者，读者无须预先了解任何 NoSQL 知识，也不必具备任何 Redis 使用经验。

把这本书献给我亲爱的妻子 See luan，以及我的宝贝女儿 Mikela。

译者序

大家好，我是本书的译者黄健宏（huangz）。

本书是《Redis in Action》一书的中文翻译版，该书是一本广受欢迎的 Redis 著作，因为书中内容贴近实战而受到了不少赞许，是学习和深入了解 Redis 不可不读的一本书。

承蒙出版社和编辑的厚爱，我有幸担任本书的译者一职。为了不辜负出版社、编辑以及读者们的期待，我把大量心思和时间都投入到了本书的翻译工作当中，希望能够尽我所能地把最好的译作带给大家，而您正在阅读的这本书就是这一努力的成果。

尽管我已经努力地给大家呈现一个高质量的译本，但是因为本人的翻译水平和 Redis 水平都还有很多不足的方面，所以本书肯定也会有许多不尽如人意的地方，如果读者能够联系我并把您认为做得不够好的地方告诉我，我将不胜感激。

我的联系方式可以在 huangz.me 上面找到，欢迎读者就本书给我提供意见、建议或是问题反馈，非常感谢大家对本书的支持！

中文版支持网站和中文源代码

我为本书创建了支持网站 redisinaction.com，读者可以在这个网站上面看到本书的购买链接、试读章样、内容简介、作者介绍、译者介绍等信息，也可以通过网站附带的留言系统进行留言。

为了方便读者学习书中展示的程序源码，我还把这些源码中的注释从英文翻译成了中文，这些带有中文注释的源码也可以在支持网站上面下载到。

译者致谢

感谢杨海玲编辑在本书的翻译过程中对我的支持和信任，如果没有她的帮助，我是绝对没办法完成这本书的翻译工作的。

感谢冯春丽细致入微地检查和修正工作，她发现了许多我没有注意到的错误，改正了许多我写下的乱糟糟的句子。

感谢 fleuria 和 Juanito Fatas，他们最先阅读了本书的译文，并给了我很多反馈意见，让我获益良多。

最后，感谢我的家人和朋友，以及各个社交网站上面一直关注本书翻译进度的读者们，他们的支持和鼓励帮助我顺利地完成了这本译作。

译者简介

黄健宏（huangz），男，1990年出生，目前是程序员、技术图书作者和译者。著有《Redis设计与实现》，翻译了《Redis命令参考》《Disque使用教程》等技术文档。想要了解更多关于黄健宏的信息，请访问他的个人网站huangz.me。

序

Redis 是我在大约 3 年前为了解决一个实际问题而创造出来的：简单来说，当时我在尝试做一件使用硬盘存储关系数据库（on-disk SQL database）无法完成的事情——在一台我能够支付得起的小虚拟机上面处理大量写入负载。

我要解决的问题在概念上并不复杂：多个网站会通过一个小型的 JavaScript 追踪器（tracker）连续不断地向我的服务器发送页面访问记录（page view），而我的服务器需要为每个网站保存一定数量的最新页面访问记录，并通过网页将这些记录实时地展示给用户观看。

在最大负载达到每秒数千条页面记录的情况下，无论我使用什么样的数据库模式（schema），无论我如何进行优化，我所使用的关系数据库都没办法在这个小虚拟机上处理如此大的负载。因为囊中羞涩，我没办法对虚拟机进行升级，并且我觉得应该有更简单的方法来处理一个由推入值组成的列表。最终，我决定自己写一个实验性质的内存数据库原型（prototype），这个数据库使用列表作为基本数据类型，并且能够对列表的两端执行常数时间复杂度的弹出（pop）和推入（push）操作。长话短说吧，这个内存数据库的想法的确奏效了，于是我用 C 语言重写了最初的数据库原型，并给它加上了基于子进程实现的持久化特性，Redis 就这样诞生了。

在 Redis 诞生数年之后的今天，这个项目已经发生了显著的变化：我们现在拥有了一个更为健壮的系统，并且随着 Redis 2.6 的发布，开发的重点已经转移到实现集群以及高可用特性上面，Redis 正在进入它的成熟期。在我看来，Redis 生态系统中进步最为明显的一个地方，就是 redis.io 网站以及 Redis Google Group 这些由用户和贡献者组成的社区。数以千计的人通过 GitHub 的问题反馈系统参与到了这个项目里面，他们为 Redis 编写客户端库、提交补丁并帮助其他遇到麻烦的用户。

时至今日，Redis 仍然是一个 BSD 授权的社区项目，它没有那些需要付钱才能使用的闭源插件或者功能增强版。Redis 的参考文档非常详细和准确，在遇到问题时也很容易就可以找到 Redis 开发者或者专家来为你排忧解难。

Redis 始于实用主义——它是一个程序员因为找不到合适的工具来解决手头上的问题而发明的，这是我认为理论性书籍无法很好地介绍 Redis 的原因，这也是我喜欢《Redis 实战》（*Redis in*

Action）的原因：这本书是为那些想要解决问题的人而写的，它没有乏味地介绍 API，而是通过一系列引人入胜的例子深入地探究了 Redis 的各项特性以及数据类型。

值得一提的是，《Redis 实战》同样来源于 Redis 社区：本书的作者 Josiah 在出版这本书之前，已经在很多不同的方面帮助了数以百计的 Redis 用户——从模式设计到硬件延迟问题，他的建议和贡献在 Redis Group 里随处可见。

本书另一个非常好的地方在于它介绍了服务器运维方面的主题：实际上大部分人在开发应用程序的同时也需要自己部署服务器，而理解服务器运维操作、了解正在使用的硬件和服务器软件的基本限制，有助于写出最大限度地利用硬件和服务器软件的应用程序。

综上所述，《Redis 实战》将是一本把读者带入 Redis 世界、向读者指明正确方向从而避免常见陷阱的书。我认为《Redis 实战》对于 Redis 的生态系统非常有帮助，Redis 的用户应该都会喜欢这本书。

——Salvatore Sanfilippo，“Redis 之父”

前言

Chris Testa 是我在圣莫尼卡 Google 分部工作时认识的一个朋友，我从 2010 年 3 月开始和他一起在加利福尼亚州贝弗利山的一间小创业公司工作，Chris 是公司的领头和主管，而我则受聘于他成为公司研究部门的架构师。

在对某个不相关的问题进行了一个下午的讨论之后，Chris 向我推荐了 Redis，他认为我这个理论计算机科学专业毕业的人应该会对这个数据库感兴趣。在使用 Redis 并按照自己的想法对 Redis 打补丁几个星期之后，我开始参与邮件列表里面的讨论，并向其他人提供建议或者补丁。

随着时间的推移，我将 Redis 广泛应用到了我们公司的各个项目里面：搜索、广告定向引擎、Twitter 分析引擎以及一些将架构中的各个不同部分连接起来的小工具，所有这些项目都要求我学习更多关于 Redis 的知识。每当有其他 Redis 使用者在邮件列表里面提问的时候，我总会情不自禁地给出我的建议（我最喜欢回答的是与职位搜索有关的问题，本书的 7.4 节对此进行了介绍），并因此成为 Redis 邮件列表里面发言最积极的用户之一。

2011 年 9 月下旬，当时我正在巴黎度蜜月，Manning 出版社的策划编辑 Michael Stephens 给我打来了电话，但因为我的手机只能在美国使用，所以我未能接到 Michael 打来的电话。之后又由于手机固件 bug 的缘故，直到 10 月的第 2 周，我才收到 Michael 发给我的短信。

当我终于收到短信并与 Michael 联系上的时候，我才知道 Manning 出版社打算出版一本《Redis 实战》。在阅读了相关的邮件列表并且向人们咨询应该由谁来写这本书的时候，我的名字出现了。幸运的是，在我回电话的时候，Manning 出版社仍在接受关于《Redis 实战》一书的提案。

在对本书的提案进行了几个星期的讨论和数次修改之后（提案的内容主要来源于我平时在 Redis 邮件列表发表的帖子），Manning 出版社接受了我的提案，然后我开始了本书的写作工作。转眼之间，现在已经是我和 Michael 首次交谈之后的第 17 个月了，《Redis 实战》一书已经基本完成，只剩下一些收尾的工作了。我花费了一整年的所有夜晚和假日，通过编写这本书来帮助其他人理解和使用我认为最有趣的技术——它比我在 20 年前的圣诞节第一次坐在电脑前面以来所知道的大部分技术都要有趣。

虽然自己未能有足够的远见来亲自发明 Redis 是有点儿遗憾，不过至少现在我有机会为它写一本书了。

致谢

我要感谢我的编辑，Manning 的 Beth Lexleigh，感谢她对我的整个写作过程给予的帮助：你的耐心指导和悉心教诲让我获益良多。

我还要感谢我的开发编辑 Bert Bates：感谢你指出我需要为读者改变自己的写作风格，你对我写作风格的影响遍及全书，极大地改善了本书的可读性。

谢谢你 Salvatore Sanfilippo：没有你，就没有 Redis，更没有这本书，非常感谢你能为本书作序。

谢谢你 Pieter Noordhuis：除了感谢你对 Redis 的贡献之外，我还要感谢你在 RedisConf 2012 大会期间，与我开怀畅饮并听取我关于 Redis 数据结构设计的想法，尽管这些想法未能变为现实，但能够与你交流关于 Redis 内部实现的知识，我仍深感荣幸。

感谢我的技术校对团队（以名字的首字母排序）：James Phillips、Kevin Chang 和 Nicholas Lindgren，多亏了你们的帮助，本书的质量才能更上一层楼。

感谢我的朋友兼同事 Eric Van Dewoestine：谢谢你不辞劳苦地为本书编写了 Java 版本的示例代码，这些代码可以在 GitHub 上找到：https://github.com/josiahcarlson/redis-in-action。

感谢包括 Amit Nandi、Bennett Andrews、Bobby Abraham、Brian Forester、Brian Gyss、Brian McNamara、Daniel Sundman、David Miller、Felipe Gutierrez、Filippo Pacini、Gerard O'Sullivan、JC Pretorius、Jonathan Crawley、Joshua White、Leo Cassarani、Mark Wigmans、Richard Clayton、Scott Lyons、Thomas O'Rourke 和 Todd Fiala 在内的参与本书一审、二审、三审以及最终评审的所有审稿人，我已经尽可能地将你们的宝贵意见采纳到本书当中了。

感谢所有在 Manning 的《Redis 实战》作者在线论坛上发表反馈的读者，你们的火眼金睛让错误无处可逃。

我要特别感谢我的妻子 See Luan，她宽宏大量地允许我在一年多的时间里，将数不清的夜晚和假日都花在写作上面，而她却独自忍受着怀孕带来的辛苦与不适；直到最近，在我完成本书最终定稿的这段时间里，她又开始独自照顾我们刚出生的女儿。

最后，感谢我的家人和朋友，谢谢他们一直忍受因为写书而无暇他顾的我。

关于本书

本书将对 Redis 的使用方法进行说明。Redis 是一个内存数据库（或者说内存数据结构）服务器，最初由 Salvatore Sanfilippo 创建，现在是一个开源软件。本书不要求读者有任何使用 Redis 的经验，不过因为本书的绝大部分示例都使用了 Python 编程语言来与 Redis 进行交互，所以读者需要对 Python 有一定程度的认识才能更好地理解本书的内容。

如果读者不熟悉 Python 的话，那么可以去看看 Python 2.7.x 版本的 Python 语言教程（Python language tutorial），并在本书提到某种 Python 语法结构的时候，查找并阅读相应语法结构的文档。虽然本书展示的 Python 代码在将来可能会被翻译成 Java 代码、JavaScript 代码或者 Ruby 代码，但这些翻译代码的清晰性和简洁性可能会比不上现有的 Python 代码，并且在读者阅读本书的时候，将 Python 代码翻译成其他代码的工作可能尚未完成。

如果读者没有任何使用 Redis 的经验，那么就应该先阅读本书的第 1 章和第 2 章，然后再阅读本书的其他章节（介绍 Redis 安装方法和 Python 安装方法的附录 A 是一个例外，它可以在阅读第 1 章和第 2 章之前阅读）。第 1 章和第 2 章介绍了 Redis 是什么，它能做什么，以及读者可能会想要使用它的理由。之后的第 3 章介绍了 Redis 提供的各种结构，说明了这些结构的作用和总体概念。第 4 章介绍了 Redis 的管理操作，以及实现数据持久化的方法。

如果读者已经有使用 Redis 的经验，那么可以考虑跳过第 1 章和第 3 章——这两章介绍的入门内容都是为那些没有使用过 Redis 的读者准备的。另外，虽然第 2 章也属于入门内容，但即使是有 Redis 使用经验的读者也不应该跳过这一章，因为它展示了本书解决问题时的风格：首先展示问题，然后解决问题，之后回顾问题并改善已有的解决方案，最后，如果读者还想继续深究下去的话，本书还会指出比已有的解决方案更好的新方案。

本书在回顾一个主题的时候，通常会说明第一次讨论这个主题的章节。并非所有主题都要求读者先阅读之前的相关章节，但如果书本确实这么要求的话，那么读者最好还是照书本所说的去做，因为这有助于读者更好地了解整个主题的来龙去脉。

本书很少会给出某个特定问题的最佳解法，更多的是通过展示例子来让读者思考如何去解决某一类问题，并从直觉和非直觉两个方面为这些问题构建解答，所以如果读者在阅读某个主题的时候，发现了比本书列出的解法更好、更快或者更简单的解法，那将是一件非常棒的事情。

本书每一章对应的源代码都包含了一个测试运行器（test runner），测试运行器提供了那一章定义的绝大部分函数或者方法的使用示例，如果读者在理解某一章的示例时遇到了困难，或者想不明白示例是怎样运作的，那么可以去看看那一章对应的源代码。除此之外，每章对应的源代码还给出了那一章大部分练习的答案。

内容编排

本书总共分为 3 个部分：第一部分对 Redis 进行了基本介绍，并展示了一些 Redis 的使用示例；第二部分对 Redis 的多个命令进行了详细的介绍，之后还介绍了 Redis 的管理操作以及使用 Redis 构建更复杂的应用程序的方法；最后，第三部分介绍了如何通过内存优化、水平分片以及 Lua 脚本这 3 种技术来扩展 Redis。

第 1 章对 Redis 进行了基本介绍，列举了 Redis 提供的 5 种数据结构，对比了 Redis 与其他数据库之间的相同之处和不同之处，实现了一个可以对文章进行投票的简单文章聚合网站。

第 2 章介绍了如何使用 Redis 来提升应用程序的性能以及如何使用 Redis 来实现基本的网络分析。不太了解 Redis 的读者应该会从第 2 章开始逐渐明白 Redis 在最近几年变得越来越流行的原因——因为它简单易用，而且性能强劲。

第 3 章基本上是一个命令文档，它陆续介绍了 Redis 的常用命令、基本事务命令、排序命令和过期时间命令，并给出了这些命令的使用示例。

第 4 章介绍了数据持久化、性能测试、故障恢复以及防止数据丢失等概念。这一章前几节介绍的内容都是和 Redis 管理有关的，而之后的 4.4 节和 4.5 节则深入地讨论了 Redis 事务和流水线命令的性能。Redis 新手和中级 Redis 用户都应该阅读 4.4 节和 4.5 节，因为本书在之后的章节里面会再次回顾这两节提到的问题。

第 5 章介绍了将 Redis 用作数据库，并使用它来实现日志、计数器、IP 所属地查找程序和服务配置程序的方法。

第 6 章介绍了一些对于规模日益增长的应用程序非常有用的组件，比如自动补全、加锁、任务队列、消息传递以及文件分发。

第 7 章深入研究了一系列与搜索有关的问题和解决方案，它们可能会改变读者对于数据查询和数据过滤的看法。

第 8 章详细地说明了如何构建一个类似 Twitter 的社交网站，并给出了包括流 API 在内的整个网站后端实现。

第 9 章讨论了扩展 Redis 时会用到的内存优化技术，其中包括结构分片方法以及短结构的使用方法。

第 10 章介绍了对 Redis 进行水平分片和主从复制的方法。当一台服务器不足以满足需求的时候，这两项特性可以提供更强劲的性能以及更多的可用内存。

第 11 章介绍了如何通过 Lua 脚本编程在服务器端对 Redis 的功能进行扩展，并在某些场景下把 Lua 脚本用作提升性能的方法。

附录 A 介绍了如何在 Linux、OS X 和 Windows 这 3 种不同的平台上安装 Redis、Python 以及 Python 的 Redis 客户端。

附录 B 是一个参考手册，它列出了各种在使用 Redis 时可能会有用的资源，比如本书用到的 Python 语法结构的文档，一些 Redis 使用案例，用于完成各种任务的第三方 Redis 库，诸如此类。

代码约定和下载

为了与一般文本区别开来，本书在代码清单和正文中使用 `fixed-width font like this` 这样的字体来显示代码。重要的代码都带有相应的注释，有些代码还会带有编号，以便在之后的内容中对被编号的代码进行说明。

本书列出的所有代码清单的源代码都可以在 Manning 网站下载到：www.manning.com/RedisinAction。[①]如果读者想要查看被翻译成其他语言的源代码，或者想要在线阅览用 Python 语言编写的源代码，那么可以访问这个 GitHub 地址：github.com/josiahcarlson/redis-in-action。

作者在线论坛

Manning 出版社为本书创建了相应的专属论坛，读者可以通过这个论坛来发表关于本书的评论，询问技术问题，或者寻求作者或其他读者的帮助。www.manning.com/RedisinAction 记载了访问本书专属论坛的方法，部分功能（如发帖）可能需要在注册或者登录之后才能使用。

Manning 出版社承诺为本书提供论坛以供读者和作者使用，但并不对作者的参与度做任何保证：作者对该论坛的所有贡献都是自愿的，并且是无偿的，因此，读者应该尽可能地询问一些有挑战性的问题，从而尽量激发作者的积极性。

在本书正常销售期间，这个作者在线论坛会一直对外开放。

关于作者

在大学毕业之后，Josiah Carlson 博士继续在加州大学欧文分校学习理论计算机科学。在学习之余，Josiah 断断续续地做过一些助教工作，偶尔还会承接一些编程方面的工作。在 Josiah 快要研究生毕业的时候，他发现教职方面的工作机会并不多，于是他加入了 Networks in Motion 公司，开始了自己的职业生涯。在 Networks in Motion 公司任职期间，Josiah 负责开发实时 GPS 导航软件，以及交通事故通知系统。

---

① 读者也可在异步社区（https://www.epubit.com）本书页面下载本书源代码。

在离开 Networks in Motion 公司之后，Josiah 加入了 Google 公司，之后他又跳槽到了 Adly 公司工作，开始学习和使用 Redis 来构建内容定向广告系统和 Twitter 分析平台。几个月之后，Josiah 加入了 Redis 邮件列表，并在那里回答了数百个关于使用和配置 Redis 的问题。在离开 Adly 公司并成为 ChowNow 公司的首席架构师兼联合创始人之后不久，Josiah 开始创作这本《Redis 实战》。

关于封面图画

本书封面插图的标题为“一介草民”（A Man of the People），这幅插图取自 19 世纪法国再版的地区服饰风俗四卷汇编（four-volume compendium of regional dress customs），作者是 Sylvain Maréchal。书中所有插图都是手工精心绘制并上色的。Maréchal 书中丰富多样的服饰生动地描述了 200 多年前世界上不同城镇和地区的文化差异，人们相互隔绝，说着不同的方言和语言，仅仅从穿着就可以判断他们是住在城镇还是乡间，知悉他们的工作和身份。

随着时间的流逝，人们的着装规范已经发生了变化，曾经丰富多彩的地区多样性也已经逐渐消失不见——现在仅仅通过穿着已经很难区分不同大洲的居民，更别说是不同城镇和地区了。也许我们已经舍弃了对文化多样性的追求，转为拥抱更丰富多彩的个人生活以及更多样和快节奏的技术生活去了。

同样地，在这个难以分辨不同计算机书籍的时代，Manning 出版社希望通过 Maréchal 的作品，将两个世纪前丰富多彩的地区生活融入本书封面，以此来赞美计算机行业不断创新和敢为人先的精神。

资源与支持

本书由异步社区出品，社区（https://www.epubit.com/）为您提供相关资源和后续服务。

配套资源

本书提供源代码免费下载，要获得这些源代码，请在异步社区本书页面中单击“配套资源”，跳转到下载界面，按提示进行操作即可。注意：为保证购书读者的权益，该操作会给出相关提示，要求输入提取码进行验证。

提交勘误

作者和编辑尽最大努力来确保书中内容的准确性，但难免会存在疏漏。欢迎您将发现的问题反馈给我们，帮助我们提升图书的质量。

当您发现错误时，请登录异步社区，按书名搜索，进入本书页面，单击“提交勘误”，输入勘误信息，单击“提交”按钮即可。本书的作者和编辑会对您提交的勘误进行审核，确认并接受后，您将获赠异步社区的100积分。积分可用于在异步社区兑换优惠券、样书或奖品。

扫码关注本书

扫描下方二维码，您将会在异步社区微信服务号中看到本书信息及相关的服务提示。

与我们联系

我们的联系邮箱是 contact@epubit.com.cn。

如果您对本书有任何疑问或建议，请您发邮件给我们，并请在邮件标题中注明本书书名，以便我们更高效地做出反馈。

如果您有兴趣出版图书、录制教学视频，或者参与图书技术审校等工作，可以发邮件给本书的责任编辑（yanghailing@ptpress.com.cn）。

如果您来自学校、培训机构或企业，想批量购买本书或异步社区出版的其他图书，也可以发邮件给我们。

如果您在网上发现有针对异步社区出品图书的各种形式的盗版行为，包括对图书全部或部分内容的非授权传播，请您将怀疑有侵权行为的链接通过邮件发给我们。您的这一举动是对作者权益的保护，也是我们持续为您提供有价值的内容的动力之源。

关于异步社区和异步图书

“异步社区”是人民邮电出版社旗下 IT 专业图书社区，致力于出版精品 IT 技术图书和相关学习产品，为作译者提供优质出版服务。异步社区创办于 2015 年 8 月，提供大量精品 IT 技术图书和电子书，以及高品质技术文章和视频课程。更多详情请访问异步社区官网 https://www.epubit.com。

“异步图书”是由异步社区编辑团队策划出版的精品 IT 专业图书的品牌，依托于人民邮电出版社的计算机图书出版积累和专业编辑团队，相关图书在封面上印有异步图书的 LOGO。异步图书的出版领域包括软件开发、大数据、AI、测试、前端、网络技术等。

异步社区

微信服务号

目录

第一部分　入门

第二部分　核心概念

第一部分

入门

本书最开始的两章将对 Redis 进行介绍，并展示 Redis 的一些基本用法。读完这两章之后，读者应该能够用 Redis 对自己的项目进行一些简单的优化。

第1章　初识 Redis

本章主要内容

- Redis 与其他软件的相同之处和不同之处
- Redis 的用法
- 使用 Python 示例代码与 Redis 进行简单的互动
- 使用 Redis 解决实际问题

Redis 是一个远程内存数据库，它不仅性能强劲，而且还具有复制特性以及为解决问题而生的独一无二的数据模型。Redis 提供了 5 种不同类型的数据结构，各式各样的问题都可以很自然地映射到这些数据结构上：Redis 的数据结构致力于帮助用户解决问题，而不会像其他数据库那样，要求用户扭曲问题来适应数据库。除此之外，通过复制、持久化（persistence）和客户端分片（client-side sharding）等特性，用户可以很方便地将 Redis 扩展成一个能够包含数百 GB 数据、每秒处理上百万次请求的系统。

笔者第一次使用 Redis 是在一家公司里面，这家公司需要对一个保存了 6 万个客户联系方式的关系数据库进行搜索，搜索可以根据名字、邮件地址、所在地和电话号码来进行，每次搜索需要花费 10～15 秒的时间。在花了一周时间学习 Redis 的基础知识之后，我使用 Redis 重写了一个新的搜索引擎，然后又花费了数周时间来仔细测试这个新系统，使它达到生产级别，最终这个新的搜索系统不仅可以根据名字、邮件地址、所在地和电话号码等信息来过滤和排序客户联系方式，并且每次操作都可以在 50 毫秒之内完成，这比原来的搜索系统足足快了 200 倍。阅读本书可以让你学到很多小技巧、小窍门以及使用 Redis 解决某些常见问题的方法。

本章将介绍 Redis 的适用范围，以及在不同环境中使用 Redis 的方法（比如怎样跟不同的组件和编程语言进行通信等）；而之后的章节则会展示各式各样的问题，以及使用 Redis 来解决这些问题的方法。

现在你已经知道我是怎样开始使用 Redis 的了，也知道了这本书大概要讲些什么内容了，是时候更详细地介绍一下 Redis，并说明为什么应该使用 Redis 了。

安装 Redis 和 Python 附录 A 介绍了快速安装 Redis 和 Python 的方法。

在其他编程语言里面使用 Redis 本书只展示了使用 Python 语言编写的示例代码，使用 Ruby、Java 和 JavaScript（Node.js）编写的示例代码可以在 GitHub 上找到：https://github.com/josiahcarlson/redis-in-action。使用 Spring 框架的读者可以通过查看 http://www.springsource.org/spring-data/redis 来学习如何在 Spring 框架中使用 Redis。

1.1 Redis 简介

前面对于 Redis 数据库的描述只说出了一部分真相。Redis 是一个速度非常快的非关系数据库（non-relational database），它可以存储键（key）与 5 种不同类型的值（value）之间的映射（mapping），可以将存储在内存的键值对数据持久化到硬盘，可以使用复制特性来扩展读性能，还可以使用客户端分片[①]来扩展写性能，接下来的几节将分别介绍 Redis 的这几个特性。

1.1.1 Redis 与其他数据库和软件的对比

如果你熟悉关系数据库，那么你肯定写过用来关联两个表的数据的 SQL 查询。而 Redis 则属于人们常说的 NoSQL 数据库或者非关系数据库：Redis 不使用表，它的数据库也不会预定义或者强制去要求用户对 Redis 存储的不同数据进行关联。

高性能键值缓存服务器 memcached 也经常被拿来与 Redis 进行比较：这两者都可用于存储键值映射，彼此的性能也相差无几，但是 Redis 能够自动以两种不同的方式将数据写入硬盘，并且 Redis 除了能存储普通的字符串键之外，还可以存储其他 4 种数据结构，而 memcached 只能存储普通的字符串键。这些不同之处使得 Redis 可以用于解决更为广泛的问题，并且既可以用作主数据库（primary database）使用，又可以作为其他存储系统的辅助数据库（auxiliary database）使用。

本书的后续章节会分别介绍将 Redis 用作主存储（primary storage）和二级存储（secondary storage）时的用法和查询模式。一般来说，许多用户只会在 Redis 的性能或者功能是必要的情况下，才会将数据存储到 Redis 里面：如果程序对性能的要求不高，又或者因为费用原因而没办法将大量数据存储到内存里面，那么用户可能会选择使用关系数据库，或者其他非关系数据库。在实际中，读者应该根据自己的需求来决定是否使用 Redis，并考虑是将 Redis 用作主存储还是辅

① 分片是一种将数据划分为多个部分的方法，对数据的划分可以基于键包含的 ID、基于键的散列值，或者基于以上两者的某种组合。通过对数据进行分片，用户可以将数据存储到多台机器里面，也可以从多台机器里面获取数据，这种方法在解决某些问题时可以获得线性级别的性能提升。

助存储，以及如何通过复制、持久化和事务等手段保证数据的完整性。

表 1-1 展示了一部分在功能上与 Redis 有重叠的数据库服务器和缓存服务器，从这个表可以看出 Redis 与这些数据库及软件之间的区别。

表 1-1 一些数据库和缓存服务器的特性与功能

名称	类型	数据存储选项	查询类型	附加功能
Redis	使用内存存储（in-memory）的非关系数据库	字符串、列表、集合、散列表、有序集合	每种数据类型都有自己的专属命令，另外还有批量操作（bulk operation）和不完全（partial）的事务支持	发布与订阅，主从复制（master/slave replication），持久化，脚本（存储过程，stored procedure）
memcached	使用内存存储的键值缓存	键值之间的映射	创建命令、读取命令、更新命令、删除命令以及其他几个命令	为提升性能而设的多线程服务器
MySQL	关系数据库	每个数据库可以包含多个表，每个表可以包含多个行；可以处理多个表的视图（view）；支持空间（spatial）和第三方扩展	SELECT、INSERT、UPDATE、DELETE、函数、存储过程	支持 ACID 性质（需要使用 InnoDB），主从复制和主主复制（master/master replication）
PostgreSQL	关系数据库	每个数据库可以包含多个表，每个表可以包含多个行；可以处理多个表的视图；支持空间和第三方扩展；支持可定制类型	SELECT、INSERT、UPDATE、DELETE、内置函数、自定义的存储过程	支持 ACID 性质，主从复制，由第三方支持的多主复制（multi-master replication）
MongoDB	使用硬盘存储（on-disk）的非关系文档存储	每个数据库可以包含多个表，每个表可以包含多个无 schema（schema-less）的 BSON 文档	创建命令、读取命令、更新命令、删除命令、条件查询命令等	支持 map-reduce 操作，主从复制，分片，空间索引（spatial index）

1.1.2 附加特性

在使用类似 Redis 这样的内存数据库时，一个首先要考虑的问题就是“当服务器被关闭时，服务器存储的数据将何去何从呢？”Redis 拥有两种不同形式的持久化方法，它们都可以用小而紧凑的格式将存储在内存中的数据写入硬盘：第一种持久化方法为时间点转储（point-in-time dump），转储操作既可以在“指定时间段内有指定数量的写操作执行”这一条件被满足时执行，又可以通过调用两条转储到硬盘（dump-to-disk）命令中的任何一条来执行；第二种持久化方法将所有修改了数据库的命令都写入一个只追加（append-only）文件里面，用户可以根据数据的重要程度，将只追加写入设置为从不同步（sync）、每秒同步一次或者每写入一个命令就同步一次。我们将在第 4 章中更加深入地讨论这些持久化选项。

另外，尽管 Redis 的性能很好，但受限于 Redis 的内存存储设计，有时候只使用一台 Redis 服务器可能没有办法处理所有请求。因此，为了扩展 Redis 的读性能，并为 Redis 提供故障转移

（failover）支持，Redis 实现了主从复制特性：执行复制的从服务器会连接上主服务器，接收主服务器发送的整个数据库的初始副本（copy）；之后主服务器执行的写命令，都会被发送给所有连接着的从服务器去执行，从而实时地更新从服务器的数据集。因为从服务器包含的数据会不断地进行更新，所以客户端可以向任意一个从服务器发送读请求，以此来避免对主服务器进行集中式的访问。我们将在第 4 章中更加深入地讨论 Redis 从服务器。

1.1.3 使用 Redis 的理由

有 memcached 使用经验的读者可能知道，用户只能用 APPEND 命令将数据添加到已有字符串的末尾。memcached 的文档中声明，可以用 APPEND 命令来管理元素列表。这很好！用户可以将元素追加到一个字符串的末尾，并将那个字符串当作列表来使用。但随后如何删除这些元素呢？memcached 采用的办法是通过黑名单（blacklist）来隐藏列表里面的元素，从而避免对元素执行读取、更新、写入（包括在一次数据库查询之后执行的 memcached 写入）等操作。相反地，Redis 的 LIST 和 SET 允许用户直接添加或者删除元素。

使用 Redis 而不是 memcached 来解决问题，不仅可以让代码变得更简短、更易懂、更易维护，而且还可以使代码的运行速度更快（因为用户不需要通过读取数据库来更新数据）。除此之外，在其他许多情况下，Redis 的效率和易用性也比关系数据库要好得多。

数据库的一个常见用法是存储长期的报告数据，并将这些报告数据用作固定时间范围内的聚合数据（aggregates）。收集聚合数据的常见做法是：先将各个行插入一个报告表里面，之后再通过扫描这些行来收集聚合数据，并根据收集到的聚合数据来更新聚合表中已有的那些行。之所以使用插入行的方式来存储，是因为对于大部分数据库来说，插入行操作的执行速度非常快（插入行只会在硬盘文件末尾进行写入）。不过，对表里面的行进行更新却是一个速度相当慢的操作，因为这种更新除了会引起一次随机读（random read）之外，还可能会引起一次随机写（random write）。而在 Redis 里面，用户可以直接使用原子的（atomic）INCR 命令及其变种来计算聚合数据，并且因为 Redis 将数据存储在内存里面[①]，而且发送给 Redis 的命令请求并不需要经过典型的查询分析器（parser）或者查询优化器（optimizer）进行处理，所以对 Redis 存储的数据执行随机写的速度总是非常迅速的。

使用 Redis 而不是关系数据库或者其他硬盘存储数据库，可以避免写入不必要的临时数据，也免去了对临时数据进行扫描或者删除的麻烦，并最终改善程序的性能。虽然上面列举的都是一些简单的例子，但它们很好地证明了“工具会极大地改变人们解决问题的方式”这一点。

---

① 客观来讲，memcached 也能用在这个简单的场景里，但使用 Redis 存储聚合数据有以下 3 个好处：首先，使用 Redis 可以将彼此相关的聚合数据放在同一个结构里面，这样访问聚合数据就会变得更为容易；其次，使用 Redis 可以将聚合数据放到有序集合里面，构建出一个实时的排行榜；最后，Redis 的聚合数据可以是整数或者浮点数，而 memcached 的聚合数据只能是整数。

除了第 6 章提到的任务队列（task queue）之外，本书的大部分内容都致力于实时地解决问题。本书通过展示各种技术并提供可工作的代码来帮助读者消灭瓶颈、简化代码、收集数据、分发（distribute）数据、构建实用程序（utility），并最终帮助读者更轻松地完成构建软件的任务。只要正确地使用书中介绍的技术，读者的软件就可以扩展至令那些所谓的“Web 扩展技术（web-scale technology）”相形见绌的地步。

在了解了 Redis 是什么、它能做什么以及我们为什么要使用它之后，是时候来实际地使用一下它了。接下来的一节将对 Redis 提供的数据结构进行介绍，说明这些数据结构的作用，并展示操作这些数据结构的其中一部分命令。

1.2 Redis 数据结构简介

正如之前的表 1-1 所示，Redis 可以存储键与 5 种不同数据结构类型之间的映射，这 5 种数据结构类型分别为 STRING（字符串）、LIST（列表）、SET（集合）、HASH（散列）和 ZSET（有序集合）。有一部分 Redis 命令对于这 5 种结构都是通用的，如 DEL、TYPE、RENAME 等；但也有一部分 Redis 命令只能对特定的一种或者两种结构使用，第 3 章将对 Redis 提供的命令进行更深入的介绍。

大部分程序员应该都不会对 Redis 的 STRING、LIST、HASH 这 3 种结构感到陌生，因为它们和很多编程语言内建的字符串、列表和散列等结构在实现和语义（semantics）方面都非常相似。有些编程语言还有集合数据结构，在实现和语义上类似于 Redis 的 SET。ZSET 在某种程度上是一种 Redis 特有的结构，但是当你熟悉了它之后，就会发现它也是一种非常有用的结构。表 1-2 对比了 Redis 提供的 5 种结构，说明了这些结构存储的值，并简单介绍了它们的语义。

表 1-2　Redis 提供的 5 种结构

结构类型	结构存储的值	结构的读写能力
STRING	可以是字符串、整数或者浮点数	对整个字符串或者字符串的其中一部分执行操作；对整数和浮点数执行自增（increment）或者自减（decrement）操作
LIST	一个链表，链表上的每个节点都包含了一个字符串	从链表的两端推入或者弹出元素；根据偏移量对链表进行修剪（trim）；读取单个或者多个元素；根据值查找或者移除元素
SET	包含字符串的无序收集器（unordered collection），并且被包含的每个字符串都是独一无二、各不相同的	添加、获取、移除单个元素；检查一个元素是否存在于集合中；计算交集、并集、差集；从集合里面随机获取元素
HASH	包含键值对的无序散列表	添加、获取、移除单个键值对；获取所有键值对
ZSET（有序集合）	字符串成员（member）与浮点数分值（score）之间的有序映射，元素的排列顺序由分值的大小决定	添加、获取、删除单个元素；根据分值范围（range）或者成员来获取元素

命令列表 本节在介绍每个数据类型的时候，都会在一个表格里面展示一小部分处理这些数据结构的命令，之后的第 3 章会展示一个更详细（但仍不完整）的命令列表，完整的 Redis 命令列表可以在 http://redis.io/commands 找到。

这一节将介绍如何表示 Redis 的这 5 种结构，并且还会介绍 Redis 命令的使用方法，从而为本书的后续内容打好基础。本书展示的所有示例代码都是用 Python 写的，如果读者已经按照附录 A 里面描述的方法安装好了 Redis，那么应该也已经安装好了 Python，以及在 Python 里面使用 Redis 所需的客户端库。只要读者在电脑里面安装了 Redis、Python 和 redis-py 库，就可以在阅读本书的同时，尝试执行书中展示的示例代码了。

请安装 Redis 和 Python 在阅读后续内容之前，请读者先按照附录 A 中介绍的方法安装 Redis 和 Python。如果读者觉得附录 A 描述的安装方法过于复杂，那么这里有一个更简单的方法，但这个方法只能用于 Debian 系统（或者该系统的衍生系统）：从 http://redis.io/download 下载 Redis 的压缩包，解压压缩包，执行 `make && sudo make install`，之后再执行 `sudo python -m easy_install redis hiredis`（`hiredis` 是可选的，它是一个使用 C 语言编写的高性能 Redis 客户端）。

如果读者熟悉过程式编程语言或者面向对象编程语言，那么即使没有使用过 Python，应该也可以看懂 Python 代码。另一方面，如果读者决定使用其他编程语言来操作 Redis，那么就需要自己来将本书的 Python 代码翻译成正在使用的语言的代码。

使用其他语言编写的示例代码 尽管没有包含在书中，但本书展示的 Python 示例代码已经被翻译成了 Ruby 代码、Java 代码和 JavaScript 代码，这些翻译代码可以在 https://github.com/josiahcarlson/redis-in-action 下载到。跟 Python 编写的示例代码一样，这些翻译代码也包含相应的注释，方便读者参考。

为了让示例代码尽可能地简单，本书会尽量避免使用 Python 的高级特性，并使用函数而不是类或者其他东西来执行 Redis 操作，以此来将焦点放在使用 Redis 解决问题上面，而不必过多地关注 Python 的语法。本节将使用 redis-cli 控制台与 Redis 进行互动。首先，让我们来了解一下 Redis 中最简单的结构：`STRING`。

1.2.1 Redis 中的字符串

Redis 的字符串和其他编程语言或者其他键值存储提供的字符串非常相似。本书在使用图片表示键和值的时候，通常会将键名（key name）和值的类型放在方框的顶部，并将值放在方框的里面。图 1-1 以键为 `hello`、值为 `world` 的字符串为例，分别标记了方框的各个部分。

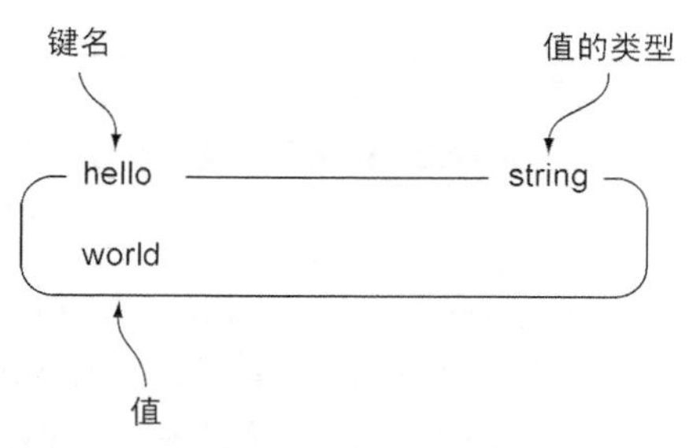

图 1-1 一个字符串示例，键为 hello，值为 world

字符串拥有一些和其他键值存储相似的命令，比如 GET（获取值）、SET（设置值）和 DEL（删除值）。如果读者已经按照附录 A 中给出的方法安装了 Redis，那么可以根据代码清单 1-1 展示的例子，尝试使用 redis-cli 执行 SET、GET 和 DEL，表 1-3 描述了这 3 个命令的基本用法。

表 1-3 字符串命令

命令	行为
GET	获取存储在给定键中的值
SET	设置存储在给定键中的值
DEL	删除存储在给定键中的值（这个命令可以用于所有类型）

代码清单 1-1 SET、GET 和 DEL 的使用示例

```
$ redis-cli
redis 127.0.0.1:6379> set hello world
OK
redis 127.0.0.1:6379> get hello
"world"
redis 127.0.0.1:6379> del hello
(integer) 1
redis 127.0.0.1:6379> get hello
(nil)
redis 127.0.0.1:6379>
```

启动 redis-cli 客户端。

将键 hello 的值设置为 world。

SET 命令在执行成功时返回 OK，Python 客户端会将这个 OK 转换成 True。

获取存储在键 hello 中的值。

键的值仍然是 world，跟我们刚才设置的一样。

删除这个键值对。

在对值进行删除的时候，DEL 命令将返回被成功删除的值的数量。

因为键的值已经不存在，所以尝试获取键的值将得到一个 nil，Python 客户端会将这个 nil 转换成 None。

使用 redis-cli 为了让读者在一开始就能便捷地与 Redis 进行交互，本章将使用 redis-cli 这个交互式客户端来介绍 Redis 命令。

除了能够 GET、SET 和 DEL 字符串值之外，Redis 还提供了一些可以对字符串的其中一部分内容进行读取和写入的命令，以及一些能对字符串存储的数值执行自增或者自减操作的命令。第 3 章将对这些命令进行介绍，但是在此之前，我们还有许多基础知识需要了解，下面来看一下 Redis 的列表及其功能。

1.2.2 Redis 中的列表

Redis 对链表（linked-list）结构的支持使得它在键值存储的世界中独树一帜。一个列表结构可以有序地存储多个字符串，和表示字符串时使用的方法一样，本节使用带有标签的方框来表示列表，并将列表包含的元素放在方框里面。图 1-2 展示了一个这样的示例。

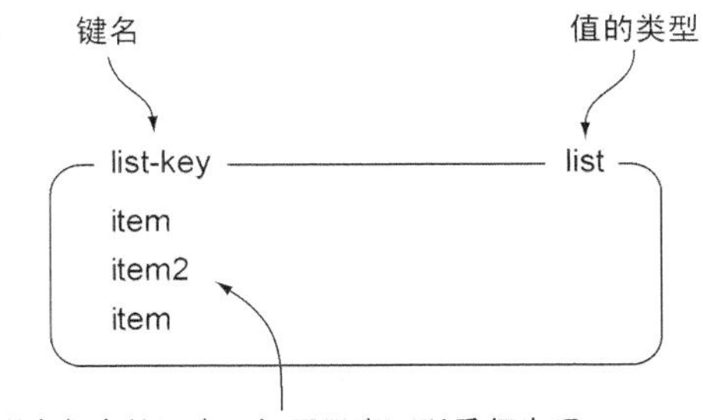

图 1-2 list-key 是一个包含 3 个元素的列表键，注意列表里面的元素是可以重复的

Redis 列表可执行的操作和很多编程语言里面的列表操作非常相似：LPUSH 命令和 RPUSH 命令分别用于将元素推入列表的左端（left end）和右端（right end）；LPOP 命令和 RPOP 命令分别用于从列表的左端和右端弹出元素；LINDEX 命令用于获取列表在给定位置上的一个元素；LRANGE 命令用于获取列表在给定范围上的所有元素。代码清单 1-2 展示了一些列表命令的使用示例，表 1-4 简单介绍了示例中用到的各个命令。

表 1-4 列表命令

命令	行为
RPUSH	将给定值推入列表的右端
LRANGE	获取列表在给定范围上的所有值
LINDEX	获取列表在给定位置上的单个元素
LPOP	从列表的左端弹出一个值，并返回被弹出的值

代码清单 1-2 RPUSH、LRANGE、LINDEX 和 LPOP 的使用示例

```
redis 127.0.0.1:6379> rpush list-key item
(integer) 1
redis 127.0.0.1:6379> rpush list-key item2
(integer) 2
redis 127.0.0.1:6379> rpush list-key item
(integer) 3
redis 127.0.0.1:6379> lrange list-key 0 -1
1) "item"
2) "item2"
3) "item"
redis 127.0.0.1:6379> lindex list-key 1
"item2"
redis 127.0.0.1:6379> lpop list-key
"item"
redis 127.0.0.1:6379> lrange list-key 0 -1
1) "item2"
2) "item"
redis 127.0.0.1:6379>
```

在向列表推入新元素之后，该命令会返回列表当前的长度。

在向列表推入新元素之后，该命令会返回列表当前的长度。

使用 0 为范围的起始索引，-1 为范围的结束索引，可以取出列表包含的所有元素。

使用 LINDEX 可以从列表里面取出单个元素。

从列表里面弹出一个元素，被弹出的元素将不再存在于列表。

即使 Redis 的列表只支持以上提到的几个命令，它也已经可以用来解决很多问题了，但 Redis 并没有就此止步——除了上面提到的命令之外，Redis 列表还拥有从列表里面移除元素的命令、将元素插入列表中间的命令、将列表修剪至指定长度（相当于从列表的其中一端或者两端移除元素）的命令，以及其他一些命令。第 3 章将介绍许多列表命令，但是在此之前，让我们先来了解一下 Redis 的集合。

1.2.3 Redis 的集合

Redis 的集合和列表都可以存储多个字符串，它们之间的不同在于，列表可以存储多个相同的字符串，而集合则通过使用散列表来保证自己存储的每个字符串都是各不相同的（这些散列表只有键，但没有与键相关联的值）。本书表示集合的方法和表示列表的方法基本相同，图 1-3 展示了一个包含 3 个元素的示例集合。

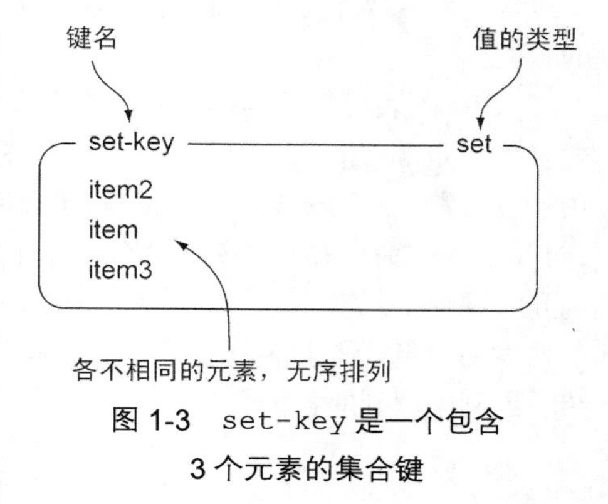

图 1-3 set-key 是一个包含 3 个元素的集合键

因为 Redis 的集合使用无序（unordered）方式存储元素，所以用户不能像使用列表那样，将元素推入集合的某一端，或者从集合的某一端弹出元素。不过用户可以使用 SADD 命令将元素添加到集合，或者使用 SREM 命令从集合里面移除元素。另外还可以通过 SISMEMBER 命令快速地检查一个元素是否已经存在于集合中，或者使用 SMEMBERS 命令获取集合包含的所有元素（如果集合包含的元素非常多，那么 SMEMBERS 命令的执行速度可能会很慢，所以请谨慎地使用这个命令）。代码清单 1-3 展示了一些集合命令的使用示例，表 1-5 简单介绍了代码清单里面用到的各个命令。

代码清单 1-3 SADD、SMEMBERS、SISMEMBER 和 SREM 的使用示例

```
redis 127.0.0.1:6379> sadd set-key item
(integer) 1
redis 127.0.0.1:6379> sadd set-key item2
(integer) 1
redis 127.0.0.1:6379> sadd set-key item3
(integer) 1
redis 127.0.0.1:6379> sadd set-key item
(integer) 0
redis 127.0.0.1:6379> smembers set-key
1) "item"
2) "item2"
3) "item3"
redis 127.0.0.1:6379> sismember set-key item4
(integer) 0
redis 127.0.0.1:6379> sismember set-key item
(integer) 1
redis 127.0.0.1:6379> srem set-key item2
(integer) 1
redis 127.0.0.1:6379> srem set-key item2
(integer) 0
```

在尝试将一个元素添加到集合的时候，命令返回 1 表示这个元素被成功地添加到了集合里面，而返回 0 则表示这个元素已经存在于集合中。

获取集合包含的所有元素将得到一个由元素组成的序列，Python 客户端会将这个序列转换成 Python 集合。

检查一个元素是否存在于集合中，Python 客户端会返回一个布尔值来表示检查结果。

在使用命令移除集合中的元素时，命令会返回被移除元素的数量。

```
redis 127.0.0.1:6379>  smembers set-key
1) "item"
2) "item3"
redis 127.0.0.1:6379>
```

表 1-5　集合命令

命令	行为
SADD	将给定元素添加到集合
SMEMBERS	返回集合包含的所有元素
SISMEMBER	检查给定元素是否存在于集合中
SREM	如果给定的元素存在于集合中，那么移除这个元素

跟字符串和列表一样，集合除了基本的添加操作和移除操作之外，还支持很多其他操作，比如 SINTER、SUNION、SDIFF 这 3 个命令就可以分别执行常见的交集计算、并集计算和差集计算。第 3 章将对集合的相关命令进行更详细的介绍，另外第 7 章还会展示如何使用集合来解决多个问题。不过别心急，因为在 Redis 提供的 5 种数据结构中，还有两种我们尚未了解，让我们先来看看 Redis 的散列。

1.2.4　Redis 的散列

Redis 的散列可以存储多个键值对之间的映射。和字符串一样，散列存储的值既可以是字符串又可以是数字值，并且用户同样可以对散列存储的数字值执行自增操作或者自减操作。图 1-4 展示了一个包含两个键值对的散列。

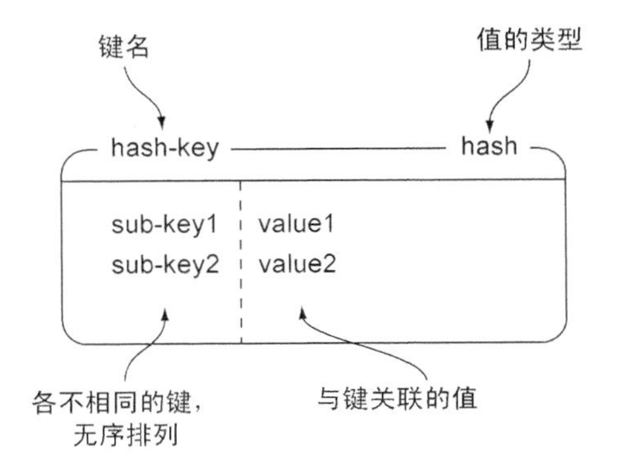

图 1-4　hash-key 是一个包含两个键值对的散列键

散列在很多方面就像是一个微缩版的 Redis，不少字符串命令都有相应的散列版本。代码清单 1-4 展示了怎样对散列执行插入元素、获取元素和移除元素等操作，表 1-6 简单介绍了代码清单里面用到的各个命令。

代码清单 1-4　HSET、HGET、HGETALL 和 HDEL 的使用示例

```
redis 127.0.0.1:6379> hset hash-key sub-key1 value1
(integer) 1
redis 127.0.0.1:6379> hset hash-key sub-key2 value2
(integer) 1
redis 127.0.0.1:6379> hset hash-key sub-key1 value1
(integer) 0
redis 127.0.0.1:6379> hgetall hash-key
1) "sub-key1"
2) "value1"
3) "sub-key2"
4) "value2"
redis 127.0.0.1:6379> hdel hash-key sub-key2
(integer) 1
redis 127.0.0.1:6379> hdel hash-key sub-key2
(integer) 0
redis 127.0.0.1:6379> hget hash-key sub-key1
"value1"
redis 127.0.0.1:6379> hgetall hash-key
1) "sub-key1"
2) "value1"
```

在尝试添加键值对到散列的时候，命令会返回一个值来表示给定的键是否已经存在于散列里面。

在获取散列包含的所有键值对时，Python 客户端会把整个散列转换成一个 Python 字典。

在删除键值对的时候，命令会返回一个值来表示给定的键在移除之前是否存在于散列里面。

从散列里面获取某个键的值。

表 1-6　散列命令

命令	行为
HSET	在散列里面关联起给定的键值对
HGET	获取指定散列键的值
HGETALL	获取散列包含的所有键值对
HDEL	如果给定键存在于散列里面，那么移除这个键

熟悉文档数据库的读者可以将 Redis 的散列看作是文档数据库里面的文档，而熟悉关系数据库的读者则可以将 Redis 的散列看作是关系数据库里面的行，因为散列、文档和行这三者都允许用户同时访问或者修改一个或多个域（field）。最后，让我们来了解一下 Redis 的 5 种数据结构中的最后一种：有序集合。

1.2.5　Redis 的有序集合

有序集合和散列一样，都用于存储键值对：有序集合的键被称为成员（member），每个成员都是各不相同的；而有序集合的值则被称为分值（score），分值必须为浮点数。有序集合是 Redis 里面唯一一个既可以根据成员访问元素（这一点和散列一样），又可以根据分值以及分值的排列顺序来访问元素的结构。图 1-5 展

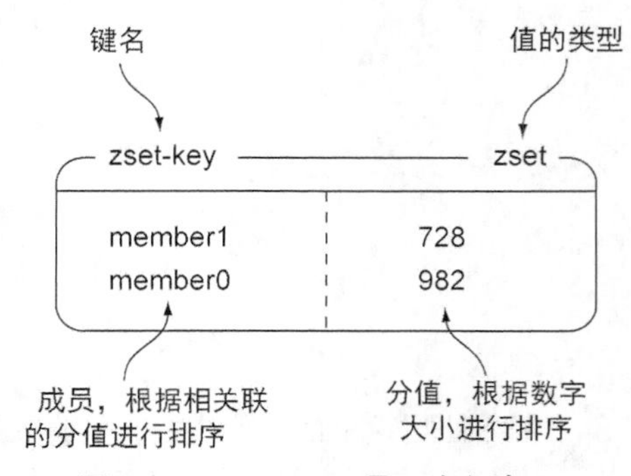

图 1-5　zset-key 是一个包含两个元素的有序集合键

示了一个包含两个元素的有序集合示例。

和 Redis 的其他结构一样，用户可以对有序集合执行添加、移除和获取等操作，代码清单 1-5 展示了这些操作的执行示例，表 1-7 简单介绍了代码清单里面用到的各个命令。

代码清单 1-5 ZADD、ZRANGE、ZRANGEBYSCORE 和 ZREM 的使用示例

```
redis 127.0.0.1:6379> zadd zset-key 728 member1
(integer) 1
redis 127.0.0.1:6379> zadd zset-key 982 member0
(integer) 1
redis 127.0.0.1:6379> zadd zset-key 982 member0
(integer) 0
redis 127.0.0.1:6379> zrange zset-key 0 -1 withscores
1) "member1"
2) "728"
3) "member0"
4) "982"
redis 127.0.0.1:6379> zrangebyscore zset-key 0 800 withscores
1) "member1"
2) "728"
redis 127.0.0.1:6379> zrem zset-key member1
(integer) 1
redis 127.0.0.1:6379> zrem zset-key member1
(integer) 0
redis 127.0.0.1:6379> zrange zset-key 0 -1 withscores
1) "member0"
2) "982"
```

在尝试向有序集合添加元素的时候，命令会返回新添加元素的数量。

在获取有序集合包含的所有元素时，多个元素会按照分值大小进行排序，并且 Python 客户端会将元素的分值转换成浮点数。

用户也可以根据分值来获取有序集合中的一部分元素。

在移除有序集合元素的时候，命令会返回被移除元素的数量。

表 1-7 有序集合命令

命令	行为
ZADD	将一个带有给定分值的成员添加到有序集合里面
ZRANGE	根据元素在有序排列中所处的位置，从有序集合里面获取多个元素
ZRANGEBYSCORE	获取有序集合在给定分值范围内的所有元素
ZREM	如果给定成员存在于有序集合，那么移除这个成员

现在读者应该已经知道有序集合是什么和它能干什么了，到目前为止，我们基本了解了 Redis 提供的 5 种结构。接下来的一节将展示如何通过结合散列的数据存储能力和有序集合内建的排序能力来解决一个常见的问题。

1.3 你好 Redis

在对 Redis 提供的 5 种结构有了基本的了解之后，现在是时候来学习一下怎样使用这些结构来解决实际问题了。最近几年，越来越多的网站开始提供对网页链接、文章或者问题进行投票的功能，其中包括图 1-6 展示的 reddit 以及图 1-7 展示的 Stack Overflow。这些网站会根据文章的发布时间和文章获得的投票数量计算出一个评分，然后按照这个评分来决定如何排序和展示文章。

本节将展示如何使用 Redis 来构建一个简单的文章投票网站的后端。

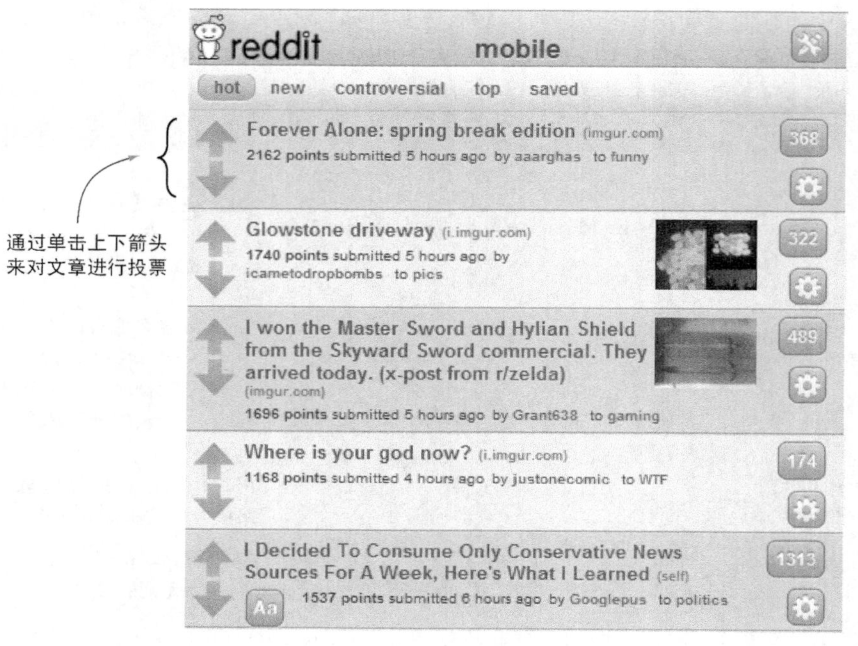

图 1-6 Reddit 是一个可以对文章进行投票的网站

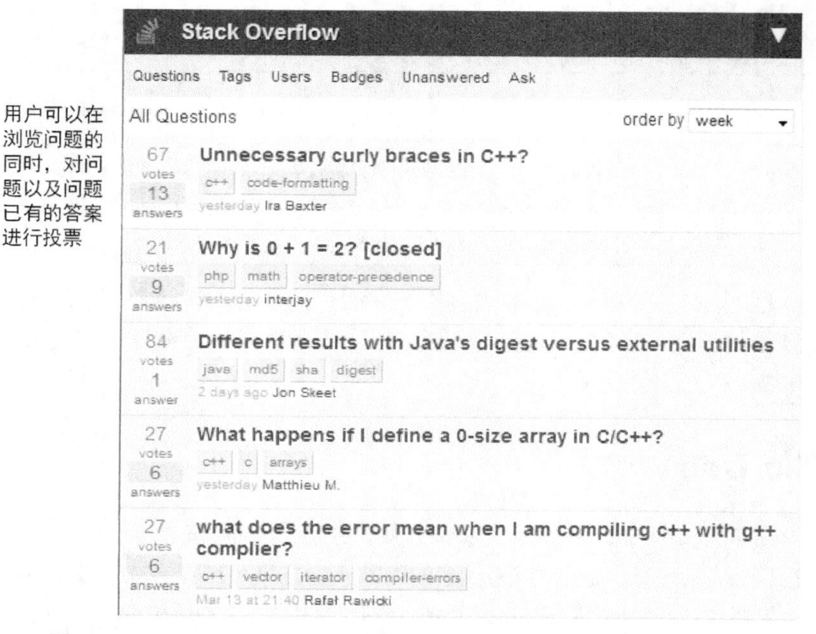

图 1-7 Stack Overflow 是一个可以对问题进行投票的网站

1.3.1 对文章进行投票

要构建一个文章投票网站，我们首先要做的就是为了这个网站设置一些数值和限制条件：如果一篇文章获得了至少 200 张支持票（up vote），那么网站就认为这篇文章是一篇有趣的文章；假如这个网站每天发布 1000 篇文章，而其中的 50 篇符合网站对有趣文章的要求，那么网站要做的就是把这 50 篇文章放到文章列表前 100 位至少一天；另外，这个网站暂时不提供投反对票（down vote）的功能。

为了产生一个能够随着时间流逝而不断减少的评分，程序需要根据文章的发布时间和当前时间来计算文章的评分，具体的计算方法为：将文章得到的支持票数量乘以一个常量，然后加上文章的发布时间，得出的结果就是文章的评分。

我们使用从 UTC 时区 1970 年 1 月 1 日到现在为止经过的秒数来计算文章的评分，这个值通常被称为 Unix 时间。之所以选择使用 Unix 时间，是因为在所有能够运行 Redis 的平台上面，使用编程语言获取这个值都是一件非常简单的事情。另外，计算评分时与支持票数量相乘的常量为 432，这个常量是通过将一天的秒数（86 400）除以文章展示一天所需的支持票数量（200）得出的：文章每获得一张支持票，程序就需要将文章的评分增加 432 分。

构建文章投票网站除了需要计算文章评分之外，还需要使用 Redis 结构存储网站上的各种信息。对于网站里的每篇文章，程序都使用一个散列来存储文章的标题、指向文章的网址、发布文章的用户、文章的发布时间、文章得到的投票数量等信息，图 1-8 展示了一个使用散列来存储文章信息的例子。

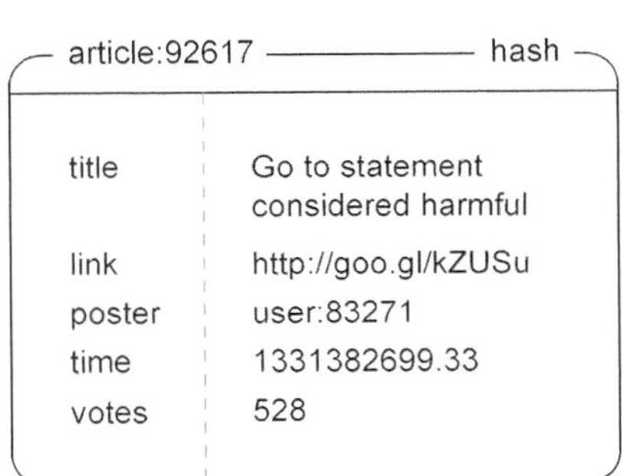

图 1-8 一个使用散列存储文章信息的例子

使用冒号作为分隔符 本书使用冒号（:）来分隔名字的不同部分：比如图 1-8 里面的键名 `article:92617` 就使用了冒号来分隔单词 `article` 和文章的 ID 号 `92617`，以此来构建命名空间（namespace）。使用 : 作为分隔符只是我的个人喜好，不过大部分 Redis 用户也都是这么做的，另外还有一些常见的分隔符，如句号（.）、斜线（/），有些人甚至还会使用管道符号（|）。无论使用哪个符号来做分隔符，都要保持分隔符的一致性。同时，请读者注意观察和学习本书使用冒号创建嵌套命名空间的方法。

我们的文章投票网站将使用两个有序集合来有序地存储文章：第一个有序集合的成员为文章 ID，分值为文章的发布时间；第二个有序集合的成员同样为文章 ID，而分值则为文章的评分。通过这两个有序集合，网站既可以根据文章发布的先后顺序来展示文章，又可以根据文章评分的高低来展示文章，图 1-9 展示了这两个有序集合的一个示例。

time:	zset
article:100408	1332065417.47
article:100635	1332075503.49
article:100716	1332082035.26

根据发布时间排序文章的有序集合

score:	zset
article:100635	1332164063.49
article:100408	1332174713.47
article:100716	1332225027.26

根据评分排序文章的有序集合

图 1-9　两个有序集合分别记录了根据发布时间排序的文章和根据评分排序的文章

为了防止用户对同一篇文章进行多次投票，网站需要为每篇文章记录一个已投票用户名单。为此，程序将为每篇文章创建一个集合，并使用这个集合来存储所有已投票用户的 ID，图 1-10 展示了一个这样的集合示例。

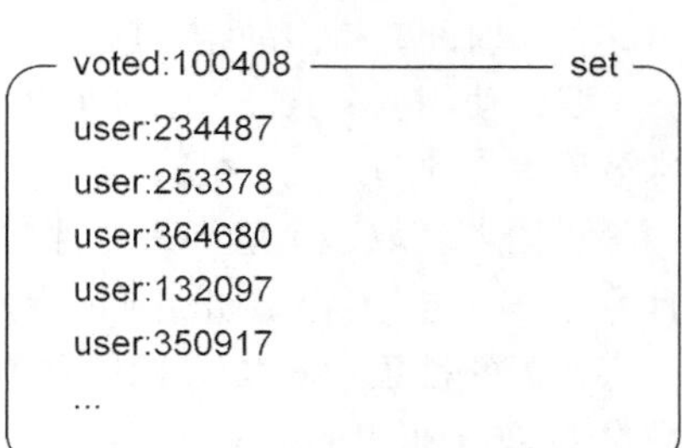

图 1-10　为 100408 号文章投过票的一部分用户

为了尽量节约内存，我们规定当一篇文章发布期满一周之后，用户将不能再对它进行投票，文章的评分将被固定下来，而记录文章已投票用户名单的集合也会被删除。

在实现投票功能之前，让我们来看看图 1-11：这幅图展示了当 115423 号用户给 100408 号文章投票的时候，数据结构发生的变化。

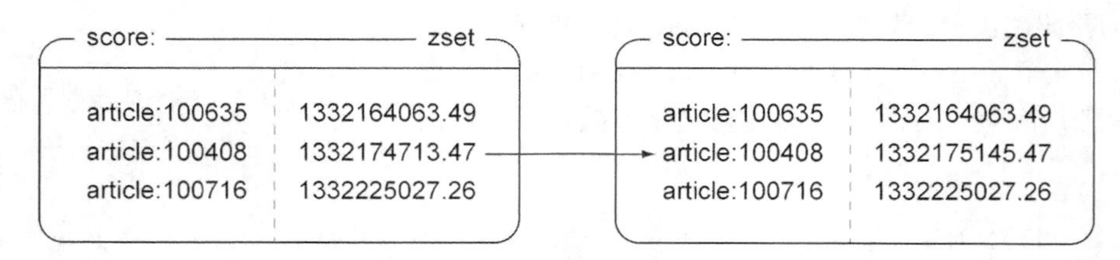

100408号文章得到了一张新的支持票，它的评分增加了

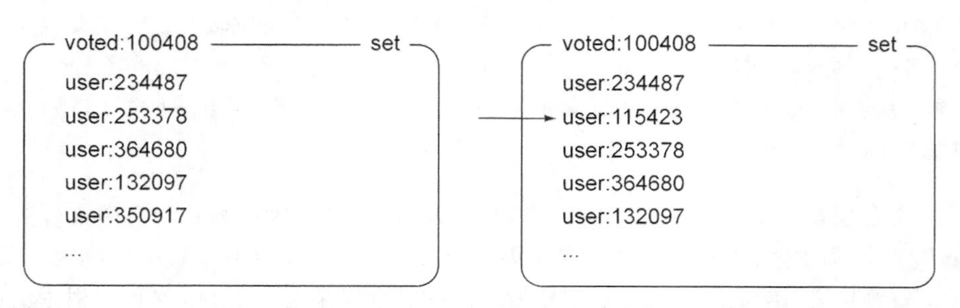

115423号用户会被追加到对100408号文章的已投票用户名单里面

图 1-11　当 115423 号用户给 100408 号文章投票的时候，数据结构发生的变化

既然我们已经知道了网站计算文章评分的方法，也知道了网站存储数据所需的数据结构，那么现在是时候实际地实现这个投票功能了！当用户尝试对一篇文章进行投票时，程序需要使用 ZSCORE 命令检查记录文章发布时间的有序集合，判断文章的发布时间是否未超过一周。如果文章仍然处于可以投票的时间范围之内，那么程序将使用 SADD 命令，尝试将用户添加到记录文章已投票用户名单的集合里面。如果添加操作执行成功的话，那么说明用户是第一次对这篇文章进行投票，程序将使用 ZINCRBY 命令为文章的评分增加 432 分（ZINCRBY 命令用于对有序集合成员的分值执行自增操作），并使用 HINCRBY 命令对散列记录的文章投票数量进行更新（HINCRBY 命令用于对散列存储的值执行自增操作），代码清单 1-6 展示了投票功能的实现代码。

代码清单 1-6 article_vote() 函数

```
ONE_WEEK_IN_SECONDS = 7 * 86400
VOTE_SCORE = 432

def article_vote(conn, user, article):
    cutoff = time.time() - ONE_WEEK_IN_SECONDS
    if conn.zscore('time:', article) < cutoff:
        return

    article_id = article.partition(':')[-1]
    if conn.sadd('voted:' + article_id, user):
        conn.zincrby('score:', article, VOTE_SCORE)
        conn.hincrby(article, 'votes', 1)
```

准备好需要用到的常量。

计算文章的投票截止时间。

检查是否还可以对文章进行投票（虽然使用散列也可以获取文章的发布时间，但有序集合返回的文章发布时间为浮点数，可以不进行转换直接使用）。

从 article:id 标识符（identifier）里面取出文章的 ID。

如果用户是第一次为这篇文章投票，那么增加这篇文章的投票数量和评分。

Redis 事务 从技术上来讲，要正确地实现投票功能，我们需要将代码清单 1-6 里面的 SADD、ZINCRBY 和 HINCRBY 这 3 个命令放到一个事务里面执行，不过因为本书要等到第 4 章才介绍 Redis 事务，所以我们暂时忽略这个问题。

这个投票功能还是很不错的，对吧？那么发布文章的功能要怎么实现呢？

1.3.2 发布并获取文章

发布一篇新文章首先需要创建一个新的文章 ID，这项工作可以通过对一个计数器（counter）执行 INCR 命令来完成。接着程序需要使用 SADD 将文章发布者的 ID 添加到记录文章已投票用户名单的集合里面，并使用 EXPIRE 命令为这个集合设置一个过期时间，让 Redis 在文章发布期满一周之后自动删除这个集合。之后，程序会使用 HMSET 命令来存储文章的相关信息，并执行两个 ZADD 命令，将文章的初始评分（initial score）和发布时间分别添加到两个相应的有序集合里面。代码清单 1-7 展示了发布新文章功能的实现代码。

代码清单 1-7 `post_article()` 函数

```
def post_article(conn, user, title, link):
    article_id = str(conn.incr('article:'))          <-- 生成一个新的文章 ID。

    voted = 'voted:' + article_id
    conn.sadd(voted, user)
    conn.expire(voted, ONE_WEEK_IN_SECONDS)

    now = time.time()
    article = 'article:' + article_id
    conn.hmset(article, {
        'title': title,
        'link': link,
        'poster': user,
        'time': now,
        'votes': 1,
    })

    conn.zadd('score:', article, now + VOTE_SCORE)
    conn.zadd('time:', article, now)

    return article_id
```

将发布文章的用户添加到文章的已投票用户名单里面，然后将这个名单的过期时间设置为一周（第 3 章将对过期时间作更详细的介绍）。

将文章信息存储到一个散列里面。

将文章添加到根据发布时间排序的有序集合和根据评分排序的有序集合里面。

好了，我们已经陆续实现了文章投票功能和文章发布功能，接下来要考虑的就是如何取出评分最高的文章以及如何取出最新发布的文章了。为了实现这两个功能，程序需要先使用 ZREVRANGE 命令取出多个文章 ID，然后再对每个文章 ID 执行一次 HGETALL 命令来取出文章的详细信息，这个方法既可以用于取出评分最高的文章，又可以用于取出最新发布的文章。这里特别要注意的一点是，因为有序集合会根据成员的分值从小到大地排列元素，所以使用 ZREVRANGE 命令，以“分值从大到小”的排列顺序取出文章 ID 才是正确的做法，代码清单 1-8 展示了文章获取功能的实现函数。

代码清单 1-8 `get_articles()` 函数

```
ARTICLES_PER_PAGE = 25

def get_articles(conn, page, order='score:'):
    start = (page-1) * ARTICLES_PER_PAGE
    end = start + ARTICLES_PER_PAGE - 1

    ids = conn.zrevrange(order, start, end)          <-- 获取多个文章 ID。
    articles = []
    for id in ids:
        article_data = conn.hgetall(id)

        article_data['id'] = id
        articles.append(article_data)

return articles
```

设置获取文章的起始索引和结束索引。

根据文章 ID 获取文章的详细信息。

根据文章 ID 获取文章的详细信息。

Python 的默认值参数和关键字参数 代码清单 1-8 中的 `get_articles()` 函数为 `order` 参数设置了默认值 `score:`。Python 语言的初学者可能会对“默认值参数”以及“根据名字（而不是位置）来传入参数”的一些细节感到陌生。如果读者在理解函数定义或者参数传递方面有困难，可以考虑去看看《Python 语言教程》，教程里面对这两个方面进行了很好的介绍，点击以下短链接就可以直接访问教程的相关章节：http://mng.bz/KM5x。

虽然我们构建的网站现在已经可以展示最新发布的文章和评分最高的文章了，但它还不具备目前很多投票网站都支持的群组（group）功能：这个功能可以让用户只看见与特定话题有关的文章，比如与“可爱的动物”有关的文章、与“政治”有关的文章、与“Java 编程”有关的文章或者介绍“Redis 用法”的文章等等。接下来的一节将向我们展示为文章投票网站添加群组功能的方法。

1.3.3 对文章进行分组

群组功能由两个部分组成，一个部分负责记录文章属于哪个群组，另一个部分负责取出群组里面的文章。为了记录各个群组都保存了哪些文章，网站需要为每个群组创建一个集合，并将所有同属一个群组的文章 ID 都记录到那个集合里面。代码清单 1-9 展示了将文章添加到群组里面的方法，以及从群组里面移除文章的方法。

代码清单 1-9 add_remove_groups() 函数

```
def add_remove_groups(conn, article_id, to_add=[], to_remove=[]):
    article = 'article:' + article_id
    for group in to_add:
        conn.sadd('group:' + group, article)
    for group in to_remove:
        conn.srem('group:' + group, article)
```

构建存储文章信息的键名。

将文章添加到它所属的群组里面。

从群组里面移除文章。

初看上去，可能会有读者觉得使用集合来记录群组文章并没有多大用处。到目前为止，读者只看到了集合结构检查某个元素是否存在的能力，但实际上 Redis 不仅可以对多个集合执行操作，甚至在一些情况下，还可以在集合和有序集合之间执行操作。

为了能够根据评分对群组文章进行排序和分页（paging），网站需要将同一个群组里面的所有文章都按照评分有序地存储到一个有序集合里面。Redis 的 ZINTERSTORE 命令可以接受多个集合和多个有序集合作为输入，找出所有同时存在于集合和有序集合的成员，并以几种不同的方式来合并（combine）这些成员的分值（所有集合成员的分值都会被视为是 1）。对于我们的文章投票网站来说，程序需要使用 ZINTERSTORE 命令选出相同成员中最大的那个分值来作为交集成员的分值：取决于所使用的排序选项，这些分值既可以是文章的评分，也可以是文章的发布时间。

图 1-12 展示了对一个包含少量文章的群组集合和一个包含大量文章及评分的有序集合执行 ZINTERSTORE 命令的过程，注意观察那些同时出现在集合和有序集合里面的文章是怎样被添加到结果有序集合里面的。

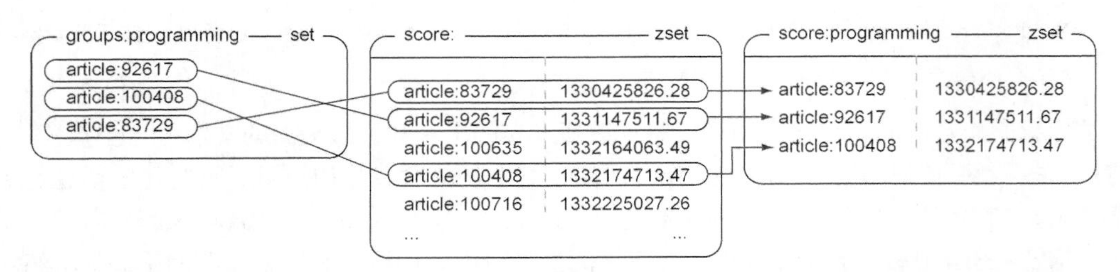

图 1-12 对集合 groups:programming 和有序集合 score:进行交集计算得出了新的有序集合 score:programming，它包含了所有同时存在于集合 groups:programming 和有序集合 score: 的成员。因为集合 groups:programming 的所有成员的分值都被视为是 1，而有序集合 score: 的所有成员的分值都大于 1，并且这次交集计算挑选的分值为相同成员中的最大分值，所以有序集合 score:programming 的成员的分值实际上是由有序集合 score:的成员的分值来决定的

通过对存储群组文章的集合和存储文章评分的有序集合执行 ZINTERSTORE 命令，程序可以得到按照文章评分排序的群组文章；而通过对存储群组文章的集合和存储文章发布时间的有序集合执行 ZINTERSTORE 命令，程序则可以得到按照文章发布时间排序的群组文章。如果群组包含的文章非常多，那么执行 ZINTERSTORE 命令就会比较花时间，为了尽量减少 Redis 的工作量，程序会将这个命令的计算结果缓存 60 秒。另外，我们还重用了已有的 get_articles() 函数来分页并获取群组文章，代码清单 1-10 展示了网站从群组里面获取一整页文章的方法。

代码清单 1-10 get_group_articles()函数

```
def get_group_articles(conn, group, page, order='score:'):
    key = order + group
    if not conn.exists(key):
        conn.zinterstore(key,
            ['group:' + group, order],
            aggregate='max',
        )
        conn.expire(key, 60)
    return get_articles(conn, page, key)
```

为每个群组的每种排列顺序都创建一个键。

检查是否有已缓存的排序结果，如果没有的话就现在进行排序。

根据评分或者发布时间，对群组文章进行排序。

让 Redis 在 60 秒之后自动删除这个有序集合。

调用之前定义的 get_articles() 函数来进行分页并获取文章数据。

有些网站只允许用户将文章放在一个或者两个群组里面（其中一个是“所有文章”群组，另一个是最适合文章的群组）。在这种情况下，最好直接将文章所在的群组记录到存储文章信息的散列里面，并在 article_vote() 函数的末尾增加一个 ZINCRBY 命令调用，用于更新文章在群组中的评分。但是在这个示例里面，我们构建的文章投票网站允许一篇文章同时属于多个群组（比如一篇文章可以同时属于“编程”和“算法”两个群组），所以对于一篇同时属于多个群组的文章来说，更新文章的评分意味着程序需要对文章所属的全部群组执行自增操作。在这种情况下，如果一篇文章同时属于很多个群组，那么更新文章评分这一操作可能会变得相当耗时，因此，我们在 get_group_articles()函数里面对 ZINTERSTORE 命令的执行结果进行了缓存处理，以此来尽量减少 ZINTERSTORE 命令的执行次数。开发者在灵活性或限制条件之间的取舍将改变程序存储和更新数据的方式，这一点对于任何数据库都是适用的，Redis 也不例外。

练习：实现投反对票的功能

我们的示例目前只实现了投支持票的功能，但是在很多实际的网站里面，反对票也能给用户提供有用的反馈信息。因此，请读者能想办法在 article_vote()函数和 post_article()函数里面添加投反对票的功能。除此之外，读者还可以尝试为用户提供对调投票的功能：比如将支持票转换成反对票，或者将反对票转换成支持票。提示：如果读者在实现对调投票功能时出现了困难，可以参考一下第 3 章介绍的 SMOVE 命令。

好的，现在我们已经成功地构建起了一个展示最受欢迎文章的网站后端，这个网站可以获取文章、发布文章、对文章进行投票甚至还可以对文章进行分组。如果你觉得前面展示的内容不好理解，或者弄不懂这些示例，又或者没办法运行本书提供的源代码，那么请阅读下一节来了解如何获取帮助。

1.4　寻求帮助

当你遇到与 Redis 有关的问题时，不要害怕求助于别人，因为其他人可能也遇到过类似的问题。首先，你可以根据错误信息在搜索引擎里面进行查找，看是否有所发现。

如果搜索一无所获，又或者你遇到的问题与本书的示例代码有关，那么你可以到 Manning 出版社提供的本书论坛里面发问，我和其他熟悉本书的人将为你提供帮助。

如果你遇到的问题与 Redis 本身有关，又或者你正在解决的问题在这本书里面没有出现过，那么你可以到 Redis 的邮件列表里面发问，同样地，我和其他熟悉 Redis 的人将为你提供帮助。

最后，如果你遇到的问题与某个函数库或者某种编程语言有关，那么比起在 Redis 邮件列表里面发帖提问，更好的方法是直接到你正在使用的那个函数库或者那种编程语言的邮件列表或论坛里面寻求帮助。

1.5　小结

本章对 Redis 进行了初步的介绍，说明了 Redis 与其他数据库的相同之处和不同之处，以及一些读者可能会使用 Redis 的理由。在阅读本书的后续章节之前，请记住本书的目标并不是构建一个完整的应用或者工具，而是展示各式各样的问题，并给出使用 Redis 来解决这些问题的办法。

本章希望向读者传达这样一个概念：Redis 是一个可以用来解决问题的工具，它既拥有其他数据库不具备的数据结构，又拥有内存存储（这使得 Redis 的速度非常快）、远程（这使得 Redis 可以与多个客户端和服务器进行连接）、持久化（这使得服务器可以在重启之后仍然保持重启之前的数据）和可扩展（通过主从复制和分片）等多个特性，这使得用户可以以熟悉的方式为各种不同的问题构建解决方案。

在阅读本书的后续章节时，请读者注意自己解决问题的方式发生了什么变化：你也许会惊讶地发现，自己思考数据问题的方式已经从原来的“怎样将我的想法塞进数据库的表和行里面”，变成了“使用哪种 Redis 数据结构来解决这个问题比较好呢？”。

接下来的第 2 章将介绍使用 Redis 构建 Web 应用的方法，阅读这一章将帮助你更好地了解 Redis 的用法和用途。

第 2 章　使用 Redis 构建 Web 应用

本章主要内容

- 登录 cookie
- 购物车 cookie
- 缓存生成的网页
- 缓存数据库行
- 分析网页访问记录

前面的第 1 章对 Redis 的特性和功能做了简单的介绍，本章将紧接上一章的步伐，通过几个示例，对一些典型的 Web 应用进行介绍。尽管本章展示的问题比起实际情况要简单得多，但这里给出的网络应用实际上只需要进行少量修改就可以直接应用到真实的程序里面。本章的主要任务是作为一个实用指南，告诉你可以使用 Redis 来做些什么事情，而之后的第 3 章将对 Redis 命令进行更详细的介绍。

从高层次的角度来看，Web 应用就是通过 HTTP 协议对网页浏览器发送的请求进行响应的服务器或者服务（service）。一个 Web 服务器对请求进行响应的典型步骤如下。

（1）服务器对客户端发来的请求（request）进行解析。

（2）请求被转发给一个预定义的处理器（handler）。

（3）处理器可能会从数据库中取出数据。

（4）处理器根据取出的数据对模板（template）进行渲染（render）。

（5）处理器向客户端返回渲染后的内容作为对请求的响应（response）。

以上列举的 5 个步骤从高层次的角度展示了典型 Web 服务器的运作方式，这种情况下的 Web 请求被认为是*无状态的*（stateless），也就是说，服务器本身不会记录与过往请求有关的任何信息，这使得失效（fail）的服务器可以很容易地被替换掉。有不少书籍专门介绍了如何优化响应过程的各个步骤，本书要做的事情也和它们类似，不同之处在于，本书讲解的是如何使用更快的 Redis 查询来代替传统的关系数据库查询，以及如何使用 Redis 来完成一些使用关系数据库没办法高效完成的任务。

本章的所有内容都是围绕着发现并解决 Fake Web Retailer 这个虚构的大型网上商店来展开的，这个商店每天都会有大约 500 万名不同的用户，这些用户会给网站带来 1 亿次点击，并从网站购买超过 10 万件商品。我们之所以将 Fake Web Retailer 的几个数据量设置得特别大，是考虑到如果可以在大数据量背景下顺利地解决问题，那么解决小数据量和中等数据量引发的问题就更不在话下了。另外，尽管本章展示的解决方案都是为了解决 Fake Web Retailer 这个大型网店所遇到的问题而给出的，但除了其中一个解决方案之外，其他所有解决方案都可以在一个只有几 GB 内存的 Redis 服务器上面使用，并且这些解决方案的目标都在于提高系统响应实时请求的性能。

本章列举的所有解决方案（以及它们的一些变种）都在生产环境中实际使用过。说得更具体一点，通过将传统数据库的一部分数据处理任务以及存储任务转交给 Redis 来完成，可以提升网页的载入速度，并降低资源的占用量。

我们要解决的第一个问题就是使用 Redis 来管理用户登录会话（session）。

2.1　登录和 cookie 缓存

每当我们登录互联网服务（比如银行账户或者电子邮件）的时候，这些服务都会使用 cookie 来记录我们的身份。cookie 由少量数据组成，网站会要求我们的浏览器存储这些数据，并在每次服务发送请求时将这些数据传回给服务。对于用来登录的 cookie，有两种常见的方法可以将登录信息存储在 cookie 里面：一种是签名（signed）cookie，另一种是令牌（token）cookie。

签名 cookie 通常会存储用户名，可能还有用户 ID、用户最后一次成功登录的时间，以及网站觉得有用的其他任何信息。除了用户的相关信息之外，签名 cookie 还包含一个签名，服务器可以使用这个签名来验证浏览器发送的信息是否未经改动（比如将 cookie 中的登录用户名改成另一个用户）。

令牌 cookie 会在 cookie 里面存储一串随机字节作为令牌，服务器可以根据令牌在数据库中查找令牌的拥有者。随着时间的推移，旧令牌会被新令牌取代。表 2-1 展示了签名 cookie 和令牌 cookie 的优点与缺点。

表 2-1　签名 cookie 和令牌 cookie 的优点与缺点

cookie 类型	优点	缺点
签名 cookie	验证 cookie 所需的一切信息都存储在 cookie 里面。cookie 可以包含额外的信息（additional infomation），并且对这些信息进行签名也很容易	正确地处理签名很难。很容易忘记对数据进行签名，或者忘记验证数据的签名，从而造成安全漏洞
令牌 cookie	添加信息非常容易。cookie 的体积非常小，因此移动终端和速度较慢的客户端可以更快地发送请求	需要在服务器中存储更多信息。如果使用的是关系数据库，那么载入和存储 cookie 的代价可能会很高

因为 Fake Web Retailer 没有实现签名 cookie 的需求，所以我们选择了使用令牌 cookie 来引

用关系数据库表中负责存储用户登录信息的条目（entry）。除了用户登录信息之外，Fake Web Retailer 还可以将用户的访问时长和已浏览商品的数量等信息存储到数据库里面，这样便于将来通过分析这些信息来学习如何更好地向用户推销商品。

一般来说，用户在决定购买某个或某些商品之前，通常都会先浏览多个不同的商品，而记录用户浏览过的所有商品以及用户最后一次访问页面的时间等信息，通常会导致大量的数据库写入。从长远来看，用户的这些浏览数据的确非常有用，但问题在于，即使经过优化，大多数关系数据库在每台数据库服务器上面每秒也只能插入、更新或者删除 200～2000 个数据库行。尽管批量插入、批量更新和批量删除等操作可以以更快的速度执行，但因为客户端每次浏览网页都只更新少数几个行，所以高速的批量插入在这里并不适用。

因为 Fake Web Retailer 目前一天的负载量相对比较大——平均情况下每秒大约 1200 次写入，高峰时期每秒接近 6000 次写入，所以它必须部署 10 台关系数据库服务器才能应对高峰时期的负载量。而我们要做的就是使用 Redis 重新实现登录 cookie 功能，取代目前由关系数据库实现的登录 cookie 功能。

首先，我们将使用一个散列来存储登录 cookie 令牌与已登录用户之间的映射。要检查一个用户是否已经登录，需要根据给定的令牌来查找与之对应的用户，并在用户已经登录的情况下，返回该用户的 ID。代码清单 2-1 展示了检查登录 cookie 的方法。

代码清单 2-1　check_token()函数

```
def check_token(conn, token):
    return conn.hget('login:', token)
```

尝试获取并返回令牌对应的用户。

对令牌进行检查并不困难，因为大部分复杂的工作都是在更新令牌时完成的：用户每次浏览页面的时候，程序都会对用户存储在登录散列里面的信息进行更新，并将用户的令牌和当前时间戳添加到记录最近登录用户的有序集合里面；如果用户正在浏览的是一个商品页面，那么程序还会将这个商品添加到记录这个用户最近浏览过的商品的有序集合里面，并在被记录商品的数量超过 25 个时，对这个有序集合进行修剪。代码清单 2-2 展示了程序更新令牌的方法。

代码清单 2-2　update_token()函数

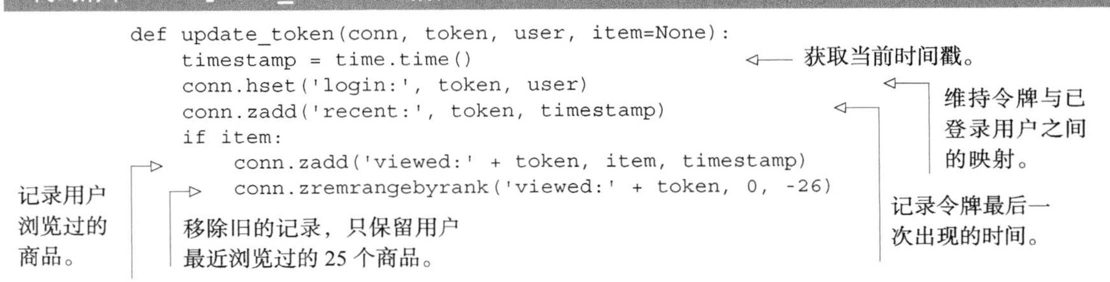

通过 update_token() 函数，我们可以记录用户最后一次浏览商品的时间以及用户最近浏览了哪些商品。在一台最近几年生产的服务器上面，使用 update_token() 函数每秒至少可以记录 20 000 件商品，这比 Fake Web Retailer 高峰时期所需的 6000 次写入要高 3 倍有余。不仅如此，通过后面介绍的一些方法，我们还可以进一步优化 update_token() 函数的运行速度。但即使是现在这个版本的 update_token() 函数，比起原来的关系数据库，性能也已经提升了 10～100 倍。

因为存储会话数据所需的内存会随着时间的推移而不断增加，所以我们需要定期清理旧的会话数据。为了限制会话数据的数量，我们决定只保存最新的 1000 万个会话。[①]清理旧会话的程序由一个循环构成，这个循环每次执行的时候，都会检查存储最近登录令牌的有序集合的大小，如果有序集合的大小超过了限制，那么程序就会从有序集合里面移除最多 100 个最旧的令牌，并从记录用户登录信息的散列里面，移除被删除令牌对应的用户的信息，并对存储了这些用户最近浏览商品记录的有序集合进行清理。与此相反，如果令牌的数量未超过限制，那么程序会先休眠 1 秒，之后再重新进行检查。代码清单 2-3 展示了清理旧会话程序的具体代码。

代码清单 2-3 clean_sessions() 函数

```
QUIT = False
LIMIT = 10000000

def clean_sessions(conn):
    while not QUIT:
        size = conn.zcard('recent:')          # 找出目前已有令牌的数量。
        if size <= LIMIT:                     # 令牌数量未超过限制，休眠并在之后重新检查。
            time.sleep(1)
            continue

        end_index = min(size - LIMIT, 100)                 # 获取需要移除的令牌ID。
        tokens = conn.zrange('recent:', 0, end_index-1)

        session_keys = []                                  # 为那些将要被删除的令牌构建键名。
        for token in tokens:
            session_keys.append('viewed:' + token)

        conn.delete(*session_keys)                         # 移除最旧的那些令牌。
        conn.hdel('login:', *tokens)
        conn.zrem('recent:', *tokens)
```

让我们通过计算来了解一下，这段简单的代码为什么能够妥善地处理每天 500 万人次的访问：假设网站每天有 500 万用户访问，并且每天的用户都和之前的不一样，那么只需要两天，令牌的数量就会达到 1000 万个的上限，并将网站的内存空间消耗殆尽。因为一天有 24×3600=86 400 秒，而网站平均每秒产生 5 000 000/86 400<58 个新会话，如果清理函数和

① 因为 Fake Web Retailer 这个示例假设的是生产环境，所以保存会话的数量会设置得比较高，在测试或者开发这个程序的时候，读者可以按照自己的需要调低这个值。

我们之前在代码里面定义的一样，以每秒一次的频率运行的话，那么它每秒需要清理将近 60 个令牌，才能防止令牌数量过多的问题发生。但是实际上，我们定义的令牌清理函数在通过网络来运行时，每秒能够清理 10 000 多个令牌，在本地运行时，每秒能够清理 60 000 多个令牌，这比所需的清理速度快了 150～1000 倍，所以因为旧令牌过多而导致网站空间耗尽的问题不会出现。

在哪里执行清理函数？　本书会包含一些类似代码清单 2-3 的清理函数，它们可能会像代码清单 2-3 那样，以守护进程的方式来运行，也可能会作为定期作业（cron job）每隔一段时间运行一次，甚至在每次执行某个操作时运行一次（例如，6.3 节就在一个获取锁操作里面包含了一个清理操作）。一般来说，本书中包含 `while not QUIT:`代码的函数都应该作为守护进程来执行，不过如果有需要的话，也可以把它们改成周期性地运行。

Python 传递和接收可变数量参数的语法　代码清单 2-3 用到了 3 次类似 `conn.delete (*vtokens)` 这样的语法。简单来说，这种语法可以直接将一连串的多个参数传入函数里面，而不必先对这些参数进行解包（unpack）。要了解关于这一语法的更多信息，请通过以下短链接访问《Python 语言教程》的相关章节：http://mng.bz/8I7W。

Redis 的过期数据处理　随着对 Redis 的了解逐渐加深，读者应该会慢慢发现本书展示的一些解决方案有时候并不是问题的唯一解决办法。比如对于这个登录 cookie 例子来说，我们可以直接将登录用户和令牌的信息存储到字符串键值对里面，然后使用 Redis 的 EXPIRE 命令，为这个字符串和记录用户商品浏览记录的有序集合设置过期时间，让 Redis 在一段时间之后自动删除它们，这样就不需要再使用有序集合来记录最近出现的令牌了。但是这样一来，我们就没有办法将会话的数量限制在 1000 万之内了，并且在将来有需要的时候，我们也没办法在会话过期之后对被废弃的购物车进行分析了。

熟悉多线程编程或者并发编程的读者可能会发现代码清单 2-3 展示的清理函数实际上包含一个竞争条件（race condition）：如果清理函数正在删除某个用户的信息，而这个用户又在同一时间访问网站的话，那么竞争条件就会导致用户的信息被错误地删除。目前来看，这个竞争条件除了会使得用户需要重新登录一次之外，并不会对程序记录的数据产生明显的影响，所以我们暂时先搁置这个问题，之后的第 3 章和第 4 章会说明怎样防止类似的竞争条件发生，并进一步加快清理函数的执行速度。

通过使用 Redis 来记录用户信息，我们成功地将每天要对数据库执行的行写入操作减少了数百万次。虽然这非常的了不起，但这只是我们使用 Redis 构建 Web 应用程序的第一步，接下来的一节将向读者们展示如何使用 Redis 来处理另一种类型的 cookie。

2.2 使用 Redis 实现购物车

网景（Netscape）公司在 20 世纪 90 年代中期最先在网络中使用了 cookie，这些 cookie 最终变成了我们在上一节讨论的登录会话 cookie。cookie 最初的意图在于为网络零售商（web retailer）提供一种购物车，让用户可以收集他们想要购买的商品。在 cookie 之前，有过几种不同的购物车解决方案，但这些方案全都不太好用。

使用 cookie 实现购物车——也就是将整个购物车都存储到 cookie 里面的做法非常常见，这种做法的一大优点是无须对数据库进行写入就可以实现购物车功能，而缺点则是程序需要重新解析和验证（validate）cookie，确保 cookie 的格式正确，并且包含的商品都是真正可购买的商品。cookie 购物车还有一个缺点：因为浏览器每次发送请求都会连 cookie 一起发送，所以如果购物车 cookie 的体积比较大，那么请求发送和处理的速度可能会有所降低。

因为我们在前面已经使用 Redis 实现了会话 cookie 和记录用户最近浏览过的商品这两个特性，所以我们决定将购物车的信息也存储到 Redis 里面，并且使用与用户会话 cookie 相同的 cookie ID 来引用购物车。

购物车的定义非常简单：每个用户的购物车都是一个散列，这个散列存储了商品 ID 与商品订购数量之间的映射。对商品数量进行验证的工作由 Web 应用程序负责，我们要做的则是在商品的订购数量出现变化时，对购物车进行更新：如果用户订购某件商品的数量大于 0，那么程序会将这件商品的 ID 以及用户订购该商品的数量添加到散列里面，如果用户购买的商品已经存在于散列里面，那么新的订购数量会覆盖已有的订购数量；相反地，如果用户订购某件商品的数量不大于 0，那么程序将从散列里面移除该条目。代码清单 2-4 的 `add_to_cart()` 函数展示了程序是如何更新购物车的。

代码清单 2-4 `add_to_cart()` 函数

```
def add_to_cart(conn, session, item, count):
    if count <= 0:
        conn.hrem('cart:' + session, item)          <-- 从购物车里面移除指定的商品。
    else:
        conn.hset('cart:' + session, item, count)   <-- 将指定的商品添加到购物车。
```

接着，我们需要对之前的会话清理函数进行更新，让它在清理旧会话的同时，将旧会话对应用户的购物车也一并删除，更新后的函数如代码清单 2-5 所示。

代码清单 2-5 `clean_full_sessions()` 函数

```
def clean_full_sessions(conn):
    while not QUIT:
        size = conn.zcard('recent:')
        if size <= LIMIT:
            time.sleep(1)
            continue
```

```
    end_index = min(size - LIMIT, 100)
    sessions = conn.zrange('recent:', 0, end_index-1)

    session_keys = []
    for sess in sessions:
        session_keys.append('viewed:' + sess)
        session_keys.append('cart:' + sess)

    conn.delete(*session_keys)
    conn.hdel('login:', *sessions)
    conn.zrem('recent:', *sessions)
```

新增加的这行代码用于删除旧会话对应用户的购物车。

我们现在将会话和购物车都存储到了 Redis 里面，这种做法除了可以减少请求的体积之外，还使得我们可以根据用户浏览过的商品、用户放入购物车的商品以及用户最终购买的商品进行统计计算，并构建起很多大型网络零售商都在提供的“在查看过这件商品的用户当中，有 X%的用户最终购买了这件商品”“购买了这件商品的用户也购买了某某其他商品”等功能，这些功能可以帮助用户查找其他相关的商品，并最终提升网站的销售业绩。

通过将会话 cookie 和购物车 cookie 存储在 Redis 里面，我们得到了进行数据分析所需的两个重要的数据来源，接下来的一节将展示如何使用缓存来减少数据库和 Web 前端的负载。

2.3　网页缓存

在动态生成网页的时候，通常会使用模板语言（templating language）来简化网页的生成操作。需要手写每个页面的日子已经一去不复返——现在的 Web 页面通常由包含首部、尾部、侧栏菜单、工具条、内容域的模板生成，有时候模板还用于生成 JavaScript。

尽管 Fake Web Retailer 也能够动态地生成内容，但这个网站上的多数页面实际上并不会经常发生大的变化：虽然会向分类中添加新商品、移除旧商品、有时有特价促销、有时甚至还有“热卖商品”页面，但是在一般情况下，网站只有账号设置、以往订单、购物车（结账信息）以及其他少数几个页面才包含需要每次载入都要动态生成的内容。

通过对浏览数据进行分析，Fake Web Retailer 发现自己所处理的 95%的 Web 页面每天最多只会改变一次，这些页面的内容实际上并不需要动态地生成，而我们的工作就是想办法不再生成这些页面。减少网站在动态生成内容上面所花的时间，可以降低网站处理相同负载所需的服务器数量，并让网站的速度变得更快。（研究表明，减少用户等待页面载入的时间，可以增加用户使用网站的欲望，并改善用户对网站的印象。）

所有标准的 Python 应用框架都提供了在处理请求之前或者之后添加层（layer）的能力，这些层通常被称为中间件（middleware）或者插件（plugin）。我们将创建一个这样的层来调用 Redis 缓存函数：对于一个不能被缓存的请求，函数将直接生成并返回页面；而对于可以被缓存的请求，函数首先会尝试从缓存里面取出并返回被缓存的页面，如果缓存页面不存在，那么函数会生成页面并将其缓存在 Redis 里面 5 分钟，最后再将页面返回给函数调用者。代码清单 2-6 展示了这个缓存函数。

代码清单 2-6 cache_request()函数

```
def cache_request(conn, request, callback):
    if not can_cache(conn, request):
        return callback(request)

    page_key = 'cache:' + hash_request(request)
    content = conn.get(page_key)

    if not content:
        content = callback(request)
        conn.setex(page_key, content, 300)

    return content
```


对于 Fake Web Retailer 网站上面 95%的可被缓存并且频繁被载入的内容来说，代码清单 2-6 展示的缓存函数可以让网站在 5 分钟之内无须再为它们动态地生成视图页面。取决于网页的内容有多复杂，这一改动可以将包含大量数据的页面的延迟值从 20～50 毫秒降低至查询一次 Redis 所需的时间：查询本地 Redis 的延迟值通常低于 1 毫秒，而查询位于同一个数据中心的 Redis 的延迟值通常低于 5 毫秒。对于那些需要访问数据库的页面来说，这个缓存函数对于减少页面载入时间和降低数据库负载的作用会更加显著。

在这一节中，我们学习了如何使用 Redis 来减少载入不常改变页面所需的时间，那么对于那些经常发生变化的页面，我们是否也能够使用 Redis 来减少它们的载入时间呢？答案是肯定的，接下来的一节将介绍实现这一目标的具体做法。

2.4 数据行缓存

到目前为止，我们已经将原本由关系数据库和网页浏览器实现的登录和访客会话转移到了 Redis 上面实现；将原本由关系数据库实现的购物车也放到了 Redis 上面实现；还将所有页面缓存到了 Redis 里面。这一系列工作提升了网站的性能，降低了关系数据库的负载并减少了网站成本。

Fake Web Retailer 的商品页面通常只会从数据库里面载入一两行数据，包括已登录用户的用户信息（这些信息可以通过 AJAX 动态地载入，所以不会对页面缓存造成影响）和商品本身的信息。即使是那些无法被整个缓存起来的页面——比如用户账号页面、记录用户以往购买商品的页面等等，程序也可以通过缓存页面载入时所需的数据库行来减少载入页面所需的时间。

为了展示数据行缓存的作用，我们假设 Fake Web Retailer 为了清空旧库存和吸引客户消费，决定开始新一轮的促销活动：这个活动每天都会推出一些特价商品供用户抢购，所有特价商品的数量都是限定的，卖完即止。在这种情况下，网站是不能对整个促销页面进行缓存的，因为这可能会导致用户看到错误的特价商品剩余数量，但是每次载入页面都从数据库里面取出特价商品的剩余数量的话，又会给数据库带来巨大的压力，并导致我们需要花费额外的成本来扩展数据库。

为了应对促销活动带来的大量负载，我们需要对数据行进行缓存，具体的做法是：编写一个持续运行的守护进程函数，让这个函数将指定的数据行缓存到 Redis 里面，并不定期地对这些缓存进行更新。缓存函数会将数据行编码（encode）为 JSON 字典并存储在 Redis 的字符串里面，其中，数据列（column）的名字会被映射为 JSON 字典的键，而数据行的值则会被映射为 JSON 字典的值，图 2-1 展示了一个被缓存的数据行示例。

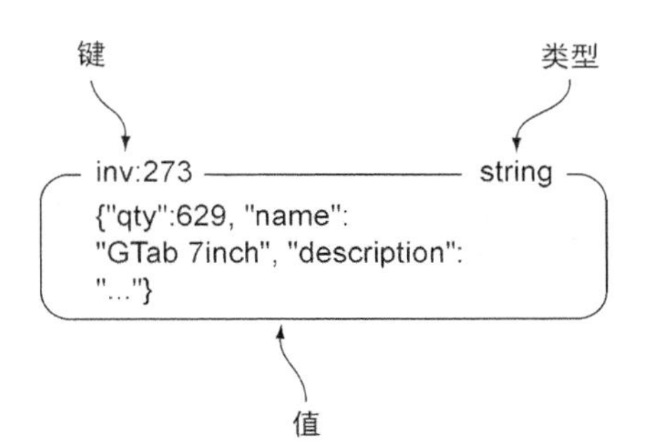

图 2-1　一个被缓存的数据行，这个数据行包含了在线售卖商品的信息

程序使用了两个有序集合来记录应该在何时对缓存进行更新：第一个有序集合为调度（schedule）有序集合，它的成员为数据行的行 ID，而分值则是一个时间戳，这个时间戳记录了应该在何时将指定的数据行缓存到 Redis 里面；第二个有序集合为延时（delay）有序集合，它的成员也是数据行的行 ID，而分值则记录了指定数据行的缓存需要每隔多少秒更新一次。

使用 JSON 而不是其他格式　因为 JSON 简明易懂，并且据我们所知，目前所有拥有 Redis 客户端的编程语言都带有能够高效地编码和解码 JSON 格式的函数库，所以这里的缓存函数使用了 JSON 格式来表示数据行，而没有使用 XML、Google 的 protocol buffer、Thrift、BSON、MessagePack 或者其他序列化格式。在实际应用中，读者可以根据自己的需求和喜好来选择编码数据行的格式。

嵌套多个结构　使用过其他非关系数据库的用户可能会期望 Redis 也拥有嵌套多个结构的能力，比如说，一个刚开始使用 Redis 的用户可能会期盼着散列能够包含有序集合值或者列表值。尽管嵌套结构这个特性在概念上并无不妥，但这个特性很快就会引起类似以下这样的问题："对于一个位于嵌套第 5 层的散列，我们如何才能对它的值执行自增操作呢？"为了保证命令语法的简单性，Redis 并不支持嵌套结构特性。如果有需要的话，读者可以通过使用键名来模拟嵌套结构特性：比如使用键 `user:123` 表示存储用户信息的散列，并使用键 `user:123:posts` 表示存储用户最近发表文章的有序集合；又或者直接将嵌套结构存储到 JSON 或者其他序列化格式里面（第 11 章将介绍使用 Lua 脚本在服务器端直接以 JSON 格式或者 MessagePack 格式对数据进行编码的方法）。

为了让缓存函数定期地缓存数据行，程序首先需要将行 ID 和给定的延迟值添加到延迟有序集合里面，然后再将行 ID 和当前时间的时间戳添加到调度有序集合里面。实际执行缓存操作的函数需要用到数据行的延迟值，如果某个数据行的延迟值不存在，那么程序将取消对这个数据行的调度。如果我们想要移除某个数据行已有的缓存，并且让缓存函数不再缓存那个数据行，那么只需要把那个数据行的延迟值设置为小于或等于 0 就可以了。代码清单 2-7 展示了负责调度缓存和终止缓存的函数。

代码清单 2-7 schedule_row_cache()函数

```
def schedule_row_cache(conn, row_id, delay):
    conn.zadd('delay:', row_id, delay)              # 先设置数据行的延迟值。
    conn.zadd('schedule:', row_id, time.time())     # 立即对需要缓存的数据行进行调度。
```

现在我们已经完成了调度部分，那么接下来该如何对数据行进行缓存呢？负责缓存数据行的函数会尝试读取调度有序集合的第一个元素以及该元素的分值，如果调度有序集合没有包含任何元素，或者分值存储的时间戳所指定的时间尚未来临，那么函数会先休眠 50 毫秒，然后再重新进行检查。当缓存函数发现一个需要立即进行更新的数据行时，缓存函数会检查这个数据行的延迟值：如果数据行的延迟值小于或者等于 0，那么缓存函数会从延迟有序集合和调度有序集合里面移除这个数据行的 ID，并从缓存里面删除这个数据行已有的缓存，然后再重新进行检查；对于延迟值大于 0 的数据行来说，缓存函数会从数据库里面取出这些行，将它们编码为 JSON 格式并存储到 Redis 里面，然后更新这些行的调度时间。执行以上工作的缓存函数如代码清单 2-8 所示。

代码清单 2-8 守护进程函数 cache_rows()

```
def cache_rows(conn):
    while not QUIT:
        next = conn.zrange('schedule:', 0, 0, withscores=True)   # 尝试获取下一个需要被缓存的数据行以及该行的调度时间戳，命令会返回一个包含零个或一个元组(tuple)的列表。
        now = time.time()
        if not next or next[0][1] > now:
            time.sleep(.05)                                      # 暂时没有行需要被缓存，休眠 50 毫秒后重试。
            continue

        row_id = next[0][0]

        delay = conn.zscore('delay:', row_id)                    # 提前获取下一次调度的延迟时间。
        if delay <= 0:
            conn.zrem('delay:', row_id)                          # 不必再缓存这个行，将它从缓存中移除。
            conn.zrem('schedule:', row_id)
            conn.delete('inv:' + row_id)
            continue

        row = Inventory.get(row_id)                              # 读取数据行。
        conn.zadd('schedule:', row_id, now + delay)              # 更新调度时间并设置缓存值。
        conn.set('inv:' + row_id, json.dumps(row.to_dict()))
```

通过组合使用调度函数和持续运行缓存函数，我们实现了一种重复进行调度的自动缓存机制，并且可以随心所欲地控制数据行缓存的更新频率：如果数据行记录的是特价促销商品的剩余数量，并且参与促销活动的用户非常多的话，那么我们最好每隔几秒更新一次数据行缓存；另一方面，如果数据并不经常改变，或者商品缺货是可以接受的，那么我们可以每分钟更新一次缓存。

在这一节中，我们学习了如何将数据行缓存到 Redis 里面，在接下来的一节中，我们将通过只缓存一部分页面来减少实现页面缓存所需的内存数量。

2.5 网页分析

网站可以从用户的访问、交互和购买行为中收集到有价值的信息。例如，如果我们只想关注那些浏览量最高的页面，那么我们可以尝试修改页面的格局、配色甚至是页面上展示的其他链接。每一个修改尝试都能改变用户对一个页面或者后续页面的体验，或好或坏，甚至还能影响用户的购买行为。

前面的 2.1 节和 2.2 节中介绍了如何记录用户浏览过的商品或者用户添加到购物车中的商品，2.3 节中则介绍了如何通过缓存 Web 页面来减少页面载入时间并提升页面的响应速度。不过遗憾的是，我们对 Fake Web Retailer 采取的缓存措施做得过了火：Fake Web Retailer 总共包含 100 000 件商品，而贸然地缓存所有商品页面将耗尽整个网站的全部内存！经过一番调研之后，我们决定只对其中 10 000 件商品的页面进行缓存。

前面的 2.1 节中曾经介绍过，每个用户都有一个相应的记录用户浏览商品历史的有序集合，尽管使用这些有序集合可以计算出用户最经常浏览的商品，但进行这种计算却需要耗费大量的时间。为了解决这个问题，我们决定在 `update_token()` 函数里面添加一行代码，如代码清单 2-2 所示。

代码清单 2-9 修改后的 `update_token()` 函数

```
def update_token(conn, token, user, item=None):
    timestamp = time.time()
    conn.hset('login:', token, user)
    conn.zadd('recent:', token, timestamp)
    if item:
        conn.zadd('viewed:' + token, item, timestamp)
        conn.zremrangebyrank('viewed:' + token, 0, -26)
        conn.zincrby('viewed:', item, -1)
```

这行代码是新添加的。

新添加的代码记录了所有商品的浏览次数，并根据浏览次数对商品进行了排序，被浏览得最多的商品将被放到有序集合的索引 0 位置上，并且具有整个有序集合最少的分值。随着时间的流逝，商品的浏览次数会呈现两极分化的状态，一些商品的浏览次数会越来越多，而另一些商品的浏览次数则会越来越少。除了缓存最常被浏览的商品之外，程序还需要发现那些变得越来越流行的新商品，并在合适的时候缓存它们。

为了让商品浏览次数排行榜能够保持最新，我们需要定期修剪有序集合的长度并调整已有元素的分值，从而使得新流行的商品也可以在排行榜里面占据一席之地。之前的 2.1 节中已经介绍过从有序集合里面移除元素的方法，而调整元素分值的动作则可以通过 `ZINTERSTORE` 命令来完成。`ZINTERSTORE` 命令可以组合起一个或多个有序集合，并将有序集合包含的每个分值都乘以一个给定的数值（用户可以为每个有序集合分别指定不同的相乘数值）。每隔 5 分钟，代码清单 2-10 展示的函数就会删除所有排名在 20 000 名之后的商品，并将删除之后剩余的所有商品的浏览次数减半。

代码清单 2-10　守护进程函数 `rescale_viewed()`

```
def rescale_viewed(conn):
    while not QUIT:
        conn.zremrangebyrank('viewed:', 20000, -1)
        conn.zinterstore('viewed:', {'viewed:': .5})
        time.sleep(300)
```

删除所有排名在 20 000 名之后的商品。

将浏览次数降低为原来的一半。

5 分钟之后再次执行这个操作。

通过记录商品的浏览次数，并定期对记录浏览次数的有序集合进行修剪和分值调整，我们为 Fake Web Retailer 建立起了一个持续更新的最常浏览商品排行榜。接下来要做的就是修改之前介绍过的 `can_cache()` 函数，让它使用新的方法来判断页面是否需要被缓存，如代码清单 2-11 所示。

代码清单 2-11　`can_cache()` 函数

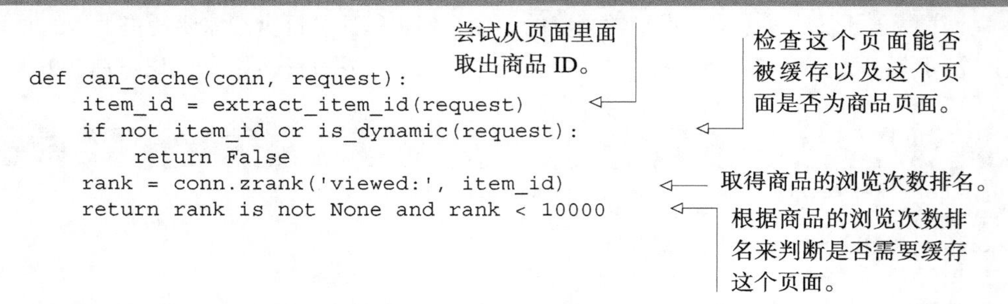

通过使用前面介绍的几个函数，Fake Web Retailer 现在可以统计商品被浏览的次数，并以此来缓存用户最经常浏览的 10 000 个商品页面。如果我们想以最少的代价来存储更多页面，那么可以考虑先对页面进行压缩，然后再缓存到 Redis 里面；或者使用 Edge Side Includes 技术移除页面中的部分内容；又或者对模板进行提前优化（pre-optimize），移除所有非必要的空格字符。这些技术能够减少内存消耗并增加 Redis 能够缓存的页面数量，为访问量不断增长的网站带来额外的性能提升。

2.6　小结

本章介绍了几种用于降低 Fake Web Retailer 的数据库负载和 Web 服务器负载的方法，这些例子里面介绍的都是真实的 Web 应用程序当今正在使用的思路和方法。

本章希望向读者传达这样一个概念：在为应用程序创建新构件时，不要害怕回过头去重构已有的构件，因为就像本章展示的购物车 cookie 的例子和基于登录会话 cookie 实现网页分析的例子一样，已有的构件有时候需要进行一些细微的修改才能真正满足你的需求。本书之后的章节也会继续引入新的主题，并且偶尔会回过头去审视之前介绍过的主题，对它们的功能或者性能进行改进，又或者重用之前已经介绍过的思路。

本章向读者介绍了怎样使用 Redis 来构建真实的应用程序组件，下一章将向读者介绍 Redis 提供的各种命令：通过更深入地了解 Redis 提供的各种结构以及这些结构的作用，读者将掌握到构建更复杂也更有用的组件所需的知识。不要犹豫，赶快阅读下一章吧！

第二部分

核心概念

这一部分的前面几章将深入探讨标准的 Redis 命令，其中包括数据操作命令和配置命令，而后面的几章将展示如何使用 Redis 构建更为复杂的辅助工具和应用程序，并在最后使用 Redis 来构建一个简单的社交网站。

第 3 章　Redis 命令

本章主要内容

- 字符串命令、列表命令和集合命令
- 散列命令和有序集合命令
- 发布命令与订阅命令
- 其他命令

本章将介绍一些没有在第 1 章和第 2 章出现过的 Redis 命令，学习这些命令有助于读者在已有示例的基础上构建更为复杂的程序，并学会如何更好地去解决自己遇到的问题。本章将使用客户端与 Redis 服务器进行简单的互动，并以此来介绍命令的用法，如果读者想要看一些更为具体的代码示例，那么可以阅读第 2 章。

根据结构或者概念的不同，本章将多个命令分别放到了多个不同的节里面进行介绍，并且这里展示的命令都是各种应用程序最经常会用到的。和第 1 章介绍各个结构时的做法类似，本章也是通过与客户端进行互动的方式来介绍各个命令，在有需要的时候，文中还会说明本书在哪些章节用到了正在介绍的命令。

在每个不同的数据类型的章节里，展示的都是该数据类型所独有的、最具代表性的命令。首先让我们来看看，除了 `GET` 和 `SET` 之外，Redis 的字符串还支持哪些命令。

查阅本章未介绍命令的文档　本章只会介绍最常用的 Redis 命令或者本书后续章节会用到的命令，如果读者需要一份完整的命令文档作为参考，那么可以访问 http://redis.io/commands。

Redis 2.4 和 Redis 2.6　正如附录 A 所说，在本书编写之际，Windows 平台上面只有 Redis 2.4 可用，而本书却会用到只有 Redis 2.6 或以上版本才支持的特性。Redis 2.4 和 Redis 2.6 之间的主要区别包括（但不限于）Lua 脚本（将在第 11 章介绍）、毫秒精度的过期操作（相关的 `PTTL` 命令、`PEXPIRE` 命令和 `PEXPIREAT` 命令将在本章介绍）、一些二进制位操作（`BITOP` 命令和 `BITCOUNT` 命令），另外还有一些在 Redis 2.6 以前只能接受单个参数的命令，比如 `RPUSH`、`LPUSH`、`SADD`、`SREM`、`HDEL`、`ZADD` 和 `ZREM`，从 Redis 2.6 开始都可以接受多个参数了。

3.1 字符串

本书在第 1 章和第 2 章曾经说过，Redis 的字符串就是一个由字节组成的序列，它们和很多编程语言里面的字符串没有什么明显的不同，跟 C 或者 C++风格的字符数组也相去不远。在 Redis 里面，字符串可以存储以下 3 种类型的值。

- 字节串（byte string）。
- 整数。
- 浮点数。

用户可以通过给定一个任意的数值，对存储着整数或者浮点数的字符串执行自增（increment）或者自减（decrement）操作，在有需要的时候，Redis 还会将整数转换成浮点数。整数的取值范围和系统的长整数（long integer）的取值范围相同（在 32 位系统上，整数就是 32 位有符号整数，在 64 位系统上，整数就是 64 位有符号整数），而浮点数的取值范围和精度则与 IEEE 754 标准的双精度浮点数（double）相同。Redis 明确地区分字节串、整数和浮点数的做法是一种优势，比起只能够存储字节串的做法，Redis 的做法在数据表现方面具有更大的灵活性。

本节将对 Redis 里面最简单的结构——字符串进行讨论，介绍基本的数值自增和自减操作，以及二进制位（bit）和子串（substring）处理命令，读者可能会惊讶地发现，Redis 里面最简单的结构居然也有如此强大的作用。

表 3-1 展示了对 Redis 字符串执行自增和自减操作的命令。

表 3-1 Redis 中的自增命令和自减命令

命令	用例和描述
INCR	INCR key-name——将键存储的值加上 1
DECR	DECR key-name——将键存储的值减去 1
INCRBY	INCRBY key-name amount——将键存储的值加上整数 amount
DECRBY	DECRBY key-name amount——将键存储的值减去整数 amount
INCRBYFLOAT	INCRBYFLOAT key-name amount——将键存储的值加上浮点数 amount，这个命令在 Redis 2.6 或以上的版本可用

当用户将一个值存储到 Redis 字符串里面的时候，如果这个值可以被解释（interpret）为十进制整数或者浮点数，那么 Redis 会察觉到这一点，并允许用户对这个字符串执行各种 INCR*和 DECR*操作。如果用户对一个不存在的键或者一个保存了空串的键执行自增或者自减操作，那么 Redis 在执行操作时会将这个键的值当作是 0 来处理。如果用户尝试对一个值无法被解释为整数或者浮点数的字符串键执行自增或者自减操作，那么 Redis 将向用户返回一个错误。代码清单 3-1 展示了对字符串执行自增操作和自减操作的一些例子。

代码清单 3-1 这个交互示例展示了 Redis 的 INCR 操作和 DECR 操作

```
>>> conn = redis.Redis()
>>> conn.get('key')
>>> conn.incr('key')
1
>>> conn.incr('key', 15)
16
>>> conn.decr('key', 5)
11
>>> conn.get('key')
'11'
>>> conn.set('key', '13')
True
>>> conn.incr('key')
14
```

尝试获取一个不存在的键将得到一个 None 值，终端不会显示这个值。

我们既可以对不存在的键执行自增操作，也可以通过可选的参数来指定自增操作的增量。

和自增操作一样，执行自减操作的函数也可以通过可选的参数来指定减量。

在尝试获取一个键的时候，命令将以字符串格式返回被存储的整数。

即使在设置键时输入的值为字符串，但只要这个值可以被解释为整数，我们就可以把它当作整数来处理。

在读完本书其他章节之后，读者可能会发现本书只调用了 `incr()`，这是因为 Python 的 Redis 库在内部使用 `INCRBY` 命令来实现 `incr()` 方法，并且这个方法的第二个参数是可选的：如果用户没有为这个可选参数设置值，那么这个参数就会使用默认值 1。在编写本书的时候，Python 的 Redis 客户端库支持 Redis 2.6 的所有命令，这个库通过 `incrbyfloat()` 方法来实现 `INCRBYFLOAT` 命令，并且 `incrbyfloat()` 方法也有类似于 `incr()` 方法的可选参数特性。

除了自增操作和自减操作之外，Redis 还拥有对字节串的其中一部分内容进行读取或者写入的操作（这些操作也可以用于整数或者浮点数，但这种用法并不常见），本书在第 9 章将展示如何使用这些操作来高效地将结构化数据打包（pack）存储到字符串键里面。表 3-2 展示了用来处理字符串子串和二进制位的命令。

表 3-2 供 Redis 处理子串和二进制位的命令

命令	用例和描述
APPEND	`APPEND key-name value`——将值 `value` 追加到给定键 `key-name` 当前存储的值的末尾
GETRANGE	`GETRANGE key-name start end`——获取一个由偏移量 `start` 至偏移量 `end` 范围内所有字符组成的子串，包括 `start` 和 `end` 在内
SETRANGE	`SETRANGE key-name offset value`——将从偏移量 `offset` 开始的子串设置为给定值
GETBIT	`GETBIT key-name offset`——将字节串看作是二进制位串（bit string），并返回位串中偏移量为 `offset` 的二进制位的值
SETBIT	`SETBIT key-name offset value`——将字节串看作是二进制位串，并将位串中偏移量为 `offset` 的二进制位的值设置为 `value`
BITCOUNT	`BITCOUNT key-name [start end]`——统计二进制位串里面值为 1 的二进制位的数量，如果给定了可选的 `start` 偏移量和 `end` 偏移量，那么只对偏移量指定范围内的二进制位进行统计
BITOP	`BITOP operation dest-key key-name [key-name ...]`——对一个或多个二进制位串执行包括并（AND）、或（OR）、异或（XOR）、非（NOT）在内的任意一种按位运算操作（bitwise operation），并将计算得出的结果保存在 `dest-key` 键里面

GETRANGE 和 SUBSTR Redis 现在的 GETRANGE 命令是由以前的 SUBSTR 命令改名而来的，因此，Python 客户端至今仍然可以使用 substr() 方法来获取子串，但如果读者使用的是 2.6 或以上版本的 Redis，那么最好还是使用 getrange() 方法来获取子串。

在使用 SETRANGE 或者 SETBIT 命令对字符串进行写入的时候，如果字符串当前的长度不能满足写入的要求，那么 Redis 会自动地使用空字节（null）来将字符串扩展至所需的长度，然后才执行写入或者更新操作。在使用 GETRANGE 读取字符串的时候，超出字符串末尾的数据会被视为是空串，而在使用 GETBIT 读取二进制位串的时候，超出字符串末尾的二进制位会被视为是 0。代码清单 3-2 展示了一些字符串处理命令的使用示例。

代码清单 3-2 这个交互示例展示了 Redis 的子串操作和二进制位操作

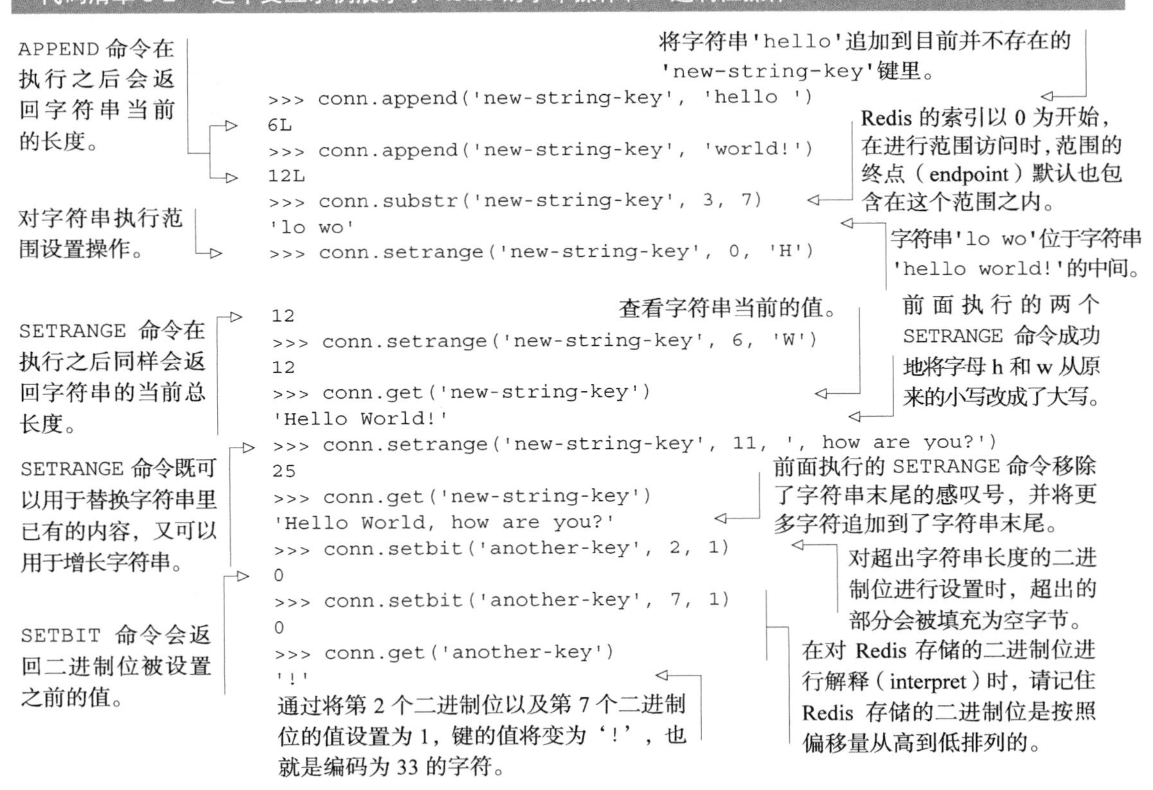


```
>>> conn.append('new-string-key', 'hello ')
6L
>>> conn.append('new-string-key', 'world!')
12L
>>> conn.substr('new-string-key', 3, 7)
'lo wo'
>>> conn.setrange('new-string-key', 0, 'H')
12
>>> conn.setrange('new-string-key', 6, 'W')
12
>>> conn.get('new-string-key')
'Hello World!'
>>> conn.setrange('new-string-key', 11, ', how are you?')
25
>>> conn.get('new-string-key')
'Hello World, how are you?'
>>> conn.setbit('another-key', 2, 1)
0
>>> conn.setbit('another-key', 7, 1)
0
>>> conn.get('another-key')
'!'
```

很多键值数据库只能将数据存储为普通的字符串，并且不提供任何字符串处理操作，有一些键值数据库允许用户将字节追加到字符串的前面或者后面，但是却没办法像 Redis 一样对字符串的子串进行读写。从很多方面来讲，即使 Redis 只支持字符串结构，并且只支持本节列出的字符串处理命令，Redis 也比很多别的数据库要强大得多；通过使用子串操作和二进制位操作，配合 WATCH

命令、MULTI 命令和 EXEC 命令（本书的 3.7.2 节将对这 3 个命令进行初步的介绍，并在第 4 章对它们进行更深入的讲解），用户甚至可以自己动手去构建任何他们想要的数据结构。第 9 章将介绍如何使用字符串去存储一种简单的映射，这种映射可以在某些情况下节省大量内存。

只要花些心思，我们甚至可以将字符串当作列表来使用，但这种做法能够执行的列表操作并不多，更好的办法是直接使用下一节介绍的列表结构，Redis 为这种结构提供了丰富的列表操作命令。

3.2 列表

在第 1 章曾经介绍过，Redis 的列表允许用户从序列的两端推入或者弹出元素，获取列表元素，以及执行各种常见的列表操作。除此之外，列表还可以用来存储任务信息、最近浏览过的文章或者常用联系人信息。

本节将对列表这个由多个字符串值组成的有序序列结构进行介绍，并展示一些最常用的列表处理命令，阅读本节可以让读者学会如何使用这些命令来处理列表。表 3-3 展示了其中一部分最常用的列表命令。

表 3-3　一些常用的列表命令

命令	用例和描述
RPUSH	RPUSH key-name value [value ...]——将一个或多个值推入列表的右端
LPUSH	LPUSH key-name value [value ...]——将一个或多个值推入列表的左端
RPOP	RPOP key-name——移除并返回列表最右端的元素
LPOP	LPOP key-name——移除并返回列表最左端的元素
LINDEX	LINDEX key-name offset——返回列表中偏移量为 offset 的元素
LRANGE	LRANGE key-name start end——返回列表从 start 偏移量到 end 偏移量范围内的所有元素，其中偏移量为 start 和偏移量为 end 的元素也会包含在被返回的元素之内
LTRIM	LTRIM key-name start end——对列表进行修剪，只保留从 start 偏移量到 end 偏移量范围内的元素，其中偏移量为 start 和偏移量为 end 的元素也会被保留

因为本书在第 1 章已经对列表的几个推入和弹出操作进行了简单的介绍，所以读者应该不会对上面列出的推入和弹出操作感到陌生，代码清单 3-3 展示了这些操作的用法。

代码清单 3-3　这个交互示例展示了 Redis 列表的推入操作和弹出操作

```
>>> conn.rpush('list-key', 'last')
1L
>>> conn.lpush('list-key', 'first')
2L
>>> conn.rpush('list-key', 'new last')
3L
>>> conn.lrange('list-key', 0, -1)
['first', 'last', 'new last']
```

在向列表推入元素时，推入操作执行完毕之后会返回列表当前的长度。

可以很容易地对列表的两端执行推入操作。

从语义上来说，列表的左端为开头，右端为结尾。

```
>>> conn.lpop('list-key')
'first'
>>> conn.lpop('list-key')
'last'
>>> conn.lrange('list-key', 0, -1)
['new last']
>>> conn.rpush('list-key', 'a', 'b', 'c')
4L
>>> conn.lrange('list-key', 0, -1)
['new last', 'a', 'b', 'c']
>>> conn.ltrim('list-key', 2, -1)
True
>>> conn.lrange('list-key', 0, -1)
['b', 'c']
```

通过重复地弹出列表左端的元素，可以按照从左到右的顺序来获取列表中的元素。

可以同时推入多个元素。

可以从列表的左端、右端或者左右两端删减任意数量的元素。

这个示例里面第一次用到了 LTRIM 命令，组合使用 LTRIM 和 LRANGE 可以构建出一个在功能上类似于 LPOP 或 RPOP，但是却能够一次返回并弹出多个元素的操作。本章稍后将会介绍原子地[①]执行多个命令的方法，而更高级的 Redis 事务特性则会在第 4 章介绍。

有几个列表命令可以将元素从一个列表移动到另一个列表，或者阻塞（block）执行命令的客户端直到有其他客户端给列表添加元素为止，这些命令在第 1 章都没有介绍过，表 3-4 列出了这些阻塞弹出命令和元素移动命令。

表 3-4　阻塞式的列表弹出命令以及在列表之间移动元素的命令

命令	用例和描述
BLPOP	BLPOP key-name [key-name ...] timeout——从第一个非空列表中弹出位于最左端的元素，或者在 timeout 秒之内阻塞并等待可弹出的元素出现
BRPOP	BRPOP key-name [key-name ...] timeout——从第一个非空列表中弹出位于最右端的元素，或者在 timeout 秒之内阻塞并等待可弹出的元素出现
RPOPLPUSH	RPOPLPUSH source-key dest-key——从 source-key 列表中弹出位于最右端的元素，然后将这个元素推入 dest-key 列表的最左端，并向用户返回这个元素
BRPOPLPUSH	BRPOPLPUSH source-key dest-key timeout——从 source-key 列表中弹出位于最右端的元素，然后将这个元素推入 dest-key 列表的最左端，并向用户返回这个元素；如果 source-key 为空，那么在 timeout 秒之内阻塞并等待可弹出的元素出现

在第 6 章讨论队列时，这组命令将会非常有用。代码清单 3-4 展示了几个使用 BRPOPLPUSH 移动列表元素的例子以及使用 BLPOP 从列表里面弹出多个元素的例子。

代码清单 3-4　这个交互示例展示了 Redis 列表的阻塞弹出命令以及元素移动命令

```
>>> conn.rpush('list', 'item1')
1
>>> conn.rpush('list', 'item2')
2
>>> conn.rpush('list2', 'item3')
1
>>> conn.brpoplpush('list2', 'list', 1)
'item3'
```

将一些元素添加到两个列表里面。

将一个元素从一个列表移动到另一个列表，并返回被移动的元素。

① 在 Redis 里面，多个命令原子地执行指的是，在这些命令正在读取或者修改数据的时候，其他客户端不能读取或者修改相同的数据。

当列表不包含任何元素时，阻塞弹出操作会在给定的时限内等待可弹出的元素出现，并在时限到达后返回 None（交互终端不会打印这个值）。

```
>>> conn.brpoplpush('list2', 'list', 1)
>>> conn.lrange('list', 0, -1)
['item3', 'item1', 'item2']
>>> conn.brpoplpush('list', 'list2', 1)
'item2'
>>> conn.blpop(['list', 'list2'], 1)
('list', 'item3')
>>> conn.blpop(['list', 'list2'], 1)
('list', 'item1')
>>> conn.blpop(['list', 'list2'], 1)
('list2', 'item2')
>>> conn.blpop(['list', 'list2'], 1)
>>>
```

弹出“list2”最右端的元素，并将被弹出的元素推入“list”的左端。

BLPOP 命令会从左到右地检查传入的列表，并对最先遇到的非空列表执行弹出操作。

对于阻塞弹出命令和弹出并推入命令，最常见的用例就是消息传递（messaging）和任务队列（task queue），本书将在第 6 章对这两个主题进行介绍。

练习：通过列表来降低内存占用

在 2.1 节和 2.5 节中，我们使用了有序集合来记录用户最近浏览过的商品，并把用户浏览这些商品时的时间戳设置为分值，从而使得程序可以在清理旧会话的过程中或是执行完购买操作之后，进行相应的数据分析。但由于保存时间戳需要占用相应的空间，所以如果分析操作并不需要用到时间戳的话，那么就没有必要使用有序集合来保存用户最近浏览过的商品了。为此，请在保证语义不变的情况下，将 `update_token()` 函数里面使用的有序集合替换成列表。提示：如果读者在解答这个问题时遇上困难的话，可以到 6.1.1 节中找找灵感。

列表的一个主要优点在于它可以包含多个字符串值，这使得用户可以将数据集中在同一个地方。Redis 的集合也提供了与列表类似的特性，但集合只能保存各不相同的元素。接下来的一节中就让我们来看看不能保存相同元素的集合都能做些什么。

3.3 集合

Redis 的集合以无序的方式来存储多个各不相同的元素，用户可以快速地对集合执行添加元素操作、移除元素操作以及检查一个元素是否存在于集合里。第 1 章曾经对集合进行过简单的介绍，并在构建文章投票网站时，使用集合记录文章已投票用户名单以及群组属下的所有文章。

本节将对最常用的集合命令进行介绍，包括插入命令、移除命令、将元素从一个集合移动到另一个集合的命令，以及对多个集合执行交集运算、并集运算和差集运算的命令。阅读本节也有助于读者更好地理解本书在第 7 章介绍的搜索示例。

表 3-5 展示了其中一部分最常用的集合命令。

表 3-5 一些常用的集合命令

命令	用例和描述
SADD	SADD key-name item [item ...]——将一个或多个元素添加到集合里面，并返回被添加元素当中原本并不存在于集合里面的元素数量
SREM	SREM key-name item [item ...]——从集合里面移除一个或多个元素，并返回被移除元素的数量
SISMEMBER	SISMEMBER key-name item——检查元素 item 是否存在于集合 key-name 里
SCARD	SCARD key-name——返回集合包含的元素的数量
SMEMBERS	SMEMBERS key-name——返回集合包含的所有元素
SRANDMEMBER	SRANDMEMBER key-name [count]——从集合里面随机地返回一个或多个元素。当 count 为正数时，命令返回的随机元素不会重复；当 count 为负数时，命令返回的随机元素可能会出现重复
SPOP	SPOP key-name——随机地移除集合中的一个元素，并返回被移除的元素
SMOVE	SMOVE source-key dest-key item——如果集合 source-key 包含元素 item，那么从集合 source-key 里面移除元素 item，并将元素 item 添加到集合 dest-key 中；如果 item 被成功移除，那么命令返回 1，否则返回 0

表 3-5 里面的不少命令都已经在第 1 章介绍过了，代码清单 3-5 展示了这些命令的使用示例。

代码清单 3-5　这个交互示例展示了 Redis 中的一些常用的集合命令

```
>>> conn.sadd('set-key', 'a', 'b', 'c')
3
>>> conn.srem('set-key', 'c', 'd')
True
>>> conn.srem('set-key', 'c', 'd')
False
>>> conn.scard('set-key')
2
>>> conn.smembers('set-key')
set(['a', 'b'])
>>> conn.smove('set-key', 'set-key2', 'a')
True
>>> conn.smove('set-key', 'set-key2', 'c')
False
>>> conn.smembers('set-key2')
set(['a'])
```

SADD 命令会将那些目前并不存在于集合里面的元素添加到集合里面，并返回被添加元素的数量。

srem 函数在元素被成功移除时返回 True，移除失败时返回 False；注意这是 Python 客户端的一个 bug，实际上 Redis 的 SREM 命令返回的是被移除元素的数量，而不是布尔值。

查看集合包含的元素数量。

获取集合包含的所有元素。

可以很容易地将元素从一个集合移动到另一个集合。

在执行 SMOVE 命令时，如果用户想要移动的元素不存在于第一个集合里，那么移动操作就不会执行。

通过使用上面展示的命令，我们可以将各不相同的多个元素添加到集合里面，比如第 1 章就使用集合记录了文章已投票用户名单，以及文章属于哪个群组。但集合真正厉害的地方在于组合和关联多个集合，表 3-6 展示了相关的命令。

表 3-6 用于组合和处理多个集合的 Redis 命令

命令	用例和描述
SDIFF	SDIFF key-name [key-name ...]——返回那些存在于第一个集合、但不存在于其他集合中的元素（数学上的差集运算）

续表

命令	用例和描述
SDIFFSTORE	SDIFFSTORE dest-key key-name [key-name ...]——将那些存在于第一个集合但并不存在于其他集合中的元素（数学上的差集运算）存储到 dest-key 键里面
SINTER	SINTER key-name [key-name ...]——返回那些同时存在于所有集合中的元素（数学上的交集运算）
SINTERSTORE	SINTERSTORE dest-key key-name [key-name ...]——将那些同时存在于所有集合的元素（数学上的交集运算）存储到 dest-key 键里面
SUNION	SUNION key-name [key-name ...]——返回那些至少存在于一个集合中的元素（数学上的并集计算）
SUNIONSTORE	SUNIONSTORE dest-key key-name [key-name ...]——将那些至少存在于一个集合中的元素（数学上的并集计算）存储到 dest-key 键里面

这些命令分别是并集运算、交集运算和差集运算这 3 个基本集合操作的“返回结果”版本和“存储结果”版本，代码清单 3-6 展示了这些命令的使用示例。

代码清单 3-6　这个交互示例展示了 Redis 的差集运算、交集运算以及并集运算

```
>>> conn.sadd('skey1', 'a', 'b', 'c', 'd')
4
>>> conn.sadd('skey2', 'c', 'd', 'e', 'f')
4
>>> conn.sdiff('skey1', 'skey2')
set(['a', 'b'])
>>> conn.sinter('skey1', 'skey2')
set(['c', 'd'])
>>> conn.sunion('skey1', 'skey2')
set(['a', 'c', 'b', 'e', 'd', 'f'])
```

首先将一些元素添加到两个集合里面。

计算出从第一个集合里面移除第二个集合包含的所有元素的结果。

计算出同时存在于两个集合里面的所有元素。

计算出两个集合包含的所有各不相同的元素。

和 Python 的集合相比，Redis 的集合除了可以被多个客户端远程地进行访问之外，其他的语义和功能基本都是相同的。

接下来的一节将对 Redis 的散列处理命令进行介绍，这些命令允许用户将多个相关的键值对存储在一起，以便执行获取操作和更新操作。

3.4　散列

第 1 章提到过，Redis 的散列可以让用户将多个键值对存储到一个 Redis 键里面。从功能上来说，Redis 为散列值提供了一些与字符串值相同的特性，使得散列非常适用于将一些相关的数据存储在一起。我们可以把这种数据聚集看作是关系数据库中的行，或者文档数据库中的文档。

本节将对最常用的散列命令进行介绍：其中包括添加和删除键值对的命令、获取所有键值对的命令，以及对键值对的值进行自增或者自减操作的命令。阅读这一节可以让读者学习到如何将

数据存储到散列里面，以及这样做的好处是什么。表 3-7 展示了一部分常用的散列命令。

表 3-7 用于添加和删除键值对的散列操作

命令	用例和描述
HMGET	HMGET key-name key [key ...]——从散列里面获取一个或多个键的值
HMSET	HMSET key-name key value [key value ...]——为散列里面的一个或多个键设置值
HDEL	HDEL key-name key [key ...]——删除散列里面的一个或多个键值对，返回成功找到并删除的键值对数量
HLEN	HLEN key-name——返回散列包含的键值对数量

在表 3-7 列出的命令当中，HDEL 命令已经在第 1 章中介绍过了，而 HLEN 命令以及用于一次读取或者设置多个键的 HMGET 和 HMSET 则是新出现的命令。像 HMGET 和 HMSET 这种批量处理多个键的命令既可以给用户带来方便，又可以通过减少命令的调用次数以及客户端与 Redis 之间的通信往返次数来提升 Redis 的性能。代码清单 3-7 展示了这些命令的使用方法。

代码清单 3-7 这个交互示例展示了 Redis 中的一些常用的散列命令

```
>>> conn.hmset('hash-key', {'k1':'v1', 'k2':'v2', 'k3':'v3'})
True
>>> conn.hmget('hash-key', ['k2', 'k3'])
['v2', 'v3']
>>> conn.hlen('hash-key')
3
>>> conn.hdel('hash-key', 'k1', 'k3')
True
```

使用 HMSET 命令可以一次将多个键值对添加到散列里面。

使用 HMGET 命令可以一次获取多个键的值。

HLEN 命令通常用于调试一个包含非常多键值对的散列。

HDEL 命令在成功地移除了至少一个键值对时返回 True，因为 HDEL 命令已经可以同时删除多个键值对了，所以 Redis 没有实现 HMDEL 命令。

第 1 章介绍的 HGET 命令和 HSET 命令分别是 HMGET 命令和 HMSET 命令的单参数版本，这些命令的唯一区别在于单参数版本每次执行只能处理一个键值对，而多参数版本每次执行可以处理多个键值对。

表 3-8 列出了散列的其他几个批量操作命令，以及一些和字符串操作类似的散列命令。

表 3-8 展示 Redis 散列的更高级特性

命令	用例和描述
HEXISTS	HEXISTS key-name key——检查给定键是否存在于散列中
HKEYS	HKEYS key-name——获取散列包含的所有键
HVALS	HVALS key-name——获取散列包含的所有值
HGETALL	HGETALL key-name——获取散列包含的所有键值对
HINCRBY	HINCRBY key-name key increment——将键 key 存储的值加上整数 increment
HINCRBYFLOAT	HINCRBYFLOAT key-name key increment——将键 key 存储的值加上浮点数 increment

尽管有 HGETALL 存在，但 HKEYS 和 HVALS 也是非常有用的：如果散列包含的值非常大，那么用户可以先使用 HKEYS 取出散列包含的所有键，然后再使用 HGET 一个接一个地取出键的值，从而避免因为一次获取多个大体积的值而导致服务器阻塞。

HINCRBY 和 HINCRBYFLOAT 可能会让读者回想起用于处理字符串的 INCRBY 和 INCRBYFLOAT，这两对命令拥有相同的语义，它们的不同在于 HINCRBY 和 HINCRBYFLOAT 处理的是散列，而不是字符串。代码清单 3-8 展示了这些命令的使用方法。

代码清单 3-8 这个交互示例展示了 Redis 散列的一些更高级的特性

```
>>> conn.hmset('hash-key2', {'short':'hello', 'long':1000*'1'})
True
>>> conn.hkeys('hash-key2')
['long', 'short']
>>> conn.hexists('hash-key2', 'num')
False
>>> conn.hincrby('hash-key2', 'num')
1L
>>> conn.hexists('hash-key2', 'num')
True
```

在考察散列的时候，我们可以只取出散列包含的键，避免传输体积较大的值。

检查给定的键是否存在于散列中。

和字符串一样，对散列中一个尚未存在的键执行自增操作时，Redis 会将键的值当作 0 来处理。

正如前面所说，在对散列进行处理的时候，如果键值对的值的体积非常庞大，那么用户可以先使用 HKEYS 获取散列的所有键，然后通过只获取必要的值来减少需要传输的数据量。除此之外，用户还可以像使用 SISMEMBER 检查一个元素是否存在于集合里面一样，使用 HEXISTS 检查一个键是否存在于散列里面。另外第 1 章也用到了本节刚刚回顾过的 HINCRBY 来记录文章被投票的次数。

在接下来的一节中，我们要了解的是之后的章节里面会经常用到的有序集合结构。

3.5 有序集合

和散列存储着键与值之间的映射类似，有序集合也存储着成员与分值之间的映射，并且提供了分值[①]处理命令，以及根据分值大小有序地获取（fetch）或扫描（scan）成员和分值的命令。本书曾在第 1 章使用有序集合实现过基于发表时间排序的文章列表和基于投票数量排序的文章列表，还在第 2 章使用有序集合存储过 cookie 的过期时间。

本节将对操作有序集合的命令进行介绍，其中包括向有序集合添加新元素的命令、更新已有元素的命令，以及对有序集合进行交集运算和并集运算的命令。阅读本节可以加深读者对有序集合的认识，从而帮助读者更好地理解本书在第 1 章、第 5 章、第 6 章和第 7 章展示的有序集合示例。

① 这些分值在 Redis 中以 IEEE 754 双精度浮点数的格式存储。

表 3-9 展示了一部分常用的有序集合命令。

表 3-9 一些常用的有序集合命令

命令	用例和描述
ZADD	ZADD key-name score member [score member ...]——将带有给定分值的成员添加到有序集合里面
ZREM	ZREM key-name member [member ...]——从有序集合里面移除给定的成员，并返回被移除成员的数量
ZCARD	ZCARD key-name——返回有序集合包含的成员数量
ZINCRBY	ZINCRBY key-name increment member——将 member 成员的分值加上 increment
ZCOUNT	ZCOUNT key-name min max——返回分值介于 min 和 max 之间的成员数量
ZRANK	ZRANK key-name member——返回成员 member 在有序集合中的排名
ZSCORE	ZSCORE key-name member——返回成员 member 的分值
ZRANGE	ZRANGE key-name start stop [WITHSCORES]——返回有序集合中排名介于 start 和 stop 之间的成员，如果给定了可选的 WITHSCORES 选项，那么命令会将成员的分值也一并返回

在上面列出的命令当中，有一部分命令已经在第 1 章和第 2 章使用过了，所以读者应该不会对它们感到陌生，代码清单 3-9 回顾了这些命令的用法。

代码清单 3-9 这个交互示例展示了 Redis 中的一些常用的有序集合命令

```
>>> conn.zadd('zset-key', 'a', 3, 'b', 2, 'c', 1)
3
>>> conn.zcard('zset-key')
3
>>> conn.zincrby('zset-key', 'c', 3)
4.0
>>> conn.zscore('zset-key', 'b')
2.0
>>> conn.zrank('zset-key', 'c')
2
>>> conn.zcount('zset-key', 0, 3)
2L
>>> conn.zrem('zset-key', 'b')
True
>>> conn.zrange('zset-key', 0, -1, withscores=True)
[('a', 3.0), ('c', 4.0)]
```

在 Python 客户端执行 ZADD 命令需要先输入成员、后输入分值，这跟 Redis 标准的先输入分值、后输入成员的做法正好相反。

取得有序集合的大小可以让我们在某些情况下知道是否需要对有序集合进行修剪。

跟字符串和散列一样，有序集合的成员也可以执行自增操作。

获取单个成员的分值对于实现计数器或者排行榜之类的功能非常有用。

获取指定成员的排名（排名以 0 为开始），之后可以根据这个排名来决定 ZRANGE 的访问范围。

对于某些任务来说，统计给定分值范围内的元素数量非常有用。

从有序集合里面移除成员和添加成员一样容易。

在进行调试时，我们通常会使用 ZRANGE 取出有序集合包含的所有元素，但是在实际用例中，通常一次只会取出一小部分元素。

因为 ZADD、ZREM、ZINCRBY、ZSCORE 和 ZRANGE 都已经在第 1 章和第 2 章介绍过了，所以读者应该不会对它们感到陌生。ZCOUNT 命令和其他命令不太相同，它主要用于计算分值在给定范围内的成员数量。

表 3-10 展示了另外一些非常有用的有序集合命令。

表 3-10 有序集合的范围型数据获取命令和范围型数据删除命令，以及并集命令和交集命令

命令	用例和描述
ZREVRANK	ZREVRANK key-name member——返回有序集合里成员 member 的排名，成员按照分值从大到小排列
ZREVRANGE	ZREVRANGE key-name start stop [WITHSCORES]——返回有序集合给定排名范围内的成员，成员按照分值从大到小排列
ZRANGEBYSCORE	ZRANGEBYSCORE key min max [WITHSCORES] [LIMIT offset count]——返回有序集合中，分值介于 min 和 max 之间的所有成员
ZREVRANGEBYSCORE	ZREVRANGEBYSCORE key max min [WITHSCORES] [LIMIT offset count]——获取有序集合中分值介于 min 和 max 之间的所有成员，并按照分值从大到小的顺序来返回它们
ZREMRANGEBYRANK	ZREMRANGEBYRANK key-name start stop——移除有序集合中排名介于 start 和 stop 之间的所有成员
ZREMRANGEBYSCORE	ZREMRANGEBYSCORE key-name min max——移除有序集合中分值介于 min 和 max 之间的所有成员
ZINTERSTORE	ZINTERSTORE dest-key key-count key [key ...] [WEIGHTS weight [weight ...]] [AGGREGATE SUM|MIN|MAX]——对给定的有序集合执行类似于集合的交集运算
ZUNIONSTORE	ZUNIONSTORE dest-key key-count key [key ...] [WEIGHTS weight [weight ...]] [AGGREGATE SUM|MIN|MAX]——对给定的有序集合执行类似于集合的并集运算

在表 3-10 展示的命令里面，有几个是之前没介绍过的新命令。除了使用逆序来处理有序集合之外，ZREV*命令的工作方式和相对应的非逆序命令的工作方式完全一样（逆序就是指元素按照分值从大到小地排列）。代码清单 3-10 展示了 ZINTERSTORE 和 ZUNIONSTORE 的用法。

代码清单 3-10 这个交互示例展示了 ZINTERSTORE 命令和 ZUNIONSTORE 命令的用法

首先创建两个有序集合。

```
>>> conn.zadd('zset-1', 'a', 1, 'b', 2, 'c', 3)
3
>>> conn.zadd('zset-2', 'b', 4, 'c', 1, 'd', 0)
3
>>> conn.zinterstore('zset-i', ['zset-1', 'zset-2'])
2L
>>> conn.zrange('zset-i', 0, -1, withscores=True)
[('c', 4.0), ('b', 6.0)]
```

ZINTERSTORE 和 ZUNIONSTORE 默认使用的聚合函数为 sum，这个函数会把各个有序集合的成员的分值都加起来。

```
>>> conn.zunionstore('zset-u', ['zset-1', 'zset-2'], aggregate='min')
4L
>>> conn.zrange('zset-u', 0, -1, withscores=True)
[('d', 0.0), ('a', 1.0), ('c', 1.0), ('b', 2.0)]
>>> conn.sadd('set-1', 'a', 'd')
2
>>> conn.zunionstore('zset-u2', ['zset-1', 'zset-2', 'set-1'])
4L
>>> conn.zrange('zset-u2', 0, -1, withscores=True)
[('d', 1.0), ('a', 2.0), ('c', 4.0), ('b', 6.0)]
```

用户可以在执行并集运算和交集运算的时候传入不同的聚合函数，共有 sum、min、max 三个聚合函数可选。

用户还可以把集合作为输入传给 ZINTERSTORE 和 ZUNIONSTORE，命令会将集合看作是成员分值全为 1 的有序集合来处理。

有序集合的并集运算和交集运算在刚开始接触时可能会比较难懂，所以本节将使用图片来展示交集运算和并集运算的执行过程。图 3-1 展示了对两个输入有序集合执行交集运算并得到输出有序集合的过程，这次交集运算使用的是默认的聚合函数 sum，所以输出有序集合成员的分值都是通过加法计算得出的。

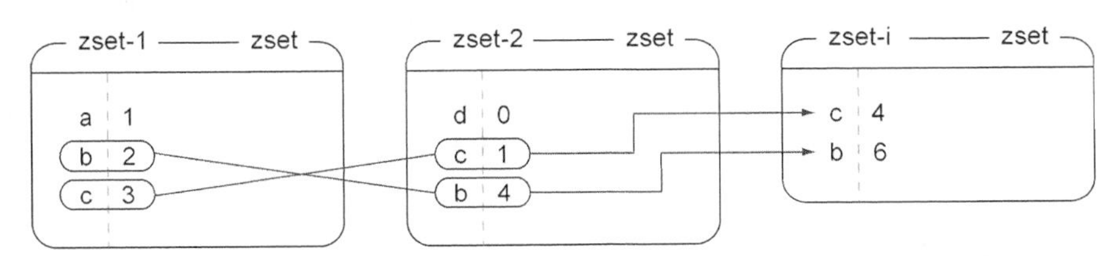

图 3-1 执行 conn.zinterstore('zset-i', ['zset-1', 'zset-2']) 将使得同时存在于 zset-1 和 zset-2 里面的元素被添加到 zset-i 里面

并集运算和交集运算不同，只要某个成员存在于至少一个输入有序集合里面，那么这个成员就会被包含在输出有序集合里面。图 3-2 展示了使用聚合函数 min 执行并集运算的过程，min 函数在多个输入有序集合都包含同一个成员的情况下，会将最小的那个分值设置为这个成员在输出有序集合的分值。

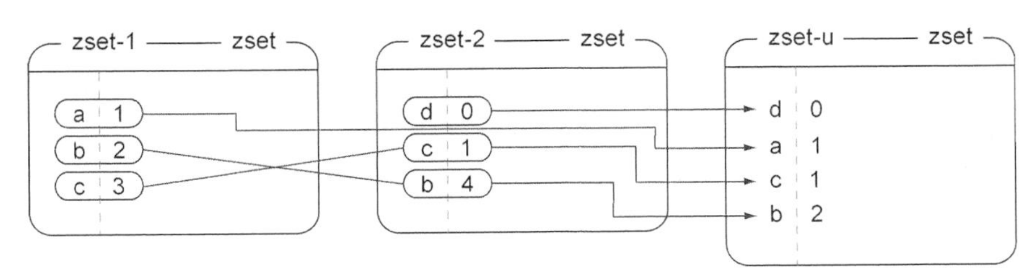

图 3-2 执行 conn.zunionstore('zset-u', ['zset-1', 'zset-2'], aggregate='min') 会将存在于 zset-1 或者 zset-2 里面的元素通过 min 函数组合到 zset-u 里面

在第 1 章中，我们就基于“集合可以作为 ZUNIONSTORE 操作和 ZINTERSTORE 操作的输

入”这个事实，在没有使用额外的有序集合来存储群组文章的评分和发布时间的情况下，实现了群组文章的添加和删除操作。图 3-3 展示了如何使用 ZUNIONSTORE 命令来将两个有序集合和一个集合组合成一个有序集合。

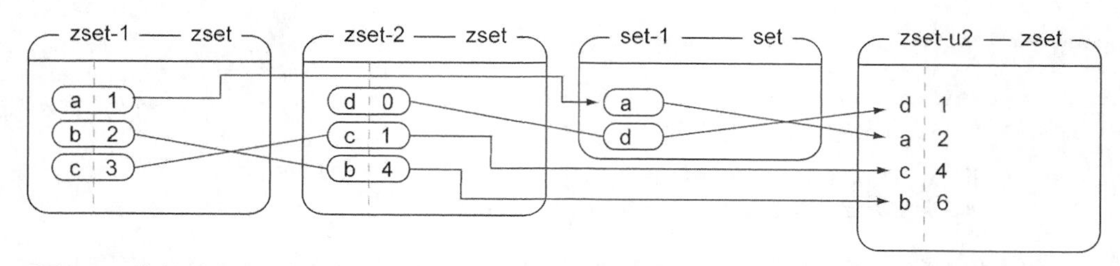

图 3-3 执行 conn.zunionstore('zset-u2', ['zset-1', 'zset-2', 'set-1']) 将使得所有存在于 zset-1、zset-2 或者 set-1 里面的元素都被添加到 zset-u2 里面

第 7 章将使用 ZINTERSTORE 和 ZUNIONSTORE 来构建几个不同类型的搜索系统，并说明如何通过可选的 WEIGHTS 参数来以几种不同的方式组合有序集合的分值，从而使得集合和有序集合可以用于解决更多问题。

读者在开发应用的过程中，也许曾经听说过发布与订阅（publish/subscribe）模式，又称 pub/sub 模式，Redis 也实现了这种模式，接下来的一节将对其进行介绍。

3.6 发布与订阅

如果你因为想不起来本书在前面的哪个章节里面介绍过发布与订阅而困惑，那么大可不必——这是本书目前为止第一次介绍发布与订阅。一般来说，发布与订阅（又称 pub/sub）的特点是订阅者（listener）负责订阅频道（channel），发送者（publisher）负责向频道发送二进制字符串消息（binary string message）。每当有消息被发送至给定频道时，频道的所有订阅者都会收到消息。我们也可以把频道看作是电台，其中订阅者可以同时收听多个电台，而发送者则可以在任何电台发送消息。

本节将对发布与订阅的相关操作进行介绍，阅读这一节可以让读者学会怎样使用发布与订阅的相关命令，并了解到为什么本书在之后的章节里面会使用其他相似的解决方案来代替 Redis 提供的发布与订阅。

表 3-11 展示了 Redis 提供的 5 个发布与订阅命令。

表 3-11 Redis 提供的发布与订阅命令

命令	用例和描述
SUBSCRIBE	SUBSCRIBE channel [channel ...]——订阅给定的一个或多个频道
UNSUBSCRIBE	UNSUBSCRIBE [channel [channel ...]]——退订给定的一个或多个频道，如果执行时没有给定任何频道，那么退订所有频道

续表

命令	用例和描述
PUBLISH	PUBLISH channel message——向给定频道发送消息
PSUBSCRIBE	PSUBSCRIBE pattern [pattern ...]——订阅与给定模式相匹配的所有频道
PUNSUBSCRIBE	PUNSUBSCRIBE [pattern [pattern ...]]——退订给定的模式，如果执行时没有给定任何模式，那么退订所有模式

考虑到 PUBLISH 命令和 SUBSCRIBE 命令在 Python 客户端的实现方式，一个比较简单的演示发布与订阅的方法，就是像代码清单 3-11 那样使用辅助线程（helper thread）来执行 PUBLISH 命令[①]。

代码清单 3-11 这个交互示例展示了如何使用 Redis 中的 PUBLISH 命令以及 SUBSCRIBE 命令

```
>>> def publisher(n):
...     time.sleep(1)
...     for i in xrange(n):
...         conn.publish('channel', i)
...         time.sleep(1)
...
>>> def run_pubsub():
...     threading.Thread(target=publisher, args=(3,)).start()
...     pubsub = conn.pubsub()
...     pubsub.subscribe(['channel'])
...     count = 0
...     for item in pubsub.listen():
...         print item
...         count += 1
...         if count == 4:
...             pubsub.unsubscribe()
...         if count == 5:
...             break
...
```

函数在刚开始执行时会先休眠，让订阅者有足够的时间来连接服务器并监听消息。

启动发送者线程，并让它发送三条消息。

在发布消息之后进行短暂的休眠，让消息可以一条接一条地出现。

创建发布与订阅对象，并让它订阅给定的频道。

通过遍历函数 pubsub.listen() 的执行结果来监听订阅消息。

打印接收到的每条消息。

在接收到一条订阅反馈消息和三条发布者发送的消息之后，执行退订操作，停止监听新消息。

客户端在接收到退订反馈消息之后就不再接收消息。

```
>>> run_pubsub()
{'pattern': None, 'type': 'subscribe', 'channel': 'channel', 'data': 1L}
```

实际运行函数并观察它们的行为。

在刚开始订阅一个频道的时候，客户端会接收到一条关于被订阅频道的反馈消息。

```
{'pattern': None, 'type': 'message', 'channel': 'channel', 'data': '0'}
{'pattern': None, 'type': 'message', 'channel': 'channel', 'data': '1'}
{'pattern': None, 'type': 'message', 'channel': 'channel', 'data': '2'}
{'pattern': None, 'type': 'unsubscribe', 'channel': 'channel', 'data':
0L}
```

在退订频道时，客户端会接收到一条反馈消息，告知被退订的是哪个频道，以及客户端目前仍在订阅的频道数量。

这些结构就是我们在遍历 pubsub.listen() 函数时得到的元素。

① 代码清单中的 publisher() 函数和 run_pubsub() 函数都包含在本章对应的源代码里面，如果读者有兴趣的话，可以自己亲自试一下。

虽然 Redis 的发布与订阅模式非常有用，但本书只在这一节和 8.5 节中使用了这个模式，这样做的原因有以下两个。

第一个原因和 Redis 系统的稳定性有关。对于旧版 Redis 来说，如果一个客户端订阅了某个或某些频道，但它读取消息的速度却不够快的话，那么不断积压的消息就会使得 Redis 输出缓冲区的体积变得越来越大，这可能会导致 Redis 的速度变慢，甚至直接崩溃。也可能会导致 Redis 被操作系统强制杀死，甚至导致操作系统本身不可用。新版的 Redis 不会出现这种问题，因为它会自动断开不符合 `client-output-buffer-limit pubsub` 配置选项要求的订阅客户端（本书第 8 章将对这个选项做更详细的介绍）。

第二个原因和数据传输的可靠性有关。任何网络系统在执行操作时都可能会遇上断线情况，而断线产生的连接错误通常会使得网络连接两端中的其中一端进行重新连接。本书使用的 Python 语言的 Redis 客户端会在连接失效时自动进行重新连接，也会自动处理连接池（connection pool，具体信息将在第 4 章介绍），诸如此类。但是，如果客户端在执行订阅操作的过程中断线，那么客户端将丢失在断线期间发送的所有消息，因此依靠频道来接收消息的用户可能会对 Redis 提供的 `PUBLISH` 命令和 `SUBSCRIBE` 命令的语义感到失望。

基于以上两个原因，本书在第 6 章编写了两个不同的方法来实现可靠的消息传递操作，这两个方法除了可以处理网络断线之外，还可以防止 Redis 因为消息积压而耗费过多内存（这个方法即使对于旧版 Redis 也是有效的）。

如果你喜欢简单易用的 `PUBLISH` 命令和 `SUBSCRIBE` 命令，并且能够承担可能会丢失一小部分数据的风险，那么你也可以继续使用 Redis 提供的发布与订阅特性，而不是 8.5 节中提供的实现，只要记得先把 `client-output-buffer-limit pubsub` 选项设置好就行了。

到目前为止，本书介绍的大多数命令都是与特定数据类型相关的。接下来的一节要介绍的命令你可能也会用到，但它们既不属于 Redis 提供的 5 种数据结构，也不属于发布与订阅特性。

3.7 其他命令

到目前为止，本章介绍了 Redis 提供的 5 种结构以及 Redis 的发布与订阅模式。本节将要介绍的命令则可以用于处理多种类型的数据：首先要介绍的是可以同时处理字符串、集合、列表和散列的 `SORT` 命令；之后要介绍是用于实现基本事务特性的 `MULTI` 命令和 `EXEC` 命令，这两个命令可以让用户将多个命令当作一个命令来执行；最后要介绍的是几个不同的自动过期命令，它们可以自动删除无用数据。

阅读本节有助于读者更好地理解如何同时组合和操作多种数据类型。

3.7.1 排序

Redis 的排序操作和其他编程语言的排序操作一样，都可以根据某种比较规则对一系列元素进行有序的排列。负责执行排序操作的 SORT 命令可以根据字符串、列表、集合、有序集合、散列这 5 种键里面存储着的数据，对列表、集合以及有序集合进行排序。如果读者之前曾经使用过关系数据库的话，那么可以将 SORT 命令看作是 SQL 语言里的 order by 子句。表 3-12 展示了 SORT 命令的定义。

表 3-12 SORT 命令的定义

命令	用例和描述
SORT	SORT source-key [BY pattern] [LIMIT offset count] [GET pattern [GET pattern ...]] [ASC|DESC] [ALPHA] [STORE dest-key]——根据给定的选项，对输入列表、集合或者有序集合进行排序，然后返回或者存储排序的结果

使用 SORT 命令提供的选项可以实现以下功能：根据降序而不是默认的升序来排序元素；将元素看作是数字来进行排序，或者将元素看作是二进制字符串来进行排序（比如排序字符串'110'和'12'的结果就跟排序数字 110 和 12 的结果不一样）；使用被排序元素之外的其他值作为权重来进行排序，甚至还可以从输入的列表、集合、有序集合以外的其他地方进行取值。

代码清单 3-12 展示了一些 SORT 命令的使用示例。其中，最开头的几行代码设置了一些初始数据，然后对这些数据进行了数值排序和字符串排序，最后的代码演示了如何通过 SORT 命令的特殊语法来将散列存储的数据作为权重进行排序，以及怎样获取并返回散列存储的数据。

代码清单 3-12 这个交互示例展示了 SORT 命令的一些简单的用法

```
>>> conn.rpush('sort-input', 23, 15, 110, 7)
4
>>> conn.sort('sort-input')
['7', '15', '23', '110']
>>> conn.sort('sort-input', alpha=True)
['110', '15', '23', '7']
>>> conn.hset('d-7', 'field', 5)
1L
>>> conn.hset('d-15', 'field', 1)
1L
>>> conn.hset('d-23', 'field', 9)
1L
>>> conn.hset('d-110', 'field', 3)
1L
>>> conn.sort('sort-input', by='d-*->field')
['15', '110', '7', '23']
>>> conn.sort('sort-input', by='d-*->field', get='d-*->field')
['1', '3', '5', '9']
```

首先将一些元素添加到列表里面。

根据数字大小对元素进行排序。

根据字母表顺序对元素进行排序。

添加一些用于执行排序操作和获取操作的附加数据。

将散列的域（field）用作权重，对 sort-input 列表进行排序。

获取外部数据，并将它们用作命令的返回值，而不是返回被排序的数据。

SORT 命令不仅可以对列表进行排序，还可以对集合进行排序，然后返回一个列表形式的排序结果。代码清单 3-12 除了展示如何使用 alpha 关键字参数对元素进行字符串排序之外，还展示了如何基于外部数据对元素进行排序，以及如何获取并返回外部数据。第 7 章将介绍如何组合使用集合操作和 SORT 命令：当集合结构计算交集、并集和差集的能力，与 SORT 命令获取散列存储的外部数据的能力相结合时，SORT 命令将变得非常强大。

尽管 SORT 是 Redis 中唯一一个可以同时处理 3 种不同类型的数据的命令，但基本的 Redis 事务同样可以让我们在一连串不间断执行的命令里面操作多种不同类型的数据。

3.7.2 基本的 Redis 事务

有时候为了同时处理多个结构，我们需要向 Redis 发送多个命令。尽管 Redis 有几个可以在两个键之间复制或者移动元素的命令，但却没有那种可以在两个不同类型之间移动元素的命令（虽然可以使用 ZUNIONSTORE 命令将元素从一个集合复制到一个有序集合）。为了对相同或者不同类型的多个键执行操作，Redis 有 5 个命令可以让用户在不被打断（interruption）的情况下对多个键执行操作，它们分别是 WATCH、MULTI、EXEC、UNWATCH 和 DISCARD。

这一节只介绍最基本的 Redis 事务用法，其中只会用到 MULTI 命令和 EXEC 命令。如果读者想看看使用 WATCH、MULTI、EXEC 和 UNWATCH 等多个命令的事务是什么样子的，可以阅读 4.4 节，其中解释了为什么需要在使用 MULTI 和 EXEC 的同时使用 WATCH 和 UNWATCH。

什么是 Redis 的基本事务

Redis 的基本事务（basic transaction）需要用到 MULTI 命令和 EXEC 命令，这种事务可以让一个客户端在不被其他客户端打断的情况下执行多个命令。和关系数据库那种可以在执行的过程中进行回滚（rollback）的事务不同，在 Redis 里面，被 MULTI 命令和 EXEC 命令包围的所有命令会一个接一个地执行，直到所有命令都执行完毕为止。当一个事务执行完毕之后，Redis 才会处理其他客户端的命令。

要在 Redis 里面执行事务，我们首先需要执行 MULTI 命令，然后输入那些我们想要在事务里面执行的命令，最后再执行 EXEC 命令。当 Redis 从一个客户端那里接收到 MULTI 命令时，Redis 会将这个客户端之后发送的所有命令都放入到一个队列里面，直到这个客户端发送 EXEC 命令为止，然后 Redis 就会在不被打断的情况下，一个接一个地执行存储在队列里面的命令。从语义上来说，Redis 事务在 Python 客户端上面是由流水线（pipeline）实现的：对连接对象调用 pipeline() 方法将创建一个事务，在一切正常的情况下，客户端会自动地使用 MULTI 和 EXEC 包裹起用户输入的多个命令。此外，为了减少 Redis 与客户端之间的通信往返次数，提升执行多个命令时的性能，Python 的 Redis 客户端会存储起事务包含的多个命令，然后在事务执行时一次性地将所有命令都发送给 Redis。

跟介绍 PUBLISH 命令和 SUBSCRIBE 命令时的情况一样，要展示事务执行结果，最简单的方法就是将事务放到线程里面执行。代码清单 3-13 展示了在没有使用事务的情况下，执行并行（parallel）自增操作的结果。

代码清单 3-13 在并行执行命令时，缺少事务可能会引发的问题

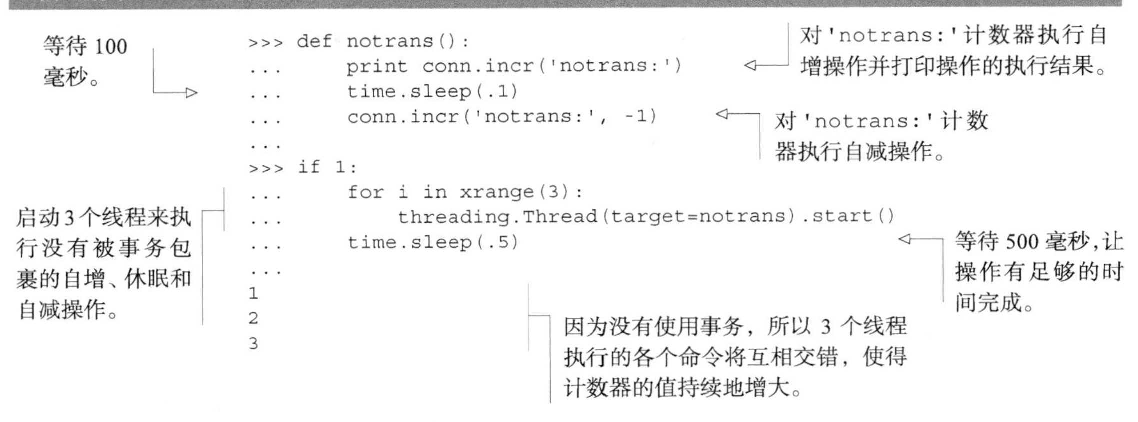

因为没有使用事务，所以 3 个线程都可以在执行自减操作之前，对 `notrans:`计数器执行自增操作。虽然代码清单里面通过休眠 100 毫秒的方式来放大了潜在的问题，但如果我们确实需要在不受其他命令干扰的情况下，对计数器执行自增操作和自减操作，那么我们就不得不解决这个潜在的问题。代码清单 3-14 展示了如何使用事务来执行相同的操作。

代码清单 3-14 使用事务来处理命令的并行执行问题

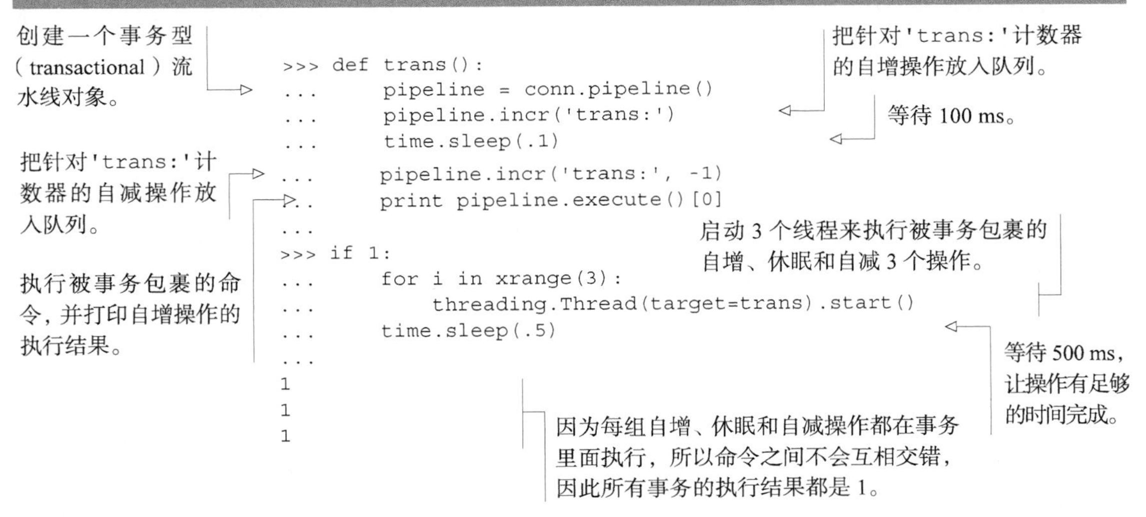

可以看到，尽管自增操作和自减操作之间有一段延迟时间，但通过使用事务，各个线程都可以在不被其他线程打断的情况下，执行各自队列里面的命令。记住，Redis 要在接收到 `EXEC` 命令之后，才会执行那些位于 `MULTI` 和 `EXEC` 之间的入队命令。

使用事务既有利也有弊，本书的 4.4 节将对这个问题进行讨论。

练习：移除竞争条件

正如前面的代码清单 3-13 所示，MULTI 和 EXEC 事务的一个主要作用是移除竞争条件。第 1 章展示的 article_vote() 函数包含一个竞争条件以及一个因为竞争条件而出现的 bug。函数的竞争条件可能会造成内存泄漏，而函数的 bug 则可能会导致不正确的投票结果出现。尽管 article_ vote() 函数的竞争条件和 bug 出现的机会都非常少，但为了防患于未然，你能想个办法修复它们么？提示：如果你觉得很难理解竞争条件为什么会导致内存泄漏，那么可以在分析第 1 章的 post_article() 函数的同时，阅读一下 6.2.5 节。

练习：提高性能

在 Redis 里面使用流水线的另一个目的是提高性能（详细的信息会在之后的 4.4 节至 4.6 节中介绍）。在执行一连串命令时，减少 Redis 与客户端之间的通信往返次数可以大幅降低客户端等待回复所需的时间。第 1 章的 get_articles() 函数在获取整个页面的文章时，需要在 Redis 与客户端之间进行 26 次通信往返，这种做法简直低效得令人发指，你能否想个办法将 get_articles() 函数的往返次数从 26 次降低为 2 次呢？

在使用 Redis 存储数据的时候，有些数据仅在一段很短的时间内有用，虽然我们可以在数据的有效期过了之后手动删除无用的数据，但更好的办法是使用 Redis 提供的键过期操作来自动删除无用数据。

3.7.3 键的过期时间

在使用 Redis 存储数据的时候，有些数据可能在某个时间点之后就不再有用了，用户可以使用 DEL 命令显式地删除这些无用数据，也可以通过 Redis 的过期时间（expiration）特性来让一个键在给定的时限（timeout）之后自动被删除。当我们说一个键“带有生存时间（time to live）”或者一个键“会在特定时间之后过期（expire）”时，我们指的是 Redis 会在这个键的过期时间到达时自动删除该键。

虽然过期时间特性对于清理缓存数据非常有用，不过如果读者翻一下本书的其他章节，就会发现除了 6.2 节、7.1 节和 7.2 节之外，本书使用过期时间特性的情况并不多，这主要和本书使用的结构类型有关。在本书常用的命令当中，只有少数几个命令可以原子地为键设置过期时间，并且对于列表、集合、散列和有序集合这样的容器（container）来说，键过期命令只能为整个键设置过期时间，而没办法为键里面的单个元素设置过期时间（为了解决这个问题，本书在好几个地方都使用了存储时间戳的有序集合来实现针对单个元素的过期操作）。

本节将对那些可以在给定时限或者给定时间之后，自动删除过期键的 Redis 命令进行介绍。通过阅读本节，读者将学会如何使用过期操作来自动地删除过期数据并降低 Redis 的内存占用。

表 3-13 列出了 Redis 提供的用于为键设置过期时间的命令，以及查看键的过期时间的命令。

表 3-13 用于处理过期时间的 Redis 命令

命令	示例和描述
PERSIST	PERSIST key-name——移除键的过期时间
TTL	TTL key-name——查看给定键距离过期还有多少秒
EXPIRE	EXPIRE key-name seconds——让给定键在指定的秒数之后过期
EXPIREAT	EXPIREAT key-name timestamp——将给定键的过期时间设置为给定的 UNIX 时间戳
PTTL	PTTL key-name——查看给定键距离过期时间还有多少毫秒，这个命令在 Redis 2.6 或以上版本可用
PEXPIRE	PEXPIRE key-name milliseconds——让给定键在指定的毫秒数之后过期，这个命令在 Redis 2.6 或以上版本可用
PEXPIREAT	PEXPIREAT key-name timestamp-milliseconds——将一个毫秒级精度的 UNIX 时间戳设置为给定键的过期时间，这个命令在 Redis 2.6 或以上版本可用

代码清单 3-15 展示了几个对键执行过期时间操作的例子。

代码清单 3-15 展示 Redis 中过期时间相关的命令的使用方法

```
>>> conn.set('key', 'value')
True
>>> conn.get('key')
'value'
```

设置一个简单的字符串值，作为过期时间的设置对象。

```
>>> conn.expire('key', 2)
True
>>> time.sleep(2)
>>> conn.get('key')
>>> conn.set('key', 'value2')
True
```

如果我们为键设置了过期时间，并在键过期后尝试获取键的值，那么就会发现键已经被删除了。

```
>>> conn.expire('key', 100); conn.ttl('key')
True
100
```

查看键距离过期还有多长时间。

练习：使用 EXPIRE 命令代替时间戳有序集合

2.1 节、2.2 节和 2.5 节中使用了一个根据时间戳进行排序、用于清除会话 ID 的有序集合，通过这个有序集合，程序可以在清理会话的时候，对用户浏览过的商品以及用户购物车里面的商品进行分析。但是，如果我们决定不对商品进行分析的话，那么就可以使用 Redis 提供的过期时间操作来自动清理过期的会话 ID，而无须使用清理函数。那么，你能否想办法修改在第 2 章定义的 update_token() 函数和 add_to_cart() 函数，让它们使用过期时间操作来删除会话 ID，从而代替目前使用有序集合来记录并清除会话 ID 的做法呢？

3.8 小结

本章对 Redis 最常用的一些命令进行了介绍，其中包括各种不同数据类型的常用命令、PUBLISH 命令和 SUBSCRIBE 命令、SORT 命令、两个事务命令 MULTI 和 EXEC，以及与过期时间有关的几个命令。

本章的第一个目标是让读者知道——Redis 为每种结构都提供了大量的处理命令，本章只展示了其中最重要的 70 多个命令，其余的命令可以在 http://redis.io/commands 看到。

本章的第二个目标是让读者知道——本书并非为每个问题都提供了完美的答案。通过在练习里面对第 1 章和第 2 章展示的示例进行回顾（练习的答案在本书附带的源码里面），本书向读者提供了一个机会，让读者把已经不错的代码变得更好，或者变得更适合于读者自己的问题。

在本章没有介绍到的命令当中，有一大部分都是与配置相关的，接下来的一章将向读者介绍如何配置 Redis 以确保数据安全，以及如何确保 Redis 拥有良好的性能。

第4章　数据安全与性能保障

本章主要内容

- 将数据持久化至硬盘
- 将数据复制至其他机器
- 处理系统故障
- Redis 事务
- 非事务型流水线（non-transactional pipeline）
- 诊断性能问题

前面的几章介绍了各式各样的 Redis 命令以及使用这些命令来操作数据结构的方法，还列举了几个使用 Redis 来解决实际问题的例子。为了让读者做好使用 Redis 构建真实软件的准备，本章将展示维护数据安全以及应对系统故障的方法。另外，本章还会介绍一些能够在保证数据完整性的前提下提升 Redis 性能的方法。

本章首先会介绍 Redis 的各个持久化选项，这些选项可以让用户将自己的数据存储到硬盘上面。接着本章将介绍如何通过 Redis 的复制特性，把不断更新的数据副本存储到附加的机器上面，从而提升系统的性能和数据的可靠性。之后本章将会说明同时使用复制和持久化的好处和坏处，并通过一些例子来告诉读者应该如何去选择适合自己的持久化选项和复制选项。最后本章将对 Redis 的事务特性和流水线特性进行介绍，并讨论如何诊断某些性能问题。

阅读这一章的重点是要弄懂更多的 Redis 运作原理，从而学会如何在首先保证数据正确的前提下，加快数据操作的执行速度。

现在，让我们来看看 Redis 是如何将数据存储到硬盘里面，使得数据在 Redis 重启之后仍然存在的。

4.1　持久化选项

Redis 提供了两种不同的持久化方法来将数据存储到硬盘里面。一种方法叫快照（snapshotting），它可以将存在于某一时刻的所有数据都写入硬盘里面。另一种方法叫只追加文件（append-only file，AOF），它会在执行写命令时，将被执行的写命令复制到硬盘里面。这两种持久化方法既可以同时使用，又可以单独使用，在某些情况下甚至可以两种方法都不使用，具体选择哪种持久化方法需要根据用户的数据以及应用来决定。

将内存中的数据存储到硬盘的一个主要原因是为了在之后重用数据，或者是为了防止系统故障而将数据备份到一个远程位置。另外，存储在 Redis 里面的数据有可能是经过长时间计算得出的，或者有程序正在使用 Redis 存储的数据进行计算，所以用户会希望自己可以将这些数据存储起来以便之后使用，这样就不必再重新计算了。对于一些 Redis 应用来说，“计算”可能只是简单地将另一个数据库的数据复制到 Redis 里面（2.4 节中就介绍过这样的例子），但对于另外一些 Redis 应用来说，Redis 存储的数据可能是根据数十亿行日志进行聚合分析得出的结果。

两组不同的配置选项控制着 Redis 将数据写入硬盘里面的方式，代码清单 4-1 展示了这些配置选项以及它们的示例配置值。因为之后的 4.1.1 节和 4.1.2 节会更详细地介绍这些选项，所以目前我们只要稍微了解一下这些选项就可以了。

代码清单 4-1 Redis 提供的持久化配置选项

```
save 60 1000
stop-writes-on-bgsave-error no
rdbcompression yes
dbfilename dump.rdb

appendonly no
appendfsync everysec
no-appendfsync-on-rewrite no
auto-aof-rewrite-percentage 100
auto-aof-rewrite-min-size 64mb

dir ./
```

快照持久化选项。

AOF 持久化选项。

共享选项，这个选项决定了快照文件和 AOF 文件的保存位置。

代码清单 4-1 最开头的几个选项和快照持久化有关，比如：如何命名硬盘上的快照文件、多久执行一次自动快照操作、是否对快照文件进行压缩，以及在创建快照失败后是否仍然继续执行写命令。代码清单的第二组选项用于配置 AOF 子系统（subsystem）：这些选项告诉 Redis 是否使用 AOF 持久化、多久才将写入的内容同步到硬盘、在对 AOF 进行压缩（compaction）的时候能否执行同步操作，以及多久执行一次 AOF 压缩。接下来的一节将介绍如何使用快照来保持数据安全。

4.1.1 快照持久化

Redis 可以通过创建快照来获得存储在内存里面的数据在某个时间点上的副本。在创建快照之后，用户可以对快照进行备份，可以将快照复制到其他服务器从而创建具有相同数据的服务器副本，还可以将快照留在原地以便重启服务器时使用。

根据配置，快照将被写入 dbfilename 选项指定的文件里面，并储存在 dir 选项指定的路径上面。如果在新的快照文件创建完毕之前，Redis、系统或者硬件这三者之中的任意一个崩溃了，那么 Redis 将丢失最近一次创建快照之后写入的所有数据。

举个例子，假设 Redis 目前在内存里面存储了 10GB 的数据，上一个快照是在下午 2:35 开始创建的，并且已经创建成功。下午 3:06 时，Redis 又开始创建新的快照，并且在下午 3:08 快照文件创建完毕之前，有 35 个键进行了更新。如果在下午 3:06 至下午 3:08 期间，系统发生崩溃，导致 Redis 无法完成新快照的创建工作，那么 Redis 将丢失下午 2:35 之后写入的所有数据。另一方面，如果系统恰好在新的快照文件创建完毕之后崩溃，那么 Redis 将只丢失 35 个键的更新数据。

创建快照的办法有以下几种。

- 客户端可以通过向 Redis 发送 BGSAVE 命令来创建一个快照。对于支持 BGSAVE 命令的平台来说（基本上所有平台都支持，除了 Windows 平台），Redis 会调用 fork[①]来创建一个子进程，然后子进程负责将快照写入硬盘，而父进程则继续处理命令请求。
- 客户端还可以通过向 Redis 发送 SAVE 命令来创建一个快照，接到 SAVE 命令的 Redis 服务器在快照创建完毕之前将不再响应任何其他命令。SAVE 命令并不常用，我们通常只会在没有足够内存去执行 BGSAVE 命令的情况下，又或者即使等待持久化操作执行完毕也无所谓的情况下，才会使用这个命令。
- 如果用户设置了 save 配置选项，比如 save 60 10000，那么从 Redis 最近一次创建快照之后开始算起，当“60 秒之内有 10 000 次写入”这个条件被满足时，Redis 就会自动触发 BGSAVE 命令。如果用户设置了多个 save 配置选项，那么当任意一个 save 配置选项所设置的条件被满足时，Redis 就会触发一次 BGSAVE 命令。
- 当 Redis 通过 SHUTDOWN 命令接收到关闭服务器的请求时，或者接收到标准 TERM 信号时，会执行一个 SAVE 命令，阻塞所有客户端，不再执行客户端发送的任何命令，并在 SAVE 命令执行完毕之后关闭服务器。
- 当一个 Redis 服务器连接另一个 Redis 服务器，并向对方发送 SYNC 命令来开始一次复制操作的时候，如果主服务器目前没有在执行 BGSAVE 操作，或者主服务器并非刚刚执行完 BGSAVE 操作，那么主服务器就会执行 BGSAVE 命令。更多有关复制的信息请参考 4.2 节。

在只使用快照持久化来保存数据时，一定要记住：如果系统真的发生崩溃，用户将丢失最近一次生成快照之后更改的所有数据。因此，快照持久化只适用于那些即使丢失一部分数据也不会造成问题的应用程序，而不能接受这种数据损失的应用程序则可以考虑使用 4.1.2 节中介

① 当一个进程创建子进程的时候，底层的操作系统会创建该进程的一个副本。在 Unix 和类 Unix 系统上面，创建子进程的操作会进行如下优化：在刚开始的时候，父子进程共享相同的内存，直到父进程或者子进程对内存进行了写入之后，对被写入内存的共享才会结束。

绍的 AOF 持久化。接下来将展示几个使用快照持久化的场景，读者可以从中学习到如何通过修改配置来获得自己想要的快照持久化行为。

1. 个人开发

在个人开发服务器上面，我主要考虑的是尽可能地降低快照持久化带来的资源消耗。基于这个原因以及对自己硬件的信任，我只设置了 `save 900 1` 这一条规则。其中 `save` 选项告知 Redis，它应该根据这个选项提供的两个值来执行 `BGSAVE` 操作。在这个规则设置下，如果服务器距离上次成功生成快照已经超过了 900 秒（也就是 15 分钟），并且在此期间执行了至少一次写入操作，那么 Redis 就会自动开始一次新的 `BGSAVE` 操作。

如果你打算在生产服务器中使用快照持久化并存储大量数据，那么你的开发服务器最好能够运行在与生产服务器相同或者相似的硬件上面，并在这两个服务器上使用相同的 `save` 选项、存储相似的数据集并处理相近的负载量。把开发环境设置得尽量贴近生产环境，有助于判断快照是否生成得过于频繁或者过于稀少（过于频繁会浪费资源，而过于稀少则带有丢失大量数据的隐患）。

2. 对日志进行聚合计算

在对日志文件进行聚合计算或者对页面浏览量进行分析的时候，我们唯一需要考虑的就是：如果 Redis 因为崩溃而未能成功创建新的快照，那么我们能够承受丢失多长时间以内产生的新数据。如果丢失一个小时之内产生的数据是可以被接受的，那么可以使用配置值 `save 3600 1`（`3600` 为一小时的秒数）。在决定好了持久化配置值之后，另一个需要解决的问题就是如何恢复因为故障而被中断的日志处理操作。

在进行数据恢复时，首先要做的就是弄清楚我们丢失了哪些数据。为了弄明白这一点，我们需要在处理日志的同时记录被处理日志的相关信息。代码清单 4-2 展示了一个用于处理新日志的函数，该函数有 3 个参数，它们分别是：一个 Redis 连接；一个存储日志文件的路径；待处理日志文件中各个行（line）的回调函数（callback）。这个函数可以在处理日志文件的同时，记录被处理日志文件的名字以及偏移量。

代码清单 4-2　`process_logs()` 函数会将被处理日志的信息存储到 Redis 里面

```
def process_logs(conn, path, callback):
    current_file, offset = conn.mget(
        'progress:file', 'progress:position')

    pipe = conn.pipeline()
```

获取文件当前的处理进度。

日志处理函数接受的其中一个参数为回调函数，这个回调函数接受一个 Redis 连接和一个日志行作为参数，并通过调用流水线对象的方法来执行 Redis 命令。

```
def update_progress():
    pipe.mset({
        'progress:file': fname,
        'progress:position': offset
    })
    pipe.execute()

for fname in sorted(os.listdir(path)):
    if fname < current_file:
        continue

    inp = open(os.path.join(path, fname), 'rb')
    if fname == current_file:
        inp.seek(int(offset, 10))
    else:
        offset = 0

    current_file = None

    for lno, line in enumerate(inp):
        callback(pipe, line)
       offset += int(offset) + len(line)

        if not (lno+1) % 1000:
            update_progress()
    update_progress()

    inp.close()
```

通过使用闭包（closure）来减少重复代码。

更新正在处理的日志文件的名字和偏移量。

这个语句负责执行实际的日志更新操作，并将日志文件的名字和目前的处理进度记录到 Redis 里面。

有序地遍历各个日志文件。

略过所有已处理的日志文件。

在接着处理一个因为系统崩溃而未能完成处理的日志文件时，略过已处理的内容。

处理日志行。

更新已处理内容的偏移量。

枚举函数遍历一个由文件行组成的序列，并返回任意多个二元组，每个二元组包含了行号 lno 和行数据 line，其中行号从 0 开始。

每当处理完 1000 个日志行或者处理完整个日志文件的时候，都更新一次文件的处理进度。

通过将日志的处理进度记录到 Redis 里面，程序可以在系统崩溃之后，根据进度记录继续执行之前未完成的处理工作。而通过使用第 3 章介绍的事务流水线，程序保证日志的处理结果和处理进度总是会同时被记录到快照文件里面。

3. 大数据

当 Redis 存储的数据量只有几个 GB 的时候，使用快照来保存数据是没有问题的。Redis 会创建子进程并将数据保存到硬盘里面，生成快照所需的时间比你读这句话所需的时间还要短。但随着 Redis 占用的内存越来越多，BGSAVE 在创建子进程时耗费的时间也会越来越多。如果 Redis 的内存占用量达到数十个 GB，并且剩余的空闲内存并不多，或者 Redis 运行在虚拟机（virtual machine）上面，那么执行 BGSAVE 可能会导致系统长时间地停顿，也可能引发系统大量地使用虚拟内存（virtual memory），从而导致 Redis 的性能降低至无法使用的程度。

执行 BGSAVE 而导致的停顿时间有多长取决于 Redis 所在的系统：对于真实的硬件、VMWare 虚拟机或者 KVM 虚拟机来说，Redis 进程每占用一个 GB 的内存，创建该进程的子进程所需的时间就要增加 10～20 毫秒；而对于 Xen 虚拟机来说，根据配置的不同，Redis 进程每占用一个 GB 的内存，创建该进程的子进程所需的时间就要增加 200～300 毫秒。因此，如果我们的 Redis 进程占用了 20 GB 的内存，那么在标准硬件上运行 BGSAVE 所创建的子进程将导致 Redis 停顿 200～400 毫秒；如果我们使用的是 Xen 虚拟机（亚马逊 EC2 和其他几个云计算供应商都使用这种虚拟机），那么相同的创建子进程操作将导致 Redis 停顿 4～6 秒。用户必须考虑自己的应用程序能否接受这种停顿。

为了防止 Redis 因为创建子进程而出现停顿，我们可以考虑关闭自动保存，转而通过手动发送 BGSAVE 或者 SAVE 来进行持久化。手动发送 BGSAVE 一样会引起停顿，唯一不同的是用户可以通过手动发送 BGSAVE 命令来控制停顿出现的时间。另一方面，虽然 SAVE 会一直阻塞 Redis 直到快照生成完毕，但是因为它不需要创建子进程，所以就不会像 BGSAVE 一样因为创建子进程而导致 Redis 停顿；并且因为没有子进程在争抢资源，所以 SAVE 创建快照的速度会比 BGSAVE 创建快照的速度要来得更快一些。

根据我的个人经验，在一台拥有 68 GB 内存的 Xen 虚拟机上面，对一个占用 50 GB 内存的 Redis 服务器执行 BGSAVE 命令的话，光是创建子进程就需要花费 15 秒以上，而生成快照则需要花费 15～20 分钟；但使用 SAVE 只需要 3～5 分钟就可以完成快照的生成工作。因为我的应用程序只需要每天生成一次快照，所以我写了一个脚本，让它在每天凌晨 3 点停止所有客户端对 Redis 的访问，调用 SAVE 命令并等待该命令执行完毕，之后备份刚刚生成的快照文件，并通知客户端继续执行操作。

如果用户能够妥善地处理快照持久化可能会带来的大量数据丢失，那么快照持久化对用户来说将是一个不错的选择，但对于很多应用程序来说，丢失 15 分钟、1 小时甚至更长时间的数据都是不可接受的，在这种情况下，我们可以使用 AOF 持久化来将存储在内存里面的数据尽快地保存到硬盘里面。

4.1.2　AOF 持久化

简单来说，AOF 持久化会将被执行的写命令写到 AOF 文件的末尾，以此来记录数据发生的变化。因此，Redis 只要从头到尾重新执行一次 AOF 文件包含的所有写命令，就可以恢复 AOF 文件所记录的数据集。AOF 持久化可以通过设置代码清单 4-1 所示的 appendonly yes 配置选项来打开。表 4-1 展示了 appendfsync 配置选项对 AOF 文件的同步频率的影响。

文件同步　在向硬盘写入文件时，至少会发生 3 件事。当调用 file.write() 方法（或者其他编程语言里面的类似操作）对文件进行写入时，写入的内容首先会被存储到缓冲区，然后操作系统会在将来的某个时候将缓冲区存储的内容写入硬盘，而数据只有在被写入硬盘之后，才算是真正地保存到了硬盘里面。用户可以通过调用 file.flush() 方法来请求操作系统尽快地将缓冲区存储的数据写入硬盘里，但具体何时执行写入操作仍然由操作系统决定。除此之外，用户还可以命令操作系统将文件同步（sync）到硬盘，同步操作会一直阻塞直到指定的文件被写入硬盘为止。当同步操作执行完毕之后，即使系统出现故障也不会对被同步的文件造成任何影响。

表 4-1 **appendfsync** 选项及同步频率

选 项	同 步 频 率
always	每个 Redis 写命令都要同步写入硬盘。这样做会严重降低 Redis 的速度
everysec	每秒执行一次同步，显式地将多个写命令同步到硬盘
no	让操作系统来决定应该何时进行同步

如果用户使用 appendfsync always 选项的话，那么每个 Redis 写命令都会被写入硬盘，从而将发生系统崩溃时出现的数据丢失减到最少。不过遗憾的是，因为这种同步策略需要对硬盘进行大量写入，所以 Redis 处理命令的速度会受到硬盘性能的限制：转盘式硬盘（spinning disk）在这种同步频率下每秒只能处理大约 200 个写命令，而固态硬盘（solid-state drive，SSD）每秒大概也只能处理几万个写命令。

警告：固态硬盘和 appendfsync always 使用固态硬盘的用户请谨慎使用 appendfsync always 选项，因为这个选项让 Redis 每次只写入一个命令，而不是像其他 appendfsync 选项那样一次写入多个命令，这种不断地写入少量数据的做法有可能会引发严重的写入放大（write amplification）问题，在某些情况下甚至会将固态硬盘的寿命从原来的几年降低为几个月。

为了兼顾数据安全和写入性能，用户可以考虑使用 appendfsync everysec 选项，让 Redis 以每秒一次的频率对 AOF 文件进行同步。Redis 每秒同步一次 AOF 文件时的性能和不使用任何持久化特性时的性能相差无几，而通过每秒同步一次 AOF 文件，Redis 可以保证，即使出现系统崩溃，用户也最多只会丢失一秒之内产生的数据。当硬盘忙于执行写入操作的时候，Redis 还会优雅地放慢自己的速度以便适应硬盘的最大写入速度。

最后，如果用户使用 appendfsync no 选项，那么 Redis 将不对 AOF 文件执行任何显式的同步操作，而是由操作系统来决定应该在何时对 AOF 文件进行同步。这个选项在一般情况下不会对 Redis 的性能带来影响，但系统崩溃将导致使用这种选项的 Redis 服务器丢失不定数量的数据。另外，如果用户的硬盘处理写入操作的速度不够快的话，那么当缓冲区被等待写入硬盘的数据填满时，Redis 的写入操作将被阻塞，并导致 Redis 处理命令请求的速度变慢。因为这个原因，一般来说并不推荐使用 appendfsync no 选项，在这里介绍它只是为了完整列举 appendfsync 选项可用的 3 个值。

虽然 AOF 持久化非常灵活地提供了多种不同的选项来满足不同应用程序对数据安全的不同要求，但 AOF 持久化也有缺陷——那就是 AOF 文件的体积大小。

4.1.3 重写/压缩 AOF 文件

在阅读了上一节对 AOF 持久化的介绍之后，读者可能会感到疑惑：AOF 持久化既可以将丢失数据的时间窗口降低至 1 秒（甚至不丢失任何数据），又可以在极短的时间内完成定期的持久化操作，那么我们有什么理由不使用 AOF 持久化呢？但是这个问题实际上并没有那么简单，因为 Redis 会不断地将被执行的写命令记录到 AOF 文件里面，所以随着 Redis 不断运行，AOF 文件的体积也会不断增长，在极端情况下，体积不断增大的 AOF 文件甚至可能会用完硬盘的所有可用空间。还有另一个问题就是，因为 Redis 在重启之后需要通过重新执行 AOF 文件记录的所有写命令来还原数据集，所以如果 AOF 文件的体积非常大，那么还原操作执行的时间就可能会非常长。

为了解决 AOF 文件体积不断增大的问题，用户可以向 Redis 发送 `BGREWRITEAOF` 命令，这个命令会通过移除 AOF 文件中的冗余命令来重写（rewrite）AOF 文件，使 AOF 文件的体积变得尽可能地小。`BGREWRITEAOF` 的工作原理和 `BGSAVE` 创建快照的工作原理非常相似：Redis 会创建一个子进程，然后由子进程负责对 AOF 文件进行重写。因为 AOF 文件重写也需要用到子进程，所以快照持久化因为创建子进程而导致的性能问题和内存占用问题，在 AOF 持久化中也同样存在。更糟糕的是，如果不加以控制的话，AOF 文件的体积可能会比快照文件的体积大好几倍，在进行 AOF 重写并删除旧 AOF 文件的时候，删除一个体积达到数十 GB 大的旧 AOF 文件可能会导致操作系统挂起（hang）数秒。

跟快照持久化可以通过设置 `save` 选项来自动执行 `BGSAVE` 一样，AOF 持久化也可以通过设置 `auto-aof-rewrite-percentage` 选项和 `auto-aof-rewrite-min-size` 选项来自动执行 `BGREWRITEAOF`。举个例子，假设用户对 Redis 设置了配置选项 `auto-aof-rewrite-percentage 100` 和 `auto-aof-rewrite-min-size 64mb`，并且启用了 AOF 持久化，那么当 AOF 文件的体积大于 64 MB，并且 AOF 文件的体积比上一次重写之后的体积大了至少一倍（100%）的时候，Redis 将执行 `BGREWRITEAOF` 命令。如果 AOF 重写执行得过于频繁的话，用户可以考虑将 `auto-aof-rewrite-percentage` 选项的值设置为 `100` 以上，这种做法可以让 Redis 在 AOF 文件的体积变得更大之后才执行重写操作，不过也会让 Redis 在启动时还原数据集所需的时间变得更长。

无论是使用 AOF 持久化还是快照持久化，将数据持久化到硬盘上都是非常有必要的，但除了进行持久化之外，用户还必须对持久化所得的文件进行备份（最好是备份到多个不同的地方），这样才能尽量避免数据丢失事故发生。如果条件允许的话，最好能将快照文件和最新重写的 AOF 文件备份到不同的服务器上面。

通过使用 AOF 持久化或者快照持久化，用户可以在系统重启或者崩溃的情况下仍然保留数据。随着负载量的上升，或者数据的完整性变得越来越重要时，用户可能需要使用复制特性。

4.2 复制

对于有扩展平台以适应更高负载经验的工程师和管理员来说，复制（replication）是不可或缺的。复制可以让其他服务器拥有一个不断地更新的数据副本，从而使得拥有数据副本的服务器可以用于处理客户端发送的读请求。关系数据库通常会使用一个主服务器（master）向多个从服务器（slave）发送更新，并使用从服务器来处理所有读请求。Redis 也采用了同样的方法来实现自己的复制特性，并将其用作扩展性能的一种手段。本节将对 Redis 的复制配置选项进行讨论，并说明 Redis 在进行复制时的各个步骤。

尽管 Redis 的性能非常优秀，但它也会遇上没办法快速地处理请求的情况，特别是在对集合和有序集合进行操作的时候，涉及的元素可能会有上万个甚至上百万个，在这种情况下，执行操作所花费的时间可能需要以秒来进行计算，而不是毫秒或者微秒。但即使一个命令只需要花费 10 毫秒就能完成，单个 Redis 实例（instance）1 秒也只能处理 100 个命令。

> **SUNIONSTORE 命令的性能** 作为对 Redis 性能的一个参考，在主频为 2.4 GHz 的英特尔酷睿 2 处理器上，对两个分别包含 10 000 个元素的集合执行 `SUNIONSTORE` 命令并产生一个包含 20 000 个元素的结果集合，需要花费 Redis 七八毫秒的时间。

在需要扩展读请求的时候，或者在需要写入临时数据的时候（第 7 章对此有详细的介绍），用户可以通过设置额外的 Redis 从服务器来保存数据集的副本。在接收到主服务器发送的数据初始副本（initial copy of the data）之后，客户端每次向主服务器进行写入时，从服务器都会实时地得到更新。在部署好主从服务器之后，客户端就可以向任意一个从服务器发送读请求了，而不必再像之前一样，总是把每个读请求都发送给主服务器（客户端通常会随机地选择使用哪个从服务器，从而将负载平均分配到各个从服务器上）。

接下来的一节将介绍配置 Redis 主从服务器的方法，并说明 Redis 在整个复制过程中所做的各项操作。

4.2.1 对 Redis 的复制相关选项进行配置

4.1.1 节中曾经介绍过，当从服务器连接主服务器的时候，主服务器会执行 `BGSAVE` 操作。因此为了正确地使用复制特性，用户需要保证主服务器已经正确地设置了代码清单 4-1 里面列出的 `dir` 选项和 `dbfilename` 选项，并且这两个选项所指示的路径和文件对于 Redis 进程来说都是可写的（writable）。

尽管有多个不同的选项可以控制从服务器自身的行为，但开启从服务器所必需的选项只有 `slaveof` 一个。如果用户在启动 Redis 服务器的时候，指定了一个包含 `slaveof host port` 选项的配置文件，那么 Redis 服务器将根据该选项给定的 IP 地址和端口号来连接主服务器。对于一个正在运行的 Redis 服务器，用户可以通过发送 `SLAVEOF no one` 命令来让服务器终止复制操作，不再接受主服务器的数据更新；也可以通过发送 `SLAVEOF host port` 命令来让服务器开始复制一个新的主服务器。

开启 Redis 的主从复制特性并不需要进行太多的配置，但了解 Redis 服务器是如何变成主服务器或者从服务器的，对于我们来说将是非常有用的和有趣的过程。

4.2.2 Redis 复制的启动过程

本章前面曾经说过，从服务器在连接一个主服务器的时候，主服务器会创建一个快照文件并将其发送至从服务器，但这只是主从复制执行过程的其中一步。表 4-2 完整地列出了当从服务器连接主服务器时，主从服务器执行的所有操作。

表 4-2 从服务器连接主服务器时的步骤

步骤	主服务器操作	从服务器操作
1	（等待命令进入）	连接（或者重连接）主服务器，发送 SYNC 命令
2	开始执行 BGSAVE，并使用缓冲区记录 BGSAVE 之后执行的所有写命令	根据配置选项来决定是继续使用现有的数据（如果有的话）来处理客户端的命令请求，还是向发送请求的客户端返回错误
3	BGSAVE 执行完毕，向从服务器发送快照文件，并在发送期间继续使用缓冲区记录被执行的写命令	丢弃所有旧数据（如果有的话），开始载入主服务器发来的快照文件
4	快照文件发送完毕，开始向从服务器发送存储在缓冲区里面的写命令	完成对快照文件的解释操作，像往常一样开始接受命令请求
5	缓冲区存储的写命令发送完毕；从现在开始，每执行一个写命令，就向从服务器发送相同的写命令	执行主服务器发来的所有存储在缓冲区里面的写命令；并从现在开始，接收并执行主服务器传来的每个写命令

通过使用表 4-2 所示的办法，Redis 在复制进行期间也会尽可能地处理接收到的命令请求，但是，如果主从服务器之间的网络带宽不足，或者主服务器没有足够的内存来创建子进程和创建记录写命令的缓冲区，那么 Redis 处理命令请求的效率就会受到影响。因此，尽管这并不是必需的，但在实际中最好还是让主服务器只使用 50%～65%的内存，留下 30%～45%的内存用于执行 BGSAVE 命令和创建记录写命令的缓冲区。

设置从服务器的步骤非常简单，用户既可以通过配置选项 SLAVEOF host port 来将一个 Redis 服务器设置为从服务器，又可以通过向运行中的 Redis 服务器发送 SLAVEOF 命令来将其设置为从服务器。如果用户使用的是 SLAVEOF 配置选项，那么 Redis 在启动时首先会载入当前可用的任何快照文件或者 AOF 文件，然后连接主服务器并执行表 4-2 所示的复制过程。如果用户使用的是 SLAVEOF 命令，那么 Redis 会立即尝试连接主服务器，并在连接成功之后，开始表 4-2 所示的复制过程。

从服务器在进行同步时，会清空自己的所有数据 因为有些用户在第一次使用从服务器时会忘记这件事，所以这里要特别提醒一下：从服务器在与主服务器进行初始连接时，数据库中原有的所有数据都将丢失，并被替换成主服务器发来的数据。

警告：Redis 不支持主主复制（master-master replication） 因为 Redis 允许用户在服务器启动之后使用 SLAVEOF 命令来设置从服务器选项（slaving options），所以可能会有读者误以为可以通过将两个 Redis 实例互相设置为对方的主服务器来实现多主复制（multi-master replication）（甚至可能会在一个循环里面将多个实例互相设置为主服务器）。遗憾的是，这种做法是行不通的：被互相设置为主服务器的两个 Redis 实例只会持续地占用大量处理器资源并且连续不断地尝试与对方进行通信，根据客户端连接的服务器的不同，客户端的请求可能会得到不一致的数据，或者完全得不到数据。

当多个从服务器尝试连接同一个主服务器的时候，就会出现表 4-3 所示的两种情况中的其中一种。

表 4-3 当一个从服务器连接一个已有的主服务器时，有时可以重用已有的快照文件

当有新的从服务器连接主服务器时	主服务器的操作
表 4-2 的步骤 3 尚未执行	所有从服务器都会接收到相同的快照文件和相同的缓冲区写命令
表 4-2 的步骤 3 正在执行或者已经执行完毕	当主服务器与较早进行连接的从服务器执行完复制所需的 5 个步骤之后，主服务器会与新连接的从服务器执行一次新的步骤 1 至步骤 5

在大部分情况下，Redis 都会尽可能地减少复制所需的工作，然而，如果从服务器连接主服务器的时间并不凑巧，那么主服务器就需要多做一些额外的工作。另一方面，当多个从服务器同时连接主服务器的时候，同步多个从服务器所占用的带宽可能会使得其他命令请求难以传递给主服务器，与主服务器位于同一网络中的其他硬件的网速可能也会因此而降低。

4.2.3 主从链

有些用户发现，创建多个从服务器可能会造成网络不可用——当复制需要通过互联网进行或者需要在不同数据中心之间进行时，尤为如此。因为 Redis 的主服务器和从服务器并没有特别不同的地方，所以从服务器也可以拥有自己的从服务器，并由此形成主从链（master/slave chaining）。

从服务器对从服务器进行复制在操作上和从服务器对主服务器进行复制的唯一区别在于，如果从服务器 *X* 拥有从服务器 *Y*，那么当从服务器 *X* 在执行表 4-2 中的步骤 4 时，它将断开与从服务器 *Y* 的连接，导致从服务器 *Y* 需要重新连接并重新同步（resync）。

当读请求的重要性明显高于写请求的重要性，并且读请求的数量远远超出一台 Redis 服务器可以处理的范围时，用户就需要添加新的从服务器来处理读请求。随着负载不断上升，主服务器可能会无法快速地更新所有从服务器，或者因为重新连接和重新同步从服务器而导致系统超载。为了缓解这个问题，用户可以创建一个由 Redis 主从节点（master/slave node）组成的中间层来分担主服务器的复制工作，如图 4-1 所示。

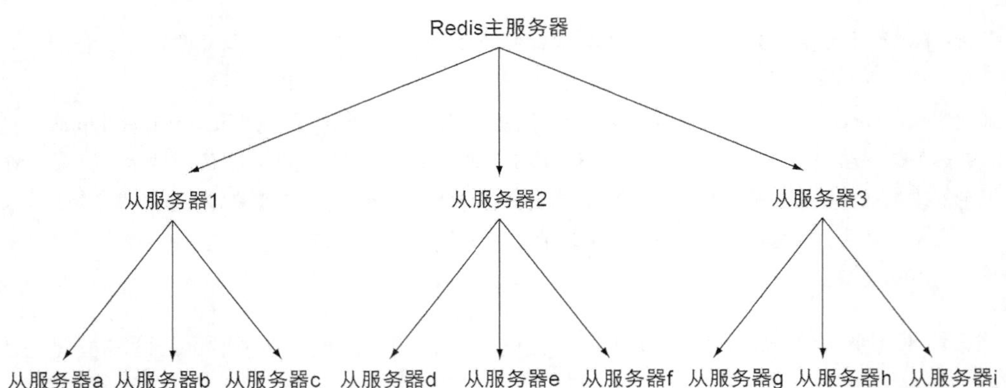

图 4-1 一个 Redis 主从复制树（master/slave replica tree）示例，树的中层有 3 个帮助开展复制工作的服务器，底层有 9 个从服务器

尽管主从服务器之间并不一定要像图 4-1 那样组成一个树状结构，但记住并理解这种树状结构对于 Redis 复制来说是可行的（possible）并且是合理的（reasonable）将有助于读者理解之后的内容。本书在前面的 4.1.2 节中曾经介绍过，AOF 持久化的同步选项可以控制数据丢失的时间长度：通过将每个写命令同步到硬盘里面，用户几乎可以不损失任何数据（除非系统崩溃或者硬盘驱动器损坏），但这种做法会对服务器的性能造成影响；另一方面，如果用户将同步的频率设置为每秒一次，那么服务器的性能将回到正常水平，但故障可能会造成 1 秒的数据丢失。通过同时使用复制和 AOF 持久化，我们可以将数据持久化到多台机器上面。

为了将数据保存到多台机器上面，用户首先需要为主服务器设置多个从服务器，然后对每个从服务器设置 `appendonly yes` 选项和 `appendfsync everysec` 选项（如果有需要的话，也可以对主服务器进行相同的设置），这样的话，用户就可以让多台服务器以每秒一次的频率将数据同步到硬盘上了。但这还只是第一步：因为用户还必须等待主服务器发送的写命令到达从服务器，并且在执行后续操作之前，检查数据是否已经被同步到了硬盘里面。

4.2.4 检验硬盘写入

为了验证主服务器是否已经将写数据发送至从服务器，用户需要在向主服务器写入真正的数据之后，再向主服务器写入一个唯一的虚构值（unique dummy value），然后通过检查虚构值是否存在于从服务器来判断写数据是否已经到达从服务器，这个操作很容易就可以实现。另一方面，判断数据是否已经被保存到硬盘里面则要困难得多。对于每秒同步一次 AOF 文件的 Redis 服务器来说，用户总是可以通过等待 1 秒来确保数据已经被保存到硬盘里面；但更节约时间的做法是，检查 `INFO` 命令的输出结果中 `aof_pending_bio_fsync` 属性的值是否为 `0`，如果是的话，那么就表示服务器已经将已知的所有数据都保存到硬盘里面了。在向主服务器写入数据之后，用户可以将主服务器和从服务器的连接作为参数，调用代码清单 4-3 所示的函数来自动进行上述的检查操作。

代码清单 4-3 `wait_for_sync()`函数

```
def wait_for_sync(mconn, sconn):
    identifier = str(uuid.uuid4())
    mconn.zadd('sync:wait', identifier, time.time())      # 将令牌添加至主服务器。

    while sconn.info()['master_link_status'] != 'up':     # 如果有必要的话，等待从服务器完成同步。
        time.sleep(.001)

    while not sconn.zscore('sync:wait', identifier):      # 等待从服务器接收数据更新。
        time.sleep(.001)

    deadline = time.time() + 1.01                         # 最多只等待 1 秒。
    while time.time() < deadline:
        if sconn.info()['aof_pending_bio_fsync'] == 0:    # 检查数据更新是否已经被同步到了硬盘。
            break
        time.sleep(.001)

    mconn.zrem('sync:wait', identifier)
    mconn.zremrangebyscore('sync:wait', 0, time.time()-900)
    # 清理刚刚创建的新令牌以及之前可能留下的旧令牌。
```

INFO 命令中的其他信息 INFO 命令提供了大量的与 Redis 服务器当前状态有关的信息，比如内存占用量、客户端连接数、每个数据库包含的键的数量、上一次创建快照文件之后执行的命令数量，等等。总的来说，INFO 命令对于了解 Redis 服务器的综合状态非常有帮助，网上有很多资源都对 INFO 命令进行了详细的介绍。

为了确保操作可以正确执行，`wait_for_sync()`函数会首先确认从服务器已经连接上主服务器，然后检查自己添加到等待同步有序集合（sync wait ZSET）里面的值是否已经存在于从服务器。在发现值已经存在于从服务器之后，函数会检查从服务器写入缓冲区的状态，并在 1 秒之内，等待从服务器将缓冲区中的所有数据写入硬盘里面。虽然函数最多会花费 1 秒来等待同步完成，但实际上大部分同步都会在很短的时间完成。最后，在确认数据已经被保存到硬盘之后，函数会执行一些清理操作。

通过同时使用复制和 AOF 持久化，用户可以增强 Redis 对于系统崩溃的抵抗能力。

4.3 处理系统故障

用户必须做好相应的准备来应对 Redis 的系统故障。本章在系统故障这个主题上花费了大量的篇幅，这是因为如果我们决定要将 Redis 用作应用程序唯一的数据存储手段，那么就必须确保 Redis 不会丢失任何数据。与提供了 ACID[①]保证的传统关系数据库不同，在使用 Redis 为后端构建应用程序

① ACID 是指原子性（atomicity）、一致性（consistency）、隔离性（isolation）和耐久性（durability），如果一个数据库想要实现可靠的数据事务，那么它就必须保证 ACID 性质。

的时候，用户需要多做一些工作才能保证数据的一致性。Redis 是一个软件，它运行在硬件之上，即使软件和硬件都设计得完美无瑕，也有可能会出现停电、发电机因为燃料耗尽而无法发电或者备用电池电量耗尽等情况。这一节接下来将对 Redis 提供的一些工具进行介绍，说明如何使用这些工具来应对潜在的系统故障。下面先来看看在出现系统故障时，用户应该采取什么措施。

4.3.1 验证快照文件和 AOF 文件

无论是快照持久化还是 AOF 持久化，都提供了在遇到系统故障时进行数据恢复的工具。Redis 提供了两个命令行程序 redis-check-aof 和 redis-check-dump，它们可以在系统故障发生之后，检查 AOF 文件和快照文件的状态，并在有需要的情况下对文件进行修复。在不给定任何参数的情况下运行这两个程序，就可以看见它们的基本使用方法：

```
$ redis-check-aof
Usage: redis-check-aof [--fix] <file.aof>
$ redis-check-dump
Usage: redis-check-dump <dump.rdb>
$
```

如果用户在运行 redis-check-aof 程序时给定了--fix 参数，那么程序将对 AOF 文件进行修复。程序修复 AOF 文件的方法非常简单：它会扫描给定的 AOF 文件，寻找不正确或者不完整的命令，当发现第一个出错命令的时候，程序会删除出错的命令以及位于出错命令之后的所有命令，只保留那些位于出错命令之前的正确命令。在大多数情况下，被删除的都是 AOF 文件末尾的不完整的写命令。

遗憾的是，目前并没有办法可以修复出错的快照文件。尽管发现快照文件首个出现错误的地方是有可能的，但因为快照文件本身经过了压缩，而出现在快照文件中间的错误有可能会导致快照文件的剩余部分无法被读取。因此，用户最好为重要的快照文件保留多个备份，并在进行数据恢复时，通过计算快照文件的 SHA1 散列值和 SHA256 散列值来对内容进行验证。（当今的 Linux 平台和 Unix 平台都包含类似 sha1sum 和 sha256sum 这样的用于生成和验证散列值的命令行程序。）

校验和（checksum）与散列值（hash） 从 2.6 版本开始，Redis 会在快照文件中包含快照文件自身的 CRC64 校验和。CRC 校验和对于发现典型的网络传输错误和硬盘损坏非常有帮助，而 SHA 加密散列值则更擅长于发现文件中的任意错误（arbitrary error）。简单来说，用户可以翻转文件中任意数量的二进制位，然后通过翻转文件最后 64 个二进制位的一个子集（subset）来产生与原文件相同的 CRC64 校验和。而对于 SHA1 和 SHA256，目前还没有任何已知的方法可以做到这一点。

在了解了如何验证持久化文件是否完好无损，并且在有需要时对其进行修复之后，我们接下来要考虑的就是如何更换出现故障的 Redis 服务器。

4.3.2 更换故障主服务器

在运行一组同时使用复制和持久化的 Redis 服务器时，用户迟早都会遇上某个或某些 Redis 服务器停止运行的情况。造成故障的原因可能是硬盘驱动器出错、内存出错或者电量耗尽，但无论服务器因为何种原因出现故障，用户最终都要对发生故障的服务器进行更换。现在让我们来看看，在拥有一个主服务器和一个从服务器的情况下，更换主服务器的具体步骤。

假设 A、B 两台机器都运行着 Redis，其中机器 A 的 Redis 为主服务器，而机器 B 的 Redis 为从服务器。不巧的是，机器 A 刚刚因为某个暂时无法修复的故障而断开了网络连接，因此用户决定将同样安装了 Redis 的机器 C 用作新的主服务器。

更换服务器的计划非常简单：首先向机器 B 发送一个 SAVE 命令，让它创建一个新的快照文件，接着将这个快照文件发送给机器 C，并在机器 C 上面启动 Redis。最后，让机器 B 成为机器 C 的从服务器[①]。代码清单 4-4 展示了更换服务器时用到的各个命令。

代码清单 4-4 用于替换故障主节点的一连串命令

```
user@vpn-master ~:$ ssh root@machine-b.vpn
Last login: Wed Mar 28 15:21:06 2012 from ...
root@machine-b ~:$ redis-cli
redis 127.0.0.1:6379> SAVE
OK
redis 127.0.0.1:6379> QUIT
root@machine-b ~:$ scp \
> /var/local/redis/dump.rdb machine-c.vpn:/var/local/redis/
dump.rdb                    100%    525MB  8.1MB/s   01:05
root@machine-b ~:$ ssh machine-c.vpn
Last login: Tue Mar 27 12:42:31 2012 from ...
root@machine-c ~:$ sudo /etc/init.d/redis-server start
Starting Redis server...
root@machine-c ~:$ exit
root@machine-b ~:$ redis-cli
redis 127.0.0.1:6379> SLAVEOF machine-c.vpn 6379
OK
redis 127.0.0.1:6379> QUIT
root@machine-b ~:$ exit
user@vpn-master ~:$
```

通过 VPN 网络连接机器B。

启动命令行 Redis 客户端来执行几个简单的操作。

执行 SAVE 命令，并在命令完成之后，使用 QUIT 命令退出客户端。

将快照文件发送至新的主服务器——机器 C。

连接新的主服务器并启动 Redis。

告知机器 B 的 Redis，让它将机器C用作新的主服务器。

代码清单 4-4 中列出的大部分命令，对于使用和维护 Unix 系统或者 Linux 系统的人来说应该都不会陌生。在这些命令当中，比较有趣的要数在机器 B 上运行的 SAVE 命令，以及将机器 B 设置为机器 C 的从服务器的 SLAVEOF 命令。

另一种创建新的主服务器的方法，就是将从服务器升级（turn）为主服务器，并为升级后的主服务器创建从服务器。以上列举的两种方法都可以让 Redis 回到之前的一个主服务

① 因为机器 B 原本就是一个从服务器，所以我们的客户端不能对它进行写入，并且在机器 B 执行快照操作之后，我们的客户端也不会与其他试图对机器 B 进行写入的客户端产生竞争条件。

器和一个从服务器的状态，而用户接下来要做的就是更新客户端的配置，让它们去读写正确的服务器。除此之外，如果用户需要重启 Redis 的话，那么可能还需要对服务器的持久化配置进行更新。

Redis Sentinel Redis Sentinel 可以监视指定的 Redis 主服务器及其属下的从服务器，并在主服务器下线时自动进行故障转移（failover）。本书将在第 10 章介绍 Redis Sentinel。

在接下来的一节中，我们将介绍一种保证数据安全所必不可少的功能，该功能可以在多个客户端同时对相同的数据进行写入时，防止数据出错。

4.4 Redis 事务

为了保证数据的正确性，我们必须认识到这一点：在多个客户端同时处理相同的数据时，不谨慎的操作很容易会导致数据出错。本节将介绍使用 Redis 事务来防止数据出错的方法，以及在某些情况下，使用事务来提升性能的方法。

Redis 的事务和传统关系数据库的事务并不相同。在关系数据库中，用户首先向数据库服务器发送 BEGIN，然后执行各个相互一致（consistent）的写操作和读操作，最后，用户可以选择发送 COMMIT 来确认之前所做的修改，或者发送 ROLLBACK 来放弃那些修改。

在 Redis 里面也有简单的方法可以处理一连串相互一致的读操作和写操作。正如本书在 3.7.2 节中介绍的那样，Redis 的事务以特殊命令 MULTI 为开始，之后跟着用户传入的多个命令，最后以 EXEC 为结束。但是由于这种简单的事务在 EXEC 命令被调用之前不会执行任何实际操作，所以用户将没办法根据读取到的数据来做决定。这个问题看上去似乎无足轻重，但实际上无法以一致的形式读取数据将导致某一类型的问题变得难以解决，除此之外，因为在多个事务同时处理同一个对象时通常需要用到二阶提交（two-phase commit），所以如果事务不能以一致的形式读取数据，那么二阶提交将无法实现，从而导致一些原本可以成功执行的事务沦落至执行失败的地步。比如说："在市场里面购买一件商品"就是其中一个会因为无法以一致的形式读取数据而变得难以解决的问题，本节接下来将在实际环境中对这个问题进行介绍。

延迟执行事务有助于提升性能 因为 Redis 在执行事务的过程中，会延迟执行已入队的命令直到客户端发送 EXEC 命令为止。因此，包括本书使用的 Python 客户端在内的很多 Redis 客户端都会等到事务包含的所有命令都出现了之后，才一次性地将 MULTI 命令、要在事务中执行的一系列命令，以及 EXEC 命令全部发送给 Redis，然后等待直到接收到所有命令的回复为止。这种"一次性发送多个命令，然后等待所有回复出现"的做法通常被称为流水线（pipelining），它可以通过减少客户端与 Redis 服务器之间的网络通信次数来提升 Redis 在执行多个命令时的性能。

最近几个月，Fake Game 公司发现他们在 YouTwitFace（一个虚构的社交网站）上面推出的角色扮演网页游戏正在变得越来越受欢迎。因此，关心玩家需求的 Fake Game 公司决定在游戏里面增加一个商品买卖市场，让玩家们可以在市场里面销售和购买商品。本节接下来的内容将介绍设计和实现这个商品买卖市场的方法，并说明如何按需对这个商品买卖市场进行扩展。

4.4.1 定义用户信息和用户包裹

图 4-2 展示了游戏中用于表示用户信息和用户包裹（inventory）的结构：用户信息存储在一个散列里面，散列的各个键值对分别记录了用户的姓名、用户拥有的钱数等属性。用户包裹使用一个集合来表示，它记录了包裹里面每件商品的唯一编号。

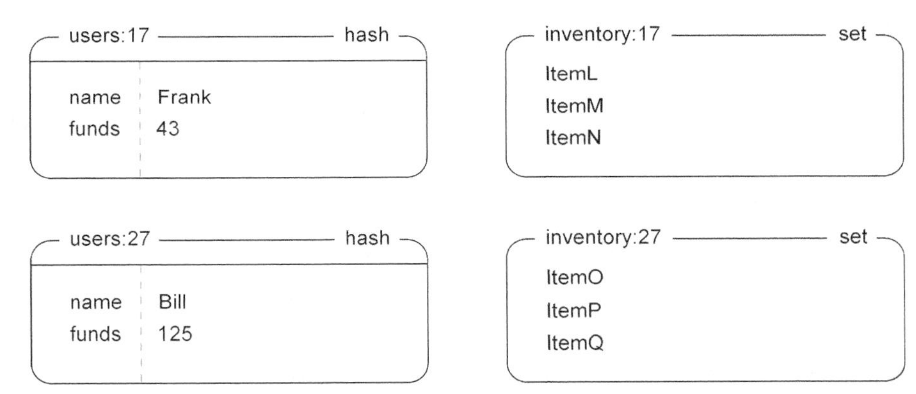

图 4-2 用户信息示例和用户包裹示例。Frank 有 43 块钱，并且他打算卖掉自己包裹里面的其中一件商品

商品买卖市场的需求非常简单：一个用户（卖家）可以将自己的商品按照给定的价格放到市场上进行销售，当另一个用户（买家）购买这个商品时，卖家就会收到钱。另外，本节实现的市场只能根据商品的价格来进行排序，稍后的第 7 章将介绍如何在市场里面实现其他排序方式。

为了将被销售商品的全部信息都存储到市场里面，我们会将商品的 ID 和卖家的 ID 拼接起来，并将拼接的结果用作成员存储到市场有序集合（market ZSET）里面，而商品的售价则用作成员的分值。通过将所有数据都包含在一起，我们极大地简化了实现商品买卖市场所需的数据结构，并且因为市场里面的所有商品都按照价格排序，所以针对商品的分页功能和查找功能都可以很容易地实现。图 4-3 展示了一个只包含数个商品的市场例子。

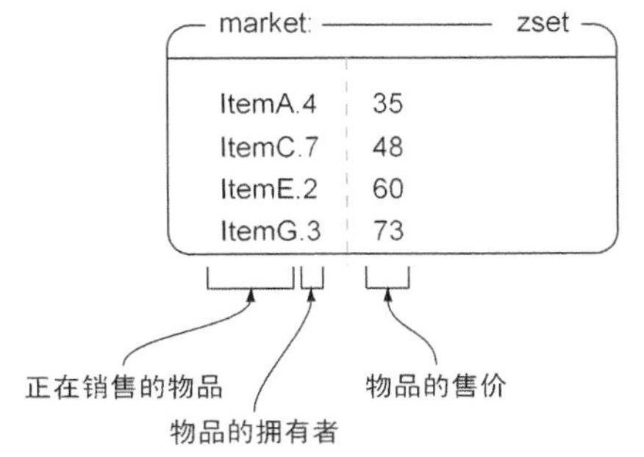

图 4-3 一个基本的商品买卖市场，其中用户 4 正在销售商品 ItemA，售价为 35 块钱

既然我们已经知道了实现商品买卖市场所需的数据结构，那么接下来该考虑如何实现市场的商品上架功能了。

4.4.2 将商品放到市场上销售

为了将商品放到市场上进行销售，程序除了要使用 MULTI 命令和 EXEC 命令之外，还需要配合使用 WATCH 命令，有时候甚至还会用到 UNWATCH 或 DISCARD 命令。在用户使用 WATCH 命令对键进行监视之后，直到用户执行 EXEC 命令的这段时间里面，如果有其他客户端抢先对任何被监视的键进行了替换、更新或删除等操作，那么当用户尝试执行 EXEC 命令的时候，事务将失败并返回一个错误（之后用户可以选择重试事务或者放弃事务）。通过使用 WATCH、MULTI/EXEC、UNWATCH/DISCARD 等命令，程序可以在执行某些重要操作的时候，通过确保自己正在使用的数据没有发生变化来避免数据出错。

什么是 DISCARD？ UNWATCH 命令可以在 WATCH 命令执行之后、MULTI 命令执行之前对连接进行重置（reset）；同样地，DISCARD 命令也可以在 MULTI 命令执行之后、EXEC 命令执行之前对连接进行重置。这也就是说，用户在使用 WATCH 监视一个或多个键，接着使用 MULTI 开始一个新的事务，并将多个命令入队到事务队列之后，仍然可以通过发送 DISCARD 命令来取消 WATCH 命令并清空所有已入队命令。本章展示的例子都没有用到 DISCARD，主要原因在于我们已经清楚地知道自己是否想要执行 MULTI/EXEC 或者 UNWATCH，所以没有必要在这些例子里面使用 DISCARD。

在将一件商品放到市场上进行销售的时候，程序需要将被销售的商品添加到记录市场正在销售商品的有序集合里面，并且在添加操作执行的过程中，监视卖家的包裹以确保被销售的商品的确存在于卖家的包裹当中，代码清单 4-5 展示了这一操作的具体实现。

代码清单 4-5 list_item()函数

```
def list_item(conn, itemid, sellerid, price):
    inventory = "inventory:%s"%sellerid
    item = "%s.%s"%(itemid, sellerid)
    end = time.time() + 5
    pipe = conn.pipeline()

    while time.time() < end:
        try:
            pipe.watch(inventory)                          # 监视用户包裹发生的变化。
            if not pipe.sismember(inventory, itemid):      # 检查用户是否仍然持有将要被销售的商品。
                pipe.unwatch()                             # 如果指定的商品不在用户的包裹里面，那么停止对包裹键的监视并返回一个空值。
                return None

            pipe.multi()                                   # 把被销售的商品添加到商品买卖市场里面。
            pipe.zadd("market:", item, price)
            pipe.srem(inventory, itemid)
            pipe.execute()                                 # 如果执行 execute 方法没有引发 WatchError 异常，那么说明事务执行成功，并且对包裹键的监视也已经结束。
            return True
        except redis.exceptions.WatchError:                # 用户的包裹已经发生了变化，重试。
            pass
    return False
```

list_item()函数的行为就和我们之前描述的一样：它首先执行一些初始化步骤，然后对卖家的包裹进行监视，验证卖家想要销售的商品是否仍然存在于卖家的包裹当中，如果是的话，函数就会将被销售的商品添加到买卖市场里面，并从卖家的包裹中移除该商品。正如函数中的 while 循环所示，在使用 WATCH 命令对包裹进行监视的过程中，如果包裹被更新或者修改，那么程序将接收到错误并进行重试。

图 4-4 展示了当 Frank（用户 ID 为 17）尝试以 97 块钱的价格销售 ItemM 时，list_item() 函数的执行过程。

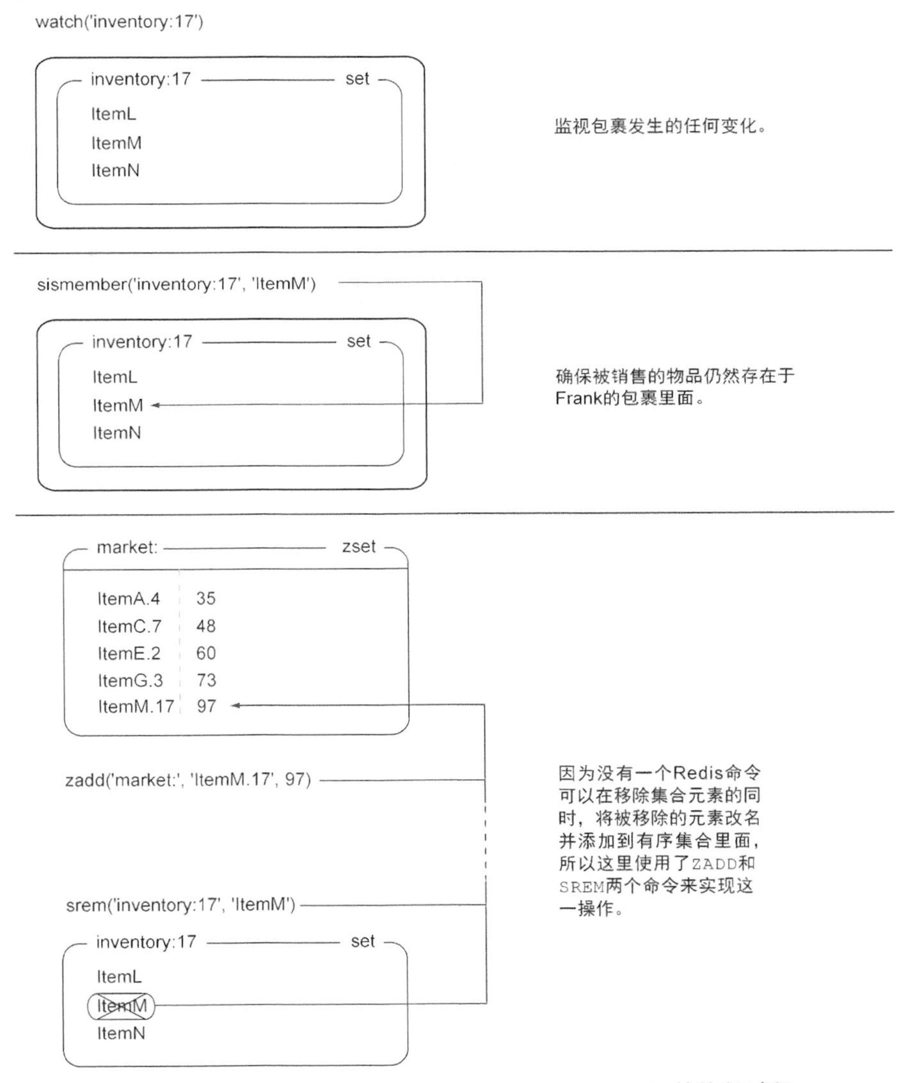

图 4-4 list_item(conn, "ItemM", 17, 97)的执行过程

因为程序会确保用户只能销售他们自己所拥有的商品，所以在一般情况下，用户都可以顺利地将自己想要销售的商品添加到商品买卖市场上面，但是正如之前所说，如果用户的包裹在

WATCH 执行之后直到 EXEC 执行之前的这段时间内发生了变化，那么添加操作将执行失败并重试。

在弄懂了怎样将商品放到市场上销售之后，接下来让我们来了解一下怎样从市场上购买商品。

4.4.3 购买商品

代码清单 4-6 中的 purchase_item() 函数展示了从市场里面购买一件商品的具体方法：程序首先使用 WATCH 对市场以及买家的个人信息进行监视，然后获取买家拥有的钱数以及商品的售价，并检查买家是否有足够的钱来购买该商品。如果买家没有足够的钱，那么程序会取消事务；相反地，如果买家的钱足够，那么程序首先会将买家支付的钱转移给卖家，然后将售出的商品移动至买家的包裹，并将该商品从市场中移除。当买家的个人信息或者商品买卖市场出现变化而导致 WatchError 异常出现时，程序将进行重试，其中最大重试时间为 10 秒。

代码清单 4-6 purchase_item() 函数

```
def purchase_item(conn, buyerid, itemid, sellerid, lprice):
    buyer = "users:%s"%buyerid
    seller = "users:%s"%sellerid
    item = "%s.%s"%(itemid, sellerid)
    inventory = "inventory:%s"%buyerid
    end = time.time() + 10
    pipe = conn.pipeline()

    while time.time() < end:
        try:
            pipe.watch("market:", buyer)          # 对商品买卖市场以及买家的个人信息进行监视。

            price = pipe.zscore("market:", item)
            funds = int(pipe.hget(buyer, "funds"))
            if price != lprice or price > funds:
                pipe.unwatch()
                return None
            # 检查买家想要购买的商品的价格是否出现了变化，以及买家是否有足够的钱来购买这件商品。

            pipe.multi()
            pipe.hincrby(seller, "funds", int(price))
            pipe.hincrby(buyer, "funds", int(-price))
            pipe.sadd(inventory, itemid)
            pipe.zrem("market:", item)
            pipe.execute()
            return True
            # 先将买家支付的钱转移给卖家，然后将被购买的商品移交给买家。
        except redis.exceptions.WatchError:
            pass
            # 如果买家的个人信息或者商品买卖市场在交易的过程中出现了变化，那么进行重试。

    return False
```

在执行商品购买操作的时候，程序除了需要花费大量时间来准备相关数据之外，还需要对商品买卖市场以及买家的个人信息进行监视：监视商品买卖市场是为了确保买家想要购买的商品仍然有售（或者在商品已经被其他人买走时进行提示），而监视买家的个人信息则是为了验证买家是否有足够的钱来购买自己想要的商品。

当程序确认商品仍然存在并且买家有足够钱的时候，程序会将被购买的商品移动到买家的包裹里面，并将买家支付的钱转移给卖家。

在观察了市场上展示的商品之后，Bill（用户 ID 为 27）决定购买 Frank 在市场上销售的 ItemM，图 4-5 和图 4-6 展示了购买操作执行期间，数据结构是如何变化的。

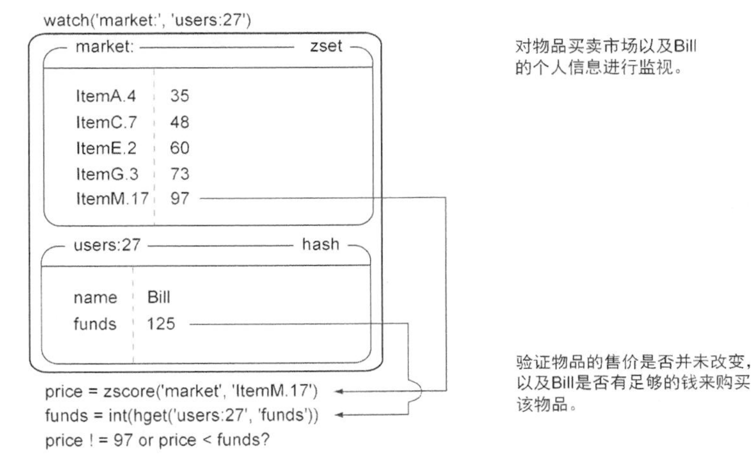

图 4-5 在购买指定商品之前，程序必须对商品买卖市场以及买家的个人信息进行监视，检查指定商品是否仍然存在，以及买家是否有足够的钱来购买该商品

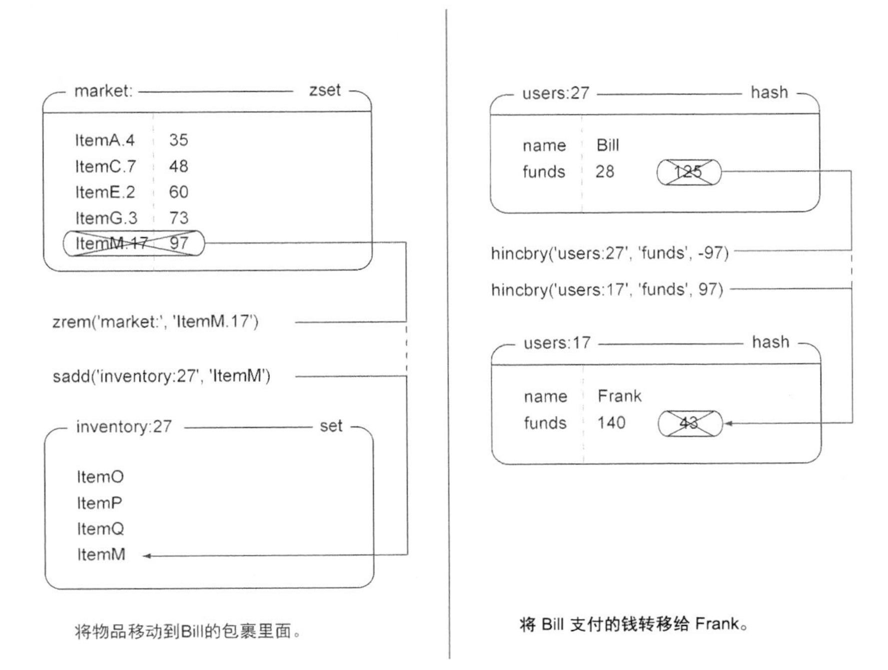

图 4-6 商品购买操作的执行流程如下：程序首先需要将买家支付的钱转移给卖家，然后从商品买卖市场里面移除被售出的商品，最后将该商品添加到买家的包裹里面

正如之前的代码清单 4-6 所示，如果商品买卖市场有序集合（market ZSET）或者 Bill 的个人信息在 WATCH 和 EXEC 执行之间发生了变化，那么 purchase_item()将进行重试，或者在重试操作超时之后放弃此次购买操作。

为什么 Redis 没有实现典型的加锁功能？　在访问以写入为目的数据的时候（SQL 中的 SELECT FOR UPDATE），关系数据库会对被访问的数据行进行加锁，直到事务被提交（COMMIT）或者被回滚（ROLLBACK）为止。如果有其他客户端试图对被加锁的数据行进行写入，那么该客户端将被阻塞，直到第一个事务执行完毕为止。加锁在实际使用中非常有效，基本上所有关系数据库都实现了这种加锁功能，它的缺点在于，持有锁的客户端运行越慢，等待解锁的客户端被阻塞的时间就越长。

因为加锁有可能会造成长时间的等待，所以 Redis 为了尽可能地减少客户端的等待时间，并不会在执行 WATCH 命令时对数据进行加锁。相反地，Redis 只会在数据已经被其他客户端抢先修改了的情况下，通知执行了 WATCH 命令的客户端，这种做法被称为乐观锁（optimistic locking），而关系数据库实际执行的加锁操作则被称为悲观锁（pessimistic locking）。乐观锁在实际使用中同样非常有效，因为客户端永远不必花时间去等待第一个取得锁的客户端——它们只需要在自己的事务执行失败时进行重试就可以了。

这一节介绍了如何组合使用 WATCH、MULTI 和 EXEC 命令来对多种类型的数据进行操作，从而实现游戏中的商品买卖市场。除了目前已有的商品买卖功能之外，我们还可以为这个市场添加商品拍卖和商品限时销售等功能，或者让市场支持更多不同类型的商品排序方式，又或者基于第 7 章介绍的技术，给市场添加更高级的搜索和过滤功能。

当有多个客户端同时对相同的数据进行操作时，正确地使用事务可以有效地防止数据错误发生。而接下来的一节将向我们展示，在无须担心数据被其他客户端修改了的情况下，如何以更快的速度执行操作。

4.5　非事务型流水线

第 3 章在首次介绍 MULTI 和 EXEC 的时候讨论过它们的“事务”性质——被 MULTI 和 EXEC 包裹的命令在执行时不会被其他客户端打扰。而使用事务的其中一个好处就是底层的客户端会通过使用流水线来提高事务执行时的性能。本节将介绍如何在不使用事务的情况下，通过使用流水线来进一步提升命令的执行性能。

第 2 章曾经介绍过一些可以接受多个参数的添加命令和更新命令，如 MGET、MSET、HMGET、HMSET、RPUSH 和 LPUSH、SADD、ZADD 等。这些命令简化了那些需要重复执行相同命令的操作，并且极大地提升了性能。尽管效果可能没有以上提到的命令那么显著，但使用非事务型流水线（non-transactional pipeline）同样可以获得相似的性能提升，并且可以让用户同时执行多个不同的命令。

在需要执行大量命令的情况下，即使命令实际上并不需要放在事务里面执行，但是为了通过一次发送所有命令来减少通信次数并降低延迟值，用户也可能会将命令包裹在 MULTI 和 EXEC 里面执行。遗憾的是，MULTI 和 EXEC 并不是免费的——它们也会消耗资源，并且可能会导致其他重要的命令被延迟执行。不过好消息是，我们实际上可以在不使用 MULTI 和 EXEC 的情况下，获得流水线带来的所有好处。第 3 章和 4.4 节中都使用了以下语句来在 Python 中执行 MULTI 和 EXEC 命令：

```
pipe = conn.pipeline()
```

如果用户在执行 pipeline() 时传入 True 作为参数，或者不传入任何参数，那么客户端将使用 MULTI 和 EXEC 包裹起用户要执行的所有命令。另一方面，如果用户在执行 pipeline() 时传入 False 为参数，那么客户端同样会像执行事务那样收集起用户要执行的所有命令，只是不再使用 MULTI 和 EXEC 包裹这些命令。如果用户需要向 Redis 发送多个命令，并且对于这些命令来说，一个命令的执行结果并不会影响另一个命令的输入，而且这些命令也不需要以事务的方式来执行的话，那么我们可以通过向 pipeline() 方法传入 False 来进一步提升 Redis 的整体性能。让我们来看一个这方面的例子。

前面的 2.1 节和 2.5 节中曾经编写并更新过一个名为 update_token() 的函数，它负责记录用户最近浏览过的商品以及用户最近访问过的页面，并更新用户的登录 cookie。代码清单 4-7 展示的是之前曾在 2.5 节中展示过的更新版 update_token() 函数，这个函数每次执行都会调用 2 个或者 5 个 Redis 命令，使得客户端和 Redis 之间产生 2 次或者 5 次通信往返。

代码清单 4-7　之前在 2.5 节中展示过的 update_token() 函数

```
def update_token(conn, token, user, item=None):
    timestamp = time.time()                          # 获取时间戳。
    conn.hset('login:', token, user)                 # 创建令牌与已登录用户之间的映射。
    conn.zadd('recent:', token, timestamp)           # 记录令牌最后一次出现的时间。
    if item:
        conn.zadd('viewed:' + token, item, timestamp)   # 把用户浏览过的商品记录起来。
        conn.zremrangebyrank('viewed:' + token, 0, -26) # 移除旧商品，只记录最新浏览的25件商品。
        conn.zincrby('viewed:', item, -1)               # 更新给定商品的被浏览次数。
```

如果 Redis 和 Web 服务器通过局域网进行连接，那么它们之间的每次通信往返大概需要耗费一两毫秒，因此需要进行 2 次或者 5 次通信往返的 update_token() 函数大概需要花费 2～10 毫秒来执行，按照这个速度计算，单个 Web 服务器线程每秒可以处理 100～500 个请求。尽管这种速度已经非常可观，但我们还可以在这个速度的基础上更进一步：通过修改 update_token() 函数，让它创建一个非事务型流水线，然后使用这个流水线来发送所有请求，这样我们就得到了代码清单 4-8 展示的 update_token_pipeline() 函数。

代码清单 4-8　update_token_pipeline()函数

```
def update_token_pipeline(conn, token, user, item=None):
    timestamp = time.time()
    pipe = conn.pipeline(False)                          # 设置流水线。
    pipe.hset('login:', token, user)
    pipe.zadd('recent:', token, timestamp)
    if item:
        pipe.zadd('viewed:' + token, item, timestamp)
        pipe.zremrangebyrank('viewed:' + token, 0, -26)
        pipe.zincrby('viewed:', item, -1)
    pipe.execute()                                       # 执行那些被流水线包裹的命令。
```

通过将标准的 Redis 连接替换成流水线连接，程序可以将通信往返的次数减少至原来的 $\frac{1}{2}$ 到 $\frac{1}{5}$，并将 update_token_pipeline()函数的预期执行时间降低至 1～2 毫秒。按照这个速度来计算的话，如果一个 Web 服务器只需要执行 update_token_pipeline()来更新商品的浏览信息，那么这个 Web 服务器每秒可以处理 500～1000 个请求。从理论上来看，update_token_pipeline()函数的效果非常棒，但是它的实际运行速度又是怎样的呢？

为了回答这个问题，我们将对 update_token()函数和 update_token_pipeline()函数进行一些简单的测试。我们将分别通过快速低延迟网络和慢速高延迟网络来访问同一台机器，并测试运行在机器上面的 Redis 每秒可以处理的请求数量。代码清单 4-9 展示了进行性能测试的函数，这个函数会在给定的时限内重复执行 update_token()函数或者 update_token_pipeline()函数，然后计算被测试的函数每秒执行了多少次。

代码清单 4-9　benchmark_update_token()函数

```
def benchmark_update_token(conn, duration):
    for function in (update_token, update_token_pipeline):   # 测试会分别执行 update_token()函数和 update_token_pipeline()函数。
        count = 0                                             # 设置计数器以及测试结束的条件。
        start = time.time()
        end = start + duration
        while time.time() < end:
            count += 1
            function(conn, 'token', 'user', 'item')          # 调用两个函数的其中一个。
        delta = time.time() - start                           # 计算函数的执行时长。
        print function.__name__, count, delta, count / delta # 打印测试结果。
```

表 4-4 展示了在不同带宽以及不同延迟值的网络上执行性能测试函数所得到的数据。

表 4-4　在不同类型的网络上执行流水线和非流水线连接：对于高速网络，测试程序几乎达到了单核处理器可以编码/解码 Redis 命令的极限；而对于低速网络，测试程序的运行则受到网络带宽和延迟值的影响

描　述	带　宽	延 迟 值	每秒调用 update_table()的次数	每秒调用 update_table_pipeline()的次数
本地服务器，Unix 域套接字	大于 1 Gb（gigabit）	0.015 ms	3 761	6 394

续表

描　述	带　宽	延 迟 值	每秒调用 `update_table()` 的次数	每秒调用 `update_table_pipeline()` 的次数
本地服务器，本地连接	大于 1 Gb	0.015 ms	3 257	5 991
远程服务器，共享交换机	1 Gb	0.271 ms	739	2 841
远程服务器，通过 VPN 连接	1.8 Mb（megabit）	48 ms	3.67	18.2

根据表 4-4 的数据显示，高延迟网络使用流水线时的速度要比不使用流水线时的速度快 5 倍，低延迟网络使用流水线也可以带来接近 4 倍的速度提升，而本地网络的测试结果实际上已经达到了 Python 在单核环境下使用 Redis 协议发送和接收短命令序列的性能极限（4.6 节将更详细地说明这个问题）。

现在我们已经知道如何在不使用事务的情况下，通过使用流水线来提升 Redis 的性能了，那么除了流水线之外，还有其他可以提升 Redis 性能的常规（standard）方法吗？

4.6 关于性能方面的注意事项

习惯了关系数据库的用户在刚开始使用 Redis 的时候，通常会因为 Redis 带来的上百倍的性能提升而感到欣喜若狂，却没有认识到 Redis 的性能实际上还可以做进一步的提高。虽然上一节介绍的非事务型流水线可以尽可能地减少应用程序和 Redis 之间的通信往返次数，但是对于一个已经存在的应用程序，我们应该如何判断这个程序能否被优化呢？我们又应该如何对它进行优化呢？

要对 Redis 的性能进行优化，用户首先需要弄清楚各种类型的 Redis 命令到底能跑多快，而这一点可以通过调用 Redis 附带的性能测试程序 `redis-benchmark` 来得知，代码清单 4-10 展示了一个相应的例子。如果有兴趣的话，读者也可以试着用 `redis-benchmark` 来了解 Redis 在自己服务器上的各种性能特征。

代码清单 4-10　在装有英特尔酷睿 2 双核 2.4 GHz 处理器的台式电脑上运行 redis-benchmark

```
$ redis-benchmark  -c 1 -q
PING (inline): 34246.57 requests per second
PING: 34843.21 requests per second
MSET (10 keys): 24213.08 requests per second
SET: 32467.53 requests per second
GET: 33112.59 requests per second
INCR: 32679.74 requests per second
LPUSH: 33333.33 requests per second
LPOP: 33670.04 requests per second
SADD: 33222.59 requests per second
SPOP: 34482.76 requests per second
```

给定'-q'选项可以让程序简化输出结果，给定'-c 1'选项让程序只使用一个客户端来进行测试。

```
LPUSH (again, in order to bench LRANGE): 33222.59 requests per second
LRANGE (first 100 elements): 22988.51 requests per second
LRANGE (first 300 elements): 13888.89 requests per second
LRANGE (first 450 elements): 11061.95 requests per second
LRANGE (first 600 elements): 9041.59 requests per second
```

redis-benchmark 的运行结果展示了一些常用 Redis 命令在 1 秒内可以执行的次数。如果用户在不给定任何参数的情况下运行 redis-benchmark，那么 redis-benchmark 将使用 50 个客户端来进行性能测试，但是为了在 redis-benchmark 和我们自己的客户端之间进行性能对比，让 redis-benchmark 只使用一个客户端要比使用多个客户端更方便一些。

在考察 redis-benchmark 的输出结果时，切记不要将输出结果看作是应用程序的实际性能，这是因为 redis-benchmark 不会处理执行命令所获得的命令回复，所以它节约了大量用于对命令回复进行语法分析的时间。在一般情况下，对于只使用单个客户端的 redis-benchmark 来说，根据被调用命令的复杂度，一个不使用流水线的 Python 客户端的性能大概只有 redis-benchmark 所示性能的 50%～60%。

另一方面，如果你发现自己客户端的性能只有 redis-benchmark 所示性能的 25%至 30%，或者客户端向你返回了“Cannot assign requested address”（无法分配指定的地址）错误，那么你可能是不小心在每次发送命令时都创建了新的连接。

表 4-5 列出了只使用单个客户端的 redis-benchmark 与 Python 客户端之间的性能对比结果，并介绍了一些常见的造成客户端性能低下或者出错的原因。

表 4-5　比较了 Redis 在通常情况下的性能表现以及 redis-benchmark 使用单客户端进行测试时的结果，并说明了一些可能引起性能问题的原因

性能或者错误	可能的原因	解决方法
单个客户端的性能达到 redis-benchmark 的 50%～60%	这是不使用流水线时的预期性能	无
单个客户端的性能达到 redis-benchmark 的 25%～30%	对于每个命令或者每组命令都创建了新的连接	重用已有的 Redis 连接
客户端返回错误：“Cannot assign requested address”（无法分配指定的地址）	对于每个命令或者每组命令都创建了新的连接	重用已有的 Redis 连接

尽管表 4-5 列出的性能问题以及问题的解决方法都非常简短，但绝大部分常见的性能问题都是由表格中列出的原因引起的（另一个引起性能问题的原因是以不正确的方式使用 Redis 的数据结构）。如果读者遇到了难以解决的性能问题，或者遇到了表 4-5 中没有介绍的性能问题，那么读者可以考虑通过 1.4 节中介绍的方法来寻求帮助。

大部分 Redis 客户端库都提供了某种级别的内置连接池（connection pool）。以 Python 的 Redis 客户端为例，对于每个 Redis 服务器，用户只需要创建一个 redis.Redis()对象，该对象就会按需创建连接、重用已有的连接并关闭超时的连接（在使用多个数据库的情况下，即使客户端只连接了一个 Redis 服务器，它也需要为每一个被使用的数据库创建一个连接），并且 Python 客户端的连接池还可以安全地应用于多线程环境和多进程环境。

4.7 小结

本章对数据安全和性能保障这两个方面的内容进行了介绍，其中前半部分主要介绍了如何使用持久化和复制来预防并应对系统故障，而后半部分则讨论了如何防止数据出错、如何使用流水线来提升性能以及如何诊断潜在的性能问题。

本章希望传达给读者的两个概念是：第一，使用复制和 AOF 持久化可以极大地保障数据安全；第二，在多个客户端同时处理相同的数据时，可以使用 WATCH、MULTI、EXEC 等命令来防止数据出错。

希望本章对 WATCH、MULTI 和 EXEC 的介绍能够帮助读者更好地理解如何在 Redis 中使用事务。第 6 章将对事务进行回顾，但是在此之前，让我们先来阅读接下来的第 5 章，了解一下该如何使用 Redis 来帮助处理系统管理任务。

第 5 章　使用 Redis 构建支持程序

本章主要内容

- 使用 Redis 记录日志
- 使用 Redis 实现计数器并进行数据统计
- 查询 IP 地址所属的城市与国家（或地区）
- 服务的发现与配置

上一章花了很多时间来讨论如何将 Redis 用作整个系统的其中一部分，而这一章将介绍如何使用 Redis 来帮助和支持系统的其他部分：使用日志和计数器来收集系统当前的状态信息、挖掘正在使用系统的顾客的相关信息、将 Redis 用作记录配置信息的字典。

总的来说，本章将展示如何控制并监视系统在运行时的一举一动。在阅读本章的时候，请记住我们的目的是支持那些持续运行的、更高层次的应用程序——本章构建的组件（component）并不是应用程序，但它们可以通过记录应用程序信息、记录访客信息、为应用程序提供配置信息等手段来帮助和支持应用程序。首先，让我们来看看如何通过日志来实现最基本的监控特性。

5.1　使用 Redis 来记录日志

在构建应用程序和服务的过程中，对正在运行的系统的相关信息的挖掘能力将变得越来越重要：无论是通过挖掘信息来诊断系统问题，还是发现系统中潜在的问题，甚至是挖掘与用户有关的信息——这些都需要用到日志。

在 Linux 和 Unix 的世界中，有两种常见的记录日志的方法。第一种是将日志记录到文件里面，然后随着时间流逝不断地将一个又一个日志行添加到文件里面，并在一段时间之后创建新的日志文件。包括 Redis 在内的很多软件都使用这种方法来记录日志。但这种记录日志的方式有时候可能会遇上麻烦：因为每个不同的服务都会创建不同的日志，而这些服务轮换（rolling）日志的机制也各不相同，并且也缺少一种能够方便地聚合所有日志并对其进行处理的常用方法。

syslog 服务是第二种常用的日志记录方法，这个服务运行在几乎所有 Linux 服务器和 Unix 服务器的 514 号 TCP 端口和 UDP 端口上面。syslog 接受其他程序发来的日志消息，并将这些消息路由（route）至存储在硬盘上的各个日志文件里面，除此之外，syslog 还负责旧日志的轮换和删除工作。通过配置，syslog 甚至可以将日志消息转发给其他服务来做进一步的处理。因为对指定日志的轮换和删除工作都可以交给 syslog 来完成，所以使用 syslog 服务比直接将日志写入文件要方便得多。

替换 syslog 无论读者使用上面列举的两种日志记录方法中的哪一种，都最好考虑把系统目前的 syslog 守护进程（通常是 `Rsyslogd`）替换成 `syslog-ng`。因为我经过使用并配置 `Rsyslogd` 和 `syslog-ng` 之后，发现 `syslog-ng` 用于管理和组织日志消息的配置语言使用起来更简单一些。另外，尽管因为时间和篇幅所限，我没办法在书中构建一个处理 syslog 消息并将消息存储到 Redis 里面的服务，但对于那些需要在处理请求时立即执行的操作，以及那些可以在请求处理完毕之后再执行的操作（如记录日志和更新计数器）来说，这种服务非常适合用作介于这两种操作之间的间接层。

syslog 的转发功能可以将不同的日志分别存储到同一台服务器的多个文件里面，这对于长时间地记录日志非常有帮助（记得备份）。在这一节中，我们将介绍如何使用 Redis 来存储与时间紧密相关的日志（time-sensitive log），从而在功能上替代那些需要在短期内被存储的 syslog 消息。首先让我们来看看，如何记录连续更新的最新日志消息（recent log message）。

5.1.1 最新日志

在构建一个系统的时候，判断哪些信息需要被记录是一件困难的事情：需要记录用户的登入和登出行为吗？需要记录用户修改账号信息的时间吗？还是只记录错误和异常就可以了？虽然我没办法替你回答这些问题，但我可以向你提供一种将最新出现的日志消息以列表的形式存储到 Redis 里面的方法，这个列表可以帮助你随时了解最新出现的日志都是什么样子的。

代码清单 5-1 的 `log_recent()` 函数展示了将最新日志记录到 Redis 里面的方法：为了维持一个包含最新日志的列表，程序使用 `LPUSH` 命令将日志消息推入一个列表里面。之后，如果我们想要查看已有日志消息的话，那么可以使用 `LRANGE` 命令来取出列表中的消息。除了 `LPUSH` 之外，函数还加入了一些额外的代码，用于命名不同的日志消息队列，并根据问题的严重性对日志进行分级，如果你觉得自己并不需要这些附加功能的话，也可以把相关的代码删掉，只保留基本的日志添加功能。

代码清单 5-1　log_recent()函数

```
SEVERITY = {
    logging.DEBUG: 'debug',
    logging.INFO: 'info',
    logging.WARNING: 'warning',
    logging.ERROR: 'error',
    logging.CRITICAL: 'critical',
}
SEVERITY.update((name, name) for name in SEVERITY.values())

def log_recent(conn, name, message, severity=logging.INFO, pipe=None):
    severity = str(SEVERITY.get(severity, severity)).lower()
    destination = 'recent:%s:%s'%(name, severity)
    message = time.asctime() + ' ' + message
    pipe = pipe or conn.pipeline()
    pipe.lpush(destination, message)
    pipe.ltrim(destination, 0, 99)
    pipe.execute()
```

设置一个字典，将大部分日志的安全级别映射为字符串。

尝试将日志的安全级别转换为简单的字符串。

创建负责存储消息的键。

将当前时间添加到消息里面，用于记录消息的发送时间。

使用流水线来将通信往返次数降低为一次。

将消息添加到日志列表的最前面。

对日志列表进行修剪，让它只包含最新的100条消息。

执行两个命令。

除了那些将日志的安全级别转换为字符串（如 info 和 debug）的代码之外，log_recent()函数的定义非常简单——基本上就是一个 LPUSH 加上一个 LTRIM。现在你已经知道怎样记录最新出现的日志了，是时候来了解一下该如何记录最常出现的（也可能是最重要的）日志消息了。

5.1.2　常见日志

如果实际运行一下 log_recent()函数的话，你可能就会发现，尽管 log_recent()函数非常适用于记录当前发生的事情，但它并不擅长告诉你哪些消息是重要的，哪些消息是不重要的。为了解决这个问题，我们可以让程序记录特定消息出现的频率，并根据出现频率的高低来决定消息的排列顺序，从而帮助我们找出最重要的消息。

代码清单 5-2 的 log_common()函数展示了记录并轮换最常见日志消息的方法：程序会将消息作为成员存储到有序集合里面，并将消息出现的频率设置为成员的分值。为了确保我们看见的常见消息都是最新的，程序会以每小时一次的频率对消息进行轮换，并在轮换日志的时候保留上一个小时记录的常见消息，从而防止没有任何消息存在的情况出现。

代码清单 5-2　log_common()函数

```
def log_common(conn, name, message, severity=logging.INFO, timeout=5):
    severity = str(SEVERITY.get(severity, severity)).lower()
    destination = 'common:%s:%s'%(name, severity)
    start_key = destination + ':start'
    pipe = conn.pipeline()
    end = time.time() + timeout
    while time.time() < end:
        try:
```

设置日志的安全级别。

负责存储近期的常见日志消息的键。

因为程序每小时需要轮换一次日志，所以它使用一个键来记录当前所处的小时数。

因为记录常见日志的函数需要小心地处理上一小时收集到的日志，所以它比记录最新日志的函数要复杂得多：程序会在一个 WATCH/MULTI/EXEC 事务里面，对记录了上一小时的常见日志的有序集合进行改名，并对记录了当前所处小时数的键进行更新。除此之外，程序还会将流水线对象传递给 log_recent() 函数，以此来减少记录常见日志和记录最新日志时，客户端与 Redis 服务器之间的通信往返次数。

通过最新日志和常见日志，现在我们已经知道怎样将系统的运行信息存储到 Redis 里面了，那么还有什么其他信息是适合存储在 Redis 里面的呢？

5.2　计数器和统计数据

正如第 2 章所述，通过记录各个页面的被访问次数，我们可以根据基本的访问计数信息来决定如何缓存页面。但第 2 章中展示的只是一个非常简单的例子，现实情况很多时候并非是如此简单的，特别是在涉及实际网站的时候，尤为如此。

知道我们的网站在最近 5 分钟内获得了 10 000 次点击，或者数据库在最近 5 秒内处理了 200 次写入和 600 次读取，是非常有用的。通过在一段时间内持续地记录这些信息，我们可以注意到流量的骤增或渐增情况，预测何时需要对服务器进行升级，从而防止系统因为负荷超载而下线。

这一节将分别介绍使用 Redis 来实现计数器的方法以及使用 Redis 来进行数据统计的方法，并在最后讨论如何简化示例中的数据统计操作。本节展示的例子都是由实际的用例和需求驱动的。首先，让我们来看看，如何使用 Redis 来实现时间序列计数器（time series counter），以及如何使用这些计数器来记录和监测应用程序的行为。

5.2.1　将计数器存储到 Redis 里面

在监控应用程序的同时，持续地收集信息是一件非常重要的事情。那些影响网站响应速度以及网站所能服务的页面数量的代码改动、新的广告营销活动或者是刚刚接触系统的新用户，都有可能会彻底地改变网站载入页面的数量，并因此而影响网站的各项性能指标。但如果我们平时不记录任何指标数据的话，我们就不可能知道指标发生了变化，也就不可能知道网站的性能是在提高还是在下降。

为了收集指标数据并进行监视和分析，我们将构建一个能够持续创建并维护计数器的工具，这个工具创建的每个计数器都有自己的名字（名字里带有网站点击量、销量或者数据库查询字样的计数器都是比较重要的计数器）。这些计数器会以不同的时间精度（如 1 秒、5 秒、1 分钟等）存储最新的 120 个数据样本，用户也可以根据自己的需要，对取样的数量和精度进行修改。

实现计数器首先要考虑的就是如何存储计数器信息，接下来将说明我们是如何将计数器信息存储到 Redis 里面的。

1. 对计数器进行更新

为了对计数器进行更新，我们需要存储实际的计数器信息。对于每个计数器以及每种精度，如网站点击量计数器和 5 秒，我们将使用一个散列来存储网站在每个 5 秒时间片（time slice）之内获得的点击量，其中，散列的每个键都是某个时间片的开始时间，而键对应的值则存储了网站在该时间片之内获得的点击量。图 5-1 展示了一个点击量计数器存储的其中一部分数据，这个计数器以每 5 秒为一个时间片记录着网站的点击量。

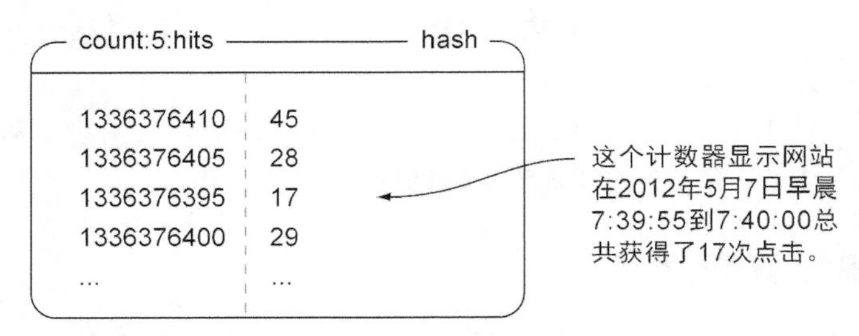

图 5-1　这个散列展示了 2012 年 5 月 7 日早晨 7 点 40 分左右，网站在每个 5 秒时间片之内获得的点击量

为了能够清理计数器包含的旧数据，我们需要在使用计数器的同时，对被使用的计数器进行记录。为了做到这一点，我们需要一个有序序列（ordered sequence），这个序列不能包含任何重复元素，并且能够让我们一个接一个地遍历序列中包含的所有元素。虽然同时使用列表和集合可以实现这种序列，但同时使用两种数据结构需要编写更多代码，并且会增加客户端和 Redis 之间的通信往返次数。实际上，实现有序序列更好的办法是使用有序集合，有序集合的各个成员分别由计数器的精度以及计数器的名字组成，而所有成员的分值都为 0。因为所有成员的分值都被设置成了 0，所以 Redis 在尝试按分值对有序集合进行排序的时候，就会发现这一点，并改为使用成员名进行排序，这使得一组给定的成员总是具有固定的排列顺序，从而可以方便地对这些成员进行顺序性的扫描。图 5-2 展示了一个有序集合，这个有序集合记录了正在使用的计数器。

既然我们已经知道应该使用什么结构来记录并表示计数器了，现在是时候来考虑一下如何使用和更新这些计数器了。代码清单 5-3 展示了程序更新计数器的方法：对于每种时间片精度，程序都会将计数器的精度和名字作为引用信息添加到记录已有计数器的有序集合里面，并增加散列计数器在指定时间片内的计数值。

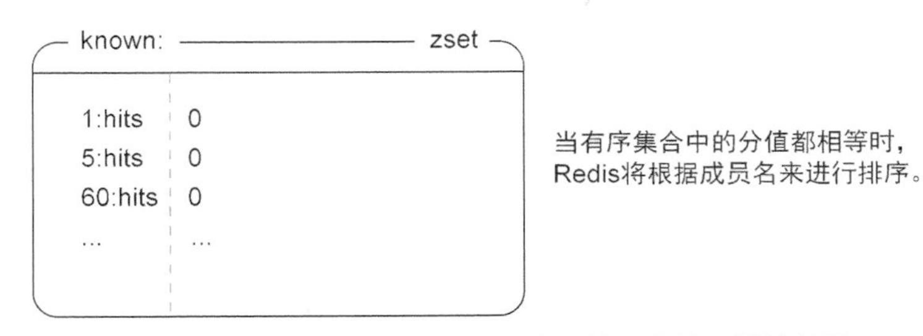

图 5-2 这个有序集合展示了一些目前正在使用的计数器

代码清单 5-3 `update_counter()`函数

```
PRECISION = [1, 5, 60, 300, 3600, 18000, 86400]

def update_counter(conn, name, count=1, now=None):
    now = now or time.time()
    pipe = conn.pipeline()
    for prec in PRECISION:
        pnow = int(now / prec) * prec
        hash = '%s:%s'%(prec, name)
        pipe.zadd('known:', hash, 0)
        pipe.hincrby('count:' + hash, pnow, count)
    pipe.execute()
```

- 以秒为单位的计数器精度，分别为 1 秒、5 秒、1 分钟、5 分钟、1 小时、5 小时、1 天——用户可以按需调整这些精度。
- 通过取得当前时间来判断应该对哪个时间片执行自增操作。
- 为了保证之后的清理工作可以正确地执行，这里需要创建一个事务型流水线。
- 为我们记录的每种精度都创建一个计数器。
- 取得当前时间片的开始时间。
- 创建负责存储计数信息的散列。
- 将计数器的引用信息添加到有序集合里面，并将其分值设置为 0，以便在之后执行清理操作。
- 对给定名字和精度的计数器进行更新。

更新计数器信息的过程并不复杂，程序只需要为每种时间片精度执行 ZADD 命令和 HINCRBY 命令就可以了。与此类似，从指定精度和名字的计数器里面获取技术数据也是一件非常容易的事情，代码清单 5-4 展示了用于执行这一操作的代码：程序首先使用 HGETALL 命令来获取整个散列，接着将命令返回的时间片和计数器的值从原来的字符串格式转换成数字格式，根据时间对数据进行排序，最后返回排序后的数据。

代码清单 5-4 `get_counter()`函数

```
def get_counter(conn, name, precision):
    hash = '%s:%s'%(precision, name)
    data = conn.hgetall('count:' + hash)
    to_return = []
    for key, value in data.iteritems():
        to_return.append((int(key), int(value)))
    to_return.sort()
    return to_return
```

- 取得存储计数器数据的键的名字。
- 从 Redis 里面取出计数器数据。
- 将计数器数据转换成指定的格式。
- 对数据进行排序，把旧的数据样本排在前面。

`get_counter()` 函数的工作方式就和之前描述的一样：它获取计数器数据并将其转换成整数，然后根据时间先后对转换后的数据进行排序。在弄懂了如何获取计数器存储的数据之后，接下来我们要考虑的是如何防止这些计数器存储过多的数据。

2．清理旧计数器

经过前面的介绍，我们已经知道了怎样将计数器存储到 Redis 里面，以及怎样从计数器里面取出数据。但是，如果我们只是一味地对计数器进行更新而不执行任何清理操作的话，那么程序最终将会因为存储了过多的数据而导致内存不足。好在我们事先已经将所有已知的计数器都记录到了一个有序集合里面，所以对计数器进行清理只需要遍历有序集合并删除其中的旧计数器就可以了。

> **为什么不使用 EXPIRE？**　EXPIRE 命令的其中一个限制就是它只能应用于整个键，而不能只对键的某一部分数据进行过期处理。并且因为我们将同一个计数器在不同精度下的所有计数数据都存放到了同一个键里面，所以我们必须定期地对计数器进行清理。如果读者有兴趣的话，也可以试试改变计数器组织数据的方式，使用 Redis 的过期键功能来代替手工的清理操作。

在处理（process）和清理（clean up）旧计数器的时候，有几件事情是需要我们格外留心的，其中包括以下几件。

- 任何时候都可能会有新的计数器被添加进来。
- 同一时间可能会有多个不同的清理操作在执行。
- 对于一个每天只更新一次的计数器来说，以每分钟一次的频率尝试清理这个计数器只会浪费计算资源。
- 如果一个计数器不包含任何数据，那么程序就不应该尝试对它进行清理。

我们接下来要构建一个守护进程函数，这个函数的工作方式和第 2 章中展示的守护进程函数类似，并且会严格遵守上面列出的各个注意事项。和之前展示的守护进程函数一样，这个守护进程函数会不断地重复循环直到系统终止这个进程为止。为了尽可能地降低清理操作的执行负载，守护进程会以每分钟一次的频率清理那些每分钟更新一次或者每分钟更新多次的计数器，而对于那些更新频率低于每分钟一次的计数器，守护进程则会根据计数器自身的更新频率来决定对它们进行清理的频率。比如说，对于每秒更新一次或者每 5 秒更新一次的计数器，守护进程将以每分钟一次的频率清理这些计数器；而对于每 5 分钟更新一次的计数器，守护进程将以每 5 分钟一次的频率清理这些计数器。

清理程序通过对记录已知计数器的有序集合执行 ZRANGE 命令来一个接一个的遍历所有已知的计数器。在对计数器执行清理操作的时候，程序会取出计数器记录的所有计数样本的开始时间，并移除那些开始时间位于指定截止时间之前的样本，清理之后的计数器最多只会保留最新的 120 个样本。如果一个计数器在执行清理操作之后不再包含任何样本，那么程序将从记录已知计数器的有序集合里面移除这个计数器的引用信息。以上给出的描述大致地说明了计数器清理函数的运作原理，至于程序的一些边界情况最好还是通过代码来说明，要了解该函数的所有细节，请看代码清单 5-5。

代码清单 5-5 `clean_counters()`函数

```
def clean_counters(conn):
    pipe = conn.pipeline(True)
    passes = 0
    while not QUIT:
        start = time.time()
        index = 0
        while index < conn.zcard('known:'):
            hash = conn.zrange('known:', index, index)
            index += 1
            if not hash:
                break
            hash = hash[0]
            prec = int(hash.partition(':')[0])
            bprec = int(prec // 60) or 1
            if passes % bprec:
                continue

            hkey = 'count:' + hash
            cutoff = time.time() - SAMPLE_COUNT * prec
            samples = map(int, conn.hkeys(hkey))
            samples.sort()
            remove = bisect.bisect_right(samples, cutoff)

            if remove:
                conn.hdel(hkey, *samples[:remove])
                if remove == len(samples):
                    try:
                        pipe.watch(hkey)
                        if not pipe.hlen(hkey):
                            pipe.multi()
                            pipe.zrem('known:', hash)
                            pipe.execute()
                            index -= 1
                        else:
                            pipe.unwatch()
                    except redis.exceptions.WatchError:
                        pass

        passes += 1
        duration = min(int(time.time() - start) + 1, 60)
        time.sleep(max(60 - duration, 1))
```

持续地对计数器进行清理，直到退出为止。

为了平等地处理更新频率各不相同的多个计数器，程序需要记录清理操作执行的次数。

记录清理操作开始执行的时间，这个值将被用于计算清理操作的执行时长。

渐进地遍历所有已知的计数器。

取得被检查计数器的数据。

取得计数器的精度。

因为清理程序每 60 秒就会循环一次，所以这里需要根据计数器的更新频率来判断是否真的有必要对计数器进行清理。

如果这个计数器在这次循环里不需要进行清理，那么检查下一个计数器。（举个例子，如果清理程序只循环了 3 次，而计数器的更新频率为每 5 分钟一次，那么程序暂时还不需要对这个计数器进行清理。）

获取样本的开始时间，并将其从字符串转换为整数。

根据给定的精度以及需要保留的样本数量，计算出我们需要保留什么时间之前的样本。

计算出需要移除的样本数量。

按需移除计数样本。

这个散列可能已经被清空。

在尝试修改计数器散列之前，对其进行监视。

验证计数器散列是否为空，如果是的话，那么从记录已知计数器的有序集合里面移除它。

在删除了一个计数器的情况下，下次循环可以使用与本次循环相同的索引。

计数器散列并不为空，继续让它留在记录已知计数器的有序集合里面。

有其他程序向这个计算器散列添加了新的数据，它已经不再是空的了，继续让它留在记录已知计数器的有序集合里面。

为了让清理操作的执行频率与计数器更新的频率保持一致，对记录循环次数的变量以及记录执行时长的变量进行更新。

如果这次循环未耗尽 60 秒，那么在余下的时间内进行休眠；如果 60 秒已经耗尽，那么休眠 1 秒以便稍作休息。

正如之前所说，`clean_counters()`函数会一个接一个地遍历有序集合里面记录的计数器，查找需要进行清理的计数器。程序在每次遍历时都会对计数器进行检查，确保只清理应该清理的计数器。当程序尝试清理一个计数器的时候，它会取出计数器记录的所有数据样本，并判断哪些样本是需要被删除的。如果程序在对一个计数器执行清理操作之后，认为这个计数器已经不再包含任何数据，那么程序会检查这个计数器是否已经被清空，并在确认了它已经被清空之后，将它从记录已知计数器的有序集合中移除。最后，在遍历完所有计数器之后，程序会计算此次遍历耗费的时长，如果为了执行清理操作而预留的一分钟时间没有完全耗尽，那么程序将休眠直到这一分钟过去为止，然后继续进行下次遍历。

现在我们已经知道怎样记录、获取和清理计数器数据了，接下来要做的似乎就是构建一个界面来展示这些数据了。遗憾的是，这些内容并不在本书要介绍的内容范围之内，不过，如果读者有需要的话，可以试试 jqplot、Highcharts、dygraphs 以及 D3，这几个 JavaScript 绘图库无论是个人使用还是专业使用都非常合适。

在和一个真实的网站打交道的时候，知道页面每天的点击量可以帮助我们判断是否需要对页面进行缓存。但是，如果被频繁访问的页面只需要花费 2 毫秒来进行渲染，而其他流量只有十分之一的页面却需要花费 2 秒来进行渲染，那么在缓存被频繁访问的页面之前，我们可以先将注意力放到优化渲染速度较慢的页面上面。在接下来的一节中，我们将不再使用计数器来记录页面的点击量，而是通过记录聚合统计数据来更准确地判断哪些地方需要进行优化。

5.2.2　使用 Redis 存储统计数据

首先需要说明的一点是，为了将统计数据存储到 Redis 里面，笔者曾经实现过 5 种不同的方法，本节介绍的方法综合了这 5 种方法里面的众多优点，具有非常大的灵活性和可扩展性。

本节所展示的存储统计数据的方法，在工作方式上与 5.1.2 节中介绍的 `log_common()` 函数类似——这两者存储的数据记录的都是当前这一小时以及前一小时所发生的事情。另外，本节介绍的方法会记录最小值、最大值、平均值、标准差、样本数量以及所有被记录值之和等众多信息，以便不时之需。

对于一种给定的上下文（context）和类型，程序将使用一个有序集合来记录这个上下文以及这个类型的最小值（min）、最大值（max）、样本数量（count）、值的和（sum）、值的平方之和（sumsq）等信息，并通过这些信息来计算平均值以及标准差。程序将值存储在有序集合里面并非是为了按照分值对成员进行排序，而是为了对存储着统计信息的有序集合和其他有序集合进行并集计算，并通过 MIN 和 MAX 这两个聚合函数来筛选相交的元素。图 5-3 展示了一个存储统计数据的有序集合示例，它记录了 `ProfilePage`（个人简介页面）上下文的 `AccessTime`（访问时间）统计数据。

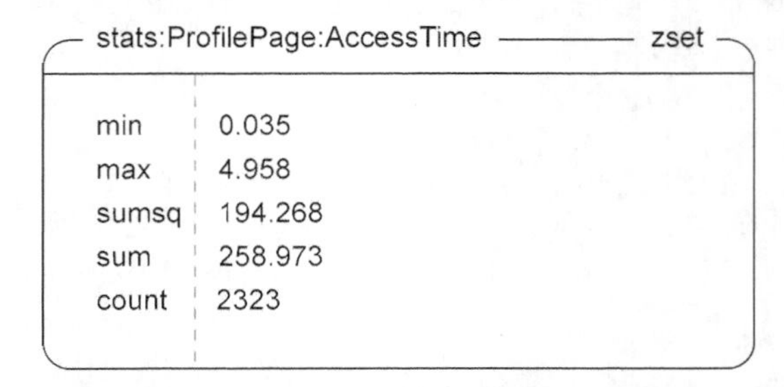

图 5-3　个人简介页面的访问时间统计示例。注意，因为有序集合会按照分值对成员进行排序，所以有序集合里面排列各个成员的顺序和我们上面介绍这些成员时的顺序并不相同

既然我们已经知道了程序要存储的是什么类型的数据，那么接下来要考虑的就是如何将这些数据写到数据结构里面了。代码清单 5-6 展示了负责更新统计数据的代码。和之前介绍过的常见日志程序一样，统计程序在写入数据之前会进行检查，确保被记录的是当前这一小时的统计数据，并将不属于当前这一小时的旧数据进行归档。在此之后，程序会构建两个临时有序集合，其中一个用于保存最小值，而另一个则用于保存最大值。然后使用 ZUNIONSTORE 命令以及它的两个聚合函数 MIN 和 MAX，分别计算两个临时有序集合与记录当前统计数据的有序集合之间的并集结果。通过使用 ZUNIONSTORE 命令，程序可以快速地更新统计数据，而无须使用 WATCH 去监视可能会频繁进行更新的存储统计数据的键，因为这个键可能会频繁地进行更新。程序在并集计算完毕之后就会删除那些临时有序集合，并使用 ZINCRBY 命令对统计数据有序集合里面的 count、sum、sumsq 这 3 个成员进行更新。

代码清单 5-6 update_stats()函数

```
def update_stats(conn, context, type, value, timeout=5):
    destination = 'stats:%s:%s'%(context, type)
    start_key = destination + ':start'
    pipe = conn.pipeline(True)
    end = time.time() + timeout
    while time.time() < end:
        try:
            pipe.watch(start_key)
            now = datetime.utcnow().timetuple()
            hour_start = datetime(*now[:4]).isoformat()

            existing = pipe.get(start_key)
            pipe.multi()
            if existing and existing < hour_start:
                pipe.rename(destination, destination + ':last')
                pipe.rename(start_key, destination + ':pstart')
                pipe.set(start_key, hour_start)

            tkey1 = str(uuid.uuid4())
            tkey2 = str(uuid.uuid4())
            pipe.zadd(tkey1, 'min', value)
            pipe.zadd(tkey2, 'max', value)
            pipe.zunionstore(destination,
                [destination, tkey1], aggregate='min')
            pipe.zunionstore(destination,
                [destination, tkey2], aggregate='max')

            pipe.delete(tkey1, tkey2)
            pipe.zincrby(destination, 'count')
            pipe.zincrby(destination, 'sum', value)
            pipe.zincrby(destination, 'sumsq', value*value)

            return pipe.execute()[-3:]
        except redis.exceptions.WatchError:
            continue
```

负责存储统计数据的键。

像common_log()函数一样，处理当前这一个小时的数据和上一个小时的数据。

将值添加到临时键里面。

使用聚合函数 MIN 和 MAX，对存储统计数据的键以及两个临时键进行并集计算。

删除临时键。

对有序集合中的样本数量、值的和、值的平方之和 3 个成员进行更新。

返回基本的计数信息，以便函数调用者在有需要时做进一步的处理。

如果新的一个小时已经开始，并且旧的数据已经被归档，那么进行重试。

update_status() 函数的前半部分代码基本上可以忽略不看，因为它们和 5.1.2 节中介绍的 log_common() 函数用来轮换数据的代码几乎一模一样，而 update_status() 函数的后半部分则做了我们前面描述过的事情：程序首先创建两个临时有序集合，然后使用适当的聚合函数，对存储统计数据的有序集合以及两个临时有序集合分别执行 ZUNIONSTORE 命令；最后，删除临时有序集合，并将并集计算所得的统计数据更新到存储统计数据的有序集合里面。update_status() 函数展示了将统计数据存储到有序集合里面的方法，但如果我们想要获取统计数据的话，又应该怎样做呢？

代码清单 5-7 展示了程序取出统计数据的方法：程序会从记录统计数据的有序集合里面取出所有被存储的值，并计算出平均值和标准差。其中，平均值可以通过值的和（sum）除以取样数量（count）来计算得出；而标准差的计算则更复杂一些，程序需要多做一些工作才能根据已有的统计信息计算出标准差，但是为了简洁起见，这里不会解释计算标准差时用到的数学知识。

代码清单 5-7 get_status() 函数

```
def get_stats(conn, context, type):
    key = 'stats:%s:%s'%(context, type)
    data = dict(conn.zrange(key, 0, -1, withscores=True))
    data['average'] = data['sum'] / data['count']
    numerator = data['sumsq'] - data['sum'] ** 2 / data['count']
    data['stddev'] = (numerator / (data['count'] - 1 or 1)) ** .5
    return data
```

程序将从这个键里面取出统计数据。

获取基本的统计数据，并将它们都放到一个字典里面。

计算平均值。

计算标准差的第一个步骤。

完成标准差的计算工作。

除了用于计算标准差的代码之外，get_stats() 函数并没有什么难懂的地方，如果读者愿意花些时间在维基百科上了解一下什么叫标准差的话，那么读懂那些计算标准差的代码应该也不是什么难事。尽管有了那么多统计数据，但我们可能还不太清楚自己应该观察哪些数据，而接下来的一节就会来解答这个问题。

5.2.3 简化统计数据的记录与发现

在将统计数据存储到 Redis 里面之后，接下来我们该做些什么呢？说得更详细一点，在知道了访问每个页面所需的时间之后，我们要怎样才能找到那些生成速度较慢的网页？或者说，当某个页面的生成速度变得比以往要慢的时候，我们如何才能知悉这一情况？简单来说，为了发现以上提到的这些情况，我们需要存储更多信息，而具体的方法将在这一节里面介绍。

要记录页面的访问时长，程序就必须在页面被访问时进行计时。为了做到这一点，我们可以在各个不同的页面设置计时器，并添加代码来记录计时的结果，但更好的办法是直接实现一个能够进行计时并将计时结果存储起来的东西，让它将平均访问速度最慢的页面都记录到一个有序集合里面，并向我们报告哪些页面的载入时间变得比以前更长了。

为了计算和记录访问时长，我们会编写一个 Python 上下文管理器（context manager）[①]，并使用这个上下文管理器来包裹起那些需要计算并记录访问时长的代码。代码清单 5-8 展示了用于计算和记录访问时长的上下文管理器：程序首先会取得当前时间，接着执行被包裹的代码，然后计算这些代码的执行时长，并将结果记录到 Redis 里面；除此之外，程序还会对记录当前上下文最大访问时间的有序集合进行更新。

代码清单 5-8 access_time()上下文管理器

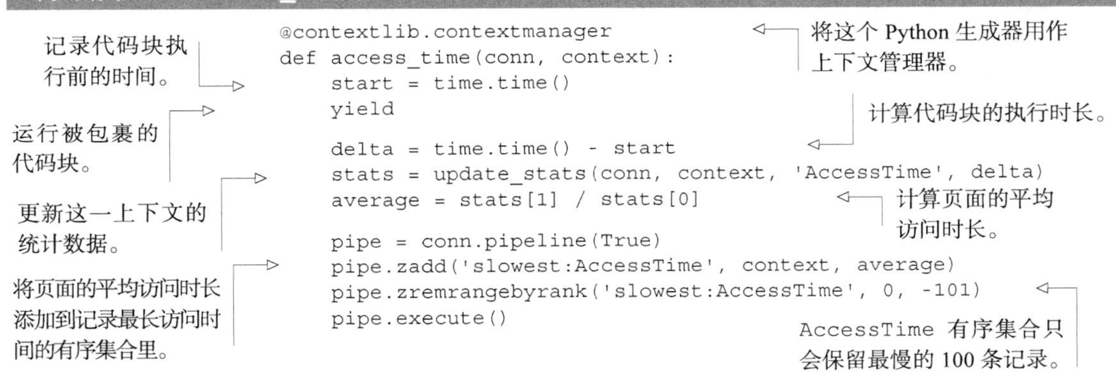


```
@contextlib.contextmanager
def access_time(conn, context):
    start = time.time()
    yield

    delta = time.time() - start
    stats = update_stats(conn, context, 'AccessTime', delta)
    average = stats[1] / stats[0]

    pipe = conn.pipeline(True)
    pipe.zadd('slowest:AccessTime', context, average)
    pipe.zremrangebyrank('slowest:AccessTime', 0, -101)
    pipe.execute()
```

因为 access_time()上下文管理器里面有一些没办法只用三言两语来解释的概念，所以我们最好还是直接通过使用这个管理器来了解它是如何运作的。接下来的这段代码展示了使用 access_time()上下文管理器记录 Web 页面访问时长的方法，负责处理被记录页面的是一个回调函数，它和本书在第 2 章的示例中用作中间层或插件的回调函数非常类似：

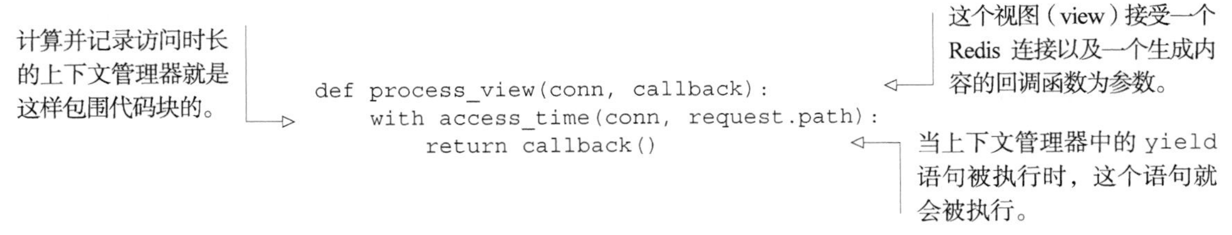


```
def process_view(conn, callback):
    with access_time(conn, request.path):
        return callback()
```

在看过这个例子之后，即使读者没有学习过上下文管理器的创建方法，但是至少也已经知道该如何去使用它了。这个例子使用了访问时间上下文管理器来计算生成一个页面需要花费多长时间，此外，同样的上下文管理器还可以用于计算数据库查询花费的时长，或者用来计算渲染一个模板所需的时长。作为练习，你能否构思一些其他种类的上下文管理器，并使用它们来记录有用

① 在 Python 里面，一个上下文管理器就是一个专门定义的函数或者类，这个函数或者类的不同部分可以在一段代码执行之前以及执行之后分别执行。上下文管理器使得用户可以很容易地实现类似“自动关闭已打开的文件”这样的功能。

的统计信息呢？另外，你能否让程序在页面的访问时长比平均情况要高出两个标准差或以上时，在 recent_log() 函数里面记录这一情况呢？

对现实世界中的统计数据进行收集和计数 尽管本书已经花了好几页篇幅来讲述该如何收集生产系统运作时产生的相当重要的统计信息，但是别忘了已经有很多现成的软件包可以用于收集并绘制计数器以及统计数据。我个人最喜欢的是 Graphite，在花时间尝试构建你自己的数据绘图库之前，不妨先试试这个库。

在学会了如何将应用程序相关的各种重要信息存储到 Redis 之后，在接下来的一节中，我们将了解更多与访客有关的信息，这些信息可以帮助我们处理其他问题。

5.3 查找 IP 所属城市以及国家（或地区）

通过将统计数据和日志存储到 Redis 里面，我们可以收集访客在系统中的行为信息。但是直到目前为止，我们都忽略了访客行为中非常重要的一个部分，那就是——这些访客是从哪里来的？为了回答这个问题，在这一节中，我们将构建一系列用于分析和载入 IP 所属地数据库的函数，并编写一个可以根据访客的 IP 地址来查找访客所在城市、行政区（州）以及国家（或地区）的函数。让我们先来看看下面这个例子。

随着 Fake Game 公司的游戏越来越受追捧，来自世界各地的玩家也越来越多。尽管像 Google Analytics 这样的工具可以让 Fake Game 公司知道玩家主要来自哪些国家（或地区），但为了更深入地了解玩家，Fake Game 公司还是希望自己能够知道玩家们所在的城市和州。而我们要做的就是将一个 IP 所属城市数据库载入 Redis 里面，然后通过搜索这个数据库来发现玩家所在的位置。

我们之所以使用 Redis 而不是传统的关系数据库来实现 IP 所属地查找功能，是因为 Redis 实现的 IP 所属地查找程序在运行速度上更具优势。另一方面，因为对用户进行定位所需的信息量非常庞大，在应用程序启动时载入这些信息将影响应用程序的启动速度，所以我们也没有使用本地查找表（local lookup table）来实现 IP 所属地查找功能。实现 IP 所属地查找功能首先要做的就是将一些数据表载入 Redis 里面，接下来的小节将对这个步骤进行介绍。

5.3.1 载入位置表格

为了开发 IP 所属地查找程序，我们将使用一个 IP 所属城市数据库[①]作为测试数据。这个数据库包含两个非常重要的文件：一个是 GeoLiteCity-Blocks.csv，它记录了多个 IP 地址段以及这些地址段所属城市的 ID；另一个是 GeoLiteCity- Location.csv，它记录了城市 ID 与城市名、地区名/州名/省名、国家（或地区）名以及一些我们不会用到的其他信息之间的映射。

① 该数据库可以从异步社区（https://www.epubit.com）本书页面下载。

实现 IP 所属地查找程序会用到两个查找表，第一个查找表需要根据输入的 IP 地址来查找 IP 所属城市的 ID，而第二个查找表则需要根据输入的城市 ID 来查找 ID 对应城市的实际信息（这个城市信息中还会包括城市所在地区和国家的相关信息）。

根据 IP 地址来查找城市 ID 的查找表由有序集合实现，这个有序集合的成员为具体的城市 ID，而分值则是一个根据 IP 地址计算出来的整数值。为了创建 IP 地址与城市 ID 之间的映射，程序需要将点分十进制格式的 IP 地址转换为一个整数分值，代码清单 5-9 的 ip_to_score() 函数定义了整个转换过程：IP 地址中的每 8 个二进制位会被看作是无符号整数中的 1 字节，其中 IP 地址最开头的 8 个二进制位为最高位。

代码清单 5-9 ip_to_score() 函数

```
def ip_to_score(ip_address):
    score = 0
    for v in ip_address.split('.'):
        score = score * 256 + int(v, 10)
    return score
```

在将 IP 地址转换为整数分值之后，程序就可以创建 IP 地址与城市 ID 之间的映射了。因为多个 IP 地址范围可能会被映射至同一个城市 ID，所以程序会在普通的城市 ID 后面，加上一个_字符以及有序集合目前已有城市 ID 的数量，以此来构建一个独一无二的唯一城市 ID。代码清单 5-10 展示了程序是如何创建 IP 地址与城市 ID 之间的映射的。

代码清单 5-10 import_ips_to_redis() 函数

```
def import_ips_to_redis(conn, filename):          # 这个函数在执行时需要输入 GeoLiteCity-Blocks.csv 文件所在的路径。
    csv_file = csv.reader(open(filename, 'rb'))
    for count, row in enumerate(csv_file):
        start_ip = row[0] if row else ''
        if 'i' in start_ip.lower():
            continue
        if '.' in start_ip:                        # 按需将 IP 地址转换为分值。
            start_ip = ip_to_score(start_ip)
        elif start_ip.isdigit():
            start_ip = int(start_ip, 10)
        else:
            continue                               # 略过文件的第一行以及格式不正确的条目。

        city_id = row[2] + '_' + str(count)        # 构建唯一城市 ID。
        conn.zadd('ip2cityid:', city_id, start_ip) # 将城市 ID 及其对应的 IP 地址分值添加到有序集合里面。
```

在调用 import_ips_to_redis() 函数并将所有 IP 地址都载入 Redis 之后，我们会像代码清单 5-11 所展示的那样，创建一个将城市 ID 映射至城市信息的散列。因为所有城市信息的格式都是固定的，并且不会随着时间而发生变化，所以我们会将这些信息编码为 JSON 列表然后再进行存储。

代码清单 5-11 import_cities_to_redis()函数

```
def import_cities_to_redis(conn, filename):
    for row in csv.reader(open(filename, 'rb')):
        if len(row) < 4 or not row[0].isdigit():
            continue
        row = [i.decode('latin-1') for i in row]
        city_id = row[0]
        country = row[1]
        region = row[2]
        city = row[3]
        conn.hset('cityid2city:', city_id,
            json.dumps([city, region, country]))
```

这个函数在执行时需要输入 GeoLiteCity-Location.csv 文件所在的路径。

准备好需要添加到散列里面的信息。

将城市信息添加到 Redis 里面。

在将所需的信息全部存储到 Redis 里面之后，接下来要考虑的就是如何实现 IP 地址查找功能了。

5.3.2 查找 IP 所属城市

为了实现 IP 地址查找功能，我们在上一个小节已经将代表城市 ID 所属 IP 地址段起始端（beginning）的整数分值添加到了有序集合里面。要根据给定 IP 地址来查找所属城市，程序首先会使用 ip_to_score()函数将给定的 IP 地址转换为分值，然后在所有分值小于或等于给定 IP 地址的 IP 地址里面，找出分值最大的那个 IP 地址所对应的城市 ID。这个查找城市 ID 的操作可以通过调用 ZREVRANGEBYSCORE 命令并将选项 START 和 NUM 的参数分别设为 0 和 1 来完成。在找到城市 ID 之后，程序就可以在存储着城市 ID 与城市信息映射的散列里面获取 ID 对应城市的信息了。代码清单 5-12 展示了 IP 地址所属地查找程序的具体实现方法。

代码清单 5-12 find_city_by_ip()函数

```
def find_city_by_ip(conn, ip_address):
    if isinstance(ip_address, str):
        ip_address = ip_to_score(ip_address)

    city_id = conn.zrevrangebyscore(
        'ip2cityid:', ip_address, 0, start=0, num=1)

    if not city_id:
        return None

    city_id = city_id[0].partition('_')[0]
    return json.loads(conn.hget('cityid2city:', city_id))
```

将 IP 地址转换为分值以便执行 ZREVRANGEBYSCORE 命令。

查找唯一城市 ID。

将唯一城市 ID 转换为普通城市 ID。

从散列里面取出城市信息。

通过 find_city_by_ip()函数，我们现在可以基于 IP 地址来查找相应的城市信息并对用户的来源地进行分析了。本节介绍的“将数据转换为整数并搭配有序集合进行操作”的做法非常有用，它可以极大地简化对特定元素或特定范围的查找工作。第 7 章还会介绍更多类似的数据转换方法，但是现在让我们先来了解一下如何使用 Redis 来发现并连接其他服务器和其他服务（service）。

5.4 服务的发现与配置

随着我们越来越多地使用 Redis 以及其他服务，如何存储各项服务的配置信息将变成一个棘手的问题：对于一个 Redis 服务器、一个数据库服务器以及一个 Web 服务器来说，存储它们的配置信息并不困难；但如果我们使用了一个拥有好几个从服务器的 Redis 主服务器，或者为不同的应用程序设置了不同的 Redis 服务器，甚至为数据库也设置了主服务器和从服务器的话，那么存储这些服务器的配置信息将变成一件让人头疼的事情。

用于连接其他服务以及服务器的配置信息一般都是以配置文件的形式存储在硬盘里面，每当机器下线、网络连接断开或者某些需要连接其他服务器的情况出现时，程序通常需要一次性地对不同服务器中的多个配置文件进行更新。而这一节要介绍的就是如何将大部分配置信息从文件转移到 Redis 里面，使得应用程序可以自己完成绝大部分配置工作。

现在，让我们先来看一个简单的在线配置（live configuration）示例，了解一下如何使用 Redis 来存储配置信息。

5.4.1 使用 Redis 存储配置信息

为了展示配置管理方面的难题是多么的常见，来看一个非常简单的配置例子——假设现在我们要用一个标志（flag）来表示 Web 服务器是否正在进行维护：如果服务器正在进行维护，那么它就不应该发送数据库请求，而是应该向访客们返回一条简短的“抱歉，我们正在进行维护，请稍候再试”的信息；与此相反，如果服务器并没有在进行维护，那么它就应该按照既定的程序来运行。

在通常情况下，即使只更新配置中的一个标志，也会导致更新后的配置文件被强制推送至所有 Web 服务器，收到更新的服务器可能需要重新载入配置，甚至可能还要重启应用程序服务器。

与其尝试为不断增多的服务写入和维护配置文件，不如让我们直接将配置写入 Redis 里面。只要将配置信息存储在 Redis 里面，并编写应用程序来获取这些信息，我们就不用再编写工具来向服务器推送配置信息了，服务器和服务也不用再通过重新载入配置文件的方式来更新配置信息了。

为了实现这个简单的功能，让我们假设自己已经构建了一个中间层或者插件，它和我们在第 2 章为了缓存页面而构建的中间层类似，这个中间层的作用在于：当 `is_under_maintenance()` 函数返回 `True` 时，它将向用户显示维护页面；与此相反，如果 `is_under_maintenance()` 函数返回 `False`，它将如常地处理用户的访问请求。其中，`is_under_maintenance()` 函数通过检查一个名为 `is-under-maintenance` 的键来判断服务器是否正在进行维护：如果 `is-under-maintenance` 键非空，那么函数返回 `True`；否则返回 `False`。另外，因为访客在看见维护页面的时候通常都会不耐烦地频繁刷新页面，所以为了尽量降低 Redis 在处理高访问量 Web 服务器时的负载，`is_under_maintenance()` 函数最多只会每秒更新一次服务器维护信息。代码清单 5-13 展示了 `is_under_maintenance()` 函数的具体定义。

代码清单 5-13 `is_under_maintenance()`函数

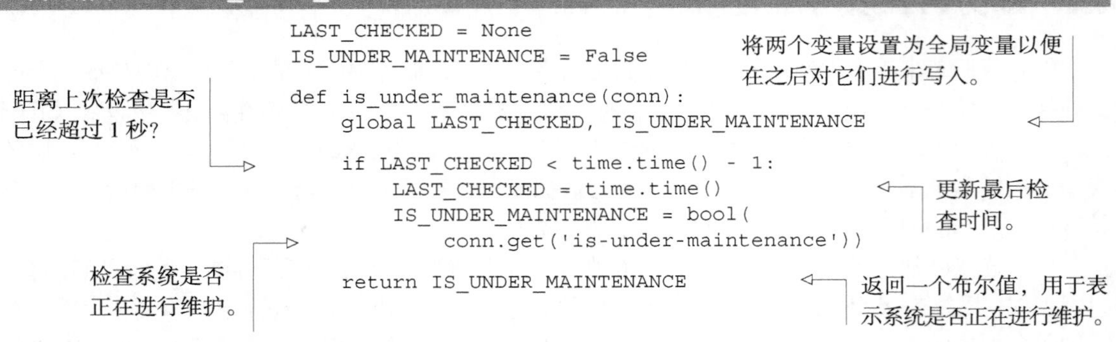


```
LAST_CHECKED = None
IS_UNDER_MAINTENANCE = False

def is_under_maintenance(conn):
    global LAST_CHECKED, IS_UNDER_MAINTENANCE

    if LAST_CHECKED < time.time() - 1:
        LAST_CHECKED = time.time()
        IS_UNDER_MAINTENANCE = bool(
            conn.get('is-under-maintenance'))

    return IS_UNDER_MAINTENANCE
```

通过将 `is_under_maintenance()` 函数插入（plug into）应用程序的正确位置上，我们可以在 1 秒内改变数以千计 Web 服务器的行为。为了降低 Redis 在处理高访问量 Web 服务器时的负载，`is_under_maintenance()` 函数将服务器维护状态信息的更新频率限制为最多每秒一次，但如果有需要的话，我们也可以加快信息的更新频率，甚至直接移除函数里面限制更新速度的那些代码。虽然 `is_under_maintenance()` 函数看上去似乎并不实用，但它的确展示了将配置信息存储在一个普遍可访问位置（commonly accessible location）的威力。接下来我们要考虑的是，怎样才能将更复杂的配置选项存储到 Redis 里面呢?

5.4.2 为每个应用程序组件分别配置一个 Redis 服务器

在我们越来越多地使用 Redis 的过程中，无数的开发者已经发现，最终在某个时间点上，只使用一台 Redis 服务器将不能满足我们的需求。因为我们可能需要记录更多信息，可能需要更多用于缓存的空间，还可能会使用本书之后的章节会介绍到的、使用 Redis 构建的高级服务。但不管何种原因，我们都需要用到更多 Redis 服务器。

为了平滑地从单台服务器过渡到多台服务器，用户最好还是为应用程序中的每个独立部分都分别运行一个 Redis 服务器，比如说，一个专门负责记录日志、一个专门负责记录统计数据、一个专门负责进行缓存、一个专门负责存储 cookies 等。别忘了，一台机器上是可以运行多个 Redis 服务器的，只要这些服务器使用的端口号各不同就可以了。除此之外，在一个 Redis 服务器里面使用多个“数据库”，也可以减少系统管理的工作量。以上提到的两种方法，都是通过将不同数据划分至不同键空间（key space）的方式，来或多或少地简化迁移至更大或者更多服务器时所需的工作。但遗憾的是，随着 Redis 服务器的数量或者 Redis 数据库的数量不断增多，为所有 Redis 服务器管理和分发配置信息的工作将变得越来越烦琐和无趣。

在上一节中，我们使用了 Redis 来存储表示服务器是否正在进行维护的标志，并通过这个标志来决定是否需要向访客显示维护页面。而这一次，我们同样可以使用 Redis 来存储与其他 Redis 服务器有关的信息。说得更详细一点，我们可以把一个已知的 Redis 服务器用作配置信息字典，然后通过这个字典存储的配置信息来连接为不同应用或服务组件提供数据的其他 Redis 服务器。此外，这个字典还会在配置出现变更时，帮助客户端连接至正确的服务器。字典的具体实现比这个例子所要求的更为通用一些，因为我敢肯定，当你开始使用这个字典来获取配置信息的时候，你很快就会把它应用到其他服务器以及其他服务上面，而不仅仅用于获取 Redis 服务器的配置信息。

我们将构建一个函数，该函数可以从一个键里面取出一个 JSON 编码的配置值，其中，存储配置值的键由服务的类型以及使用该服务的应用程序命名。举个例子，如果我们想要获取连接存储统计数据的 Redis 服务器所需的信息，那么就需要获取 `config:redis:statistics` 键的值。代码清单 5-14 的 `set_config()` 函数展示了设置配置值的具体方法。

代码清单 5-14 set_config()函数

```
def set_config(conn, type, component, config):
    conn.set(
        'config:%s:%s'%(type, component),
        json.dumps(config))
```

通过这个 `set_config()` 函数，我们可以随心所欲地设置任何 JSON 编码的配置信息。因为 `get_config()` 函数和前面介绍过的 `is_under_maintenance()` 函数具有相似的结构，所以我们只要在语义上稍作修改，就可以使用 `get_config()` 函数来代替 `is_under_maintenance()` 函数。代码清单 5-15 列出了与 `set_config()` 相对应的 `get_config()` 函数，这个函数可以按照用户的需要，对配置信息进行 0 秒、1 秒或者 10 秒的局部缓存。

代码清单 5-15 get_config()函数

```
CONFIGS = {}
CHECKED = {}

def get_config(conn, type, component, wait=1):
    key = 'config:%s:%s'%(type, component)

    if CHECKED.get(key) < time.time() - wait:
        CHECKED[key] = time.time()
        config = json.loads(conn.get(key) or '{}')
        config = dict((str(k), config[k]) for k in config)
        old_config = CONFIGS.get(key)

        if config != old_config:
            CONFIGS[key] = config

    return CONFIGS.get(key)
```

检查是否需要对这个组件的配置信息进行更新。

有需要对配置进行更新，记录最后一次检查这个连接的时间。

取得 Redis 存储的组件配置。

将潜在的 Unicode 关键字参数转换为字符串关键字参数。

取得组件正在使用的配置。

如果两个配置并不相同……

……那么对组件的配置进行更新。

在拥有了设置配置信息和获取配置信息的两个函数之后，我们还可以在此之上更进一步。我们在前面一直考虑的都是怎样存储和获取配置信息以便连接各个不同的 Redis 服务器，但直到目前为止，我们编写的绝大多数函数的第一个参数都是一个连接参数。因此，为了不再需要手动获取我们正在使用的各项服务的连接，下面让我们来构建一个能够帮助我们自动连接这些服务的方法。

5.4.3 自动 Redis 连接管理

手动创建和传递 Redis 连接并不是一件容易的事情，这不仅仅是因为我们需要重复查阅配置信息，还有一个原因就是，即使使用了上一节介绍的配置管理函数，我们还是需要获取配置、连接 Redis，并在使用完连接之后关闭连接。为了简化连接的管理操作，我们将编写一个装饰器（decorator），让它负责连接除配置服务器之外的所有其他 Redis 服务器。

> **装饰器** Python 提供了一种语法，用于将函数 X 传入至另一个函数 Y 的内部，其中函数 Y 就被称为装饰器。装饰器给用户提供了一个修改函数 X 行为的机会。有些装饰器可以用于校验参数，而有些装饰器则可以用于注册回调函数，甚至还有一些装饰器可以用于管理连接——就像我们接下来要做的那样。

代码清单 5-16 展示了我们定义的装饰器，它接受一个指定的配置作为参数并生成一个包装器（wrapper），这个包装器可以包裹起一个函数，使得之后对被包裹函数的调用可以自动连接至正确的 Redis 服务器，并且连接 Redis 服务器所使用的那个连接会和用户之后提供的其他参数一同传递至被包裹的函数。

代码清单 5-16 redis_connection()函数/装饰器

```
REDIS_CONNECTIONS = {}

def redis_connection(component, wait=1):
    key = 'config:redis:' + component
    def wrapper(function):
        @functools.wraps(function)
        def call(*args, **kwargs):
            old_config = CONFIGS.get(key, object())
            _config = get_config(
                config_connection, 'redis', component, wait)

            config = {}
            for k, v in _config.iteritems():
                config[k.encode('utf-8')] = v

            if config != old_config:
                REDIS_CONNECTIONS[key] = redis.Redis(**config)

            return function(
                REDIS_CONNECTIONS.get(key), *args, **kwargs)
        return call
    return wrapper
```

因为函数每次被调用都需要获取这个配置键，所以我们干脆把它缓存起来。

将应用组件的名字传递给装饰器。

包装器接受一个函数作为参数，并使用另一个函数来包裹这个函数。

将被包裹函数的一些有用的元数据复制给配置处理器。

创建负责管理连接信息的函数。

如果有旧配置存在，那么获取它。

如果有新配置存在，那么获取它。

对配置进行处理并将其用于创建 Redis 连接。

如果新旧配置并不相同，那么创建新的连接。

将 Redis 连接以及其他匹配的参数传递给被包裹函数，然后调用该函数并返回它的执行结果。

返回被包裹的函数。

返回用于包裹 Redis 函数的包装器。

同时使用`*args`和`**kwargs` 第 1 章介绍了 Python 语言的默认参数特性，而本节则同时使用了两种不同的参数传递方式：函数定义中的 `args` 变量用于获取所有位置参数（positional argument），而 `kwargs` 变量则用于获取所有命名参数（named argument），这两种参数传递方式都可以将给定的参数传入被调用的函数里面。如果读者在理解这两种参数传递方式时遇到了困难，那么最好花些时间看看下面这个短链接中的《Python 语言教程》：http://mng.bz/KM5x。

代码清单 5-16 展示的一系列嵌套函数初看上去可能会让人感到头昏目眩，但它们实际上并没有想象中的那么复杂。`redis_connection()`装饰器接受一个应用组件的名字作为参数并返回一个包装器。这个包装器接受一个我们想要将连接传递给它的函数为参数，然后对函数进行包裹并返回被包裹函数的调用器（caller）。这个调用器负责处理所有获取配置信息的工作，除此之外，它还负责连接 Redis 服务器并调用被包裹的函数。尽管 `redis_connection()`函数描述起来相当复杂，但实际使用起来却是非常方便的，代码清单 5-17 就展示了怎样将 `redis_connection()`函数应用到 5.1.1 节中介绍的 `log_recent()`函数上面。

代码清单 5-17 装饰后的 `log_recent()`函数

```
@redis_connection('logs')
def log_recent(conn, app, message):
    'the old log_recent() code'

log_recent('main', 'User 235 logged in')
```

这个函数的定义和之前展示的一样，没有发生任何变化。

`redis_connection()`装饰器非常容易使用。

我们再也不必在调用 `log_recent()`函数时手动地向它传递日志服务器的连接了。

装饰器 代码清单 5-17 使用了特殊的语法来“装饰” `log_recent()`函数。这里的装饰指的是“将一个函数传递给装饰器，让装饰器在返回被传入的函数之前，对被传入的函数执行一些操作”。

现在你已经看到怎样使用 `redis_connection()`来装饰 `log_recent()`函数了，这个装饰器还是蛮有用的，不是吗？通过使用这个改良后的方法来处理连接和配置，我们几乎可以把我们要调用的所有函数的代码都删去好几行。作为练习，请尝试使用 `redis_connection()`去装饰 5.2.3 节中介绍的 `access_time()`上下文管理器，使得这个上下文管理器可以在不必手动传递 Redis 服务器连接的情况下执行。你也可以随意地使用 `redis_connection()`去装饰书中展示的其他函数。

5.5 小结

本章介绍的所有主题都直接或者间接地用于对应用程序进行帮助和支持，这里展示的函数和装饰器都旨在帮助读者学会如何使用 Redis 来支撑应用程序的不同部分：日志、计数器以及统计数据可以帮助用户直观地了解应用程序的性能，而 IP 所属地查找程序则可以告诉你客户所在的地点。除此之外，存储服务的发现和配置信息可以帮助我们减少大量需要手动处理连接的工作。

现在我们已经知道了怎样使用 Redis 来对应用程序进行支持了，在接下来的第 6 章，我们将学习如何使用 Redis 来构建应用程序组件。

第 6 章　使用 Redis 构建应用程序组件

本章主要内容

- 构建两个前缀匹配自动补全程序
- 通过构建分布式锁来提高性能
- 通过开发计数信号量来控制并发
- 构建两个不同用途的任务队列
- 通过消息拉取系统来实现延迟消息传递
- 学习如何进行文件分发

前面几章介绍了使用 Redis 来构建应用程序的基本方法以及所需的工具，这一章将会介绍更多更有用的工具和技术，并说明如何使用它们去构建更具规模的 Redis 应用。

本章首先会构建两个自动补全函数，它们可以分别用于在较短或较长的联系人列表中快速找到指定的用户。接着本章会花一些时间仔细地介绍如何实现两种不同类型的锁，这些锁可以用来减少数据冲突、提升性能、防止数据出错并减少不必要的工作。之后，本章将会使用刚刚介绍过的锁来构建一个可以在指定时间执行任务的延迟任务队列，并在这个延迟任务队列的基础上构建两个不同的消息系统，以此来提供点对点消息服务以及广播消息服务。最后，本章将重用之前在第 5 章中开发的 IP 所属地查询程序，并将它应用在由 Redis 存储和分发的数百万日志条目上面。

本章介绍的每个组件都是为了解决两家虚构的公司所遇到的问题而给出的，这些组件都提供了可用的代码和解决方案，并且解决方案里面包含了可以用来解决其他问题的技术，因此这些解决方案也可以应用在各式各样的个人项目、公开项目或者商业项目里面。本章接下来的内容将首先介绍 Fake Game 这家虚构的网页游戏公司所遇到的问题，在虚构的社交网站 YouTwitFace 上面，Fake Game 公司的游戏每天都有好几百万玩家在玩。之后，本章将介绍 Fake Garage 这家虚构的 Web 和移动端创业公司所遇到的问题，他们打算实现一个供 Web 和移动端使用的即时通信服务。

6.1 自动补全

在 Web 领域里面，自动补全（autocomplete）是一种能够让用户在不进行搜索的情况下，快速找到所需东西的技术。自动补全一般会根据用户已输入的字母来查找所有以已输入字母为开头的单词，有些自动补全甚至可以在用户输入句子开头的时候自动补充完整个句子。比如说，Google 搜索的自动补全就向我们展示了，Betty White 在《周六夜现场》上现身一事[1]在发生数年之后的今天仍然热度不减（因为 Betty White 是一个话题人物，所以这并不奇怪）。Web 浏览器在用户向地址栏中输入信息的时候，也会通过自动补全来展示用户最近访问过的网址，以此来帮助用户快速地再次访问某个网站，另外 Web 浏览器内置的自动补全还会帮助用户记忆各个网站的登录名。以上提到的各种自动补全功能都旨在帮助用户更快地访问信息。类似 Google 搜索栏这样的自动补全是由很多 TB 的远程数据驱动的，而类似浏览器历史记录和网站登录框这样的自动补全则是由体积小得多的本地数据库驱动的。但所有的这些自动补全功能都可以让我们在更短的时间内找到想要的东西。

本节将构建两种不同类型的自动补全，它们使用的结构、选择的自动补全算法以及完成操作所需的时间都不相同。第一个自动补全通过使用联系人列表来记录用户最近联系过的 100 个人，并尝试尽可能地减少实现自动补全所需的内存。而第二个自动补全则为更大的联系人列表提供了更好的性能和可扩展性，但实现这些列表所花费的内存也会更多一些。下面就让我们来了解一下，实现联系人自动补全的具体方法。

6.1.1　自动补全最近联系人

本节将实现一个用于记录最近联系人的自动补全程序。为了增加游戏的社交元素，并让用户快速地查找和记忆亲密的玩家，Fake Game 公司正考虑为他们的客户端创建一个联系人列表，并使用这个列表来记录每个用户最近联系过的 100 个玩家。当用户打算在客户端发起一次聊天并开始输入聊天对象的名字时，自动补全就会根据用户已经输入的文字，列出那些昵称以已输入文字为开头的人。图 6-1 展示了一个这样的自动补全示例。

聊天对象：
je
最近联系过的人……
Jean
Jeannie
Jeff

图 6-1　最近联系人自动补全程序正在展示名字以 *je* 开头的用户

因为服务器上的数百万用户都需要有一个属于自己的联系人列表来存储最近联系过的 100 个人，所以我们需要在能够快速向列表里面添加用户或者删除用户的前提下，尽量减少存储这些联系人列表带来的内存消耗。因为 Redis 的列表会以有序的方式来存储元素，并且和 Redis 提供的其他结构相比，列表占用的内存是最少的，所以我们选择使用列表来存储用户的联系人信息。可惜的是，Redis 列表提供的功能并不足以让我们在 Redis 内部完成自动补全操作，因此实际的自动补全操作将会放到 Redis 之外的 Python 里面执行，这种做法使得程序可以尽量减少 Redis 存储和更新用户最近联系人列表所需的内存数量，并将较为简单的过滤工作交给 Python 来执行。

---

① 这里说的是在 2010 年，一位 Facebook 用户发表的名为“拜托了，可以让 Betty White 来主持《周六夜现场》吗？”的帖子获得了数十万 Facebook 用户的支持，并最终令 Betty White 成为了一期《周六夜现场》主持的事。《周六夜现场》原名 Saturday Night Live，简称 SNL。　——译者注。

构建最近联系人自动补全列表通常需要对 Redis 执行 3 个操作。第一个操作就是添加或者更新一个联系人，让他成为最新的被联系用户，这个操作包含以下 3 个步骤。

（1）如果指定的联系人已经存在于最近联系人列表里面，那么从列表里面移除他。

（2）将指定的联系人添加到最近联系人列表的最前面。

（3）如果在添加操作完成之后，最近联系人列表包含的联系人数量超过了 100 个，那么对列表进行修剪，只保留位于列表前面的 100 个联系人。

以上描述的 3 个操作可以通过依次执行 LREM 命令、LPUSH 命令和 LTRIM 命令来实现，并且为了确保操作不会带有任何竞争条件，我们会像在第 3 章中介绍的那样，使用由 MULTI 命令和 EXEC 命令构成的事务包裹起 LREM、LPUSH 和 LTRIM 这 3 个命令。代码清单 6-1 展示了这个操作的具体实现代码。

代码清单 6-1 add_update_contact()函数

```
def add_update_contact(conn, user, contact):
    ac_list = 'recent:' + user
    pipeline = conn.pipeline(True)              # 准备执行原子操作。
    pipeline.lrem(ac_list, contact)             # 如果联系人已经存在，那么移除他。
    pipeline.lpush(ac_list, contact)            # 将联系人推入列表的最前端。
    pipeline.ltrim(ac_list, 0, 99)              # 只保留列表里面的前100个联系人。
    pipeline.execute()                          # 实际地执行以上操作。
```

跟之前提到过的一样，如果指定的联系人已经存在，那么 add_update_contact()函数将从列表里面移除该联系人，然后将他重新推入列表的最左端，最后对列表进行修剪以防止联系人人数超过限制。

构建最近联系人自动补全列表要做的第二个操作，就是在用户不想再看见某个联系人的时候，将指定的联系人从联系人列表里面移除掉，这个操作可以通过以下这个 LREM 调用来完成：

```
def remove_contact(conn, user, contact):
    conn.lrem('recent:' + user, contact)
```

构建最近联系人自动补全列表需要执行的最后一个操作，就是获取自动补全列表并查找匹配的用户。因为实际的自动补全处理是在 Python 里面完成的，所以操作需要首先获取整个列表结构，然后再在 Python 里面处理它，正如代码清单 6-2 所示。

代码清单 6-2 fetch_autocomplete_list()函数

```
def fetch_autocomplete_list(conn, user, prefix):
    candidates = conn.lrange('recent:' + user, 0, -1)   # 获取自动补全列表。
    matches = []
    for candidate in candidates:                        # 检查每个候选联系人。
        if candidate.lower().startswith(prefix):
            matches.append(candidate)                   # 发现一个匹配的联系人。
    return matches                                      # 返回所有匹配的联系人。
```

fetch_autocomplete_list()函数首先获取整个自动补全列表，然后根据联系人的名字是否带有指定的前缀来判断是否对联系人进行过滤，最后返回过滤后的结果。因为这个操作非常简单，所以如果我们发现服务器在计算自动补全列表方面花费了太多时间，那么可以考虑把这个功能交给客户端来实现，客户端只需要在联系人列表被更新之后重新获取一次整个列表就可以了。

因为我们已经预先考虑到了“从列表里面移除一个元素所需的时间与列表长度成正比”这个问题，并明确地限制最近联系人列表最多只能存储 100 个联系人，所以本节给出的自动补全实现可以运行得非常好，并且速度也足够快，但它并不适合用来处理非常大的列表。如果你需要一个能够存储更多元素的最常使用列表（most-recently-used list）或者最少使用列表（least-recently-used list），那么可以考虑使用带有时间戳的有序集合来代替本节介绍的最近联系人列表。

6.1.2 通讯录自动补全

在前面的自动补全例子里面，Redis 主要用于记录联系人列表，而非实际地执行自动补全操作。对于比较短的列表来说，这种做法还算可行，但对于非常长的列表来说，仅仅为了找到几个元素而获取成千上万个元素，是一种非常浪费资源的做法。因此，为了对包含非常多元素的列表进行自动补全，我们必须直接在 Redis 内部完成查找匹配元素的工作。

对于 Fake Game 公司来说，带有自动补全特性的最近联系人聊天功能是游戏里面最常用的社交功能，而游戏中第二常用的社交功能——邮件功能正在变得越来越受欢迎，为了让邮件功能的发展势头继续保持下去，我们将为邮件功能添加自动补全特性。但是为了防止邮件功能被滥用，并避免用户接收到不请自来的邮件，我们决定只允许用户向属于同一“公会”（公会就是游戏里面的社交群组）的其他玩家发送邮件。

因为一个公会可能会有好几千个成员，所以我们没办法在这里使用之前介绍的基于列表实现的自动补全程序，但是由于每个公会只需要一个自动补全列表，所以在实现这个列表的时候可以稍微多花费一些内存。为了在客户端进行自动补全的时候，尽量减少服务器需要传输给客户端的数据量，我们将使用有序集合来直接在 Redis 内部完成自动补全的前缀计算工作。

为了存储公会自动补全列表，我们将以一种之前未曾介绍过的方式来使用有序集合。在大多数情况下，我们使用有序集合是为了快速地判断某个元素是否存在于有序集合里面、查看某个成员在有序集合中的位置或索引，以及从有序集合的某个地方快速地按范围取出多个元素。然而这一次，我们将把有序集合里面的所有分值都设置为 0——这种做法使得我们可以使用有序集合的另一个特性：当所有成员的分值都相同时，有序集合将根据成员的名字来进行排序；而当所有成员的分值都是 0 的时候，成员将按照字符串的二进制顺序进行排序。为了执行自动补全操作，程序会以小写字母的方式插入联系人的名字，并且为了方便起见，程序规定用户的名字只能包含英文字母，这样的话就不需要考虑如何处理数字或者符号了。

那么我们该如何实现这个自动补全功能呢？首先，如果我们将用户的名字看作是类似 abc，

abca，abcd，…，abd 这样的有序字符串序列，那么查找带有 abc 前缀的单词实际上就是查找介于 abbz...之后和 abd 之前的字符串。如果我们知道第一个排在 abbz 之前的元素的排名以及第一个排在 abd 之后的元素的排名，那么就可以用一个 ZRANGE 调用来取得所有介于 abbz...和 abd 之间的元素，而问题就在于我们并不知道那两个元素的具体排名。为了解决这个问题，我们需要向有序集合分别插入两个元素，一个元素排在 abbz...的后面，而另一个元素则排在 abd 的前面，接着根据这两个元素的排名来调用 ZRANGE 命令，最后移除被插入的两个元素。

因为在 ASCII 编码里面，排在 z 后面的第一个字符就是左花括号{，所以我们只要将{拼接到 abc 前缀的末尾，就可以得出元素 abc{，这个元素既位于 abd 之前，又位于所有带有 abc 前缀的合法名字之后。同样的，只要将{追加到 abb 的末尾，就可以得出元素 abb{，这个元素位于所有带有 abc 前缀的合法名字之前，可以在按范围查找所有带有 abc 前缀的名字时，将其用作起始元素。另一方面，因为在 ASCII 编码里面，第一个排在 a 前面的字符就是反引号`，所以如果我们要查找的是带有 aba 前缀的名字，而不是带有 abc 前缀的名字，那么可以使用 ab`作为范围查找的起始元素，并将 aba{用作范围查找的结束元素。

综上所述，通过将给定前缀的最后一个字符替换为第一个排在该字符前面的字符，可以得到前缀的前驱（predecessor），而通过给前缀的末尾拼接上左花括号，可以得到前缀的后继（successor）。为了防止多个前缀搜索同时进行时出现任何问题，程序还会给前缀拼接一个左花括号，以便在有需要的时候，根据这个左花括号来过滤掉被插入有序集合里面的起始元素和结束元素。代码清单 6-3 展示了这个根据给定前缀生成查找范围的函数。

代码清单 6-3 find_prefix_range()函数

```
valid_characters = '`abcdefghijklmnopqrstuvwxyz{'

def find_prefix_range(prefix):
    posn = bisect.bisect_left(valid_characters, prefix[-1:])
    suffix = valid_characters[(posn or 1) - 1]
    return prefix[:-1] + suffix + '{', prefix + '{'
```

准备一个由已知字符组成的列表。

在字符列表中查找前缀字符所处的位置。

找到前驱字符。

返回范围。

因为前面花了那么多篇幅来描述如何根据给定的前缀来生成查找范围，所以可能会有读者对这个功能只需要寥寥数行就能实现而感到惊讶。find_prefix_range()函数要做的就是使用 bisect 模块在预先排好序的字符序列里面找到前缀的最后一个字符，并据此来查找第一个排在该字符前面的字符。

字符集与国际化 对于只使用 a~z 字符的语言来说，这个在 ASCII 编码里面查找前一个字符和后一个字符的方法可以运作得非常好，但如果你要处理的字符并不仅仅限于 a~z 范围，那么你还需要解决其他几个问题。

首先，你需要想办法把所有字符都转换为字节，常见的做法是使用 UTF-8、UTF-16 或者 UTF-32

字符编码（UTF-16 和 UTF-32 有大端版本和小端版本可用，但只有大端版本可以在我们所处的情况下运作）。其次，你需要找出自己想要支持的字符范围，并确保你的字符编码在你所选范围的前面和后面都至少留有一个字符。最后，你需要使用位于范围前面和后面的字符来分别代替前面例子中的反引号`和左花括号{。

好在我们的算法只关心编码而不是字符在底层的排列顺序，所以无论你使用的是 UTF-8，还是大端或者小端的 UTF-16、UTF-32，你都可以使用空字节（null）来代替反引号，并使用你的编码和语言支持的最大值来代替左花括号。（某些语言的绑定数量是比较有限的，它们在 UTF-16 上面最大只能支持 Unicode 码点 U+ffff，在 UTF-32 上面最大只能支持 Unicode 码点 U+2ffff。）

在确认了需要查找的范围之后，程序会将起始元素和结束元素插入有序集合里面，然后查看两个被插入元素的排名，并从它们之间取出一些元素，最后再从有序集合里面移除这两个元素（为了避免滋扰用户，程序最多只会取出 10 个元素）。为了防止自动补全程序在多个公会成员同时向同一个公会成员发送消息的时候，将多个相同的起始元素和结束元素重复地添加到有序集合里面，或者错误地从有序集合里面移除了由其他自动补全程序添加的起始元素和结束元素，自动补全程序会将一个随机生成的 128 位全局唯一标识符（UUID）添加到起始元素和结束元素的后面。另外自动补全程序还会在插入起始元素和结束元素之后，通过使用 `WATCH`、`MULTI` 和 `EXEC` 来确保有序集合不会在进行范围查找和范围取值期间发生变化。代码清单 6-4 展示了自动补全函数的完整代码。

代码清单 6-4　`autocomplete_on_prefix()` 函数

```
def autocomplete_on_prefix(conn, guild, prefix):
    start, end = find_prefix_range(prefix)          # 根据给定的前缀计算出查找范围的起点和终点。
    identifier = str(uuid.uuid4())
    start += identifier
    end += identifier
    zset_name = 'members:' + guild

    conn.zadd(zset_name, start, 0, end, 0)          # 将范围的起始元素和结束元素添加到有序集合里面。
    pipeline = conn.pipeline(True)
    while 1:
        try:
            pipeline.watch(zset_name)
            sindex = pipeline.zrank(zset_name, start)   # 找到两个被插入元素在有序集合中的排名。
            eindex = pipeline.zrank(zset_name, end)
            erange = min(sindex + 9, eindex - 2)
            pipeline.multi()
            pipeline.zrem(zset_name, start, end)        # 获取范围内的值，然后删除之前插入的起始元素和结束元素。
            pipeline.zrange(zset_name, sindex, erange)
            items = pipeline.execute()[-1]
            break
        except redis.exceptions.WatchError:         # 如果自动补全有序集合已经被其他客户端修改过了，那么重试。
            continue
    return [item for item in items if '{' not in item]   # 如果有其他自动补全操作正在执行，那么从获取到的元素里面移除起始元素和结束元素。
```

autocomplete_on_prefix()函数的大部分代码都用于簿记和设置工作。函数首先获取起始元素和结束元素，并将它们添加到公会的自动补全有序集合里面，在添加操作完成之后，函数会使用 WATCH 命令来监视有序集合，并根据起始元素和结束元素在有序集合中的排名，从它们之间取出一些元素，最后执行相应的清理操作。

加入公会和离开公会这两个操作的实现都非常简单直接：前者只需要使用 ZADD 命令将用户添加到公会的有序集合里面就可以了，而后者只需要使用 ZREM 命令将用户从公会的有序集合里面移除掉就可以了。代码清单 6-5 展示了这两个操作的实现代码。

代码清单 6-5　join_guild()函数和 leave_guild()函数

```
def join_guild(conn, guild, user):
    conn.zadd('members:' + guild, user, 0)

def leave_guild(conn, guild, user):
    conn.zrem('members:' + guild, user)
```

对于自动补全来说，加入公会或者离开公会都是非常简单的——只要将用户的名字加入有序集合里面，或者从有序集合里面移除用户的名字就可以了。

通过向有序集合添加元素来创建查找范围，并在取得范围内的元素之后移除之前添加的元素，这是一种非常有用的技术。虽然本章只将这种技术用在了实现自动补全上面，但是这种技术同样可以应用在任何已排序索引（sorted index）上面。第 7 章中将会介绍一种能够改善这类操作的技术，这种技术能够应用于几种不同类型的范围查询，并且不需要通过添加元素来创建范围。之所以把这个改善后的方法留到之后才介绍，是因为它只能够应用于某些类型的数据，而本章介绍的方法则可以对任意类型的数据进行范围查询。

在自动补全程序向有序集合里面添加起始元素和结束元素的时候，我们需要谨慎地处理其他正在执行的自动补全操作，这也是程序里面用到了 WATCH 命令的原因。但是随着负载的增加，程序进行重试的次数可能会越来越多，导致资源被白白浪费。接下来的一节将介绍如何通过使用锁来减少对 WATCH 命令的使用，甚至使用锁来代替 WATCH 命令，从而达到避免重试、提升性能并在某些情况下简化代码的效果。

6.2　分布式锁

一般来说，在对数据进行“加锁”时，程序首先需要通过获取（acquire）锁来得到对数据进行排他性访问的能力，然后才能对数据执行一系列操作，最后还要将锁释放（release）给其他程序。对于能够被多个线程访问的共享内存数据结构（shared-memory data structure）来说，这种“先获取锁，然后执行操作，最后释放锁”的动作非常常见。Redis 使用 WATCH 命令来代替对数据进行加锁，因为 WATCH 只会在数据被其他客户端抢先修改了的情况下通知执行了这个命令的客户端，而不会阻止其他客户端对数据进行修改，所以这个命令被称为乐观锁（optimistic locking）。

分布式锁也有类似的“首先获取锁，然后执行操作，最后释放锁”动作，但这种锁既不是给同一个进程中的多个线程使用，也不是给同一台机器上的多个进程使用，而是由不同机器上的不同 Redis 客户端进行获取和释放的。何时使用以及是否使用 WATCH 或者锁取决于给定的应用程序：有的应用不需要使用锁就可以正确地运行，而有的应用只需要使用少量的锁，还有的应用需要在每个步骤都使用锁，不一而足。

我们没有直接使用操作系统级别的锁、编程语言级别的锁，或者其他各式各样的锁，而是选择了花费大量时间去使用 Redis 构建锁，这其中一个原因和范围（score）有关：为了对 Redis 存储的数据进行排他性访问，客户端需要访问一个锁，这个锁必须定义在一个可以让所有客户端都看得见的范围之内，而这个范围就是 Redis 本身，因此我们需要把锁构建在 Redis 里面。另一方面，虽然 Redis 提供的 SETNX 命令确实具有基本的加锁功能，但它的功能并不完整，并且也不具备分布式锁常见的一些高级特性，所以我们还是需要自己动手来构建分布式锁。

这一节将会说明“为什么使用 WATCH 命令来监视被频繁访问的键可能会引起性能问题”，还会展示构建一个锁的详细步骤，并最终在某些情况下使用锁去代替 WATCH 命令。

6.2.1 锁的重要性

之前展示的第 1 版自动补全程序在向列表添加元素或者从列表中移除元素的时候，会使用 MULTI 和 EXEC 来包裹多个命令调用。4.6 节为了实现游戏中的商品交易市场也引入了由 WATCH、MULTI 和 EXEC 组成的事务，如果读者对此还有印象的话，应该会记得那个市场就是一个有序集合，其中集合的成员由商品 ID 和卖家 ID 组成，而成员的分值则是商品的售价。另外，游戏中的每个玩家都有一个与之对应的散列，这个散列记录了玩家的名字、当前拥有的钱数以及其他相关信息。图 6-2 展示了这个市场、玩家包裹以及玩家信息的例子。

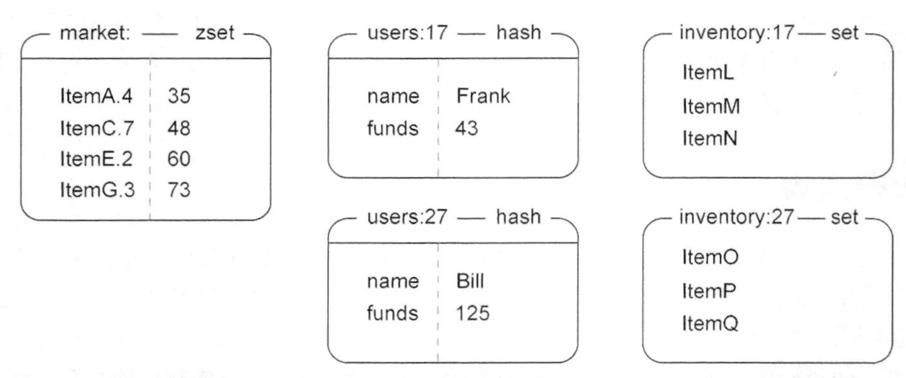

图 6-2　图中展示的市场结构来自 4.6 节。图的左侧展示的市场包含 4 个商品——ItemA、ItemC、ItemE 和 ItemG，它们的价格分别为 35、48、60 和 73，而这些商品的卖家的 ID 则分别为 4、7、2 和 3。图的中间展示了 Frank 和 Bill 这两个玩家目前拥有的钱数，而图的右边展示的则是他们的包裹

当玩家将商品放到市场上面进行销售的时候，为了确保被出售的商品的确存在于玩家的包裹里面，程序首先会使用 WATCH 命令来监视玩家的包裹，然后将被出售的商品添加到代表市场的有序集合里面，最后从玩家的包裹里面移除被出售的商品。代码清单 6-6 给出了 4.4.2 节中展示过的 list_item() 函数的核心代码。

代码清单 6-6　来自 4.4.2 节中的 list_item() 函数

```
def list_item(conn, itemid, sellerid, price):
    #...
            pipe.watch(inv)
            if not pipe.sismember(inv, itemid):
                pipe.unwatch()
                return None

            pipe.multi()
            pipe.zadd("market:", item, price)
            pipe.srem(inv, itemid)
            pipe.execute()
            return True
    #...
```

监视卖家包裹发生的变动。

验证被出售的商品仍然存在于卖家的包裹里面。

将商品添加到市场里面。

代码清单 6-6 中的 list_item() 函数使用注释省略了一些无关紧要的设置代码，只保留了由 WATCH、MULTI 和 EXEC 命令组成的核心部分，如果有需要的话，读者也可以翻到 4.4.2 节重温一次 list_item() 函数的完整定义。

现在来回顾一下商品的购物过程。当玩家在市场上购买商品的时候，程序首先需要使用 WATCH 去监视市场以及买家的个人信息散列，在得知买家现有的钱数以及商品的售价之后，程序会验证买家是否有足够的钱来购买指定的商品：如果买家有足够的钱，那么程序会将买家支付的钱转移给卖家，接着将商品添加到买家的包裹里面，并从市场里面移除已被售出的商品；相反地，如果买家没有足够的钱来购买商品，那么程序就会取消事务。在执行购买操作的过程中，如果有其他玩家对市场进行了改动，或者因为记录买家个人信息的散列出现了变化而引发了 WATCH 错误，那么程序将重新执行购买操作。代码清单 6-7 给出了 4.4.3 节中展示过的 purchase_item() 函数的核心代码。

代码清单 6-7　来自 4.4.3 节中的 purchase_item() 函数

```
def purchase_item(conn, buyerid, itemid, sellerid, lprice):
    #...
            pipe.watch("market:", buyer)

            price = pipe.zscore("market:", item)
            funds = int(pipe.hget(buyer, 'funds'))
            if price != lprice or price > funds:
                pipe.unwatch()
                return None
```

监视市场以及买家个人信息发生的变化。

检查商品是否已经售出、商品的价格是否已经发生了变化，以及买家是否有足够的钱来购买这件商品。

```
            pipe.multi()
            pipe.hincrby(seller, 'funds', int(price))
            pipe.hincrby(buyerid, 'funds', int(-price))
            pipe.sadd(inventory, itemid)
            pipe.zrem("market:", item)
            pipe.execute()
            return True
    #...
```

将买家支付的钱转移给卖家，并将卖出的商品转移给买家。

和之前代码清单 6-6 展示的 `list_item()` 函数一样，代码清单 6-7 中的 `purchase_item()` 函数也省略了一部分设置代码，只展示了函数中使用 WATCH、MULTI 和 EXEC 处理的核心部分。

为了展示锁对于性能扩展的必要性，我们会模拟市场在 3 种不同负载情况下的性能表现，这 3 种情况分别是 1 个玩家出售商品，另 1 个玩家购买商品；5 个玩家出售商品，另 1 个玩家购买商品；以及 5 个玩家出售商品，另外 5 个玩家购买商品。表 6-1 展示了模拟的结果。

表 6-1　市场在重负载情况下运行 60 秒的性能

	上架商品数量	买入商品数量	购买重试次数	每次购买的平均等待时间
1 个卖家，1 个买家	145 000	27 000	80 000	14 ms
5 个卖家，1 个买家	331 000	<200	50 000	150 ms
5 个卖家，5 个买家	206 000	<600	161 000	498 ms

根据表 6-1 的模拟结果显示，随着负载不断增加，系统完成一次交易所需的重试次数从最初的 3 次上升到了 250 次，与此同时，完成一次交易所需的等待时间也从最初的少于 10 ms 上升到了 500 ms。这个模拟示例完美地展示了为什么 WATCH、MULTI 和 EXEC 组成的事务并不具有可扩展性，原因在于程序在尝试完成一个事务的时候，可能会因为事务执行失败而反复地进行重试。保证数据的正确性是一件非常重要的事情，但使用 WATCH 命令的做法并不完美。为了解决这个问题，并以可扩展的方式来处理市场交易，我们将使用锁来保证市场在任一时刻只能上架或者销售一件商品。

6.2.2　简易锁

本书接下来将向读者介绍第 1 版的锁实现，这个锁非常简单，并且在一些情况下可能会无法正常运作。我们在刚开始构建锁的时候，并不会立即处理那些可能会导致锁无法正常运作的问题，而是先构建出可以运行的锁获取操作和锁释放过程，等到证明了使用锁的确可以提升性能之后，才会回过头去一个接一个地解决那些引发锁故障的问题。

因为客户端即使在使用锁的过程中也可能会因为这样或那样的原因而下线，所以为了防止客户端在取得锁之后崩溃，并导致锁一直处于“已被获取”的状态，最终版的锁实现将带有超时限制特性：如果获得锁的进程未能在指定的时限内完成操作，那么锁将自动被释放。

虽然很多 Redis 用户都对锁（lock）、加锁（locking）及锁超时（lock timeouts）有所了解，但遗憾的是，大部分使用 Redis 实现的锁只是基本上正确，它们发生故障的时间和方式通常难以预料。下面列出了一些导致锁出现不正确行为的原因，以及锁在不正确运行时的症状。

- 持有锁的进程因为操作时间过长而导致锁被自动释放，但进程本身并不知晓这一点，甚至还可能会错误地释放掉了其他进程持有的锁。
- 一个持有锁并打算执行长时间操作的进程已经崩溃，但其他想要获取锁的进程不知道哪个进程持有着锁，也无法检测出持有锁的进程已经崩溃，只能白白地浪费时间等待锁被释放。
- 在一个进程持有的锁过期之后，其他多个进程同时尝试去获取锁，并且都获得了锁。
- 上面提到的第一种情况和第三种情况同时出现，导致有多个进程获得了锁，而每个进程都以为自己是唯一一个获得锁的进程。

因为 Redis 在最新的硬件上可以每秒执行 100 000 个操作，而在高端的硬件上甚至可以每秒执行将近 225 000 个操作，所以尽管上面提到的问题出现的概率只有万分之一，但这些问题在高负载的情况下还是有可能会出现①，因此，让锁正确地运作起来仍然是一件相当重要的事情。

6.2.3 使用 Redis 构建锁

使用 Redis 构建一个*基本上正确*的锁非常简单，如果在实现锁时能够对用到的操作多加留心的话，那么使用 Redis 构建一个*完全正确*的锁也并不是一件非常困难的事情。本节接下来要介绍的是锁实现的第 1 个版本，这个版本的锁要做的事就是正确地实现基本的加锁功能，而之后的一节将会介绍如何处理过期的锁以及因为持有者崩溃而无法释放的锁。

为了对数据进行排他性访问，程序首先要做的就是获取锁。SETNX 命令天生就适合用来实现锁的获取功能，这个命令只会在键不存在的情况下为键设置值，而锁要做的就是将一个随机生成的 128 位 UUID 设置为键的值，并使用这个值来防止锁被其他进程取得。

如果程序在尝试获取锁的时候失败，那么它将不断地进行重试，直到成功地取得锁或者超过给定的时限为止，正如代码清单 6-8 所示。

代码清单 6-8 acquire_lock()函数

```
def acquire_lock(conn, lockname, acquire_timeout=10):
    identifier = str(uuid.uuid4())                      <—— 128 位随机标识符。

    end = time.time() + acquire_timeout
    while time.time() < end:
        if conn.setnx('lock:' + lockname, identifier):      <—— 尝试取得锁。
            return identifier

        time.sleep(.001)

    return False
```

① 本书作者对几个带有超时限制特性的 Redis 锁实现进行了测试，发现即使只使用 5 个客户端来获取和释放同一个锁，也有至少一半的锁实现在 10 秒内就出现了多个客户端都获得了锁的问题。

acquire_lock()函数的行为和前面描述的一样：它会使用 SETNX 命令，尝试在代表锁的键不存在的情况下，为键设置一个值，以此来获取锁；在获取锁失败的时候，函数会在给定的时限内进行重试，直到成功获取锁或者超过给定的时限为止（默认的重试时限为 10 秒）。

在实现了锁之后，我们就可以使用锁来代替针对市场的 WATCH 操作了。代码清单 6-9 展示了使用锁重新实现的商品购买操作：程序首先对市场进行加锁，接着检查商品的价格，并在确保买家有足够的钱来购买商品之后，对钱和商品进行相应的转移。当操作执行完毕之后，程序就会释放锁。

代码清单 6-9 purchase_item_with_lock()函数

```
def purchase_item_with_lock(conn, buyerid, itemid, sellerid):
    buyer = "users:%s"%buyerid
    seller = "users:%s"%sellerid
    item = "%s.%s"%(itemid, sellerid)
    inventory = "inventory:%s"%buyerid

    locked = acquire_lock(conn, market)          # 尝试获取锁。
    if not locked:
        return False

    pipe = conn.pipeline(True)
    try:
        pipe.zscore("market:", item)
        pipe.hget(buyer, 'funds')
        price, funds = pipe.execute()
        if price is None or price > funds:
            return None
        # 检查指定的商品是否仍在出售，以及买家是否有足够的钱来购买该商品。

        pipe.hincrby(seller, 'funds', int(price))
        pipe.hincrby(buyer, 'funds', int(-price))
        pipe.sadd(inventory, itemid)
        pipe.zrem("market:", item)
        pipe.execute()
        return True
        # 将买家支付的钱转移给卖家，并将售出的商品转移给买家。

    finally:
        release_lock(conn, market, locked)       # 释放锁。
```

初看上去，代码清单 6-9 中的锁似乎是用来加锁整个购买操作的，但实际上并非如此——这把锁是用来锁住市场数据的，它之所以会包围着执行购买操作的代码，是因为程序在操作市场数据期间必须一直持有锁。

因为在程序持有锁期间，其他客户端可能会擅自对锁进行修改，所以锁的释放操作需要和加锁操作一样小心谨慎地进行。代码清单 6-10 中的 release_lock()函数展示了锁释放操作的实现代码：函数首先使用 WATCH 命令监视代表锁的键，接着检查键目前的值是否和加锁时设置的值相同，并在确认值没有变化之后删除该键（这个检查还可以防止程序错误地释放同一个锁多次）。

代码清单 6-10 `release_lock()`函数

```
def release_lock(conn, lockname, identifier):
    pipe = conn.pipeline(True)
    lockname = 'lock:' + lockname

    while True:
        try:
            pipe.watch(lockname)                       # 检查进程是否仍然持有锁。
            if pipe.get(lockname) == identifier:
                pipe.multi()                           # 释放锁。
                pipe.delete(lockname)
                pipe.execute()
                return True

            pipe.unwatch()
            break

        except redis.exceptions.WatchError:            # 有其他客户端修改了锁，重试。
            pass

    return False                                       # 进程已经失去了锁。
```

和之前展示的商品购买操作一样，`release_lock()`函数也做了很多措施来确保锁没有被修改。需要注意的一点是，对于目前的锁实现来说，`release_lock()`函数包含的无限循环只会在极少数情况下用到——函数之所以包含这个无限循环，主要是因为之后介绍的锁实现会支持超时限制特性，而如果用户不小心地混合使用了两个版本的锁，就可能会引起解锁事务失败，并导致上锁时间被不必要地延长。尽管这种情况并不常见，但为了保证解锁操作在各种情况下都能够正确地执行，我们还是选择在一开始就把这个无限循环添加到 `release_lock()`函数里面。

在使用锁代替 WATCH 重新实现商品购买操作之后，我们可以再次进行之前的商品买卖模拟操作：表 6-2 中的单数行展示了 WATCH 实现的模拟结果，而表中的复数行则展示了在与前一行条件相同的情况下，锁实现的模拟结果。

表 6-2 锁实现在 60 秒内的性能表现

	上架商品数量	买入商品数量	购买重试次数	每次购买的平均等待时间
1 个卖家，1 个买家，使用 WATCH	145 000	27 000	80 000	14ms
1 个卖家，1 个买家，使用锁	51 000	50 000	0	1ms
5 个卖家，1 个买家，使用 WATCH	331 000	<200	50 000	150ms
5 个卖家，1 个买家，使用锁	68 000	13 000	<10	5ms
5 个卖家，5 个买家，使用 WATCH	206 000	<600	161 000	498ms
5 个卖家，5 个买家，使用锁	21 000	20 500	0	14ms

与之前的 WATCH 实现相比，锁实现的上架商品数量虽然有所减少，但是在买入商品时却不需要进行重试，并且上架商品数量和买入商品数量之间的比率，也跟卖家数量和买家数量之间的

比率接近。目前来说，不同上架和买入进程之间的竞争限制了商品买卖操作性能的进一步提升，而接下来介绍的细粒度锁将解决这个问题。

6.2.4 细粒度锁

在前面介绍锁实现以及加锁操作的时候，我们考虑的是如何实现与 WATCH 命令粒度相同的锁——这种锁可以把整个市场都锁住。因为我们是自己动手来构建锁实现，并且我们关心的不是整个市场，而是市场里面的某件商品是否存在，所以我们实际上可以将加锁的粒度变得更细一些。通过只锁住被买卖的商品而不是整个市场，可以减少锁竞争出现的概率并提升程序的性能。

表 6-3 展示了使用只对单个商品进行加锁的锁实现之后，进行与表 6-2 所示相同的模拟时的结果。

表 6-3 细粒度锁实现在 60 秒内的性能表现

	上架商品数量	买入商品数量	购买重试次数	每次购买的平均等待时间
1 个卖家，1 个买家，使用 WATCH	145 000	27 000	80 000	14ms
1 个卖家，1 个买家，使用锁	51 000	50 000	0	1ms
1 个卖家，1 个买家，使用细粒度锁	113 000	110 000	0	<1ms
5 个卖家，1 个买家，使用 WATCH	331 000	<200	50 000	150ms
5 个卖家，1 个买家，使用锁	68 000	13 000	<10	5ms
5 个卖家，1 个买家，使用细粒度锁	192 000	36 000	0	<2ms
5 个卖家，5 个买家，使用 WATCH	206 000	<600	161 000	498ms
5 个卖家，5 个买家，使用锁	21 000	20 500	0	14ms
5 个卖家，5 个买家，使用细粒度锁	116 000	111 000	0	<3ms

表 6-3 中的模拟结果显示，在使用细粒度锁的情况下，无论有多少个上架进程和买入进程在运行，程序总能在 60 秒内完成 220 000～230 000 次的上架和买入操作，并且不会引发任何重试操作。除此之外，买入操作的延迟时间即使在高负载情况下也不会超过 3 毫秒。在使用细粒度锁的时候买卖操作的执行次数比率与买家数量和卖家数量之间的比率基本一致，这和使用粗粒度锁时的情况非常相似。更关键的是，锁可以有效地避免 WATCH 实现因为买入操作竞争过多而导致延迟剧增甚至无法执行的问题。

在接下来的内容中，我们将通过图片的方式直观地了解几个不同的锁实现在性能方面的差异。从图 6-3 可以看出，在负载条件相同的情况下，使用锁实现成功买入的商品数量，比使用 WATCH 实现成功买入的商品数量要多得多。

接下来的图 6-4 展示了 WATCH 实现仅仅为了完成少量的交易也需要进行数千次昂贵的重试操作。

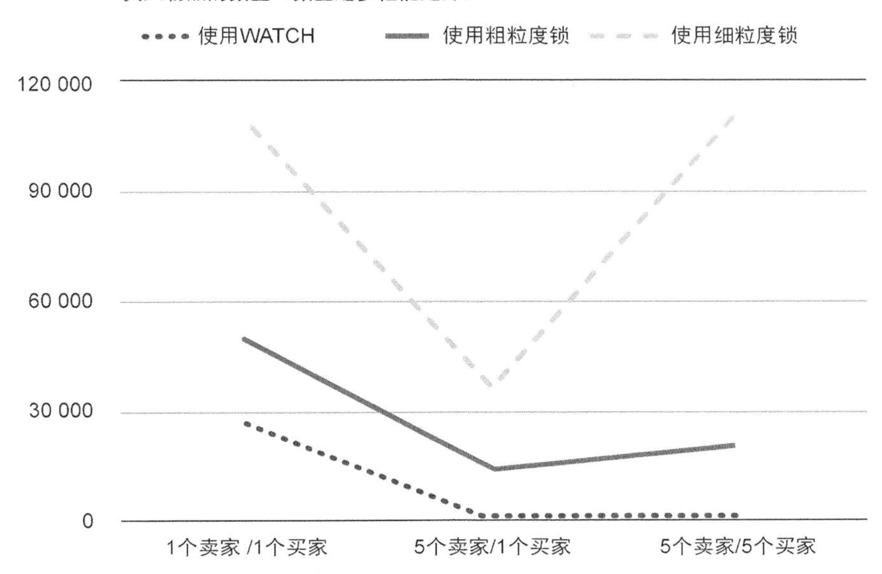

图 6-3　在 60 秒内买入的商品数量。因为系统已经超负载运行，所以图片总体上呈 V 字形，当有 5 个上架进程和 1 个买入进程在进行时，商品的在售数量和买入数量之间的比率约为 5 比 1

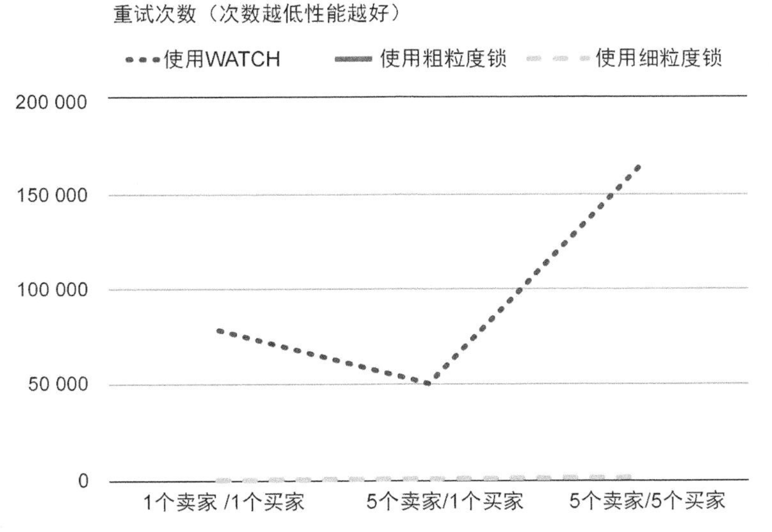

图 6-4　在 60 秒内因为购买商品而引发的重试次数。因为两种锁实现都不会引发重试，而记录细粒度锁数据的线条正好覆盖住了记录粗粒度锁数据的线条，因此我们在图中只会看见记录细粒度锁数据的线条，而看不见记录粗粒度锁数据的线条

图 6-5 展示了因为 WATCH 竞争而引发的重试次数剧增以及购买量锐减问题，而使用锁则可

以有效地减少购买商品时的等待时间。

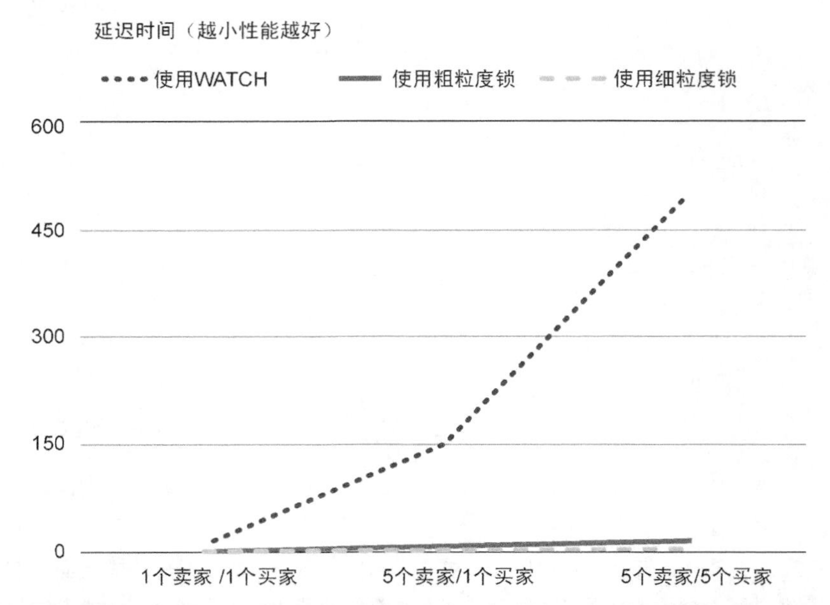

图 6-5　在购买商品时，以毫秒为单位的平均等待时间。因为两种锁实现的最大延迟时间都低于 14 ms，所以它们的数据线条都位于图片的底部，几乎难以察觉。而使用 WATCH 时，系统的平均等待时间却接近 500 ms

通过以上展示的模拟结果以及数据图表，我们可以看出，在高负载情况下，使用锁可以减少重试次数、降低延迟时间、提升性能并将加锁的粒度调整至合适的大小。

需要注意的是，前面进行的模拟并不完美：我们既没有模拟多个买家因为等待其他买家而导致无法购买商品的情况，也没有模拟 dogpile 效应——dogpile 效应指的是，执行事务所需的时间越长，就会有越多待处理的事务互相重叠，这种重叠增加了执行单个事务所需的时间，并使得那些带有时间限制的事务失败的概率大幅上升，最终导致所有事务执行失败的概率和进行重试的概率都大幅地上升，这对于 WATCH 实现的商品买卖操作来说，影响尤为严重。

在一些情况下，判断应该锁住整个结构还是应该锁住结构中的一小部分是一件非常简单的事情。比如在前面的商品买卖例子中，我们要监视的关键数据为市场中的一件商品，而一件商品只是整个市场中的一小部分数据，所以只锁住一件商品的做法无疑是正确的。但是，在需要锁住的一小部分数据有不止一份的时候，又或者需要锁住结构的多个部分的时候，判断应该对小部分数据进行加锁还是应该直接锁住整个结构就会变得困难起来。除此之外，使用多个细粒度锁也有引发死锁的危险，一不小心就会导致程序无法正常运行。

6.2.5　带有超时限制特性的锁

前面提到过，目前的锁实现在持有者崩溃的时候不会自动被释放，这将导致锁一直处于已被获取的状态。为了解决这个问题，在这一节中，我们将为锁加上超时功能。

为了给锁加上超时限制特性，程序将在取得锁之后，调用 EXPIRE 命令来为锁设置过期时间，使得 Redis 可以自动删除超时的锁。为了确保锁在客户端已经崩溃（客户端在执行介于 SETNX 和 EXPIRE 之间的时候崩溃是最糟糕的）的情况下仍然能够自动被释放，客户端会在尝试获取锁失败之后，检查锁的超时时间，并为未设置超时时间的锁设置超时时间。因此锁总会带有超时时间，并最终因为超时而自动被释放，使得其他客户端可以继续尝试获取已被释放的锁。

需要注意的一点是，因为多个客户端在同一时间内设置的超时时间基本上都是相同的，所以即使有多个客户端同时为同一个锁设置超时时间，锁的超时时间也不会产生太大变化。

代码清单 6-11 展示了给 acquire_lock() 函数添加超时时间设置代码之后得出的 acquire_lock_with_timeout() 函数。

代码清单 6-11 acquire_lock_with_timeout() 函数

```
def acquire_lock_with_timeout(
    conn, lockname, acquire_timeout=10, lock_timeout=10):
    identifier = str(uuid.uuid4())
    lockname = 'lock:' + lockname
    lock_timeout = int(math.ceil(lock_timeout))

    end = time.time() + acquire_timeout
    while time.time() < end:
        if conn.setnx(lockname, identifier):
            conn.expire(lockname, lock_timeout)
            return identifier
        elif not conn.ttl(lockname):
            conn.expire(lockname, lock_timeout)

        time.sleep(.001)

    return False
```

128 位随机标识符。

确保传给 EXPIRE 的都是整数。

获取锁并设置过期时间。

检查过期时间，并在有需要时对其进行更新。

新的 acquire_lock_with_timeout() 函数给锁增加了超时限制特性，这一特性确保了锁总会在有需要的时候被释放，而不会被某个客户端一直把持着。更棒的是，这个新的加锁函数可以和之前写好的锁释放函数一起使用，我们不需要另外再写新的锁释放函数。

注意 从 Redis 2.6.12 开始，通过使用 SET 命令新添加的可选选项，用户可以获得相当于同时执行 SETNX 命令和 SETEX 命令的效果，这可以极大地简化上面给出的加锁函数。不过遗憾的是，目前还没有什么方法可以简化前面给出的解锁函数。

6.1.2 节在使用有序集合构建通讯录自动补全特性的时候，为了能够根据范围来获取多个通讯录信息，程序需要花费一些工夫来创建范围的起始元素和结束元素，并将它们添加到有序集合里面。因为多个自动补全操作可能会同时进行，所以程序不仅需要使用 WATCH 命令来监视有序集合，以便在有需要的时候进行重试；还需要在范围获取操作执行完毕之后，移除有序集合中带有左花括号（{）的元素。这些要求给自动补全特性的实现增加了额外的复杂度，而如果我们使用锁来代替 WATCH 命令的话，实现自动补全特性的难度就会大大降低。

在其他数据库里面，加锁通常是一个自动执行的基本操作。而 Redis 的 WATCH、MULTI 和 EXEC，就像之前所说的那样，只是一个乐观锁——这种锁只会在数据被其他客户端抢先修改了的情况下，通知加锁的客户端，让它撤销对数据的修改，而不会真正地把数据锁住。通过在客户端上面实现一个真正的锁，程序可以为用户带来更好的性能、更熟悉的编程概念、更简单易用的 API，等等。但是与此同时，也请记住 Redis 并不会主动使用这个自制的锁，我们必须自己使用这个锁来代替 WATCH，或者同时使用锁和 WATCH 协同进行工作，从而保证数据的正确与一致。

在成功地构建带有超时限制特性的锁之后，我们接下来将要了解一种名为**计数信号量**（counting semaphore）的锁，这种锁并没有一般的锁那么常用，但是当我们需要让多个客户端同时访问相同的信息时，计数信号量就是完成这项任务的最佳工具。

6.3 计数信号量

计数信号量是一种锁，它可以让用户限制一项资源最多能够同时被多少个进程访问，通常用于限定能够同时使用的资源数量。你可以把我们在前一节创建的锁看作是只能被一个进程访问的信号量。

计数信号量和其他种类的锁一样，都需要被获取和释放。客户端首先需要获取信号量，然后执行操作，最后释放信号量。计数信号量和其他锁的区别在于，当客户端获取锁失败的时候，客户端通常会选择进行等待；而当客户端获取计数信号量失败的时候，客户端通常会选择立即返回失败结果。举个例子，假设我们最多只允许 5 个进程同时获取信号量，那么当有第 6 个进程尝试去获取信号量的时候，我们希望这个获取操作可以尽早地失败，并向客户端返回“本资源目前正处于繁忙状态”之类的信息。

本节中介绍计数信号量的方式和之前 6.2 节中介绍的分布式锁的方式类似，我们将以渐进的方式来构建计数信号量实现，直到它具有完整的功能并且运作正常为止。

让我们来看一个关于 Fake Game 公司的例子。随着商品交易市场变得越来越红火，玩家希望 Fake Game 公司能够允许他们在游戏以外的地方访问商品交易市场的相关信息，以便在不登入游戏的情况下进行商品买卖。目前，执行相关操作的 API 已经完成，而我们的任务就是要构建出一种机制，限制每个账号最多只能有 5 个进程同时访问市场。

等到计数信号量构建完毕的时候，我们就可以使用 acquire_semaphore() 和 release_semaphore() 来包裹起商品买卖操作的相关 API 了。

6.3.1 构建基本的计数信号量

构建计数信号量时要考虑的事情和构建其他类型的锁时要考虑的事情大部分都是相同的，比如判断是哪个客户端取得了锁，如何处理客户端在获得锁之后崩溃的情况，以及如何处理锁超时的问题。实际上，如果我们不考虑信号量超时的问题，也不考虑信号量的持有者在未释放信号量的情况下崩溃的问题，那么有好几种不同的方法可以非常方便地构建出一个信号量实现。遗憾的是，从长远来看，这些简单方便的方法构建出来的信号量都不太实用，因此我们将通过持续改进的方式来提供一个功能完整的计数信号量。

使用 Redis 来实现超时限制特性通常有两种方法可选。一种是像之前构建分布式锁那样，使用 EXPIRE 命令，而另一种则是使用有序集合。为了将多个信号量持有者的信息都存储到同一个结构里面，这次我们将使用有序集合来构建计数信号量。

说得更具体一点，程序将为每个尝试获取信号量的进程生成一个唯一标识符，并将这个标识符用作有序集合的成员，而成员对应的分值则是进程尝试获取信号量时的 Unix 时间戳。图 6-6 展示了一个存储信号量信息的有序集合示例。

图 6-6　存储信号量信息的有序集合

进程在尝试获取信号量时会生成一个标识符，并使用当前时间戳作为分值，将标识符添加到有序集合里面。接着进程会检查自己的标识符在有序集合中的排名。如果排名低于可获取的信号量总数（成员的排名从 0 开始计算），那么表示进程成功地取得了信号量。反之，则表示进程未能取得信号量，它必须从有序集合里面移除自己的标识符。为了处理过期的信号量，程序在将标识符添加到有序集合之前，会先清理有序集合中所有时间戳大于超时数值（timeout number value）的标识符。代码清单 6-12 展示了信号量获取操作的具体实现代码。

代码清单 6-12　acquire_semaphore() 函数

```
def acquire_semaphore(conn, semname, limit, timeout=10):
    identifier = str(uuid.uuid4())
    now = time.time()

    pipeline = conn.pipeline(True)
    pipeline.zremrangebyscore(semname, '-inf', now - timeout)
    pipeline.zadd(semname, identifier, now)
    pipeline.zrank(semname, identifier)
    if pipeline.execute()[-1] < limit:
        return identifier

    conn.zrem(semname, identifier)
    return None
```

128 位随机标识符。

清理过期的信号量持有者。

尝试获取信号量。

检查是否成功取得了信号量。

获取信号量失败，删除之前添加的标识符。

acquire_semaphore() 函数所做的就和前面介绍的一样：生成标识符，清除所有过期的信号量，将新的标识符添加到有序集合里面，检查新添加的标识符在有序集合中的排名。没有什么让人出乎意料的地方。

代码清单 6-13 展示的信号量释放操作非常简单：程序只需要从有序集合里面移除指定的标识符就可以了。

代码清单 6-13　release_semaphore() 函数

```
def release_semaphore(conn, semname, identifier):
    return conn.zrem(semname, identifier)
```

如果信号量已经被正确地释放，那么返回 True；返回 False 则表示该信号量已经因为过期而被删除了。

这个基本的信号量实现非常好用，它不仅简单，而且运行速度也飞快。但这个信号量实现也存在一些问题：它在获取信号量的时候，会假设每个进程访问到的系统时间都是相同的，而这一假设在多主机环境下可能并不成立。举个例子，对于系统 A 和 B 来说，如果 A 的系统时间要比 B 的系统时间快 10 毫秒，那么当 A 取得了最后一个信号量的时候，B 只需要在 10 毫秒内尝试获取信号量，就可以在 A 不知情的情况下，“偷走” A 已经取得的信号量。对于一部分应用程序来说这并不是一个大问题，但对于另外一部分应用程序来说却并不是如此。

每当锁或者信号量因为系统时钟的细微不同而导致锁的获取结果出现剧烈变化时，这个锁或者信号量就是*不公平的*（unfair）。不公平的锁和信号量可能会导致客户端永远也无法取得它原本应该得到的锁或信号量。接下来的一节将介绍解决这个问题的方法。

6.3.2　公平信号量

当各个系统的系统时间并不完全相同的时候，前面介绍的基本信号量就会出现问题：系统时钟较慢的系统上运行的客户端，将能够偷走系统时钟较快的系统上运行的客户端已经取得的信号量，导致信号量变得不公平。我们需要减少不正确的系统时间对信号量获取操作带来的影响，使得只要各个系统的系统时间相差不超过 1 秒，就不会引起信号量被偷或者信号量提早过期。

为了尽可能地减少系统时间不一致带来的问题，我们需要给信号量实现添加一个计数器以及一个有序集合。其中，计数器通过持续地执行自增操作，创建出一种类似于计时器（timer）的机制，确保最先对计数器执行自增操作的客户端能够获得信号量。另外，为了满足“最先对计数器执行自增操作的客户端能够获得信号量”这一要求，程序会将计数器生成的值用作分值，存储到一个“信号量拥有者”有序集合里面，然后通过检查客户端生成的标识符在有序集合中的排名来判断客户端是否取得了信号量。图 6-7 展示了一个信号量拥有者有序集合示例以及一个计数器示例。

公平信号量和之前介绍的基本信号量一样，都是通过从系统时间有序集合里面移除过期元素的方式来清理过期信号量的。另外，公平信号量实现还会通过 ZINTERSTORE 命令以及该命令的 WEIGHTS 参数，将信号量的超时时间传递给新的信号量拥有者有序集合。

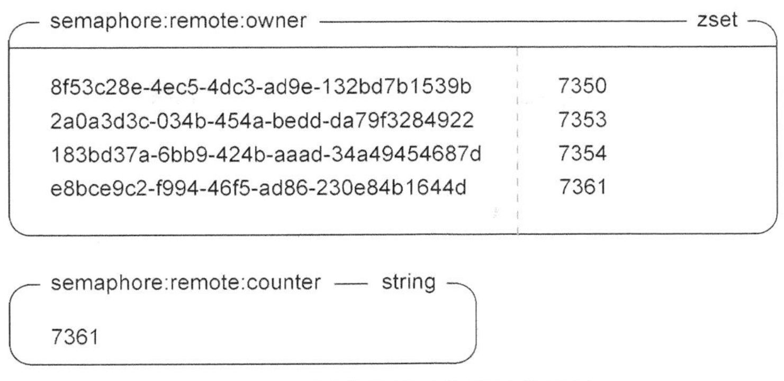

图 6-7　公平信号量的数据结构示例

代码清单 6-14 展示了公平信号量获取操作的实现代码。程序首先通过从超时有序集合里面移除过期元素的方式来移除超时的信号量，接着对超时有序集合和信号量拥有者有序集合执行交集计算，并将计算结果保存到信号量拥有者有序集合里面，覆盖有序集合中原有的数据。之后，程序会对计数器执行自增操作，并将计数器生成的值添加到信号量拥有者有序集合里面；与此同时，程序还会将当前的系统时间添加到超时有序集合里面。在完成以上操作之后，程序会检查当前客户端添加的标识符在信号量拥有者有序集合中的排名是否足够低，如果是的话就表示客户端成功取得了信号量。相反地，如果客户端未能取得信号量，那么程序将从信号量拥有者有序集合以及超时有序集合里面移除与该客户端相关的元素。

代码清单 6-14　`acquire_fair_semaphore()`函数

```
def acquire_fair_semaphore(conn, semname, limit, timeout=10):
    identifier = str(uuid.uuid4())                                  # 128 位随机标识符。
    czset = semname + ':owner'
    ctr = semname + ':counter'

    now = time.time()
    pipeline = conn.pipeline(True)
    pipeline.zremrangebyscore(semname, '-inf', now - timeout)       # 删除超时的信号量。
    pipeline.zinterstore(czset, {czset: 1, semname: 0})

    pipeline.incr(ctr)                                              # 对计数器执行自增操作，并获取计数器在执行自增操作之后的值。
    counter = pipeline.execute()[-1]

    pipeline.zadd(semname, identifier, now)                         # 尝试获取信号量。
    pipeline.zadd(czset, identifier, counter)

    pipeline.zrank(czset, identifier)                               # 通过检查排名来判断客户端是否取得了信号量。
    if pipeline.execute()[-1] < limit:
        return identifier                                           # 客户端成功取得了信号量。

    pipeline.zrem(semname, identifier)                              # 客户端未能取得信号量，清理无用数据。
    pipeline.zrem(czset, identifier)
    pipeline.execute()
    return None
```

acquire_fair_semaphore() 函数和之前的 acquire_semaphore() 函数有一些不同的地方。它首先清除已经超时的信号量，接着更新信号量拥有者有序集合并获取计数器生成的新 ID 值，之后，函数会将客户端的当前时间戳添加到过期时间有序集合里面，并将计数器生成的 ID 值添加到信号量拥有者有序集合里面，这样就可以检查标识符在有序集合里面的排名是否足够低了。

在 32 位平台上实现公平信号量　对于运行在 32 位平台上的 Redis 来说，整数计数器的最大值将被限制为 $2^{31}-1$，也就是标准有符号整数的最大值。在大量使用信号量的情况下，32 位计数器的值大约每过 2 小时就会溢出一次。尽管有几种变通的方法可以避开这个问题，但对于需要生成计数器 ID 的应用程序来说，最简单的办法还是直接切换到 64 位平台。

图 6-8 展示了 ID 为 8372 的进程在 1326437039.100 这个时间尝试获取信号量时执行的一系列操作，其中信号量的最大数量为 5。

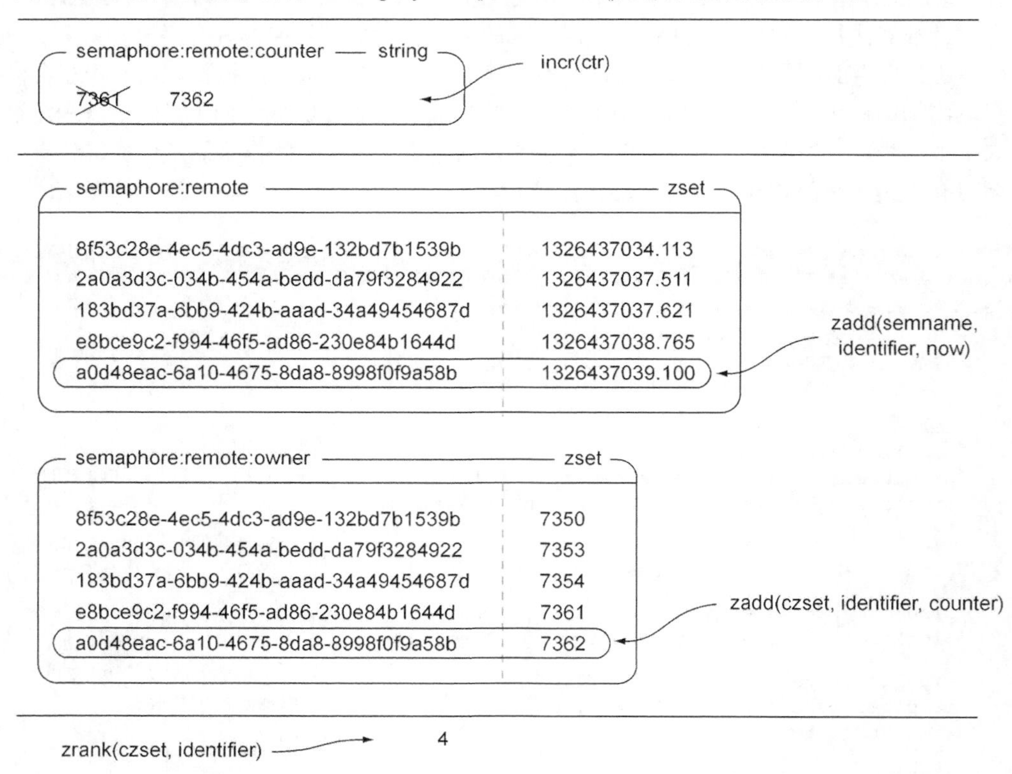

图 6-8　acquire_fair_semaphore() 函数的调用序列

公平信号量的释放操作几乎和基础信号量的释放操作一样简单，它们之间的唯一区别在于：

公平信号量的释放操作需要同时从信号量拥有者有序集合以及超时有序集合里面删除当前客户端的标识符。代码清单 6-15 展示了公平信号量释放操作的实现代码。

代码清单 6-15　`release_fair_semaphore()` 函数

```
def release_fair_semaphore(conn, semname, identifier):
    pipeline = conn.pipeline(True)
    pipeline.zrem(semname, identifier)
    pipeline.zrem(semname + ':owner', identifier)
    return pipeline.execute()[0]
```

返回 True 表示信号量已被正确地释放，返回 False 则表示想要释放的信号量已经因为超时而被删除了。

因为信号量获取操作的其中一个步骤，就是对信号量拥有者有序集合进行更新，移除那些不再存在于超时有序集合中的标识符，所以，如果我们想要稍微偷懒一下的话，也可以在释放信号量的时候，只移除超时有序集合里面的客户端标识符，而不对信号量拥有者有序集合执行相同的操作。但是只从超时有序集合里面移除标识符可能会引发这样一个问题：当一个客户端执行 `acquire_fair_semaphore()` 函数，对信号量拥有者有序集合进行了更新，并正准备将自己的标识符添加到超时有序集合和信号量拥有者有序集合之际，如果有另一个客户端执行信号量释放函数，并将该客户端自己的标识符从超时有序集合中移除的话，这将导致原本能够成功执行的信号量获取操作变为执行失败。虽然这个问题出现的概率很低，但它还是有可能会出现，因此，为了确保程序在不同情况下都能产生正确的行为，信号量释放函数仍然会同时从两个有序集合里面移除客户端标识符。

尽管这个信号量实现并不要求所有主机都拥有相同的系统时间，但各个主机在系统时间上的差距仍然需要控制在一两秒之内，从而避免信号量过早释放或者太晚释放。

6.3.3　刷新信号量

在商品交易市场的 API 完成之后，Fake Game 公司决定通过流（stream）来让用户第一时间获知最新上架销售的商品以及最新完成的交易。前面介绍的信号量实现默认只能设置 10 秒的超时时间，它主要用于实现超时限制特性并掩盖自身包含的潜在缺陷，但是短短的 10 秒连接时间对于流 API 的使用者来说是远远不够的，因此我们需要想办法对信号量进行刷新，防止其过期。

因为公平信号量区分开了超时有序集合和信号量拥有者有序集合，所以程序只需要对超时有序集合进行更新，就可以立即刷新信号量的超时时间了。代码清单 6-16 展示了刷新操作的实现代码。

代码清单 6-16　`refresh_fair_semaphore()` 函数

更新客户端持有的信号量。

```
def refresh_fair_semaphore(conn, semname, identifier):
    if conn.zadd(semname, identifier, time.time()):
        release_fair_semaphore(conn, semname, identifier)
        return False
    return True
```

告知调用者，客户端已经失去了信号量。

客户端仍然持有信号量。

只要客户端持有的信号量没有因为过期而被删除，refresh_fair_semaphore()函数就可以对信号量的超时时间进行刷新。另一方面，如果客户端持有的信号量已经因为超时而被删除，那么函数将释放信号量，并将信号量已经丢失的信息告知调用者。在长时间使用信号量的时候，我们必须以足够频繁的频率对信号量进行刷新，防止它因为过期而丢失。

既然我们已经可以获取、释放和刷新公平信号量了，那么是时候来解决竞争条件的问题了。

6.3.4 消除竞争条件

正如在 6.2 节构建锁实现时所见的那样，竞争条件可能会导致操作重试或者数据出错，而解决竞争条件并不容易。不巧的是，前面介绍的信号量实现也带有可能会导致操作不正确的竞争条件。

比如说，当两个进程 A 和 B 都在尝试获取剩余的一个信号量时，即使 A 首先对计数器执行了自增操作，但只要 B 能够抢先将自己的标识符添加到有序集合里，并检查标识符在有序集合中的排名，那么 B 就可以成功地取得信号量。之后当 A 也将自己的标识符添加到有序集合里，并检查标识符在有序集合中的排名时，A 将“偷走”B 已经取得的信号量，而 B 只有在尝试释放信号量或者尝试刷新信号量的时候才会察觉这一点。

将系统时钟用作获取锁的手段提高了这类竞争条件出现的可能性，导致信号量持有者的数量比预期的还要多，多出的信号量数量与各个系统时钟之间的差异有关——差异越大，出现额外信号量持有者的可能性也就越大。虽然引入计数器和信号量拥有者有序集合可以移除系统时钟这一不确定因素，并降低竞争条件出现的概率，但由于执行信号量获取操作需要客户端和服务器进行多次通信，所以竞争条件还是有可能会发生。

为了消除信号量实现中所有可能出现的竞争条件，构建一个正确的计数器信号量实现，我们需要用到前面在 6.2.5 节中构建的带有超时功能的分布式锁。总的来说，当程序想要获取信号量的时候，它会先尝试获取一个带有短暂超时时间的锁。如果程序成功取得了锁，那么它就会接着执行正常的信号量获取操作。如果程序未能取得锁，那么信号量获取操作也宣告失败。代码清单 6-17 展示了执行这一操作的代码。

代码清单 6-17 acquire_semaphore_with_lock()函数

```
def acquire_semaphore_with_lock(conn, semname, limit, timeout=10):
    identifier = acquire_lock(conn, semname, acquire_timeout=.01)
    if identifier:
        try:
            return acquire_fair_semaphore(conn, semname, limit, timeout)
        finally:
            release_lock(conn, semname, identifier)
```

读者可能会感到有些意外，因为令我们困扰至今的竞争条件竟然只需要使用一个锁就可以轻而易举地解决掉，但这种事在使用 Redis 的时候并不少见：相同或者相似的问题通常会有几种不同的解决方法，而每种解决方法都有各自的优点和缺点。以下是之前介绍过的各个信号量实现的优缺点。

- 如果你对于使用系统时钟没有意见，也不需要对信号量进行刷新，并且能够接受信号量的数量偶尔超过限制，那么可以使用我们给出的第一个信号量实现。
- 如果你只信任差距在一两秒之间的系统时钟，但仍然能够接受信号量的数量偶尔超过限制，那么可以使用第二个信号量实现。
- 如果你希望信号量一直都具有正确的行为，那么可以使用带锁的信号量实现来保证正确性。

在使用 6.2 节中介绍的锁来解决竞争条件之后，我们拥有了几个不同的信号量实现，而它们遵守信号量限制的程度也各不相同。一般来说，使用最新也最严格遵守限制的实现是最好的，这不仅因为最新的实现是唯一真正正确的实现，更关键的是，如果我们因为图一时之快而使用了带有错误的简陋实现，最终可能会因为使用了太多资源而导致得不偿失。

这一节介绍了如何使用信号量来限制同时可运行的 API 调用数量。除此之外，信号量通常还用于限制针对数据库的并发请求数量，从而降低执行单个查询所需的时间。另外，当需要使用多个客户端来下载同一个服务器上的多个网页，而服务器的 robots.txt 却声明该服务器最多只允许同时下载（比如说）3 个页面时，也可以使用信号量来防止客户端给服务器带来太大负担。

由于我们已经构建好了帮助提升并发执行性能所需的锁和信号量，接下来是时候讲讲如何把这两项工具更广泛地应用到不同的场景里面了。在接下来的一节中，我们将构建两种不同类型的任务队列，它们可以分别用于延迟执行任务以及并发地执行任务。

6.4　任务队列

在处理 Web 客户端发送的命令请求时，某些操作的执行时间可能会比我们预期的更长一些。通过将待执行任务的相关信息放入队列里面，并在之后对队列进行处理，用户可以推迟执行那些需要一段时间才能完成的操作，这种将工作交给任务处理器来执行的做法被称为任务队列（task queue）。现在有很多专门的任务队列软件（如 ActiveMQ、RabbitMQ、Gearman、Amazon SQS，等等），另外在缺少专门的任务队列可用的情况下，也有一些临时性的方法可以创建任务队列。比方说使用定期作业来扫描一个数据表，查找那些在给定时间/日期之前或者之后被修改过/被检查过的用户账号，并根据扫描的结果执行某些操作，这也是在创建任务队列。

这一节接下来将介绍两种不同类型的任务队列，第一种队列会根据任务被插入队列的顺序来尽快地执行任务，而第二种队列则具有安排任务在未来某个特定时间执行的能力。

6.4.1　先进先出队列

在队列领域中，除了任务队列之外，其他几种不同的队列也常常会被人谈起——比如先进先出（FIFO）队列、后进先出（LIFO）队列和优先级（priority）队列。因为先进先出队列具有语义清晰、易于实现和速度快等优点，所以本节首先介绍先进先出队列，然后再说明如何实现一个简陋的优先级队列，以及如何实现一个基于时间来执行任务的延迟队列。

下面再来回顾一下 Fake Game 公司的例子。为了鼓励不常上线的玩家进入游戏，Fake Game 公司决定增加一个选项，让玩家可以通过电子邮件来订阅商品交易市场中已售出商品和已过期商品的相关信息。因为对外发送电子邮件可能会有非常高的延迟，甚至可能会出现发送失败的情况，所以我们不能用平时常见的代码流（code flow）方式来执行这个邮件发送操作。为此，我们将使用任务队列来记录邮件的收信人以及发送邮件的原因，并构建一个可以在邮件发送服务器运行变得缓慢的时候，以并行方式一次发送多封邮件的工作进程（worker process）。

我们要编写的队列将以“先到先服务”（first-come，first-served）的方式发送邮件，并且无论发送是否成功，程序都会把发送结果记录到日志里面。本书在第 3 章和第 5 章中曾经介绍过，Redis 的列表结构允许用户通过 RPUSH 和 LPUSH 以及 RPOP 和 LPOP，从列表的两端推入和弹出元素。这次的邮件队列将使用 RPUSH 命令来将待发送的邮件推入列表的右端，并且因为工作进程除了发送邮件之外不需要执行其他工作，所以它将使用阻塞版本的弹出命令 BLPOP 从队列中弹出待发送的邮件，而命令的最大阻塞时限为 30 秒（从右边推入元素并从左边弹出元素的做法，符合我们从左向右进行阅读的习惯）。为了简便起见，本节展示的任务队列只会处理已售出商品邮件，但是添加针对已过期商品邮件的支持也并非难事。

我们的邮件队列由一个 Redis 列表构成，它包含多个 JSON 编码对象，图 6-9 展示了一个这样的队列示例。

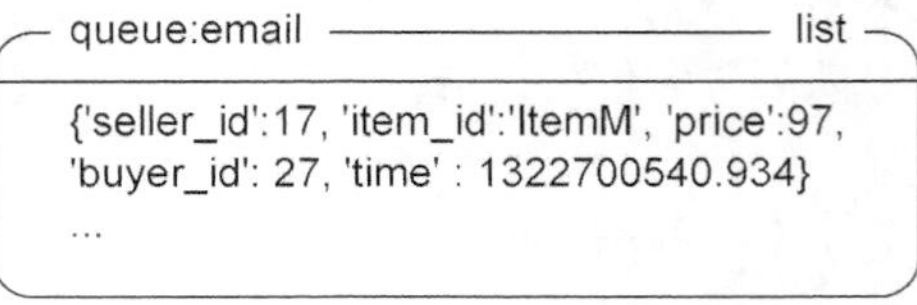

图 6-9　一个使用列表结构实现的先进先出队列

为了将待发送邮件推入队列里面，程序会获取发送邮件所需的全部信息，并将这些信息序列化为 JSON 对象，最后使用 RPUSH 命令将 JSON 对象推入邮件队列里面。正如前面章节所说，我们使用 JSON 来进行序列化的原因在于这种格式能够被人类读懂，并且大多数编程语言都提供了能够快速编码和解码 JSON 格式的函数库。代码清单 6-18 展示了程序将一封已售出商品邮件推入邮件队列里面的具体步骤。

代码清单 6-18　send_sold_email_via_queue()函数

```
def send_sold_email_via_queue(conn, seller, item, price, buyer):
    data = {
        'seller_id': seller,
        'item_id': item,
        'price': price,
        'buyer_id': buyer,
        'time': time.time()
    }
    conn.rpush('queue:email', json.dumps(data))
```

准备好待发送邮件。

将待发送邮件推入队列里面。

send_sold_email_via_queue()函数要做的就是将一封待发送邮件推入一个由列表结构表示的队列里面，弄懂这一点应该不难。

从队列里面获取待发送邮件也非常容易实现。代码清单 6-19 展示了这一操作的实现代码：程序首先使用 BLPOP 命令从邮件队列里面弹出一个 JSON 对象，接着通过解码 JSON 对象来取得待发送邮件的相关信息，最后根据这些信息来发送邮件。

代码清单 6-19 `process_sold_email_queue()`函数

```
def process_sold_email_queue(conn):
    while not QUIT:
        packed = conn.blpop(['queue:email'], 30)      <-- 尝试获取一封待发送邮件。
        if not packed:                                队列里面暂时还没有
            continue                                  待发送邮件，重试。
        to_send = json.loads(packed[1])               <-- 从 JSON 对象中解码出邮件信息。
        try:
            fetch_data_and_send_sold_email(to_send)   <-- 从 JSON 对象中解码出邮件信息。
        except EmailSendError as err:
            log_error("Failed to send sold email", err, to_send)
        else:
            log_success("Sent sold email", to_send)
```

`process_sold_email_queue()`函数的运作原理也非常简单直接，它要做的就是从队列里面取出待发送的邮件，并把邮件真正地发送出去。到目前为止，我们已经完成了一个用于执行邮件发送工作的任务队列，现在要考虑的问题是，如果要执行的任务不止一种，我们该怎么办？

1. 多个可执行任务

因为 BLPOP 命令每次只会从队列里面弹出一封待发送邮件，所以待发送邮件不会出现重复，也不会被重复发送。并且因为队列只会存放待发送邮件，所以工作进程要处理的任务是非常单一的。在一些情况下，为每种任务单独使用一个队列的做法并不少见，但是在另外一些情况下，如果一个队列能够处理多种不同类型的任务，那么事情就会方便很多。代码清单 6-20 展示的工作进程会监视用户提供的多个队列，并从多个已知的已注册回调函数里面，选出一个函数来处理 JSON 编码的函数调用。队列中每个待执行任务的格式都为`['FUNCTION_NAME', [ARG1, ARG2, ...]]`。

代码清单 6-20 `worker_watch_queue()`函数

```
def worker_watch_queue(conn, queue, callbacks):
    while not QUIT:
        packed = conn.blpop([queue], 30)              <-- 尝试从队列里面取出一项待执行任务。
        if not packed:                                队列为空，没有任务
            continue                                  需要执行；重试。
        name, args = json.loads(packed[1])            <-- 解码任务信息。
        if name not in callbacks:                     没有找到任务指定的回调函
            log_error("Unknown callback %s"%name)     数，用日志记录错误并重试。
            continue
        callbacks[name](*args)                        <-- 执行任务。
```

有了这个通用的工作进程，我们就可以把邮件发送程序写成回调函数，并将它和其他回调函数一同传给工作进程使用。

2. 任务优先级

在使用队列的时候，程序可能会需要让特定的操作优先于其他操作执行。比如对于 Fake Game 公司来说，他们可能会希望优先发送已售出商品邮件，其次才是已过期商品邮件。或者他们可能会希望优先发送密码重置邮件，其次才是即将推出的线上活动的相关邮件。本书之前介绍的 BLPOP 命令和 BRPOP 命令都允许用户给定多个列表作为弹出操作的执行对象：其中 BLPOP 命令将弹出第一个非空列表的第一个元素，而 BRPOP 命令则会弹出第一个非空列表的最后一个元素。

假设现在我们需要为任务设置高、中、低 3 种优先级别，其中：高优先级任务在出现之后会第一时间被执行，而中等优先级任务则会在没有任何高优先级任务存在的情况下被执行，而低优先级任务则会在既没有任何高优先级任务，又没有任何中等优先级任务的情况下被执行。实际上我们只需要修改代码清单 6-20 展示的 worker_watch_queue() 函数的其中两行代码，就可以给任务队列加上优先级特性，修改之后的代码如代码清单 6-21 所示。

代码清单 6-21 worker_watch_queues() 函数

```
def worker_watch_queues(conn, queues, callbacks):      # 实现优先级特性要修改的第一行代码。
    while not QUIT:
        packed = conn.blpop(queues, 30)                # 实现优先级特性要修改的第二行代码。
        if not packed:
            continue

        name, args = json.loads(packed[1])
        if name not in callbacks:
            log_error("Unknown callback %s"%name)
            continue
        callbacks[name](*args)
```

同时使用多个队列可以降低实现优先级特性的难度。除此之外，多队列有时候也会被用于分隔不同的任务（如一个队列存放公告邮件，而另一个队列则存放提醒邮件，诸如此类），在这种情况下，处理不同队列时可能会出现不公平的现象，为此，我们可以偶尔重新排列各个队列的顺序，使得针对队列的处理操作变得更公平一些——当某个队列的增长速度比其他队列的增长速度快的时候，这种重排操作尤为必要。

如果读者是 Ruby 语言的使用者，那么可以试试由 GitHub 公司的程序员发布的 Resque 开源库，这个 Ruby 库使用 Redis 的列表结构来实现队列，和本节介绍的队列实现方法非常相似，不过比起本节展示的只有区区 11 行代码的 worker_watch_queues() 函数来说，Resque 提供的功能要丰富得多，所以如果读者是 Ruby 语言的使用者，那么应该好好地了解一下 Resque 项目。

6.4.2 延迟任务

使用列表结构可以实现只能执行一种任务的队列，也可以实现通过调用不同回调函数来执行不同任务的队列，甚至还可以实现简单的优先级队列，但是有些时候，这些特性还不足以满足我们的需求。举个例子，假设 Fake Game 公司决定给游戏添加“延迟销售”特性，让玩家可以在未来的某个时候才开始销售自己的商品，而不是立即就开始进行销售。为了实现这个延迟销售特性，我们需要替换并修改现有的队列实现。

有几种不同的方法可以为队列中的任务添加延迟性质，以下是其中 3 种最直截了当的方法。

- 在任务信息中包含任务的执行时间，如果工作进程发现任务的执行时间尚未来临，那么它将在短暂等待之后，把任务重新推入队列里面。
- 工作进程使用一个本地的等待列表来记录所有需要在未来执行的任务，并在每次进行 `while` 循环的时候，检查等待列表并执行那些已经到期的任务。
- 把所有需要在未来执行的任务都添加到有序集合里面，并将任务的执行时间设置为分值，另外再使用一个进程来查找有序集合里面是否存在可以立即被执行的任务，如果有的话，就从有序集合里面移除那个任务，并将它添加到适当的任务队列里面。

因为无论是进行短暂的等待，还是将任务重新推入队列里面，都会浪费工作进程的时间，所以我们不会采用第一种方法。此外，因为工作进程可能会因为崩溃而丢失本地记录的所有待执行任务，所以我们也不会采用第二种方法。最后，因为使用有序集合的第三种方法最简单和直接，所以我们将采取这一方法，并使用 6.2 节中介绍的锁来保证任务从有序集合移动到任务队列时的安全性。

有序集合队列（`ZSET` queue）存储的每个被延迟的任务都是一个包含 4 个值的 JSON 列表，这 4 个值分别是：唯一标识符、处理任务的队列的名字、处理任务的回调函数的名字、传给回调函数的参数。和前面的章节需要生成随机 ID 时的做法一样，延迟任务包含的每个唯一标识符都是一个随机生成的 128 位 UUID，这个唯一标识符可以用于区分每个被执行的任务，并在将来有需要的时候用来构建任务执行状态报告特性。在有序集合里面，任务的分值会被设置为任务的执行时间，而立即可执行的任务将被直接插入任务队列里面。代码清单 6-22 展示了创建延迟任务的代码（任务是否延迟是可选的，只要把任务的延迟时间设置为 0 就可以创建一个立即执行的任务）。

代码清单 6-22 `execute_later()` 函数

```
def execute_later(conn, queue, name, args, delay=0):
    identifier = str(uuid.uuid4())                          # 生成唯一标识符。
    item = json.dumps([identifier, queue, name, args])      # 准备好需要入队的任务。
    if delay > 0:
        conn.zadd('delayed:', item, time.time() + delay)    # 延迟执行这个任务。
    else:
        conn.rpush('queue:' + queue, item)                  # 立即执行这个任务。
    return identifier                                       # 返回标识符。
```

当任务无须被延迟而是可以立即执行的时候，`execute_later()` 函数会直接将任务推入任务队列里面，而需要延迟执行的任务则会被添加到延迟有序集合里面。图 6-10 展示了一个使用延迟队列来记录待发送邮件的例子。

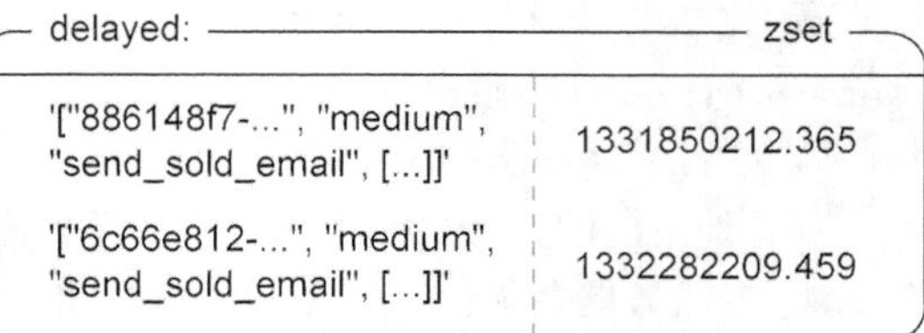

图 6-10 使用有序集合实现延迟任务队列

因为 Redis 没有提供直接的方法可以阻塞有序集合直到元素的分值低于当前 UNIX 时间戳为止，所以我们需要自己来查找有序集合里面分值低于当前 UNIX 时间戳的任务。因为所有被延迟的任务都存储在同一个有序集合队列里面，所以程序只需要获取有序集合里面排名第一的元素以及该元素的分值就可以了：如果队列里面没有任何任务，或者任务的执行时间尚未来临，那么程序将在短暂等待之后重试；如果任务的执行时间已到，那么程序将根据任务包含的标识符来获取一个细粒度锁，接着从有序集合里面移除要被执行的任务，并将它添加到适当的任务队列里面。通过将可执行的任务添加到任务队列里面而不是直接执行它们，我们可以把获取可执行任务的进程数量限制在一两个之内，而不必根据工作进程的数量来决定运行多少个获取进程，这减少了获取可执行任务所需的花销。代码清单 6-23 展示了从延迟队列里面获取可执行任务的实现代码。

代码清单 6-23 `poll_queue()` 函数

```
def poll_queue(conn):
    while not QUIT:
        item = conn.zrange('delayed:', 0, 0, withscores=True)
        if not item or item[0][1] > time.time():
            time.sleep(.01)
            continue

        item = item[0][0]
        identifier, queue, function, args = json.loads(item)

        locked = acquire_lock(conn, identifier)
        if not locked:
            continue

        if conn.zrem('delayed:', item):
            conn.rpush('queue:' + queue, item)

        release_lock(conn, identifier, locked)
```

获取队列中的第一个任务。

队列没有包含任何任务，或者任务的执行时间未到。

解码要被执行的任务，弄清楚它应该被推入哪个任务队列里面。

为了对任务进行移动，尝试获取锁。

获取锁失败，跳过后续步骤并重试。

将任务推入适当的任务队列里面。

释放锁。

正如代码清单 6-23 所示，因为有序集合并不具备像列表那样的阻塞弹出机制，所以程序需要不断地进行循环，并尝试从队列里面获取要被执行的任务，虽然这一操作会增大网络和处理器的负载，但因为我们只会运行一两个这样的程序，所以这并不会消耗太多资源。如果想要进一步减少 `poll_queue()` 函数的运行开销，那么可以在函数里面添加一个自适应方法（adaptive method），让函数在一段时间内都没有发现可执行的任务时，自动延长休眠的时间，或者根据下一个任务的执行时间来决定休眠的时长，并将休眠时长的最大值限制为 100 毫秒，从而确保执行时间距离当前时间不远的任务可以及时被执行。

关于优先级

因为延迟任务最终都会被推入对应的任务队列里面，并以相同的优先级执行，所以延迟任务的优先级和任务队列里面存储的普通任务的优先级是基本相同的。但是，如果我们打算在延迟任务的执行时间到达时，优先执行这些任务的话，应该怎么办呢？

要做到这一点的最简单办法就是添加多个额外的队列，使得可以立即执行的延迟任务出现在队列的最前面。举个例子，对于“高优先级”、“中等优先级”、“低优先级”这 3 个队列，我们可以分别创建“被延迟的高优先级”、“被延迟的中等优先级”、“被延迟的低优先级”这 3 个队列，并将这些队列以`["high-delayed", "high", "medium-delayed", "medium", "low-delayed", "low"]`的顺序传入 `worker_watch_queues()`函数里面，这样的话，具有相同优先级的延迟队列就会先于非延迟队列被处理。

一些读者可能会觉得好奇，“既然要将延迟任务放置到队列的最前面，那么为什么不使用 `LPUSH` 命令而是使用 `RPUSH` 命令呢？”假设所有工作进程都在处理中等优先级队列包含的任务，并且这些任务需要花费数秒钟才能执行完毕，如果这时有 3 个延迟任务可以执行，那么程序将使用 `LPUSH` 命令把它们依次推入中等优先级队列里面：首先推入第一个可执行的延迟任务，然后是第二个，最后是第三个。但是这样一来，最后被推入中等优先级队列里面的延迟任务就会最先被执行，这违背了我们对于“最先可执行的延迟任务总是最先被执行”的预期。

如果读者使用的是 Python 语言，并且对本节介绍的任务队列感兴趣的话，那么可以到 https://github.com/josiahcarlson/rpqueue 上面去了解一下 `RPQueue` 队列，它提供了与前面展示的代码清单类似的延迟任务执行语义，并且还包含了更多其他功能。

在使用任务队列的过程中，有时候需要让任务通过某种消息系统来向应用程序的其他部分进行报告。接下来的一节将介绍消息队列的创建方法，并说明如何使用这些队列将消息发送至单个接收者，或者在多个发送者和接收者之间进行通信。

6.5 消息拉取

两个或多个客户端在互相发送和接收消息的时候，通常会使用以下两种方法来传递消息。第一种方法被称为*消息推送*（push messaging），也就是由发送者来确保所有接收者已经成功接收到了消息。Redis 内置了用于进行消息推送的 `PUBLISH` 命令和 `SUBSCRIBE` 命令，本书在第 3 章中已经介绍过这两个命令的用法和缺陷[①]。第二种方法被称为*消息拉取*（pull messaging），这种方法要求接收者自己去获取存储在某种邮箱（mailbox）里面的消息。

尽管消息推送非常有用，但是当客户端因为某些原因而没办法一直保持在线的时候，采用这

---

① 简单来说，`PUBLISH` 和 `SUBSCRIBE` 的缺陷在于客户端必须一直在线才能接收到消息，断线可能会导致客户端丢失信息；除此之外，旧版 Redis 可能会因为订阅者处理消息的速度不够快而变得不稳定甚至崩溃，又或者被管理员杀死。

一消息传递方法的程序就会出现各种各样的问题。为了解决这个问题，我们将编写两个不同的消息拉取方法，并使用它们来代替 PUBLISH 命令和 SUBSCRIBE 命令。

因为只有单个接收者的消息传递操作和前面介绍过的先进先出队列有很多共通之处，所以本节首先会介绍如何实现只有单个接收者的消息传递操作，然后再介绍如何开发具有多个接收者的消息传递操作。通过使用自制的多接收者消息传递操作来代替 Redis 的 PUBLISH 命令和 SUBSCRIBE 命令，即使接收者曾经断开过连接，它也可以一封不漏地收到所有发给它的消息。

6.5.1 单接收者消息的发送与订阅替代品

Redis 的其中一种常见用法，就是让不同种类的客户端（如服务器进程、聊天室用户等）去监听或者等待它们各自所独有的频道，并作为频道消息的唯一接收者，从频道那里接收传来的消息。很多程序员都选择了使用 Redis 的 PUBLISH 命令和 SUBSCRIBE 命令来发送和等待消息，但是当我们需要在遇到连接故障的情况下仍然不丢失任何消息的时候，PUBLISH 命令和 SUBSCRIBE 命令就派不上用场了。

让我们把目光从 Fake Game 公司转向 Fake Garage 创业公司，后者正打算开发一个移动通信应用程序，这个应用通过连接服务器来发送和接收类似短信或彩信的消息，它基本上就是一个文字短信和图片彩信的替代品。应用程序的身份验证部分以及通信部分将由使用 Redis 作为后端的 Web 服务器负责，除此之外，消息的存储和路由也是由 Redis 负责。

每条消息都只会被发送至一个客户端，这一点极大地简化了我们要解决的问题。为了以这种方式来处理消息，我们将为每个移动客户端使用一个列表结构。发送者会把消息放到接收者的列表里面，而接收者客户端则通过发送请求来获取最新的消息。通过使用 HTTP 1.1 协议的流水线请求特性或者新型的 Web 套接字功能，移动客户端既可以在一次请求里面获取所有未读消息，又可以每次请求只获取一条未读消息，还可以通过使用 LTRIM 命令移除列表的前 10 个元素来获取最新的 10 条未读消息。

因为前面的章节已经介绍过如何使用命令来对列表进行推入操作和弹出操作，而且我们刚刚又在 6.4.1 节学习了如何使用列表来实现先进先出队列，所以这里就不再给出消息发送操作的实现代码了，不过图 6-11 展示了用户 jack451 的未读消息队列是什么样子的。

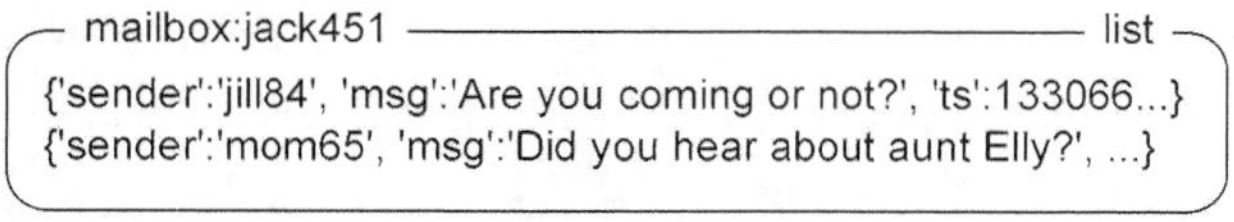

mailbox:jack451 list
{'sender':'jill84', 'msg':'Are you coming or not?', 'ts':133066...}
{'sender':'mom65', 'msg':'Did you hear about aunt Elly?', ...}

图 6-11 jack451 的未读消息队列中包含了来自 Jill 的消息以及来自 jack451 妈妈的消息

因为未读消息队列是使用列表结构来实现的，所以发送者只需要检查接收者的未读消息队列，就可以知道接收者最近是否有上线、接收者是否已经收到了之前发送的消息，以及接收者是否有太多未读消息等待处理。对于像 PUBLISH 命令和 SUBSCRIBE 命令这种要求接收者必须一直在线的系统来说，被传递的消息可能会丢失，而客户端根本不会察觉这一点。此外，在旧版

Redis 里面，速度缓慢的客户端可能会导致输出缓冲区不受控制地增长，而在新版 Redis 里面，速度缓慢的客户端可能会被断开连接。

我们已经实现了只有单个接收者的消息传递操作，接下来是时候讲讲如何在给定频道有多个监听者的情况下，替换 PUBLISH 命令和 SUBSCRIBE 命令了。

6.5.2 多接收者消息的发送与订阅替代品

只有单个接收者的消息传递操作虽然有用，但它还是没办法取代 PUBLISH 命令和 SUBSCRIBE 命令在多接收者消息传递方面的作用。为此，我们可以改变一下自己看待这个问题的方式。Redis 的 PUBLISH 命令和 SUBSCRIBE 命令在很多方面就像一个群组聊天（group chat）功能，一个用户是否在线决定了他能否进行群组聊天，而我们想要做的就是去掉“用户需要一直在线才能接收到消息”这一要求，并以群组聊天为背景，实现具有多个接收者的消息传递操作。

我们接下来要解决的仍然是 Fake Garage 创业公司的问题。在快速地实现了单个用户之间的消息传递系统之后，Fake Garage 创业公司意识到使用应用程序来取代短信这个想法的确很棒，并且很多用户都要求他们为应用程序添加群组聊天功能。和之前一样，因为应用程序的客户端可能会在任何时候进行连接或者断开连接，所以我们不能使用内置的 PUBLISH 命令和 SUBSCRIBE 命令来实现群组聊天功能。

每个新创建的群组都会有一些初始用户，各个用户都可以按照自己的意愿来参加或者离开群组。群组使用有序集合来记录参加群组的用户，其中有序集合的成员为用户的名字，而成员的分值则是用户在群组内接收到的最大消息 ID。用户也会使用有序集合来记录自己参加的所有群组，其中有序集合的成员为群组 ID，而成员的分值则是用户在群组内接收到的最大消息 ID。图 6-12 展示了一些用户信息和群组信息的例子。

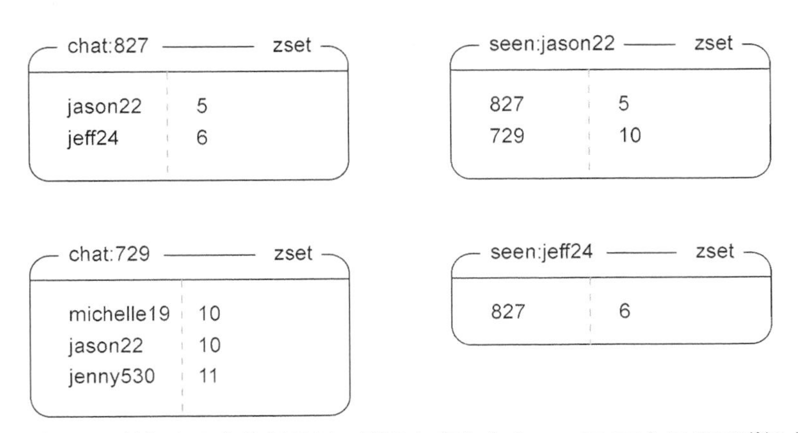

图 6-12 一些群组聊天数据和用户数据示例。群组有序集合（chat ZSET）展示了群组内的用户以及用户已读的最大群组消息 ID。至于已读有序集合（seen ZSET）则列出了用户参加的各个群组的 ID，以及用户在这些群里面已读的最大群组消息 ID

如图 6-12 所示，用户 jason22 和 jeff24 都参加了 chat:827 群组，其中用户 jason22 看了 6 条群组消息中的 5 条。

1. 创建群组聊天会话

群组聊天产生的内容会以消息为成员、消息 ID 为分值的形式存储在有序集合里面。在创建新群组的时候，程序首先会对一个全局计数器执行自增操作，以此来获得一个新的群组 ID。之后，程序会把群组的初始用户全部添加到一个有序集合里面，并将这些用户在群组里面的最大已读消息 ID 初始化为 0，另外还会把这个新群组的 ID 添加到记录用户已参加群组的有序集合里面。最后，程序会将一条初始化消息放置到群组有序集合里面，以此来向参加聊天的用户发送初始化消息。代码清单 6-24 展示了用于创建新群组的代码。

代码清单 6-24 `create_chat()` 函数

```
def create_chat(conn, sender, recipients, message, chat_id=None):
    chat_id = chat_id or str(conn.incr('ids:chat:'))           <-- 获得新的群组 ID。

    recipients.append(sender)                                  创建一个由用户和分值组成的字
    recipientsd = dict((r, 0) for r in recipients)             典，字典里面的信息将被添加到有
                                                               序集合里面。
    pipeline = conn.pipeline(True)
    pipeline.zadd('chat:' + chat_id, **recipientsd)            将所有参与群聊的
    for rec in recipients:                                     用户添加到有序集
        pipeline.zadd('seen:' + rec, chat_id, 0)    初始化已读  合里面。
    pipeline.execute()                              有序集合。

    return send_message(conn, chat_id, sender, message)        <-- 发送消息。
```

`create_chat()` 函数在调用 `dict()` 对象构造器的时候使用了生成器表达式（generator expression），使得我们可以快速地构建起一个将多个用户与分值 0 进行关联的字典，而 `ZADD` 命令则通过这个字典来在一次调用中记录多个群组用户。

生成器表达式与字典构造 通过传入一个由成双成对的值组成的序列，我们可以快速地构建起一个 Python 字典，其中每对值的第一个项会成为字典的键，而第二个项则会成为键的值。代码清单 6-24 中展示的某些代码看上去有些奇怪，这是因为程序以内联（in-line）的方式生成了将要传给字典的序列。这种生成序列的技术被称为生成器表达式。

2. 发送消息

为了向群组发送消息，程序需要创建一个新的消息 ID，并将想要发送的消息添加到群组消息有序集合（chat's messages `ZSET`）里面。虽然这个消息发送操作包含了一个竞争条件，但只要使用 6.2 节介绍的锁就可以很容易地解决这个问题。代码清单 6-25 展示了使用锁来实现的消息发送操作的具体代码。

代码清单 6-25 **send_message()** 函数

```
def send_message(conn, chat_id, sender, message):
    identifier = acquire_lock(conn, 'chat:' + chat_id)
    if not identifier:
        raise Exception("Couldn't get the lock")
    try:
        mid = conn.incr('ids:' + chat_id)
        ts = time.time()
        packed = json.dumps({
            'id': mid,
            'ts': ts,
            'sender': sender,
            'message': message,
        })                                                  # 筹备待发送的消息。

        conn.zadd('msgs:' + chat_id, packed, mid)           # 将消息发送至群组。
    finally:
        release_lock(conn, 'chat:' + chat_id, identifier)
    return chat_id
```

发送群组消息的绝大部分工作都是在筹备待发送消息的各项信息，之后只要把准备好的消息添加到有序集合里面，发送操作就完成了。send_message()函数使用锁包围了构建消息的代码以及将消息添加到有序集合里面的代码，这样做的原因和我们之前使用锁来实现计数器信号量的原因是一样的。一般来说，当程序使用一个来自 Redis 的值去构建另一个将要被添加到 Redis 里面的值时，就需要使用锁或者由 WATCH、MULTI 和 EXEC 组成的事务来消除竞争条件。考虑到锁的性能比事务要好，所以 send_message()函数选择了使用锁而不是事务。

在这一节中，我们学习了如何创建群组并发送群组消息，在接下来的内容里面，我们将继续学习如何让用户查看自己参加了哪些群组、自己有多少未读消息，以及用户是如何接收消息的。

3. 获取消息

为了获取用户的所有未读消息，程序需要对记录用户数据的有序集合执行 ZRANGE 命令，以此来获取群组 ID 以及已读消息 ID，然后根据这两个 ID，对用户参与的所有群组的消息有序集合执行 ZRANGEBYSCORE 命令，以此来取得用户在各个群组内的未读消息。在取得聊天消息之后，程序将根据消息 ID 对已读有序集合以及群组有序集合里面的用户记录进行更新。最后，程序会查找并清除那些已经被所有人接收到了的群组消息。代码清单 6-26 展示了消息获取操作的具体实现代码。

代码清单 6-26 **fetch_pending_messages()** 函数

```
def fetch_pending_messages(conn, recipient):
    seen = conn.zrange('seen:' + recipient, 0, -1, withscores=True)   # 获取最后接收到的消息的 ID。

    pipeline = conn.pipeline(True)
```

```
    for chat_id, seen_id in seen:                              获取所有
        pipeline.zrangebyscore(                                未读消息。
            'msgs:' + chat_id, seen_id+1, 'inf')
    chat_info = zip(seen, pipeline.execute())            <--   这些数据将被
                                                               返回给函数调
    for i, ((chat_id, seen_id), messages) in enumerate(chat_info):  用者。
        if not messages:
            continue
        messages[:] = map(json.loads, messages)
        seen_id = messages[-1]['id']                           使用最新收到的消息来更新
        conn.zadd('chat:' + chat_id, recipient, seen_id)       群组有序集合。

        min_id = conn.zrange(                                  找出那些所有人都已经阅
            'chat:' + chat_id, 0, 0, withscores=True)          读过的消息。

        pipeline.zadd('seen:' + recipient, chat_id, seen_id)  <-- 更新已读消息有
        if min_id:                                                序集合。
            pipeline.zremrangebyscore(
                'msgs:' + chat_id, 0, min_id[0][1])            清除那些已经被所有
        chat_info[i] = (chat_id, messages)                     人阅读过的消息。
    pipeline.execute()

    return chat_info
```

获取未读消息的工作就是遍历用户参与的所有群组，取出每个群组的未读消息，并顺便清理那些已经被所有群组用户看过的消息。

4. 加入群组和离开群组

我们已经知道了如何从群组里面获取未读消息，接下来要做的就是实现加入群组和离开群组这两个操作了。为了把用户加入给定的群组里面，程序需要将群组的 ID 作为成员添加到用户的已读消息有序集合里面，并将这个群组最新一条消息的 ID 设置为成员的分值。此外，程序还会将用户添加到群组的成员列表里面，而用户在成员列表里面的分值同样为最新群组消息的 ID。代码清单 6-27 展示了加入群组这一操作的具体实现代码。

代码清单 6-27　join_chat()函数

```
                  def join_chat(conn, chat_id, user):
                      message_id = int(conn.get('ids:' + chat_id))   <--  取得最新群组消
将用户添加到群                                                            息的 ID。
组成员列表里面。      pipeline = conn.pipeline(True)
                  --> pipeline.zadd('chat:' + chat_id, user, message_id)
                      pipeline.zadd('seen:' + user, chat_id, message_id)  <--
                      pipeline.execute()
                                             将群组添加到用户的已读列表里面。
```

join_chat()函数要做的就是在用户和群组之间以及群组和用户的已读消息有序集合之间，建立起正确的引用信息。

为了将用户从给定的群组中移除，程序需要从群组有序集合里面移除用户的 ID，并从用户的已读消息有序集合里面移除给定群组的相关信息。在移除操作完成之后，如果群组已经没有任何成员存在，那么群组的消息有序集合以及消息 ID 计数器将被删除。如果群组还有成员存在，

那么程序将再次查找并清除那些已经被所有成员阅读过的群组消息。代码清单 6-28 展示了离开群组这一操作的具体实现代码。

代码清单 6-28 leave_chat()函数

```
def leave_chat(conn, chat_id, user):
    pipeline = conn.pipeline(True)
    pipeline.zrem('chat:' + chat_id, user)          # 从群组里面移除给定的用户。
    pipeline.zrem('seen:' + user, chat_id)
    pipeline.zcard('chat:' + chat_id)                # 查找群组剩余成员的数量。

    if not pipeline.execute()[-1]:
        pipeline.delete('msgs:' + chat_id)           # 删除群组。
        pipeline.delete('ids:' + chat_id)
        pipeline.execute()
    else:
        oldest = conn.zrange(                        # 找出那些已经被所有成员阅读过的消息。
            'chat:' + chat_id, 0, 0, withscores=True)
        conn.zremrangebyscore('msgs:' + chat_id, 0, oldest[0][1])   # 删除那些已经被所有成员阅读过的消息。
```

在用户离开群组之后执行清理操作并不困难，只是要小心注意各种细节，以免忘了对有序集合和 ID 进行处理。

本节以群组聊天为背景，介绍了构建一个完整的多接收者消息拉取系统的具体方法，每当我们希望接收者不会因为断线而错过任何消息的时候，就可以使用本节介绍的方法来代替 PUBLISH 命令和 SUBSCRIBE 命令。如果有需要的话，我们也可以多花一点儿工夫，把群组聊天实现里面的有序集合结构换成列表结构，或者把发送消息时的加锁操作转移到清理旧消息时执行。我们之所以坚持使用有序集合而不是列表，是因为使用有序集合可以更方便地从每个群组里面取出当前的消息 ID。同样地，通过将加锁操作交给消息发送者来执行，消息接收者可以免于请求额外的数据，并且也无须在执行清理操作时进行加锁，这从总体上提高了性能。

在这一节中，我们学习了如何使用多接收者消息系统来代替 PUBLISH 命令和 SUBSCRIBE 命令并实现群组聊天功能，在接下来的一节中，我们将使用这个多接收者消息系统来发送 Redis 可用键名（key name）的相关信息。

6.6 使用 Redis 进行文件分发

在构建分布式软件和分布式系统的时候，我们常常需要在多台机器上复制、分发或者处理数据文件，而现有的工具可以以几种不同的方式来完成这些工作：如果服务器需要持续地分发文件，那么常见的做法是使用 NFS 或者 Samba 来载入一个路径（path）或者驱动器；对于内容会逐渐发生变化的文件来说，常见的做法是使用一款名为 Rsync 的软件来尽量减少两个系统之间需要传输的数据量；在需要将多个文件副本分发到多台机器上面的时候，可以使用 BitTorrent 协议来将文件部分地（partial）分发到多台机器上面，然后通过让各台机器互相分享自己所拥有的数据来降低服务器的负载。

遗憾的是，以上提到的所有方法都有显著的安装成本以及相对的价值。虽然 NFS 和 Samba 都很好用，但是由于这两种技术都对操作系统进行了整合，所以它们在网络连接不完美的时候都会出现明显的问题（有时候甚至在网络连接无恙的情况下，也是如此）。Rsync 旨在解决网络不稳定带来的问题，让单个文件或者多个文件可以部分地进行传送和续传（resume），但 Rsync 在开始传输文件之前必须先下载整个文件，并且负责获取文件的软件也必须与 Rsync 进行对接，这一点是否可行也是一个需要考虑的地方。尽管 BitTorrent 是一个了不起的技术，但它也只适用于服务器在发送文件方面遇到了限制或者网络未被充分使用的情况下，并且这种技术也需要软件与 BitTorrent 客户端进行对接，而我们需要获取文件的系统上可能并没有合适的 BitTorrent 客户端可用。

除了上面提到的问题之外，上述 3 种方法还需要设置并维护账号、权限以及服务器。因为我们已经有了一个安装完毕、正在运行并且随时可用的 Redis，所以我们还是使用 Redis 来进行文件分发比较好，这也可以避免使用其他软件时碰到的一些问题：Redis 的客户端会妥善地处理连接故障，通过客户端也可以直接获取数据，并且针对数据的处理操作可以立即执行而不必等待整个文件出现。

6.6.1 根据地理位置聚合用户数据

在使用第 5 章中开发的 IP 所属城市查找程序来定位用户访问游戏时所在的地点之后，Fake Game 公司打算从国家、地区、城市等多个不同纬度，对用户随着时间形成的访问模式进行聚合计算，为此，Fake Game 公司需要分析许多体积以 GB 计算的日志文件，而我们要做的就是实现执行聚合计算所需的回调函数，并使用这些函数来实时地分析日志数据。

本书在第 5 章中曾经提到过，Fake Game 公司已经存在了大约两年时间，他们每天的用户数量大约有 10 万人，而每个用户每天大约会产生 10 个事件，也就是总共有大约 73 亿行的日志需要分析。如果我们使用的是前面提到的几种文件分发技术的其中一种，那么程序就需要先将日志复制到进行日志分析的各台机器上面，然后才真正地开始进行日志分析。这种做法虽然可行，但是复制日志这一操作潜在地延缓了日志分析操作的进行，并且还会占用每台机器的存储空间，因为直到日志分析完成之后，复制到机器上的日志才会被清除。

虽然我们可以考虑编写一个一次性的 MapReduce[①]过程来处理所有日志文件，以此来代替将文件复制到各个机器里面的做法，但 MapReduce 并不会在各个待处理的任务之间共享内存（每个任务通常就是一个日志行），而手动地进行内存共享只会浪费更多的时间。说得更具体一些，程序如果将 IP 所属城市的查找表（lookup table）载入 Python 的内存里面，那么它就可以以每秒大约 20 万次的速度执行 IP 所属城市查找操作，这比单个 Redis 实例执行相同查询时的速度还要快。与此类似，如果我们使用 MapReduce 来处理日志的话，那么至少需要同时运行好几个 Redis 实例才能跟得上 MapReduce 的处理速度。

---

① MapReduce（又称 Map/Reduce）是 Google 推广的一种分布式计算方式，它可以高效并且简单地解决某些问题。

在理解了 NFS 和 Samba、文件复制、MapReduce 这几种常见的技术并不适合用来解决 Fake Game 公司目前面临的问题之后，接下来我们将看到实际执行查找操作时需要解决的几个问题。

在本地进行数据聚合计算

为了高效地处理数量繁多的日志，程序在对 Redis 进行更新之前，需要先将聚合数据缓存到本地，以此来减少程序执行所需的通信往返次数。这样做的原因在于：如果程序每天需要处理大约 1000 万个日志行的话，那么它就需要对 Redis 进行大约 1000 万次的写入，而如果程序在本地对每个国家在一天之内产生的日志进行聚合计算的话，因为国家的数量只有大约 300 个，所以它只需要向 Redis 写入大约 300 个值就可以了。这显著地降低了程序与 Redis 之间的通信往返次数，减少了需要执行的命令数量，并最终缩短了处理日志所需的时间。

如果我们不采取任何本地缓存措施，那么进行 10 次聚合计算就需要花费大约 10 天时间来处理所有数据。幸运的是，所有在一天之内产生的国家维度或者地区维度的日志，都可以在完成聚合计算之后再发送给 Redis。因为我们的数据取样集合中只有大约 350 000 个城市，其中 10%的城市覆盖了超过 90%的玩家，所以我们同样可以在本地缓存所有城市维度的聚合数据。只要把聚合数据缓存到本地，聚合计算的吞吐量就不会被 Redis 所限制。

假设我们已经为 5.3 节中介绍过的由有序集合和散列组成的 IP 查找表创建了缓存副本，那么剩下要考虑的就是如何对日志进行聚合计算了。首先，让我们来了解一下聚合计算需要处理的日志行——它们包含 IP 地址、日期、时间以及被执行的操作，就像这样：

```
173.194.38.137 2011-10-10 13:55:36 achievement-762
```

为了每天对不同国家的日志行进行聚合计算，程序会把以上格式的日志行作为其中一个参数，传递给执行聚合计算的回调函数，而回调函数则负责对相应的国家计数器执行自增操作，并在处理完所有日志行之后，将聚合计算的结果写入 Redis 里面。代码清单 6-29 展示了执行这一聚合计算的回调函数的源代码。

代码清单 6-29　一个本地聚合计算回调函数，用于每天以国家维度对日志行进行聚合

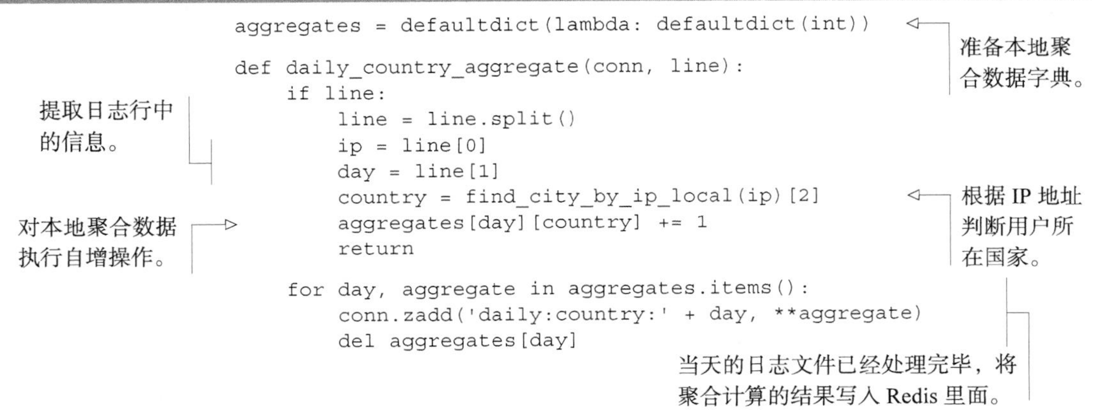

```
aggregates = defaultdict(lambda: defaultdict(int))

def daily_country_aggregate(conn, line):
    if line:
        line = line.split()
        ip = line[0]
        day = line[1]
        country = find_city_by_ip_local(ip)[2]
        aggregates[day][country] += 1
        return

    for day, aggregate in aggregates.items():
        conn.zadd('daily:country:' + day, **aggregate)
        del aggregates[day]
```

daily_country_aggregate()函数是我们编写和实现的第一个聚合函数，本节接下来要介绍的其他聚合函数与这个函数非常相似，并且同样易于编写。事不宜迟，让我们赶紧进入更有趣的主题——考虑如何通过 Redis 来发送日志文件。

6.6.2 发送日志文件

为了将日志数据传递给日志处理器，我们需要用到两个不同的日志数据操作组件。第一个组件是一个脚本，这个脚本会根据指定的键名将日志文件存储到 Redis 里面，并使用本书在 6.5.2 节介绍的群组聊天功能，将存储日志的键名发布到群组里面，然后等待日志分析操作执行完毕时的通知（notification）到来（这样做是为了避免程序使用的内存数量超出机器的限制）。这个通知将会告知脚本，一个与被存储日志文件具有相似名字的数据库键的值已经被设置成了 10，也就是程序使用的聚合进程数量。代码清单 6-30 展示了这个复制日志文件并在之后对无用数据进行清理的脚本。

代码清单 6-30 copy_logs_to_redis()函数

```
def copy_logs_to_redis(conn, path, channel, count=10,
                       limit=2**30, quit_when_done=True):
    bytes_in_redis = 0
    waiting = deque()
    create_chat(conn, 'source', map(str, range(count)), '', channel)
    count = str(count)
    for logfile in sorted(os.listdir(path)):
        full_path = os.path.join(path, logfile)

        fsize = os.stat(full_path).st_size
        while bytes_in_redis + fsize > limit:
            cleaned = _clean(conn, channel, waiting, count)
            if cleaned:
                bytes_in_redis -= cleaned
            else:
                time.sleep(.25)

        with open(full_path, 'rb') as inp:
            block = ' '
            while block:
                block = inp.read(2**17)
                conn.append(channel+logfile, block)

        send_message(conn, channel, 'source', logfile)

        bytes_in_redis += fsize
        waiting.append((logfile, fsize))

    if quit_when_done:
        send_message(conn, channel, 'source', ':done')

    while waiting:
        cleaned = _clean(conn, channel, waiting, count)
        if cleaned:
            bytes_in_redis -= cleaned
        else:
            time.sleep(.25)
```

创建用于向客户端发送消息的群组。

遍历所有日志文件。

如果程序需要更多空间，那么清除已经处理完毕的文件。

将文件上传至 Redis。

提醒监听者，文件已经准备就绪。

对本地记录的 Redis 内存占用量相关信息进行更新。

所有日志文件已经处理完毕，向监听者报告此事。

在工作完成之后，清理无用的日志文件。

```
def _clean(conn, channel, waiting, count):
    if not waiting:
        return 0
    w0 = waiting[0][0]
    if conn.get(channel + w0 + ':done') == count:
        conn.delete(channel + w0, channel + w0 + ':done')
        return waiting.popleft()[1]
    return 0
```

对Redis进行清理的详细步骤。

为了将日志复制到 Redis 里面，`copy_logs_to_redis()` 函数需要执行很多细致的步骤，这些步骤主要用于防止一次将过多数据推入 Redis 里面，并在日志文件被所有客户端读取完毕之后，正确地执行清理操作。告知日志处理器有新的文件可供处理并不困难，相比起来，针对日志文件的设置、发送和清理操作要烦琐得多。

6.6.3 接收日志文件

处理日志文件的第二个步骤，就是使用一组函数和生成器，从群组里面获取日志的文件名，然后根据日志的名字对存储在 Redis 里面的日志文件进行处理，并在处理完成之后，对复制进程正在等待的那些键进行更新。除此之外，程序还会使用回调函数来处理每个日志行，并更新聚合数据。代码清单 6-31 展示了其中一个这样的函数。

代码清单 6-31 `process_logs_from_redis()` 函数

```
def process_logs_from_redis(conn, id, callback):
    while 1:
        fdata = fetch_pending_messages(conn, id)

        for ch, mdata in fdata:
            for message in mdata:
                logfile = message['message']

                if logfile == ':done':
                    return
                elif not logfile:
                    continue

                block_reader = readblocks
                if logfile.endswith('.gz'):
                    block_reader = readblocks_gz

                for line in readlines(conn, ch+logfile, block_reader):
                    callback(conn, line)
                callback(conn, None)

                conn.incr(ch + logfile + ':done')

        if not fdata:
            time.sleep(.1)
```

获取文件列表。

所有日志行已经处理完毕。

选择一个块读取器（block reader）。

遍历日志行。

将日志行传递给回调函数。

强制刷新聚合数据缓存。

日志已经处理完毕，向文件发送者报告这一信息。

因为我们把“从 Redis 里面读取日志文件”这一费时费力的工作交给了生成日志行序列的辅

助函数来执行，所以从日志文件里面提取信息的整个过程还是相当直观的。此外，程序还会通过对日志文件计数器执行自增操作来提醒文件发送者，以免文件发送进程忘了清理已经完成处理的日志文件。

6.6.4　处理日志文件

上一节中曾经提到过，我们将一部分解码（decode）文件的工作交给了那些返回数据生成器的函数来执行，而代码清单 6-32 展示的 `readlines()` 函数就是其中一个这样的函数，它接受一个 Redis 连接、一个数据库键和一个块迭代回调函数（block iterating callback）作为参数，对迭代回调函数产生的数据进行遍历，查找数据中的换行符（line break），并将各个日志行返回给函数的调用者。在取得数据块之后，函数会定位到数据块最后一个日志行的结尾处，并对位于结尾之前的所有日志行进行分割，然后一个接一个地向调用者返回这些日志行。当函数将一个数据块的所有日志行都返回给了调用者之后，它会将剩下的那些不完整的行追加到下一个数据块的前面，如果所有数据块都已经遍历完毕，那么函数会直接将数据块的最后一个日志行返回给调用者。虽然 Python 提供了多种不同的方法用于查找换行符并从中提取出文本行，但是 `rfind()` 函数和 `split()` 函数完成这一工作的速度是最快的。

代码清单 6-32　`readlines()` 函数

```
def readlines(conn, key, rblocks):
    out = ''
    for block in rblocks(conn, key):
        out += block
        posn = out.rfind('\n')
        if posn >= 0:
            for line in out[:posn].split('\n'):
                yield line + '\n'
            out = out[posn+1:]
        if not block:
            yield out
            break
```

找到一个换行符。

查找位于文本最右端的换行符；如果换行符不存在，那么 `rfind()` 返回-1。

根据换行符来分割日志行。

向调用者返回每个行。

保留余下的数据。

所有数据块已经处理完毕。

通过使用两个读取器中的一个来产生数据块，高层次的日志行生成函数 `readlines()` 可以专注于寻找日志中的换行符。

> **带有 `yield` 语句的生成器**　代码清单 6-32 是本书第一次使用带有 `yield` 语句的 Python 生成器。`yield` 语句允许用户暂停正在执行的代码，并在有需要的时候继续执行被暂停的代码，它主要用于简化对序列或者伪序列数据的遍历工作。想要知道生成器的更多工作细节，请通过以下短链接访问《Python 语言教程》的相关文档：http://mng.bz/Z2b1。

`readlines()` 函数使用的两个数据块生成回调函数 `readblocks()` 和 `readblocks_gz()` 都会从 Redis 里面读取数据块，其中 `readblocks()` 函数会直接向调用者返回被读取的数据块，而 readblocks_gz()函数则会自动解压 gzip 格式的压缩文件。通过有意识地区分日志行的遍历操作和读取操作，我们可以尽量提供有用且可复用的数据读取方法。代码清单 6-33 展示了 readblocks()生成器的源代码。

代码清单 6-33 readblocks()生成器

```
def readblocks(conn, key, blocksize=2**17):
    lb = blocksize
    pos = 0
    while lb == blocksize:
        block = conn.substr(key, pos, pos + blocksize - 1)
        yield block
        lb = len(block)
        pos += lb
    yield ''
```

尽可能地读取更多数据，直到出现不完整读操作（partial read）为止。

获取数据块。

为下一次遍历做准备。

readblocks()生成器的主要目的在于对数据块读取操作进行抽象，使得我们以后可以使用其他类型的读取器来代替它——如文件系统读取器、memcached 读取器、有序集合读取器，或者接下来要展示的，用于处理 Redis 存储的 gzip 压缩文件的块读取器。代码清单 6-34 展示了 readblocks_gz()生成器的源代码。

代码清单 6-34 readblocks_gz()生成器

```
def readblocks_gz(conn, key):
    inp = ''
    decoder = None
    for block in readblocks(conn, key, 2**17):
        if not decoder:
            inp += block
            try:
                if inp[:3] != "\x1f\x8b\x08":
                    raise IOError("invalid gzip data")
                i = 10
                flag = ord(inp[3])

                if flag & 4:
                    i += 2 + ord(inp[i]) + 256*ord(inp[i+1])
                if flag & 8:
                    i = inp.index('\0', i) + 1
                if flag & 16:
                    i = inp.index('\0', i) + 1
                if flag & 2:
                    i += 2

                if i > len(inp):
                    raise IndexError("not enough data")
            except (IndexError, ValueError):
                continue
```

从 Redis 里面读入原始数据。

分析头信息以便取得被压缩的数据。

程序读取的头信息并不完整。

```
            else:
                block = inp[i:]
                inp = None
                decoder = zlib.decompressobj(-zlib.MAX_WBITS)
                if not block:
                    continue

        if not block:
            yield decoder.flush()
            break

        yield decoder.decompress(block)
```

已经找到头信息，准备好相应的解压程序。

所有数据已经处理完毕，向调用者返回最后剩下的数据块。

向调用者返回解压后的数据块。

readblocks_gz() 函数的大部分代码都用在了对 gzip 头信息进行分析上，但这是有必要的。对于像我们这里分析的日志文件来说，使用 gzip 压缩可以将存储空间减少至原来的 1/2 至 1/5，并且解压缩的速度也是相当快的。尽管很多新型的压缩算法可以提供更好的压缩效果（如 bzip2、lzma 或 xz，还有很多其他的）或者更快的压缩速度（如 lz4、lzop、snappy、QuickLZ，还有很多其他的），但是这些算法的应用范围都不及 gz 算法那么广泛，又或者没有像 gz 算法那样，提供能够在压缩比率和 CPU 使用比率之间进行取舍的选项。

6.7　小结

在这一章，我们学习了 6 个主要的主题，但如果仔细地观察这些主题的话，就会发现我们实际上解决了 9 个问题。本章尽可能地采用前面章节介绍过的想法和工具来构建更有用的工具，以此来强调“解决某个问题时用到的技术，同样可以用来解决其他问题”这个道理。

本章试图向读者传达的第一个概念是：尽管 WATCH 是一个内置、方便且有用的命令，但是使用 6.2 节中介绍的分布式锁可以让针对 Redis 的并发编程变得简单得多。通过锁住粒度更细的部件而不是整个数据库键，可以大大减少冲突出现的概率，而锁住各个相关的操作也有助于降低操作的复杂度。在这一章中，我们就看到了如何使用锁去简化 4.6 节介绍过的商品买卖市场以及 6.4.2 节介绍过的延迟任务队列，并对它们的性能进行提升。

本章试图向读者传达的第二个概念，读者应该铭记于心，并将其付诸实践的就是：只要多花点心思，就可以使用 Redis 构建出可重用的组件。比如在这一章中，我们就看到了如何在计数器信号量、延迟队列和具有多个接收者的消息传递系统中重用分布式锁，以及如何在使用 Redis 进行文件分发的时候，重用具有多个接收者的消息传递系统。

在接下来的一章中，我们将使用 Redis 来构建更高级的工具，并编写文档索引、基于分值进行索引和排序的搜索引擎等能够支援整个应用程序的代码，还会实现一个广告追踪系统和一个职位搜索系统。本书在后续章节中也会继续使用这些组件，因此请读者留心观察，并记住使用 Redis 来构建可重用的组件并不是一件难事。

第 7 章　基于搜索的应用程序

本章主要内容

- 使用 Redis 进行搜索
- 对搜索结果进行排序
- 实现广告定向
- 实现职位搜索

前面的几章介绍了多个不同的主题，并说明了如何使用 Redis 去解决各种不同的问题，以及一些使用 Redis 来解决问题的方法。除了前面已经提到过的问题之外，Redis 还特别适用于解决基于搜索的问题（search-based problem），这类问题通常需要使用集合以及有序集合的交集、并集和差集操作查找符合指定要求的元素。

这一章首先会介绍使用 Redis 集合进行内容搜索的相关概念，并在之后介绍如何根据不同的选项对搜索结果进行评分和排序。在讲解完基本的搜索知识之后，本章将在这些知识的基础上，说明如何使用 Redis 构建一个广告定向引擎（ad-targeting engine）。最后，本章将介绍如何实现一个职位搜索程序，让求职者可以根据自己拥有的技能来查找自己能够胜任的职位。

总的来说，本章介绍的内容旨在展示如何快速地搜索和过滤数据，并拓宽读者们对这些技术的理解，使得读者们可以将这些技术用于组织和搜索自己拥有的信息。我们首先要了解的是使用 Redis 进行搜索的方法。

7.1　使用 Redis 进行搜索

当用户在文本编辑器或者文字处理软件中搜索一个单词或者句子的时候，软件就会对文件进行扫描并寻找那个单词或者句子。如果读者曾经使用过 Linux、Unix 或者 OS X 的 `grep` 程序，或者曾经使用过 Windows 内置的文件搜索功能来查找包含特定单词或者句子的文件，那么应该就会注意到，被搜索文件的数量越多、体积越大，搜索花费的时间也会越长。

与在本地电脑上面进行的搜索不同，在 Web 上面搜索 Web 页面或者其他内容的速度总是非常快的，即使在文档的体积和数量都非常巨大的情况下，也是如此。在这一节中，我们将学习如何改变程序搜索数据的方式，并使用 Redis 来减少绝大部分基于单词或者关键字进行的内容搜索操作的执行时间。

为了给遇到问题的用户予以帮助，Fake Garage 创业公司建立了一个由疑难解答文章组成的知识库。最近几个月以来，随着知识库文章的数量和品种不断增多，使用数据库驱动的搜索程序也变得越来越慢。因为 Redis 具备构建内容搜索引擎所需的全部功能，所以我们决定使用 Redis 来构建一个新的搜索程序，从而提高对知识库文章的搜索速度。

我们首先要做的就是思考这样一个问题：比起一个单词接一个单词地扫描文档，如何才能以更快的速度对文档进行搜索？

7.1.1　基本搜索原理

为了获得比扫描文档更快的搜索速度，我们需要对文档进行预处理，这个预处理步骤通常被称为*建索引*（indexing），而我们要创建的结构则被称为*反向索引*（inverted indexes）。反向索引是互联网上绝大部分搜索引擎所使用的底层结构，它在搜索领域里面几乎无人不知。从很多方面来看，创建反向索引就像是在生成一些类似于书本末尾的索引那样的东西。我们选择使用 Redis 来创建反向索引的原因在于，Redis 自带的集合和有序集合[①]都非常适合于处理反向索引。

具体来说，反向索引会从每个被索引的文档里面提取出一些单词，并创建表格来记录每篇文章都包含了哪些单词。对于只包含标题《lord of the rings》的文档 docA 以及只包含标题《lord of the dance》的文档 docB，程序将在 Redis 里面为 lord 这个单词创建一个集合，并在集合里面包含 docA 和 docB 这两个文档的名字，以此来表示 docA 和 docB 这两个文档都包含了单词 lord。图 7-1 展示了程序为这两个文档创建的所有反向索引。

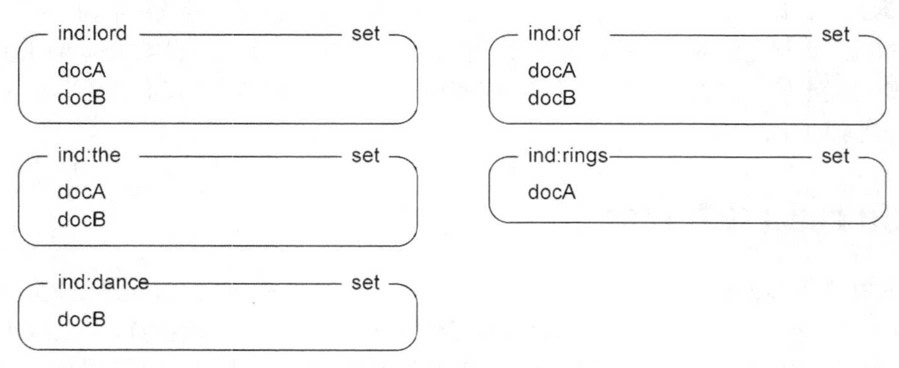

图 7-1　为 docA 和 docB 创建的反向索引

① 尽管关系数据库可以用精心组织的表以及唯一索引来模仿 Redis 的集合和有序集合，但使用 SQL 模仿集合和有序集合的交集运算、并集运算以及差集运算却不是一件容易的事情。

在知道了索引操作的最终执行结果就是产生一些Redis集合之后，我们接下来要了解的就是生成这些集合的具体方法。

1. 基本索引操作

为了给文档构建索引集合，程序首先需要对文档包含的单词进行处理。从文档里面提取单词的过程通常被称为语法分析（parsing）和标记化（tokenization），这个过程可以产生出一系列用于标识文档的标记（token），标记有时候又被称为单词（word）。

生成标记的方法有很多种。用于处理 Web 页面的方法，与处理关系数据库的行或者处理文档数据库的文档所使用的方法，可能会有所不同。为了让标记化过程保持简单，我们认定单词只能由英文字母和单引号(')组成，并且每个单词至少要有两个字符长。这一规则可以覆盖大部分英文单词，并忽略诸如 I 和 a 这样的单词。

标记化的一个常见的附加步骤，就是移除内容中的非用词（stop word）。非用词就是那些在文档中频繁出现但是却没有提供相应信息量的单词，对这些单词进行搜索将返回大量无用的结果。移除非用词不仅可以提高搜索性能，还可以减少索引的体积。图 7-2 展示了对示例文本进行标记化并移除非用词的过程。

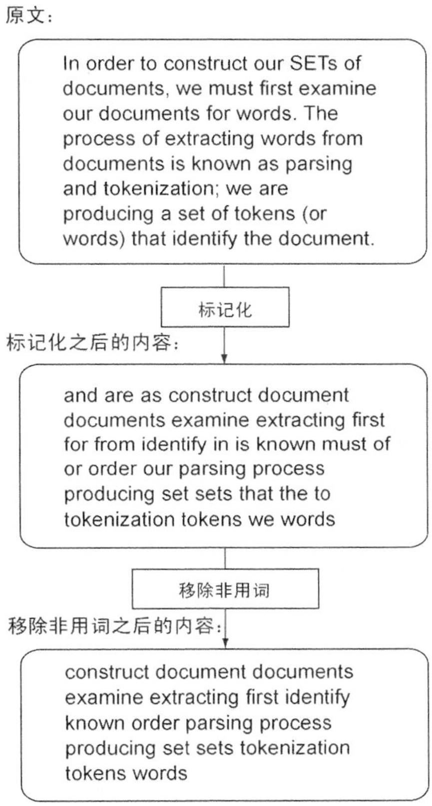

原文：

In order to construct our SETs of documents, we must first examine our documents for words. The process of extracting words from documents is known as parsing and tokenization; we are producing a set of tokens (or words) that identify the document.

标记化

标记化之后的内容：

and are as construct document documents examine extracting first for from identify in is known must of or order our parsing process producing set sets that the to tokenization tokens we words

移除非用词

移除非用词之后的内容：

construct document documents examine extracting first identify known order parsing process producing set sets tokenization tokens words

图 7-2 将本节的一部分原文标记化为多个单词，并移除其中的非用词

因为不同类型的文档都有各自的常用单词，而这些常用单词也许会对非用词产生影响，所以移除非用词的关键就是要找到合适的非用词清单。代码清单 7-1 展示了非用词清单，以及对文档进行标记化处理、移除非用词并创建索引的函数。

代码清单 7-1 对文档进行标记化处理并创建索引的函数

```
STOP_WORDS = set('''able about across after all almost also am among
an and any are as at be because been but by can cannot could dear did
do does either else ever every for from get got had has have he her
hers him his how however if in into is it its just least let like
likely may me might most must my neither no nor not of off often on
only or other our own rather said say says she should since so some
than that the their them then there these they this tis to too twas us
```

```
wants was we were what when where which while who whom why will with
would yet you your'''.split())

WORDS_RE = re.compile("[a-z']{2,}")

def tokenize(content):
    words = set()
    for match in WORDS_RE.finditer(content.lower()):
        word = match.group().strip("'")
        if len(word) >= 2:
            words.add(word)
    return words - STOP_WORDS

def index_document(conn, docid, content):
    words = tokenize(content)

    pipeline = conn.pipeline(True)
    for word in words:
        pipeline.sadd('idx:' + word, docid)
    return len(pipeline.execute())
```

预先定义好非用词。

根据定义提取单词的正则表达式。

将文档中包含的单词存储到 Python 集合里面。

遍历文档中包含的所有单词。

剔除所有位于单词前面或后面的单引号。

保留那些至少有两个字符长的单词。

返回一个集合，集合里面包含了所有被保留的、不是非用词的单词。

对内容进行标记化处理，并取得处理产生的单词。

将文档添加到正确的反向索引集合里面。

计算一下，程序为这个文档添加了多少个独一无二的、不是非用词的单词。

因为 of 和 the 都是非用词，所以在使用代码清单 7-1 展示的标记化函数和索引函数去处理之前提到的 docA 和 docB 的时候，程序将为单词 lord、rings 和 dance 创建相应的集合，而不是为单词 lord、of、the、rings 和 dance 都创建集合。

从索引里面移除文档　如果被索引文档的内容可能会随着时间而出现变化，那么就需要有一个功能来自动删除文档已有的索引并重新建立索引，或者智能地为文档删除无效的索引并添加新索引。实现这个功能的一个比较简单的方法，就是使用 JSON 编码的列表把文档已经建立了索引的单词记录起来，并通过 SET 命令将这个列表存储到一个键里面，最后再在 index_document() 函数的开头添加一些删除不必要索引的代码。

既然我们已经掌握了为知识库文档生成反向索引的方法，那么接下来是时候学习如何搜索这些文档了。

2．基本搜索操作

在索引里面查找一个单词是非常容易的，程序只需要获取单词集合里面的所有文档就可以了。但是要根据两个或多个单词查找文档的话，程序就需要把给定单词集合里面的所有文档都找出来，然后再从中找到那些在所有单词集合里面都出现了的文档。第 3 章中曾经介绍过如何使用 Redis 的 SINTER 命令和 SINTERSTORE 命令来找出那些同时存在于所有给定集合的元素，而这一次，我们同样可以使用这两个命令来找出那些包含了所有给定单词的文档。

使用交集操作处理反向索引的好处不在于能够找到多少文档，甚至不在于能够多快地找出结果，而在于能够彻底地忽略无关的信息。在以文本编辑器的方式对文本进行搜索的时候，很多无用的数据都会被仔细检查，但是因为反向索引已经知道了每篇文档包含的单词，所以程序只需要对文档进行过滤，找出那些包含了所有给定单词的文档就可以了。

用户有些时候可能会想要使用多个具有相同意思的单词进行搜索，并把它们看作是同一个单词，我们把这样的单词称为同义词。为了处理这种情况，程序可以取出同义词对应的全部文档集合，并从中找出所有独一无二的文档，或者直接使用 Redis 内置的 SUNION 命令或者 SUNIONSTORE 命令。

除此之外，用户可能偶尔也想要搜索那些包含了某些特定单词或者句子，但是并不包含另外一些单词或句子的文档，使用 Redis 的 SDIFF 和 SDIFFSTORE 这两个集合命令可以做到这一点。

通过使用 Redis 的集合操作以及一些辅助代码，程序可以对文档执行各种复杂的单词查询操作。代码清单 7-2 展示了一组辅助函数，它们可以对给定单词对应的集合执行交集计算、并集计算和差集计算，并将计算结果存储到一个默认过期时间为 30 秒的临时集合里面。

代码清单 7-2 对集合进行交集计算、并集计算和差集计算的辅助函数

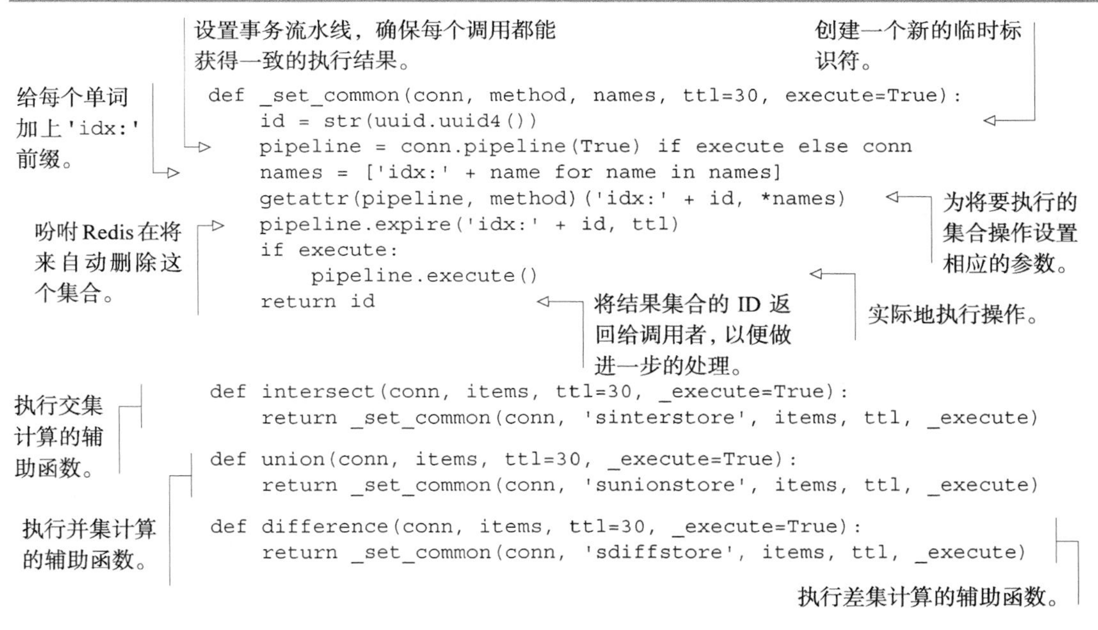


```
def _set_common(conn, method, names, ttl=30, execute=True):
    id = str(uuid.uuid4())
    pipeline = conn.pipeline(True) if execute else conn
    names = ['idx:' + name for name in names]
    getattr(pipeline, method)('idx:' + id, *names)
    pipeline.expire('idx:' + id, ttl)
    if execute:
        pipeline.execute()
    return id

def intersect(conn, items, ttl=30, _execute=True):
    return _set_common(conn, 'sinterstore', items, ttl, _execute)

def union(conn, items, ttl=30, _execute=True):
    return _set_common(conn, 'sunionstore', items, ttl, _execute)

def difference(conn, items, ttl=30, _execute=True):
    return _set_common(conn, 'sdiffstore', items, ttl, _execute)
```

函数 intersect()、union()和 difference()都会调用同一个辅助函数来完成实际的工作，因为它们要做的事情本质上是一样的：准备好相关的数据库键，执行正确的集合命令，更新过期时间并返回新集合的 ID。图 7-3 以文氏图的方式形象地展示了 3 个不同的集合命令 SINTER、SUNION 和 SDIFF 的执行过程。

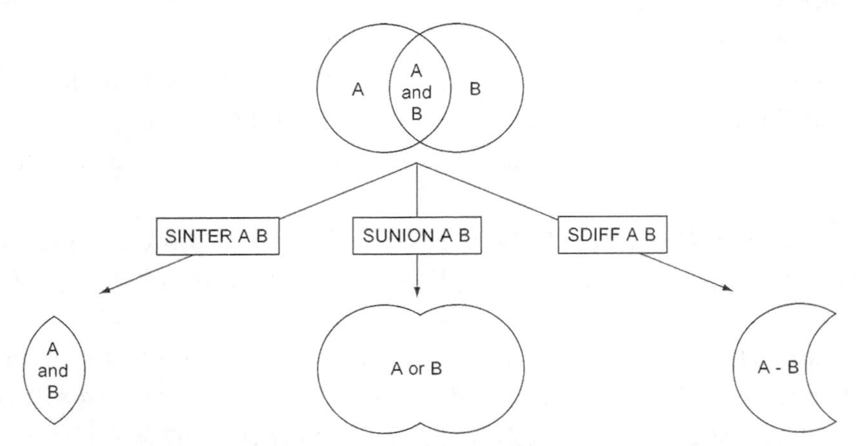

图 7-3　在文氏图上进行交集计算、并集计算和差集计算的样子

以上就是实现一个搜索引擎所需的全部代码，我们接下来要考虑的是如何对用户给定的搜索查询语句进行语法分析。

3. 分析并执行搜索

到目前为止，我们已经具备了建立索引和进行搜索所需的绝大部分工具，包括标记化函数、索引函数以及基本的交集计算函数、并集计算函数和差集计算函数，唯一缺少的就是一个将文本查询语句转换成搜索操作的函数。为此，我们将实现一个搜索函数，它可以查找那些包含了所有给定单词的文档，并允许我们指定同义词以及不需要的单词。

最基本的搜索旨在找出那些包含了所有给定单词的文档。如果用户只是单纯地给出了一些单词，那么搜索程序只需要直接执行一个 `intersect()` 调用就可以了。如果用户在某个单词的前面加上了一个减号（-），那么就表示用户不希望包含这个单词的文档出现在搜索结果里面，搜索程序就需要使用 `difference()` 移除相应的文档。如果用户在某个单词的前面加上了一个加号（+），那么就表示这个单词是前一个单词的同义词，搜索程序首先会收集各个同义词组并对它们执行 `union()` 操作，然后再执行高层次的 `intersect()` 调用（如果带+号的单词前面有带-号的单词，那么程序会略过那些带-号的单词，并把最先遇到的不带-号的单词看作是同义词）。

根据以上介绍的区分同义词和不需要单词的规则，代码清单 7-3 展示了一段代码，它可以将用户输入的查询语句解释为一个 Python 列表，这个列表里面记录了哪些单词是同义词，哪些单词是不需要的单词。

代码清单 7-3 搜索查询语句的语法分析函数

```
QUERY_RE = re.compile("[+-]?[a-z']{2,}")        # 用于查找需要的单词、不需要的单词以及同义词的正则表达式。

def parse(query):
    unwanted = set()        # 这个集合将用于存储不需要的单词。
    all = []                # 这个列表将用于存储需要执行交集计算的单词。
    current = set()         # 这个集合将用于存储目前已发现的同义词。
    for match in QUERY_RE.finditer(query.lower()):   # 遍历搜索查询语句中的所有单词。
        word = match.group()
        prefix = word[:1]
        if prefix in '+-':
            word = word[1:]
        else:
            prefix = None   # 检查单词是否带有加号前缀或者减号前缀，如果有的话。

        word = word.strip("'")
        if len(word) < 2 or word in STOP_WORDS:
            continue        # 剔除所有位于单词前面或者后面的单引号，并略过所有非用词。

        if prefix == '-':
            unwanted.add(word)
            continue        # 如果这是一个不需要的单词，那么将它添加到存储不需要单词的集合里面。

        if current and not prefix:
            all.append(list(current))
            current = set() # 如果在同义词集合非空的情况下，遇到了一个不带+号前缀的单词，那么创建一个新的同义词集合。
        current.add(word)   # 将正在处理的单词添加到同义词集合里面。

    if current:
        all.append(list(current))   # 把所有剩余的单词都放到最后的交集计算里面进行处理。

    return all, list(unwanted)
```

为了对这个语法分析函数进行测试，我们需要使用它在知识库里面搜索一些与连接聊天室有关的问题。我们想要找的是一些包含 connect、connection、disconnect 或 disconnection 以及 chat 等一系列单词的文章。此外，因为我们没有使用代理，所以我们希望能够跳过那些带有 proxy 或 proxies 单词的文档。以下交互示例展示了这一查询的执行过程（为了方便阅读，对代码进行了分组格式化）：

```
>>> parse('''
connect +connection +disconnect +disconnection
chat
-proxy -proxies''')
([['disconnection', 'connection', 'disconnect', 'connect'], ['chat']],
['proxies', 'proxy'])
>>>
```

从执行结果可以看到，函数正确地为 connect 和 disconnect 提取出了同义词，并将 chat 单独划分为一个单词，另外还找出了不需要的单词 proxy 和 proxies。除非是为了进行调试，否则这些分析结果一般都不会被传递到其他地方——因为 parse_and_search() 函数会在内部直接调用 parse() 函数，并根据需要使用 union() 函数对各个同义词列表进行并集计算，使用

intersect()函数对最终挑选出的单词列表进行交集计算，以及使用difference()函数移除那些不需要的单词。代码清单 7-4 展示了parse_and_search()函数的完整代码。

代码清单 7-4 用于分析查询语句并搜索文档的函数

```
def parse_and_search(conn, query, ttl=30):
    all, unwanted = parse(query)                     # 对查询语句进行语法分析。
    if not all:                                      # 如果查询语句只包含非用词，那么这次搜索将没有任何结果。
        return None

    to_intersect = []
    for syn in all:                                  # 遍历各个同义词列表。
        if len(syn) > 1:                             # 如果同义词列表包含的单词不止一个，那么执行并集计算。
            to_intersect.append(union(conn, syn, ttl=ttl))
        else:                                        # 如果同义词列表只包含一个单词，那么直接使用这个单词。
            to_intersect.append(syn[0])

    if len(to_intersect) > 1:                        # 如果单词（或者并集计算的结果）不止一个，那么执行交集计算。
        intersect_result = intersect(conn, to_intersect, ttl=ttl)
    else:                                            # 如果单词（或者并集计算的结果）只有一个，那么将它用作交集计算的结果。
        intersect_result = to_intersect[0]

    if unwanted:                                     # 如果用户给定了不需要的单词，那么从交集计算结果里面移除包含这些单词的文档，然后返回搜索结果。
        unwanted.insert(0, intersect_result)
        return difference(conn, unwanted, ttl=ttl)

    return intersect_result                          # 如果用户没有给定不需要的单词，那么直接返回交集计算的结果作为搜索的结果。
```

和之前介绍的集合计算辅助函数一样，parse_and_search()函数也会返回一个集合 ID 作为执行结果，这个 ID 对应的集合里面包含了与用户给定的搜索参数相匹配的文档。现在，Fake Garage 创业公司只要使用之前介绍过的index_document()函数为他们的所有文档创建索引，就可以使用parse_and_search()函数对那些文档进行搜索了。

虽然我们现在拥有了一个能够根据给定条件搜索文档的程序，但是随着文档数量变得越来越大，能够让搜索结果根据特定的顺序进行排序将变得非常重要。为了做到这一点，我们需要学习如何对搜索结果进行排序。

7.1.2 对搜索结果进行排序

虽然我们已经可以根据给定的单词对索引内的文档进行搜索，但这只是我们检索所需信息的第一步。搜索程序在取得多个文档之后，通常还需要根据每个文档的重要性对它们进行排序——搜索领域把这一问题称为关联度计算问题，而判断一个文档是否比另一个文档具有更高关联度的其中一种方法，就是看哪个文档的更新时间最接近当前时间。接下来我们将学习如何在搜索结果中引入对关联度的支持。

本书在第 3 章中曾经介绍过，Redis 的 SORT 命令可以对列表或者集合存储的内容进行排序，甚至还可以引用外部数据。Fake Garage 创业公司的知识库把每篇文章的相关信息都存储在散列里面，这些信息包括文章的标题、文章创建时的时间戳、文章最后一次更新时的时间戳以及文档ID。图 7-4 展示了一个存储着文档信息的散列示例。

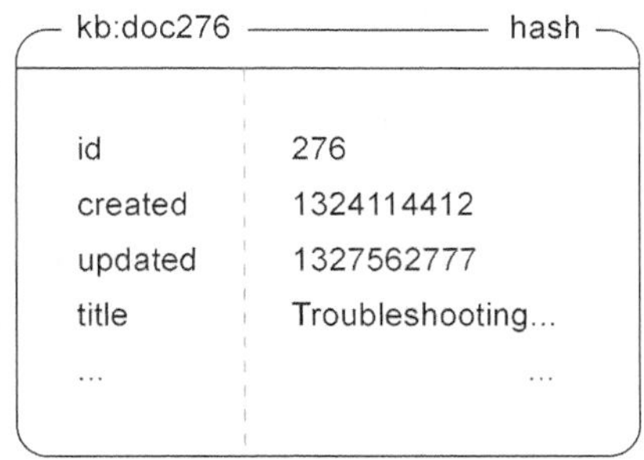

图 7-4 使用散列存储文档信息的示例

对于图 7-4 这种存储在散列里面的文档，使用 SORT 命令可以根据文档的不同属性对文档进行排序。虽然前面介绍的 parse_and_search() 函数会为搜索结果设置较短的过期时间，使得搜索结果在使用完毕之后能够尽快被删掉，但是对于排序之后的搜索结果，我们可以多保存它们一会儿，以便在有需要的时候对它们进行重新排序或者执行分页操作。代码清单 7-5 展示了一个整合了结果缓存功能以及重新排序功能的搜索函数。

代码清单 7-5 分析查询语句然后进行搜索，并对搜索结果进行排序的函数

```
def search_and_sort(conn, query, id=None, ttl=300, sort="-updated",
                    start=0, num=20):
    desc = sort.startswith('-')
    sort = sort.lstrip('-')
    by = "kb:doc:*->" + sort
    alpha = sort not in ('updated', 'id', 'created')

    if id and not conn.expire(id, ttl):
        id = None

    if not id:
        id = parse_and_search(conn, query, ttl=ttl)

    pipeline = conn.pipeline(True)
    pipeline.scard('idx:' + id)
    pipeline.sort('idx:' + id, by=by, alpha=alpha,
        desc=desc, start=start, num=num)
    results = pipeline.execute()

    return results[0], results[1], id
```

- 用户可以通过可选的参数来传入已有的搜索结果、指定搜索结果的排序方式，并对结果进行分页。
- 决定基于文档的哪个属性进行排序，以及是进行升序排序还是降序排序。
- 告知 Redis，排序是以数值方式进行还是字母方式进行。
- 如果用户给定了已有的搜索结果，并且这个结果仍然存在的话，那么延长它的生存时间。
- 如果用户没有给定已有的搜索结果，或者给定的搜索结果已经过期，那么执行一次新的搜索操作。
- 获取结果集合的元素数量。
- 根据指定属性对结果进行排序，并且只获取用户指定的那一部分结果。
- 返回搜索结果包含的元素数量、搜索结果本身以及搜索结果的 ID，其中搜索结果的 ID 可以用于在之后再次获取本次搜索的结果。

search_and_sort() 函数除了可以搜索文档并对结果进行排序之外，还允许用户通过更新 start 参数和 num 参数对搜索结果进行分页；通过 sort 参数改变排序依据的属性，从而改变结果的排列顺序；通过修改 ttl 参数改变结果的缓存时间；以及通过 id 参数引用已有的搜索结果，从而节约计算时间。

尽管这些搜索函数还不足以让我们创建一个媲美 Google 的搜索引擎，但笔者当初就是因为被这个问题以及它的解决方法所吸引，才开始使用 Redis 的。SORT 命令的一些限制使得我们需要使用有序集合才能实现形式更为复杂的文档搜索操作，其中包括基于多个分值进行的复合排序操作，具体的信息将在接下来的一节介绍。

7.2 有序索引

上一节主要讨论了如何使用 Redis 实现搜索功能，并通过引用存储在散列里面的数据对搜索结果进行排序。这种排序方法非常适合在元素的排列顺序（sort order）可以用字符串或者数字表示的情况下使用，但它并不能处理元素的排列顺序由几个不同分值组合而成的情况。本节将展示如何使用集合以及有序集合实现基于多个分值的复合排序操作，它能够提供比 SORT 命令更高的灵活性。

稍早之前，在使用 SORT 命令从散列里面获取排序所需数据的时候，散列的作用与关系数据库里面的行非常相似。如果我们把文章的更新时间存储到有序集合里面，然后通过 ZINTERSTORE 命令以及它的 MAX 聚合函数，对存储了文章搜索结果的集合以及存储了文章更新时间的有序集合执行交集计算，那么就可以根据文章的更新时间对搜索结果内的所有文章进行排序。

7.2.1 使用有序集合对搜索结果进行排序

正如第 1 章和第 3 章所见，Redis 允许用户将集合作为参数传入 ZINTERSTORE 和 ZUNIONSTORE 等有序集合命令里面，并把集合成员的分值看作是 1 来进行计算。本节暂时还不需要考虑如何处理集合的分值，但稍后的内容将对这方面做进一步的说明。

本节将介绍如何使用集合和有序集合来实现复合的搜索和排序操作。通过阅读本节，读者可以知道如何在搜索文档的同时，综合多个分值对文档进行排序，以及这样做的原因是什么。

在对文档进行搜索并得出结果集合之后，程序可以使用 SORT 命令对结果集合进行排序，但这也意味着程序每次只能基于单一的标准对结果进行排序，尽管能够方便地基于单一的标准进行排序正是我们当初使用索引进行排序的原因之一。

假设 Fake Garage 创业公司想要给知识库里面的文章添加投票特性，让用户能够标示出有用的文章，那么一个合乎情理的做法就是将投票计数结果存储到记录文章信息的散列里面，然后像之前一样使用 SORT 命令来排序文章。但如果用户还想要同时基于文章的更新时间以及文章的投票数量进行排序，那么这种做法就不太可行了。尽管我们可以像第 1 章那样，预先定义好每次投票需要给文章的评分增加多少分，但是在缺少足够的信息来判断这个增量是否合理的情况下，在早期贸然地指定一个增量，必然会导致程序在找到正确的增量之后需要重新计算文章的评分。

为了解决这个问题，我们将使用两个有序集合来分别记录文章的更新时间以及文章获得的投票数量。这两个有序集合的成员都是知识库文章的 ID，而成员的分值则分别为文章的更新时间以及文章获得的投票数量。代码清单 7-6 展示了 search_and_zsort() 函数的定义，这个函数是 search_and_sort() 函数的更新版本，两个函数接受的参数非常相似，不同之处在于 search_and_zsort() 函数可以只基于更新时间、只基于投票数量或者同时基于以上两者对搜索结果进行排序。

代码清单 7-6 更新之后的函数可以进行搜索并同时基于投票数量和更新时间进行排序

```
def search_and_zsort(conn, query, id=None, ttl=300, update=1, vote=0,
                     start=0, num=20, desc=True):

    if id and not conn.expire(id, ttl):
        id = None

    if not id:
        id = parse_and_search(conn, query, ttl=ttl)

        scored_search = {
            id: 0,
            'sort:update': update,
            'sort:votes': vote
        }
        id = zintersect(conn, scored_search, ttl)

    pipeline = conn.pipeline(True)
    pipeline.zcard('idx:' + id)
    if desc:
        pipeline.zrevrange('idx:' + id, start, start + num - 1)
    else:
        pipeline.zrange('idx:' + id, start, start + num - 1)
    results = pipeline.execute()

    return results[0], results[1], id
```

和之前一样，函数接受一个已有搜索结果的 ID 作为可选参数，以便在结果仍然可用的情况下，对其进行分页。

尝试刷新已有搜索结果的生存时间。

如果传入的结果已经过期，或者这是函数第一次进行搜索，那么执行标准的集合搜索操作。

函数在计算交集的时候也会用到传入的 ID 键，但这个键不会被用作排序权重（weight）。

对文章评分进行调整以平衡更新时间和投票数量。根据待排序数据的需要，投票数量可以被调整为 1、10、100，甚至更高。

使用代码清单 7-7 定义的辅助函数执行交集计算。

获取结果有序集合的大小。

从搜索结果里面取出一页（page）。

返回搜索结果，以及分页用的 ID 值。

search_and_zsort()函数的工作方式和之前介绍的 search_and_sort()函数非常相似，它们之间的主要区别在于使用了不同的方式去对搜索结果进行排序：search_and_sort()函数通过调用 SORT 命令进行排序；而 search_and_zsort()函数则通过调用 ZINTERSTORE 命令，基于搜索结果集合、更新时间有序集合以及投票数量有序集合这三者进行排序。

search_and_zsort()函数使用了辅助函数 zintersect()和 zunion()来执行创建临时 ID、执行 ZINTERSTORE/ZUNIONSTOR 调用、为结果有序集合设置过期时间等操作，代码清单 7-7 展示了这两个辅助函数的定义。

代码清单 7-7 负责对有序集合执行交集计算和并集计算的辅助函数

```
def _zset_common(conn, method, scores, ttl=30, **kw):
    id = str(uuid.uuid4())
    execute = kw.pop('_execute', True)
    pipeline = conn.pipeline(True) if execute else conn
    for key in scores.keys():
        scores['idx:' + key] = scores.pop(key)
```

创建一个新的临时标识符。

调用者可以通过传递参数来决定是否使用事务流水线。

设置事务流水线，保证每个单独的调用都有一致的结果。

为输入的键添加'idx:'前缀。

```
        getattr(pipeline, method)('idx:' + id, scores, **kw)
        pipeline.expire('idx:' + id, ttl)
        if execute:
            pipeline.execute()
        return id

    def zintersect(conn, items, ttl=30, **kw):
        return _zset_common(conn, 'zinterstore', dict(items), ttl, **kw)

    def zunion(conn, items, ttl=30, **kw):
        return _zset_common(conn, 'zunionstore', dict(items), ttl, **kw)
```

为将要被执行的操作设置好相应的参数。

为计算结果有序集合设置过期时间。

如果调用者没有显式指示要延迟执行这个操作，那么实际地执行这个操作。

将计算结果的 ID 返回给调用者，以便做进一步的处理。

对有序集合执行交集计算的辅助函数。

对有序集合执行并集计算的辅助函数。

上面展示的辅助函数和之前在代码清单 7-2 里介绍过的集合辅助函数很相似，新函数的主要变化在于它们可以接受一个字典参数，并通过这个字典来指定排序时使用的多个分值，所以函数需要为每个输入的键正确地添加前缀。

练习：更新文章投票功能

本节使用了有序集合来存储文章的更新时间以及投票数量。本书的 1.3 节在构建文章投票网站的时候也使用了有序集合，不过那时是为了实现文章群组功能，而不是文章搜索功能。请修改 1.3 节中的 article_vote()、post_articles()、get_articles() 以及 get_group_articles() 函数，让它们使用本节介绍的新方法重新实现文章投票功能，从而使得我们可以随时调整每次投票时文章评分的增量。

本节讨论了如何组合使用集合和有序集合，并基于投票数量和更新时间计算出一个简单的复合值（composite value）。尽管本节展示的程序只使用了两个有序集合来计算复合值，但随着问题的不同，计算时涉及的有序集合数量也会有所增加或者减少。

在尝试使用更具灵活性的有序集合来完全代替 SORT 命令和散列的时候，我们很快就会受到“有序集合的分值只能是浮点数”这一规则的限制，为了解决这个问题，我们需要学会如何把非数值数据转换为数字。

7.2.2　使用有序集合实现非数值排序

常见的字符串比较操作都会一个字符接一个字符地对两个字符串进行检查，直到发现一个不相等的字符，或者发现其中一个字符串比另一个字符串更短，又或者确认两个字符串相等为止。为了给存储在 Redis 里面的字符串数据提供类似的功能，我们需要把字符串转换为数字。本节将介绍把字符串转换为数字的方法，并将这些数字存储到 Redis 的有序集合里面，从而实现基于字符串前缀的排序功能。通过阅读本节，读者可以了解到如何使用字符串对存储在有序集合里面的搜索结果进行排序。

将字符串转换为数字首先要做的就是了解这种转换的局限性。因为在 Redis 里面，有序集合的分值是以 IEEE 754 双精度浮点数格式存储的，所以转换操作最大只能使用 64 个二进制位，并且由于浮点数格式的某些细节，转换操作并不能使用全部 64 个二进制位。使用 63 个以上的二进制位从技术上来说是可行的，但带来的效果并不比只使用 63 个二进制位要好多少，为了简单起见，本节展示的例子只使用了 48 个二进制位，这使得我们的程序只能基于数据的前 6 个字节进行前缀排序，但是一般来说这种程度的前缀排序已经足够了。

代码清单 7-8 展示了将字符串转换为分值的具体代码。为了将字符串转换为整数，程序首先需要把长度超过 6 个字符的字符串截断为 6 个字符长，或者把长度不足 6 个字符的字符串扩展至 6 个字符长，接着把字符串的每个字符都转换成 ASCII 值，最后将这些 ASCII 值合并为一个整数。

代码清单 7-8 将字符串转换为数字分值的函数

```
def string_to_score(string, ignore_case=False):
    if ignore_case:
        string = string.lower()

    pieces = map(ord, string[:6])
    while len(pieces) < 6:
        pieces.append(-1)

    score = 0
    for piece in pieces:
        score = score * 257 + piece + 1

    return score * 2 + (len(string) > 6)
```

用户可以通过参数来决定是否以大小写无关的方式建立前缀索引。

将字符串的前6个字符转换为相应的数字值，比如把空字节转换为0、制表符（tab）转换为9、大写A转换为65，诸如此类。

为长度不足 6 个字符的字符串添加占位符，以此来表示这是一个短字符串。

对字符串进行转换得出的每个值都会被计算到分值里面，并且程序会以不同的方式处理空字节和占位符。

通过多使用一个二进制位，程序可以表明字符串是否正好为 6 个字符长，这样它就可以正确地区分出“robber”和“robbers”，尽管这对于区分“robbers”和“robbery”并无帮助。

`string_to_score()` 函数的大部分代码都很简单易懂，只有两个地方需要做进一步的解释：一是程序在字符串长度不足 6 个字符时，会把-1 追加到字符串的末尾；二是程序在将每个字符的 ASCII 值添加到分值之前，都会先将当前分值乘以 257。对于很多应用程序来说，能否正确地区分 `hello\\0` 和 `hello` 可能是一件相当重要的事情，为此，程序会给所有 ASCII 值加上 1（这将使得空字节的 ASCII 值变为 1，以此类推），并使用 0（−1+1）作为短字符串的填充值。此外，为了处理那些前 6 个字符内容相同的字符串，程序还额外使用了一个二进制位来标示字符串的长度是否超过 6 个字符[①]。

通过将字符串映射为分值，程序现在能够对字符串的前 6 个字符进行前缀对比操作。这种做法对于非数值数据来说基本上是合理的，因为这既不需要进行大量数值计算，也不必考虑 Python

① 如果程序不需要区分 `hello\\0` 和 `hello`，那么它就不需要使用填充值。在这种情况下，程序只需要把乘数从 257 改为 256，就可以达到对所有 ASCII 值进行加 1 的调整效果。在使用填充值的时候，程序实际上使用了额外的 0.0337 个二进制位来区分短字符以及包含空字节的字符串，再加上用于标示字符串长度是否超过 6 个字符的那一个二进制位，程序实际上总共需要使用 49.0337 个二进制位来存储以上两个字符串。

语言之外的其他函数库在传输大整数的时候是否会把整数转换为双精度浮点数。

因为基于字符串生成的分值除了定义排列顺序之外并不具有实际的意义，所以它们通常只会用于单独进行排序，而不会与其他分值一起进行组合排序。

既然我们已经知道了如何基于数值或者字符串进行排序，也知道了如何通过权重来调整和组合数值数据，那么接下来是时候了解一下如何使用 Redis 的集合和有序集合来实现广告定向操作了。

练习：通过将字符串转换为分值来实现自动补全

6.1.2 节中使用了分值为 0 的有序集合来实现针对用户名的前缀匹配操作。为了能够正确地获取范围元素，客户端需要向有序集合添加额外的元素，并使用 6.2 节中介绍的锁或者由 `WATCH`、`MULTI` 和 `EXEC` 组成的事务。但是，如果程序在添加用户名的时候，使用 `string_to_score()` 函数把用户名转换为分值，那么客户端在进行范围查找的时候，只要把执行范围查找所需的起始元素和结束元素也转换为分值，那么就可以在无须使用事务或者锁的情况下，直接调用 `ZRANGEBYSCORE` 命令来查找长度不超过 6 个字符的前缀。请根据这一原理对 `find_prefix_range()` 函数和 `autocomplete_on_prefix()` 函数进行修改，让它们使用 `ZRANGEBYSCORE` 命令来执行范围获取操作。

练习：对更长的字符串进行自动补全

本节和前一个练习所使用的方法可以将任意二进制字符串转换为分值，但这种方法只能处理 6 个字符长的前缀。通过减少输入字符串中可用字符的数量，程序可以不必再为每个输入字符都使用全部 8 个二进制位。请想个办法，在只需要对小写字母进行自动补全的情况下，让程序可以对长度在 6 个字符以上的前缀进行自动补全。

7.3 广告定向

互联网的无数网站上，都充斥着各种文字、短语、图像或者视频形式的广告，这些广告是搜索网站、景点信息网站、甚至词典网站的拥有者创造收入的一种方式。

本节将介绍使用集合和有序集合实现广告定向引擎（ad-targeting engine）的方法。通过阅读本节，读者可以了解到使用 Redis 构建广告服务平台的基本知识。尽管构建广告定向引擎并非一定要用到 Redis，但使用 Redis 构建广告定向引擎是搭建广告网络最快捷方便的方法之一。

如果读者是按顺序阅读本书的，那么应该已经看过了一些问题和解决方案，而这些问题和解决方案几乎都是规模更大的项目或者问题的简化版本。和之前不同的是，本节介绍的内容不会进行任何简化：我们将基于笔者构建并且已经运行在生产环境上好几个月的一款软件，构建出一个几乎完整的广告服务平台（ad-serving platform），和真实的生产环境相比，这个系统缺少的仅仅就是 Web 服务器、要投放的广告以及用户流量。

在开始构建广告服务器之前，让我们先来了解一下什么是广告服务器，以及它的用途是什么。

7.3.1 什么是广告服务器

本书所说的广告服务器，是指一种小而复杂的技术。每当用户访问一个带有广告的 Web 页面时，Web 服务器和用户的 Web 浏览器都会向远程服务器发送请求以获取广告，广告服务器会接收各种各样的信息，并根据这些信息找出能够通过点击、浏览或动作（具体的信息稍后就会介绍）获得最大经济收益的广告。

广告服务器需要接受一系列定向参数以便挑选出具体的广告，这些参数至少需要包含浏览者的基本位置信息（这些信息通常来源于 IP 地址，偶尔也会来源于浏览者手机或电脑上的 GPS 信息）、浏览者使用的操作系统以及 Web 浏览器、可能还有浏览者正在浏览的页面的内容，甚至浏览者在当前网站上最近浏览过的一些页面。

本节将致力于构建一个广告定向平台，它只需要少量关于浏览者位置以及被浏览页面内容的基本信息。等到我们弄明白如何基于这些信息选择适当的广告之后，就可以考虑给这个平台加上更多定向参数了。

> **广告预算** 在典型的定向广告平台上面，每个广告通常都会带有一个随着时间减少的预算。本节不会介绍计算广告预算或者进行广告记账的方法，对这方面有兴趣的读者可以自己想办法实现这两个功能。一般来说，广告预算应该被分配到不同的时间上面，笔者发现的一种实用且有效的方法，就是基于小时数对广告的总预算进行划分，并在同一小时的不同时间段把预算分配给不同的广告。

要向用户展示广告，首先要做的就是把广告放到广告平台里面，接下来的一节将会介绍完成这一工作的具体方法。

7.3.2 对广告进行索引

针对广告的索引操作和针对其他内容的索引操作并没有太大的不同。广告索引操作的特别之处在于它返回的不是一组广告或者一组搜索结果，而是单个广告；并且被索引的广告通常都拥有像位置、年龄或性别这类必需的定向参数。

正如之前所说，本节要实现的广告定向平台只会基于位置和内容进行定向，所以接下来要介绍的也是基于位置和内容对广告进行索引的方法。在了解了如何基于位置和内容进行索引以及定向之后，要基于年龄、性别或者用户最近的行为进行索引以及定向就会变得简单得多，因为这些操作基本上都是相似的。

在讨论如何对广告进行索引之前，我们首先需要确定如何以一致的方式评估广告的价格。

1. 计算广告的价格

Web 页面上展示的广告主要有 3 种类型：按展示次数计费（cost per view）、按点击次数计费（cost per click）和按动作执行次数计费（cost per action）。按动作执行次数计费又称按购买次数计费（cost per acquisition）。按展示次数计费的广告又称 CPM 广告或按千次计费（cost per mille）广告，这种广告每展示 1000 次就需要收取固定的费用。按点击计费的广告又称 CPC 广告，这种广告根据被点击的次数收取固定的费用。按动作执行次数计费的广告又称 CPA 广告，这种广告根据用户在广告的目的地网站上执行的动作收取不同的费用。

2. 让广告的价格保持一致

为了尽可能地简化广告价格的计算方式，程序将对所有类型的广告进行转换，使得它们的价格可以基于每千次展示进行计算，产生出一个估算 CPM（estimated CPM），简称 eCPM。对于 CPM 广告来说，因为这种广告已经给出了 CPM 价格，所以程序只要直接把它的 CPM 用作 eCPM 就可以了。至于 CPC 广告和 CPA 广告，程序则需要根据相应的规则为它们计算出 eCPM。

3. 计算 CPC 广告的 eCPM

对于 CPC 广告，程序只要将广告的每次点击价格乘以广告的点击通过率（click-through rate，CTR），然后再乘以 1000，得出的结果就是广告的 eCPM（其中点击通过率可以用广告被点击的次数除以广告展示的次数计算得出）。举个例子，如果广告的每次点击价格为 0.25 美元，通过率为 0.2%（也就是 0.002），那么广告的 eCPM 为 $0.25 \times 0.002 \times 1000 = 0.5$ 美元。

4. 计算 CPA 广告的 eCPM

CPA 广告计算 eCPM 的方法和 CPC 广告计算 eCPM 的方法在某种程度上是相似的。程序只需要将广告的点击通过率、用户在广告投放者的目标页面上执行动作的概率、被执行动作的价格这三者相乘起来，然后再乘以 1000，得出的结果就是广告的 eCPM。举个例子，如果广告的点击通过率为 0.2%，用户执行动作的概率为 10%（也就是 0.1），而广告的 CPA 为 3 美元，那么广告的 eCPM 为 $0.002 \times 0.1 \times 3 \times 1000 = 0.60$ 美元。

代码清单 7-9 展示了为 CPC 广告和 CPA 广告计算 eCPM 的辅助函数。

代码清单 7-9 根据广告的 CPC 信息和 CPA 信息计算广告 eCPM 的函数

```
def cpc_to_ecpm(views, clicks, cpc):
    return 1000. * cpc * clicks / views

def cpa_to_ecpm(views, actions, cpa):
    return 1000. * cpa * actions / views
```

因为点击通过率是由点击次数除以展示次数计算出来的，而动作的执行概率则是由动作执行次数除以点击次数计算出来的，所以这两个概率相乘的结果等于动作执行次数除以展示次数。

代码清单 7-9 展示的两个辅助函数都直接使用点击次数、展示次数和动作执行次数作为参数，而不是使用已经计算好的点击通过率，这使得我们可以将这些值直接存储到记账系统（accounting system）里面，并且只在有需要的时候才计算 eCPM。另一个值得注意的地方是函数为 CPC 广告计算 eCPM 的方法和为 CPA 广告计算 eCPM 的方法基本相同，它们的主要区别在于：大多数广告的动作执行次数都会明显少于点击次数，但每个动作的价格通常比每次点击的价格要高不少。

在了解了如何计算广告的基本价格之后，让我们接着学习如何对广告进行索引，从而为实现广告定向操作做好准备。

5. 将广告插入索引

对广告进行定向需要用到一组定向参数，其中既有可选的参数，也有必需的参数。为了正确地进行广告定向，广告的索引必须考虑定向的需求。本节要实现的定向广告系统接受两个定向选项：位置和内容。其中位置选项（包括城市、州和国家）是必需的，而广告与页面内容之间的任何匹配单词则是可选的，并且只作为广告的附加值存在[①]。

本节将重用 7.1 节和 7.2 节中定义的搜索函数，但这次使用的索引选项和之前使用的索引选项稍微有些不一样。本节也假设读者已经遵照本书在第 4 章提出的建议，按需将不同类型的服务划分到了不同的机器或数据库上面，从而确保广告定向索引不会意外地覆盖了其他内容的索引。

和 7.1 节一样，广告定向系统也会使用由集合和有序集合构成的反向索引来存储广告 ID。必需的位置定向参数会被存储到集合里面，并且这些位置参数不会提供任何附加值。本节稍后在介绍用户行为学习方法的时候，就会说明程序是如何根据每个匹配的单词计算附加值的，我们之所以没有在一开始就引入定向附加值方面的内容，是因为我们尚不清楚这些附加值会给广告的总体价格带来多大贡献。代码清单 7-10 展示了对广告进行索引的函数。

代码清单 7-10　一个广告索引函数，被索引的广告会基于位置和广告内容进行定向

```
TO_ECPM = {
    'cpc': cpc_to_ecpm,
    'cpa': cpa_to_ecpm,
    'cpm': lambda *args:args[-1],
}

def index_ad(conn, id, locations, content, type, value):
    pipeline = conn.pipeline(True)

    for location in locations:
        pipeline.sadd('idx:req:'+location, id)

    words = tokenize(content)
    for word in tokenize(content):
        pipeline.zadd('idx:' + word, id, 0)

    rvalue = TO_ECPM[type](
        1000, AVERAGE_PER_1K.get(type, 1), value)
    pipeline.hset('type:', id, type)
    pipeline.zadd('idx:ad:value:', id, rvalue)
    pipeline.zadd('ad:base_value:', id, value)
    pipeline.sadd('terms:' + id, *list(words))
    pipeline.execute()
```

设置流水线，使得程序可以在一次通信往返里面完成整个索引操作。

为了进行定向操作，把广告 ID 添加到所有相关的位置集合里面。

对广告包含的单词进行索引。

为了评估新广告的效果，程序会使用字典来存储广告每 1000 次展示的平均点击次数或平均动作执行次数。

记录这个广告的类型。

将广告的 eCPM 添加到一个记录了所有广告的 eCPM 的有序集合里面。

将广告的基本价格（base value）添加到一个记录了所有广告的基本价格的有序集合里面。

把能够对广告进行定向的单词全部记录起来。

---

① 当广告文案与页面内容相匹配的时候，广告就会和页面融为一体，使得广告被点击的机会要高于那些与页面内容毫无关联的广告。

正如代码清单及其注释所示，index_ad() 函数主要做了 3 件事情。第一件事是将广告与任意多个定向位置关联起来，使得广告可以同时被定向到任意多个位置（比如不同的城市、州或者国家）。

index_ad() 函数做的第二件事就是使用字典将广告的平均点击次数和平均动作执行次数的相关信息存储起来，这使得程序甚至可以在实现 CPC 广告和 CPA 广告之前，就对它们的 eCPM 做出合理的估算[①]。

最后，index_ad() 函数会把所有能够对广告进行定向的单词都存储到集合里面，为之后实现用户行为学习特性做好准备。

我们接下来要做的就是学习如何寻找并发现与广告请求相匹配的广告。

7.3.3 执行广告定向操作

正如之前所说，当系统收到广告定向请求的时候，它要做的就是在匹配用户所在位置的一系列广告里面，找出 eCPM 最高的那一个广告。除了基于位置对广告进行匹配之外，程序还会记录页面内容与广告内容的匹配程度，以及不同匹配程度对广告点击通过率的影响等统计数据。通过使用这些统计数据，广告中与 Web 页面相匹配的那些内容就会作为附加值被计入由 CPC 和 CPA 计算出的 eCPM 里面，使得那些包含了匹配内容的广告能够更多地被展示出来。

在展示广告之前，系统不会为 Web 页面的任何内容设置附加值。但是当系统开始展示广告的时候，它就会记录下广告中包含的哪个单词改善或者损害了广告的预期效果，并据此修改各个可选的定向单词的相对价格。

为了执行定向操作，系统将对所有相关的位置集合执行并集计算操作，产生出最初的一组广告，并向浏览者进行展示。之后系统会分析广告所在的页面，添加相关的附加值，并最终为每个广告都计算出一个总计（total）eCPM 值。在计算出每个广告的 eCPM 之后，系统会获取 eCPM 最高的那个广告的 ID，记录一些关于本次定向操作的统计数据，最后返回被获取的广告。代码清单 7-11 展示了执行广告定向操作的函数。

代码清单 7-11　通过位置和页面内容附加值实现广告定向操作

```
def target_ads(conn, locations, content):
    pipeline = conn.pipeline(True)
    matched_ads, base_ecpm = match_location(pipeline, locations)
    words, targeted_ads = finish_scoring(
        pipeline, matched_ads, base_ecpm, content)

    pipeline.incr('ads:served:')
    pipeline.zrevrange('idx:' + targeted_ads, 0, 0)
    target_id, targeted_ad = pipeline.execute()[-2:]
```

根据用户传入的位置定向参数，找到所有匹配该位置的广告，以及这些广告的 eCPM。

基于匹配的内容计算附加值。

获取一个 ID，它可以用于汇报并记录这个被定向的广告。

找到 eCPM 最高的广告，并获取这个广告的 ID。

① 对期望值进行估算这种事听上去可能会让人觉得有点奇怪，但这的确是一次估算行为，并且定向广告中的一切信息从根本上都是基于某些统计数字计算得出的，这也是基础数据能够被有效利用的一个例子。

```
    if not targeted_ad:
        return None, None

    ad_id = targeted_ad[0]
    record_targeting_result(conn, target_id, ad_id, words)

    return target_id, ad_id
```

记录一系列定向操作的执行结果，作为学习用户行为的其中一个步骤。

如果没有任何广告与目标位置相匹配，那么返回空值。

向调用者返回记录本次定向操作相关信息的 ID，以及被选中的广告的 ID。

为了让读者能够更好地理解定向操作的大致执行流程，这个第 1 版的定向操作实现暂时隐藏了基于位置进行匹配的细节以及基于匹配的单词添加附加值的细节。`target_ads()`函数里面唯一一个之前没有提到过的部分，就是它会生成一个定向 ID。这个 ID 代表着本次执行的广告定向操作，系统可以通过这个 ID 来追踪广告引发的点击，并从中了解到广告定向操作的哪个部分对点击的总数量产生了贡献。

正如之前所说，为了基于位置对广告进行匹配，程序需要对用户所在的位置（包括城市、州和国家）执行集合的并集操作。在匹配操作完成之后，程序还会在不添加任何附加值的情况下，计算被匹配广告的基本 eCPM。代码清单 7-12 展示了执行以上操作的具体代码。

代码清单 7-12 基于位置执行广告定向操作的辅助函数

```
def match_location(pipe, locations):
    required = ['req:' + loc for loc in locations]
    matched_ads = union(pipe, required, ttl=300, _execute=False)
    return matched_ads, zintersect(pipe,
        {matched_ads: 0, 'ad:value:': 1}, _execute=False)
```

根据所有给定的位置，找出需要执行并集操作的集合键。

找出与指定地区相匹配的广告，并将它们存储到集合里面。

找到存储着所有被匹配广告的集合，以及存储着所有被匹配广告的基本 eCPM 的有序集合，然后返回它们的 ID。

`match_location()`函数的行为和之前介绍的完全一样：它查找与浏览者位置相匹配的广告，并且在不添加任何附加值的情况下，计算出被匹配广告的 eCPM。这个函数唯一令人觉得奇怪的地方，可能就在于它向`zintersect()`函数传递了一个古怪的`_execute`关键字参数，这个参数可以将实际的 eCPM 计算操作推延到之后再执行，从而尽可能地减少客户端与 Redis 之间的通信往返次数。

计算定向附加值

定向操作最有趣的地方并不是进行位置匹配，而是计算附加值。计算附加值就是基于页面内容和广告内容两者之间相匹配的单词，计算出应该给广告的 eCPM 价格加上多少增量。作为用户行为学习过程的其中一部分，我们将假设自己已经预先为每个广告中的每个单词都计算好了附加值，并将这些附加值存储到了每个单词对应的有序集合里面，其中有序集合的成员为广告 ID，而成员的分值则是给 eCPM 增加的数值。

这些基于单词为每个广告计算出的 eCPM 附加值可以用于计算广告的平均 eCPM，当广告在包含某个单词的页面上进行展示的时候，程序只要把基于那个单词计算出的 eCPM 附加值和广告已知的平均 CPM 相加起来，就可以得到被展示广告的平均 eCPM。但是棘手的地方在于，当广告与页面内容相匹配的单词有不止一个的时候，将所有匹配单词的 eCPM 附加值都加起来只会得出一个不切实际的总计 eCPM。

在对广告中的每个单词执行单词匹配操作以计算 eCPM 附加值的时候，程序既可以基于广告中唯一一个与页面内容相匹配的单词计算附加值，也可以基于广告中其他未被匹配的单词计算附加值。但我们真正想要得到的却是加权之后的 eCPM 平均值，其中每个单词的权重为单词与页面内容匹配的次数。遗憾的是，因为 Redis 不能用一个有序集合去除以另一个有序集合，所以我们没办法使用有序集合执行加权平均计算。

从数字上来讲，加权平均值正好位于几何平均值（geometric average）与算术平均值（arithmetic average）之间，所以这两个平均值都可以用作总计 eCPM 的估算值。但可惜的是，因为匹配单词的数量可能会发生变化，所以我们没办法计算这两个平均值中的任何一个。估算广告真正 eCPM 的最佳方法，就是找出最大附加值和最小附加值，然后计算它们的平均值，并将这个平均值用作多个匹配单词的附加值。

> **数学严谨性**　计算单词的最大附加值和最小附加值的平均值，并将其用作综合附加值的做法，在数学上并不严谨。这个方法所计算出的结果，与根据一系列匹配单词计算出的 eCPM 的真正期望值并不相同。本节之所以选择这个在数学上并不严谨的方法，是因为这个方法实现起来比较简单，能够给出一个合理的结果（毕竟单词的加权平均附加值的确就介于最大附加值和最小附加值之间），并且易于编写、学习和改进。如果读者打算把这个附加值计算方法应用到稍后介绍的用户行为学习代码里面，那么一定要记住，还存在更好的方法可以实现广告定向操作并进行用户行为学习。

通过 ZUNIONSTORE 命令以及该命令的 MAX 聚合函数和 MIN 聚合函数，可以计算出广告的最大附加值和最小附加值。另一方面，在执行 ZUNIONSTORE 操作并使用 SUM 作为聚合函数时，只要将最大附加值和最小附加值用作命令的输入，并将每个最大附加值和最小附加值的权重设置为 0.5，就可以计算出平均附加值。代码清单 7-13 展示了对单词附加 eCPM 和广告基本 eCPM 进行合并的函数。

代码清单 7-13　计算包含了内容匹配附加值的广告 eCPM

```
def finish_scoring(pipe, matched, base, content):
    bonus_ecpm = {}
    words = tokenize(content)                              # 对内容进行标记化处理，以便与广告进行匹配。
    for word in words:
        word_bonus = zintersect(
            pipe, {matched: 0, word: 1}, _execute=False)   # 找出那些既位于定向位置之内，又拥有页面内容其中一个单词的广告。
        bonus_ecpm[word_bonus] = 1

    if bonus_ecpm:
        minimum = zunion(
            pipe, bonus_ecpm, aggregate='MIN', _execute=False)
        maximum = zunion(
            pipe, bonus_ecpm, aggregate='MAX', _execute=False)   # 计算每个广告的最小 eCPM 附加值和最大 eCPM 附加值。
```

```
            return words, zunion(
                pipe, {base:1, minimum:.5, maximum:.5}, _execute=False)
        return words, base
```

将广告的基本价格、最小 eCPM 附加值的一半以及最大 eCPM 附加值的一半这三者相加起来。

如果页面内容中没有出现任何可匹配的单词，那么返回广告的基本 eCPM。

和之前展示的其他函数一样，finish_scoring()函数也会通过传递_execute 参数延迟执行各种 ZINTERSTORE 操作和 ZUNIONSTORE 操作，并将实际执行这些操作的时机交给调用 finish_scoring()函数的 target_ads()函数决定。finish_scoring()函数中一个可能会让人感到疑惑的地方，就是它对位置定向广告和附加分值执行了 ZINTERSTORE 操作，并在函数的最后调用了一次 ZUNIONSTORE。尽管先对所有附加值执行 ZUNIONSTORE 操作，然后再在函数末尾执行单个 ZINTERSTORE 调用从而进行位置匹配的做法可以减少需要执行的命令数量，但是先执行多次规模较小的交集操作，然后再执行并集操作，可以让大部分广告定向操作获得更好的性能。

图 7-5 和图 7-6 展示了这两种方法之间的区别：图 7-5 展示了在先执行并集操作、后执行交集操作的情况下，命令基本上需要对所有相关的单词附加值有序集合里面的所有数据进行处理；而图 7-6 则展示了在先执行交集操作、后执行并集操作的情况下，Redis 产生相同计算结果所需处理的数据要少得多。

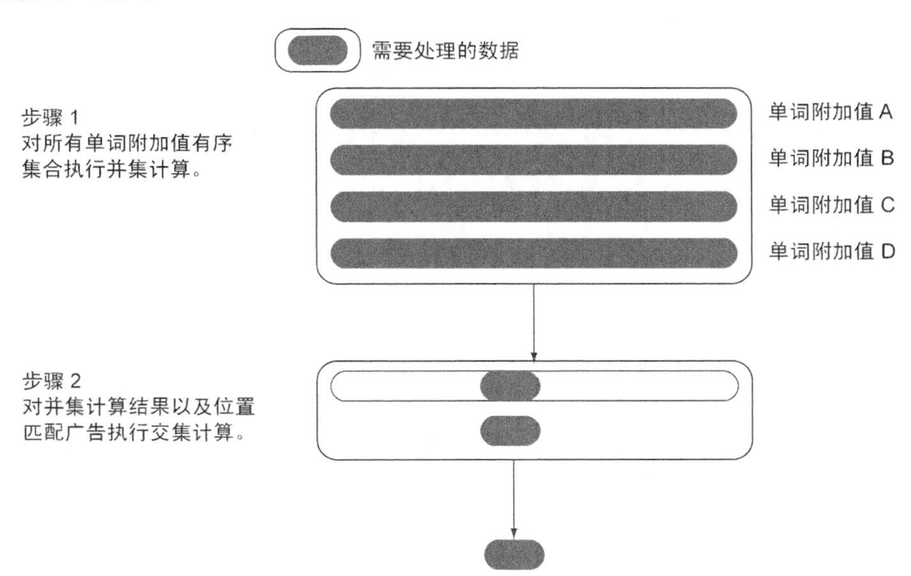

图 7-5　在使用“先计算并集，后计算交集”的方式计算定向广告的附加值时，计算需要处理相关单词附加值有序集合里面存储的所有广告，包括那些并不符合位置匹配要求的广告

在找出了被定向的广告之后，target_ads()函数将返回一个 target_id 和一个 ad_id，这两个 ID 将被用于构建一条广告回复，回复中包含了一系列信息以及相应的广告文案，之后这

条广告回复将会被格式化并返回给发送请求的 Web 页面或者客户端。

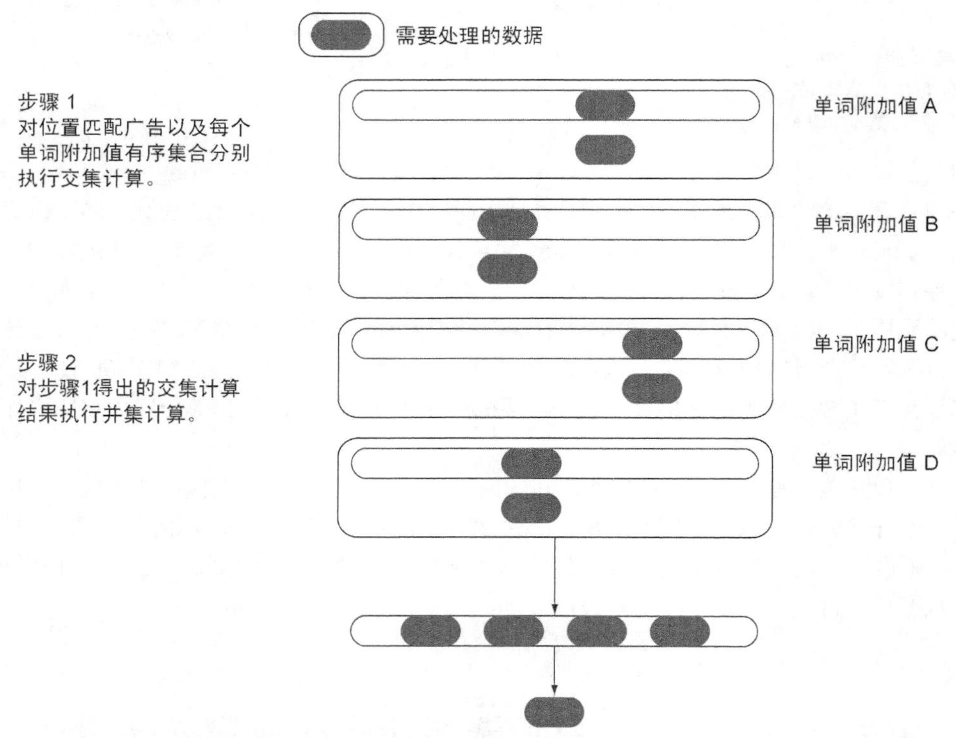

图 7-6 在使用“先计算交集，后计算并集”的方式计算定向广告的附加值时，计算只需要处理符合位置匹配要求的广告，这极大地减少了 Redis 需要处理的数据量

练习：无匹配内容

代码清单 7-11 和代码清单 7-13 展示的 `target_ads()` 函数和 `finish_scoring()` 函数都不会处理广告和内容之间没有任何匹配单词的情况。当遇上这种情况时，函数计算出的 eCPM 实际上就是根据所有返回同一个广告的调用计算出的平均 eCPM，而这种计算方法可能会导致系统展示了不应该展示的广告。请对 `finish_scoring()` 函数进行修改，让它能够妥善地处理广告与内容之间没有任何匹配单词的情况。

直至目前为止，代码清单 7-11 展示的 `target_ads()` 函数中唯一未给出具体定义的就是 `record_targeting_result()` 函数，这个函数将在接下来的用户行为学习内容中进行介绍。

7.3.4 从用户行为中学习

当广告被展示给用户观看的时候，我们将有机会了解到用户点击广告的原因。上一节介绍了如何把单词附加值应用到那些匹配了指定位置的广告上面，本节将介绍如何通过记录被匹配单词以及被定向广告的相关信息来发现用户行为的基本模式，从而开发出能够为定向广告中的每个被匹配单词独立计算附加值的方法。

我们之所以需要通过 Web 内容中的单词来寻找更好的广告，一个简单的原因在于广告投放的效果归根结底是由上下文决定的：在一个讨论儿童玩具安全性的 Web 页面上展示跑车广告并不是什么好主意。通过对广告中的单词和 Web 页面内容中的单词进行匹配，程序可以简单快速地完成上下文匹配工作。

读者在阅读本节的时候，要记住这里介绍的技术并不完美：本节介绍的技术只是尝试用简单直接的方法去构建一个运作得“还不错”的系统，但它并未完全解决广告定向和用户行为学习的全部问题。因此，前面的注记提到过的“在数学上并不严谨”的问题在本节依然存在。

1. 浏览记录

实现用户行为学习操作的首要步骤，就是调用之前在代码清单 7-11 展示过的 `record_targeting_result()` 函数，把那些与广告定向操作执行结果有关的信息记录下来，并在之后使用被记录的信息计算点击通过率、动作执行率以及每个单词最终的 eCPM 附加值。被记录的信息包括：

- 被定向至给定广告的单词；
- 给定广告被定向的总次数；
- 广告中的某个单词被用于计算附加值的总次数。

为了记录这些信息，程序将使用集合存储被定向的单词，并为每个广告创建一个有序集合，用于存储广告的展示次数以及广告包含的各个单词的展示次数。代码清单 7-14 展示了负责记录这些信息的代码。

代码清单 7-14 负责在广告定向操作执行完毕之后记录执行结果的函数

```
def record_targeting_result(conn, target_id, ad_id, words):
    pipeline = conn.pipeline(True)

    terms = conn.smembers('terms:' + ad_id)
    matched = list(words & terms)
    if matched:
        matched_key = 'terms:matched:%s' % target_id
        pipeline.sadd(matched_key, *matched)
        pipeline.expire(matched_key, 900)

    type = conn.hget('type:', ad_id)
    pipeline.incr('type:%s:views:' % type)
    for word in matched:
        pipeline.zincrby('views:%s' % ad_id, word)
    pipeline.zincrby('views:%s' % ad_id, '')

    if not pipeline.execute()[-1] % 100:
        update_cpms(conn, ad_id)
```

找出内容与广告之间相匹配的那些单词。

如果有相匹配的单词出现，就记录它们，并设置 15 分钟的生存时间。

为每种类型的广告分别记录它们的展示次数。

记录广告以及广告包含的单词的展示信息。

广告每展示 100 次就更新一次它的 eCPM。

`record_targeting_result()` 函数的行为和之前描述的完全一样，一个值得注意的地方是，函数每返回一个广告 100 次，就会调用一次 update_cpms() 函数。update_cpms() 函数是实现用户行为学习操作的关键，它负责为被定向广告中的每个单词计算附加值，并将这些附加值写入相应的有序集合里面。

我们稍后就会了解到更新广告 eCPM 的相关细节，但是在此之前，我们需要先来了解一下当广告被点击时发生的一些事情。

2. 记录点击和动作

因为我们构建的定向广告平台会对广告的展示次数进行记录，所以计算点击通过率的其中一半数据已经被记录起来了。而计算点击通过率所需的另一半数据就是点击量（对于按动作计费的广告来说，则是动作执行次数）。从数字上来看，因为我们的 eCPM 计算方法是基于公式（每次点击的价格或每个动作的价格）×（点击量或动作执行次数）/（广告的展示次数）计算得出的，所以如果系统不记下点击量或者动作执行次数的话，那么价格计算公式中的分子就会为 0，使得计算没办法得出一个有用的结果。

当用户点击某个广告的时候，在将用户引导至广告的目的地之前，系统会根据广告的类型，将这次点击计入为该类型广告而设置的点击计数器里面，同时被记录下来的还有被点击的广告，以及与被点击广告相匹配的单词。代码清单 7-15 展示了负责记录点击信息的函数。

代码清单 7-15 记录广告被点击信息的函数

```
def record_click(conn, target_id, ad_id, action=False):
    pipeline = conn.pipeline(True)
    click_key = 'clicks:%s'%ad_id

    match_key = 'terms:matched:  '%target_id

    type = conn.hget('type:', ad_id)
    if type == 'cpa':
        pipeline.expire(match_key, 900)
        if action:
            click_key = 'actions:%s' % ad_id

    if action and type == 'cpa':
         pipeline.incr('type:%s:actions:' % type)
    else:
         pipeline.incr('type:%s:clicks:' % type)

    matched = list(conn.smembers(match_key))
    matched.append('')
    for word in matched:
        pipeline.zincrby(click_key, word)
    pipeline.execute()

    update_cpms(conn, ad_id)
```

如果这是一个按动作计费的广告，并且被匹配的单词仍然存在，那么刷新这些单词的过期时间。

记录动作信息，而不是点击信息。

根据广告的类型，维持一个全局的点击/动作计数器。

为广告以及所有被定向至该广告的单词记录本次点击（或动作）。

对广告中出现的所有单词的 eCPM 进行更新。

读者们可能已经注意到，这个记录函数里面出现了一些之前没有介绍过的代码。具体来说，当系统接收到一次点击或者一个针对 CPA 广告的动作时，它将对定向广告包含的各个单词的过期时间进行更新。这使得系统可以在针对目标网站的首次点击通过事件发生之后的 15 分钟之内，持续对发生的动作进行计数。

record_click() 函数另一个需要注意的地方，就是用户可以通过 action 参数决定是否为 CPA 广告记录动作信息：如果需要记录动作信息，那么用户在调用这个函数的时候就需要将 action 参数的值设置为 True。

最后，因为广告大约每展示 100 次至 2 000 次（甚至更多）就会引发一次点击或者一个动作，所以这两种行为和广告的展示次数存在密切的对应关系，因此 record_click() 函数在每次广告被点击或者有动作执行的时候都会调用 update_cpms() 函数。

练习：换种方式对点击和动作进行计数

当用户点击某个广告的时候，代码清单 7-15 中定义的 record_click() 函数就会对被定向至这个广告的所有单词的计数器加上 1。那么除了 1 之外，是否还有其他更有意义的数字可以用作计数器的增量？提示：这个数字应该与被匹配单词的数量相关。请修改 finish_scoring() 函数和 record_click() 函数，让它们使用这个新的数字作为点击计数器或动作计数器的增量。

为了完成用户行为学习功能，我们要定义的最后一个函数就是接下来要介绍的 update_cpms() 函数。

3. 更新 eCPM

前面的两节已经对 update_cpms() 函数的用法做了不少介绍，读者对它的作用应该已经有了大致的了解。接下来的内容将对这个函数的各个部分进行介绍，说明它是如何对广告包含的每个单词的附加值进行更新的，以及它又是如何对各个广告的 eCPM 进行更新的。

更新 eCPM 首先要做的就是计算出广告的点击通过率。因为我们的广告平台一直都有记录每个广告的点击量和展示次数，所以程序只需要从相应的有序集合里面取出广告的点击量和展示次数，然后就可以计算广告的点击通过率了。接着，程序只要从广告的基本价格有序集合里面取出广告的实际价格，并将它和点击通过率结合起来，就可以计算出广告的 eCPM。

更新 eCPM 的第二个步骤，就是要计算出与广告匹配的那些单词的点击通过率。和之前一样，因为广告平台记录了每个单词的展示次数和点击量，所以程序同样可以基于这两样信息计算出单词的点击通过率，接着又可以基于这个点击通过率和广告的基本价格计算出单词的 eCPM。在计算出单词的 eCPM 之后，程序可以通过使用单词 eCPM 减去广告 eCPM 的方法来得出单词的附加值，并将这个附加值存储到为广告包含的每个单词分别记录附加值的有序集合里面。

除了计算时使用的是动作计数有序集合而不是点击计数有序集合之外，程序在更新 eCPM 时对动作和点击执行的计算是相同的。代码清单 7-16 展示了负责为点击和动作更新 eCPM 的函数。

代码清单 7-16　负责对广告 eCPM 以及每个单词的 eCPM 附加值进行更新的函数

```
def update_cpms(conn, ad_id):
    pipeline = conn.pipeline(True)
    pipeline.hget('type:', ad_id)
    pipeline.zscore('ad:base_value:', ad_id)
    pipeline.smembers('terms:' + ad_id)
    type, base_value, words = pipeline.execute()

    which = 'clicks'
    if type == 'cpa':
        which = 'actions'

    pipeline.get('type:%s:views:' % type)
    pipeline.get('type:%s:%s' % (type, which))
    type_views, type_clicks = pipeline.execute()
    AVERAGE_PER_1K[type] = (
        1000. * int(type_clicks or '1') / int(type_views or '1'))

    if type == 'cpm':
        return

    view_key = 'views:%s' % ad_id
    click_key = '%s:%s' % (which, ad_id)

    to_ecpm = TO_ECPM[type]

    pipeline.zscore(view_key, '')
    pipeline.zscore(click_key, '')
    ad_views, ad_clicks = pipeline.execute()
    if (ad_clicks or 0) < 1:
        ad_ecpm = conn.zscore('idx:ad:value:', ad_id)
    else:
        ad_ecpm = to_ecpm(ad_views or 1, ad_clicks or 0, base_value)
        pipeline.zadd('idx:ad:value:', ad_id, ad_ecpm)

    for word in words:
        pipeline.zscore(view_key, word)
        pipeline.zscore(click_key, word)
        views, clicks = pipeline.execute()[-2:]

        if (clicks or 0) < 1:
            continue

        word_ecpm = to_ecpm(views or 1, clicks or 0, base_value)
        bonus = word_ecpm - ad_ecpm
        pipeline.zadd('idx:' + word, ad_id, bonus)
    pipeline.execute()
```

获取广告的类型和价格，以及广告包含的所有单词。

判断广告的 eCPM 应该基于点击次数进行计算还是基于动作执行次数进行计算。

将广告的点击率或动作执行率重新写入全局字典里面。

根据给定广告的类型，获取广告的展示次数和点击次数（或者动作执行次数）。

如果正在处理的是一个 CPM 广告，那么它的 eCPM 已经更新完毕，无需再做其他处理。

如果广告还没有被点击过，那么使用已有的 eCPM。

获取每个广告的展示次数和点击次数（或者动作执行次数）。

计算广告的 eCPM 并更新它的价格。

获取单词的展示次数和点击次数（或者动作执行次数）。

如果广告还未被点击过，那么不对 eCPM 进行更新。

计算单词的 eCPM。

计算单词的附加值。

将单词的附加值重新写入为广告包含的每个单词分别记录附加值的有序集合里面。

练习：优化 eCPM 计算

update_cpms() 函数与 Redis 进行通信的次数和被定向单词的数量有关：每个被定向的单词都

会引起一次通信，而函数的其他代码也会引起 3 次通信。因为大多数广告的内容或者相关的关键字并不多，所以在大部分情况下，update_cpms() 函数都只会引起相对较少的通信次数。话虽如此，但程序还是应该尽可能地避免不必要的通信。请修改 update_cpms() 函数，使得它只需要与 Redis 进行 3 次通信就可以完成全部工作。

update_cpms() 函数根据广告的类型，对全局的点击通过率和动作执行率进行了更新。此外，它还更新了广告的 eCPM 以及广告包含的每个单词的 eCPM 附加值。

随着广告定向程序的用户行为学习部分正式完工，我们终于成功地从零开始构建出了一个完整的广告定向引擎，这个引擎将不断地进行学习，并且持续地改进广告的效果。通过改进这个引擎，我们还可以让它运作得更好，之前的练习里面已经介绍了一些改进方案，接下来还会列出一些其他的改进方案，它们是使用 Redis 构建更优秀的定向广告引擎的起点。

- 随着时间流逝，每个广告的总点击次数和总展示次数都会稳定在一个特定的比率附近，而之后发生的点击和展示都没办法显著地改变这个比率，但是真正的广告点击通过率却总是每时每刻都处于变化当中。请仿照 2.5 节中的 rescale_viewed() 函数，定期降低广告的展示次数和点击次数（或者动作执行次数），并将这一概念应用到为不同类型的广告而设置的全局预期点击通过率（global expected CTR）上面。
- 为了扩展系统的学习能力，让它可以对不止一个计数值进行学习，请考虑对前一天、前一个星期或者其他时间段发生的点击和动作进行计数，并基于时间段的寿命长短，为它们设置不同的权重。请构思一个学习型方法来为不同寿命的计数结果设置合适的权重。
- 所有大型的广告网络都使用第二价格拍卖（second-price auction）的方式来决定广告位的费用，也就是说，系统不是按照固定的价格对每次点击、每千次展示或者每次动作进行收费，而是按照被定向广告中，价格排名第二的广告的价格进行收费。
- 大多数广告网络都会为给定的一系列关键字设置多个广告，这些广告会在价格最高的位置上面交替出现，直到每个关键字的预算都被耗尽为止。这些交替出现的广告通常都有很高的价格和点击通过率，但这也意味着价格不够高的新广告将不会被展示，而广告网络也不会发现它们的存在。为此，系统可以在 10%～50%的时间（时间的长短取决于你是想获得更准确的 eCPM，还是想获得更大的收益）里面，获取收益排名前 100 的广告，并基于它们的 eCPM 的相对值来挑选广告，而不是一味地去挑选 eCPM 最高的广告。
- 一个广告在刚开始被添加到系统里面的时候，可以用于计算它的 eCPM 的信息是非常少的。前面展示的程序通过使用同类型广告的平均点击通过率暂时性地解决了这个问题，但是当广告接收到一次点击之后，这个方法就不会再被使用。解决这个问题的另一种方法，就是在给定广告类型的平均点击通过率以及基于广告目前已展示次数计算出的已展示点击通过率之间，构建一种简单的反线性关系（inverse linear relationship）或者反 S 形关系（inverse sigmoid relationship），直到广告有足够的展示次数为止（一般来说，广告需要有 2 000～5 000 次展示才能够确定一个可靠的点击通过率）。

- 除了在学习过程中对给定广告类型的平均点击通过率以及广告的点击通过率进行合并之外，在广告的展示次数达到 2000～5000 次之前，系统也可以通过人为地提高广告的点击通过率或 eCPM 来确保系统有足够多的流量来学习广告的真正 eCPM。
- 本节介绍的单词附加值学习方法与贝叶斯统计有相似的地方，为了提供在数学上更为严谨的计算结果、计算出更为准确的点击通过率并最终获得更大的收益，我们可以考虑使用真正的贝叶斯统计、神经网络、关联规则学习、聚类计算或者其他技术来计算附加值。
- 我们在负责返回广告的函数以及负责对用户进行转向的函数里面，执行了一系列记录广告展示信息、点击信息以及动作信息的操作。因为这些记录操作在执行的过程中会耗费一定的时间，所以我们可以考虑像 6.4 节中介绍的那样，以外部任务的方式执行这些操作。

正如上面列举的各个修改方案所言，本节介绍的广告平台还有很多值得改进的地方，但这个入门级的广告平台已经足以让我们学习和构建互联网的下一代广告定向平台了。

在了解了构建广告定向平台的方法之后，我们接下来将学习如何使用搜索工具去找到求职者能够胜任的职位，并将这些技术用作职位搜索程序的其中一部分。

7.4 职位搜索

大多数人应该都和笔者一样，曾经花时间查看过在线的分类求职网站，或者通过招聘机构尝试找到一份合适的工作。在了解了职位所在的办公地点之后，我们首先要考虑的就是职位的经验要求以及技能要求。

本节将讨论如何使用集合以及有序集合实现职位搜索功能，并根据求职者拥有的技能来为他们寻找合适的职位。阅读本节有助于让读者以另一种方式思考该如何使用 Redis 的数据模型来解决问题。

为了着手解决职位搜索的问题，我们假设 Fake Garage 创业公司正在进行业务扩展，并尝试让个人用户和群组聊天用户使用他们开发的系统来找工作，而这个系统首先要做的就是让用户查找自己能够胜任的职位。

7.4.1 逐个查找合适的职位

初看上去，似乎有一个直截了当的方案可以解决寻找合适职位的问题：如果每个职位都有一个属于自己的集合，集合里面记录了获取这个职位所需的技能，那么程序只需要将求职者拥有的所有技能也添加到一个集合里面，然后对职位所需技能集合以及求职者拥有技能集合执行 `SDIFF` 操作，就可以知道求职者是否满足职位的技能需求。如果 `SDIFF` 的计算结果不包含任何技能，那么说明求职者具备职位要求的全部技能。代码清单 7-17 展示了如何创建一个新的职位，以及如何检查一组给定的技能是否满足某个职位的需要。

代码清单 7-17 为求职者寻找合适职位的一个候选方案

```
def add_job(conn, job_id, required_skills):
    conn.sadd('job:' + job_id, *required_skills)      # 把职位所需的技能全部添加到职位对应的集合里面。

def is_qualified(conn, job_id, candidate_skills):
    temp = str(uuid.uuid4())
    pipeline = conn.pipeline(True)
    pipeline.sadd(temp, *candidate_skills)            # 把求职者拥有的技能全部添加到一个临时集合里面，并设置过期时间。
    pipeline.expire(temp, 5)
    pipeline.sdiff('job:' + job_id, temp)             # 找出职位所需技能当中，求职者不具备的那些技能，并将它们记录到结果集合里面。
    return not pipeline.execute()[-1]                 # 如果求职者具备职位所需的全部技能，那么返回 True。
```

is_qualified()函数通过检查求职者是否具备职位所需的全部技能来判断求职者是否能够胜任该职位。这个解决方案虽然可以正常运行，但它的问题在于，为了找出求职者适合的所有职位，程序必须对每个职位进行单独的检查，而这种做法毫无疑问是无法进行性能扩展的，因此我们需要使用接下来介绍的另一个方法来为求职者寻找合适的职位。

7.4.2 以搜索方式查找合适的职位

与其对职位及其所需的技能进行讨论，不如像本章之前介绍过的其他搜索问题一样，换个角度来思考这个问题。我们首先要做的，就是把各个职位要求的技能数量都存储到一个记录职位所需技能数量的有序集合里面。代码清单 7-18 展示了对职位及其所需的技能进行索引的函数。

代码清单 7-18 根据所需技能对职位进行索引的函数

```
def index_job(conn, job_id, skills):
    pipeline = conn.pipeline(True)
    for skill in skills:
        pipeline.sadd('idx:skill:' + skill, job_id)                # 将职位 ID 添加到相应的技能集合里面。
    pipeline.zadd('idx:jobs:req', job_id, len(set(skills)))        # 将职位所需技能的数量添加到记录了所有职位所需技能数量的有序集合里面。
    pipeline.execute()
```

这个职位索引函数和 7.1 节中介绍的文本索引函数非常相似，不同的地方在于 index_job()函数接受的是经过标记化处理的技能名字，并且 index_job()函数会将一个新的成员添加到记录了职位所需技能数量的有序集合里面。

为了找出求职者能够满足全部技能要求的那些职位，程序会以类似于 7.3.3 节中为广告定向操作计算附加值的方法来进行搜索。具体来说，程序会找出求职者拥有的所有技能，并对这些技能对应的集合执行 ZUNIONSTORE 操作，从而计算出求职者对于每个职位的得分，这些得分代表求职者满足了职位所需技能中的多少项技能。

在将求职者的得分都存储到有序集合里面之后，程序将对权重为-1 的求职者得分有序集合以及权重为 1 的职位所需技能数量有序集合执行 ZINTERSTORE 操作。在计算得出的结果有序集合里面，分值为 0 的职位就是求职者满足了所有技能要求的职位。代码清单 7-19 展示了实现这一搜索操作的具体代码。

代码清单 7-19　找出求职者能够胜任的所有工作

```
def find_jobs(conn, candidate_skills):
    skills = {}                                        # 设置好用于计算职位得分的字典。
    for skill in set(candidate_skills):
        skills['skill:' + skill] = 1

    job_scores = zunion(conn, skills)                  # 计算求职者对于每个职位的得分。
    final_result = zintersect(                         # 计算出求职者能够胜任以及不能够胜任的职位。
        conn, {job_scores:-1, 'jobs:req':1})

    return conn.zrangebyscore('idx:' + final_result, 0, 0)   # 返回求职者能够胜任的那些职位。
```

正如之前所说，`find_jobs()`函数首先会计算出求职者对于每个职位的得分，然后使用胜任这些职位所需的总分减去求职者在这些职位上面的得分，在最后得出的结果有序集合里面，分值为 0 的职位就是求职者能够胜任的职位。

这个职位搜索系统的运行速度取决于被搜索职位的数量以及搜索执行的次数，当职位的数量比较多的时候，更是如此。但是通过使用第 9 章中介绍的分片技术，程序可以将大规模的计算分割为多个小规模的计算，然后逐步计算出每个小计算的结果。另外一种可选的方法，则是在进行职位搜索的时候，先从一个地点集合里面取出位于该地点的所有职位，然后使用 7.3.3 节里用于优化广告定向操作的方法来优化职位搜索操作，这将极大地提升职位搜索程序的性能。

练习：技能熟练程度

用人单位在招聘时除了会要求求职者拥有指定的技能之外，可能还会要求求职者在技能上面达到某种熟练程度，如初学者、中等水平、专家级等。请你想一个办法，通过增加新的集合来实现对技能熟练程度特性的支持。比如说，让一个在某项技能上面处于中等水平的求职者，可以找到那些要求这项技能达到初学者或者中等水平的职位。

练习：技能经验

除了熟练程度之外，另一个判断求职者是否称职的方法就是看他有多少年使用某项技能的经验。请你构建出一个能够根据技能所需经验年份查找职位的求职系统。

7.5　小结

本章首先介绍了如何使用集合操作实现基本的搜索操作，以及如何基于散列中的值或是由多个有序集合组成的复合值对搜索结果进行排序。之后介绍了构建广告定向网络的各个步骤，并说明了如何对这个网络中的信息进行更新。最后介绍了基于搜索排序技术实现职位搜索程序的方法。

尽管本章展示的都是一些新引入的问题，但读者现在应该已经习惯了使用 Redis 去解决各式各样的问题了。很多数据库只允许用户使用一种工具进行数据建模，但 Redis 的 5 种数据结构和发布与订阅特性却为用户提供了一个完整的工具箱。

在接下来的一章中，我们将使用 Redis 的散列和有序集合，构建一个与 Twitter 具有相似功能的网站后端。

第 8 章　构建简单的社交网站

本章主要内容

- 用户和状态
- 主页时间线
- 关注者列表和正在关注列表
- 状态消息的发布与删除
- 流 API

本章将构建一个和 Twitter 的后端功能几乎完全相同的社交网站，并对构建这个网站所需的数据结构以及概念进行介绍。虽然本章介绍的知识并不足以构建一个像 Twitter 那样规模宏大的网站，但这些知识应该能帮助读者更好地理解社交网站是如何由简单的结构和数据构建而成的。

本章首先会对用户对象以及状态对象进行介绍，它们是整个社交网站几乎所有信息的基础。接着本章将对主页时间线（home timeline）、正在关注列表（following list）以及关注者列表（follower list）这些由状态消息或者用户组成的序列进行介绍。之后本章将对发布新的状态消息、删除已发布的状态消息、关注某人或者取消关注某人等一系列对主页时间线、正在关注列表以及关注者列表进行修改的操作进行介绍。最后本章将会介绍如何配合 Web 服务器去构建一个功能齐全的流 API（streaming API），从而鼓励用户使用和开发社交网站上面的数据。

在前一章中，我们花了很多时间去构建一个广告定向引擎，它可以对用户输入的数据（广告及其价格）以及点击行为产生的数据进行合并，从而对广告的效果和收益进行优化。因为广告定向引擎是一个查询密集型（query-intensive）程序，所以每个发送给它的请求都会引起大量计算。但是对于本章介绍的仿 Twitter 社交网站来说，我们则会尽可能地减少用户在查看页面时系统所需要做的工作。

首先，让我们来构建一些基本的结构，并使用这些结构来记录用户感兴趣的大部分数据。

8.1 用户和状态

在用户与 Twitter 进行交互时，用户和状态消息这两类对象是最为重要的。用户对象存储了用户的基本身份标识信息、用户的关注者人数、用户已发布的状态消息数量等信息。用户对象对于社交网站来说非常重要，因为它是构建其他可用并且有趣的数据的起点。除了用户对象以外，状态消息也同样重要，因为它记录了不同的用户都说了些什么，以及不同用户之间进行了什么交流，这些由用户创建的状态消息是社交网站真正的内容。

这一节将说明用户对象和状态消息对象都存储了哪些数据，以及程序是使用什么 Redis 结构来存储这些信息的，除此之外，本节还会对用于创建新用户的函数进行介绍。

首先，让我们来看看程序使用什么结构来表示用户对象，以及程序是如何创建新用户的。

8.1.1 用户信息

在各式各样的在线服务网站以及社交网站里面，用户对象常常是构建其他一切功能的基础，本章要介绍的仿 Twitter 网站也不例外。

和第 1 章中使用 Redis 的散列来存储文章信息类似，我们也使用散列来存储用户信息，这些信息包括用户的用户名、用户拥有的关注者人数、用户正在关注的人的数量、用户已经发布的状态消息的数量、用户的注册日期以及其他一些元信息（meta-information）。图 8-1 展示了一个使用散列存储用户信息的例子，其中被展示用户的名字为 dr_josiah，这也是笔者在 Twitter 上使用的用户名。

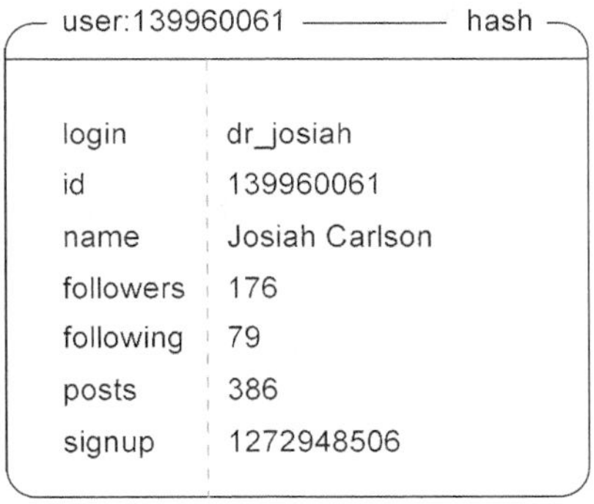

图 8-1 使用散列存储用户信息的示例

从图 8-1 可以看出笔者的关注者数量以及其他一些信息。当一个新用户进行注册的时候，程序需要做的就是根据用户指定的用户名以及当时的时间戳，创建一个正在关注数量、关注者数量、已发布状态消息数量都被设置为 0 的对象。代码清单 8-1 展示了程序是如何执行用户账号创建操作的。

代码清单 8-1 创建新的用户信息散列的方法

```
def create_user(conn, login, name):
    llogin = login.lower()
    lock = acquire_lock_with_timeout(conn, 'user:' + llogin, 1)
    if not lock:
        return None

    if conn.hget('users:', llogin):
        release_lock(conn, 'user:' + llogin, lock)
        return None
```

使用第 6 章定义的加锁函数尝试对小写的用户名进行加锁。

如果加锁不成功，那么说明给定的用户名已经被其他用户占用了。

程序使用了一个散列来存储小写的用户名以及用户 ID 之间的映射，如果给定的用户名已经被映射到了某个用户 ID，那么程序就不会再将这个用户名分配给其他人。

```
    id = conn.incr('user:id:')
    pipeline = conn.pipeline(True)
    pipeline.hset('users:', llogin, id)
    pipeline.hmset('user:%s'%id, {
        'login': login,
        'id': id,
        'name': name,
        'followers': 0,
        'following': 0,
        'posts': 0,
        'signup': time.time(),
    })
    pipeline.execute()
    release_lock(conn, 'user:' + llogin, lock)
    return id
```

每个用户都有一个独一无二的 ID，这个 ID 是通过对计数器执行自增操作产生的。

在散列里面将小写的用户名映射至用户 ID。

将用户信息添加到用户对应的散列里面。

释放之前对用户名加的锁。

返回用户 ID。

创建新用户的函数除了会对存储用户信息的散列进行初始化之外，还会对用户的用户名进行加锁，这个加锁操作是必需的，它可以防止多个请求（request）在同一时间内使用相同的用户名来创建新用户。在对用户名进行加锁之后，程序会检查这个用户名是否已经被其他用户抢先占用了，如果这个用户名尚未被占用的话，那么程序会为这个用户生成一个独一无二的 ID，并将用户名与用户 ID 进行关联，最后将这个用户信息存储到新创建的散列里面。

敏感的用户信息 因为程序会频繁地取出存储用户信息的散列用于渲染模板，或者直接用作 API 请求的回复，所以程序不能将散列后的密码、邮件地址等敏感信息存储在这个用户信息散列里面。从现在开始，我们会假设这些敏感信息都存储在其他键甚至其他数据库里面。

在了解了创建新用户的方法之后，接下来我们将学习如何为我们的仿 Twitter 网站创建状态消息。

8.1.2 状态消息

正如之前所说，程序既会将用户的个人信息存储到用户简介（profile）里面，又会将用户所说的话记录到状态消息里面，并且和存储用户个人信息时的方法一样，程序也使用散列结构来存储状态消息。

除了消息本身之外，程序还会在散列里面存储消息发布的时间、消息发布者的 ID 和用户名（这样在处理一个状态消息对象的时候，程序就不必为了获取发布者的用户名而查找发布者的用户对象了），以及其他一些关于状态消息的附加信息。图 8-2 展示了一个状态消息的例子。

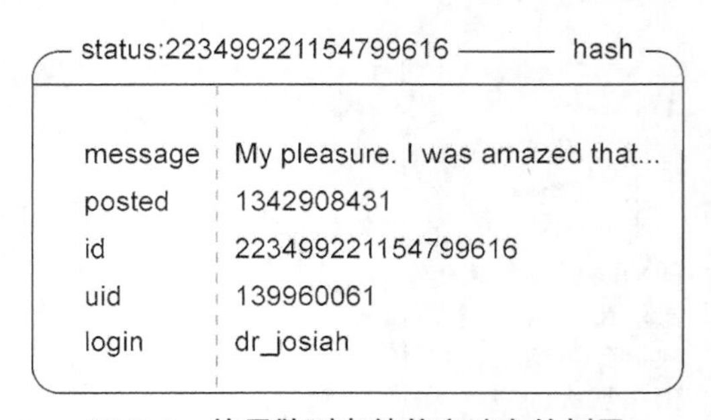

图 8-2 使用散列存储状态消息的例子

图 8-2 展示的就是表示一个基本的状态消息所需的全部东西。代码清单 8-2 展示了创建这种状态消息的代码。

代码清单 8-2 创建状态消息散列的方法

```
def create_status(conn, uid, message, **data):
    pipeline = conn.pipeline(True)
    pipeline.hget('user:%s'%uid, 'login')        # 根据用户 ID 获取用户的用户名。
    pipeline.incr('status:id:')                  # 为这条状态消息创建一个新的 ID。
    login, id = pipeline.execute()

    if not login:                                # 在发布状态消息之前，先验证用户的账号是否存在。
        return None

    data.update({                                # 筹备并设置状态消息的各项信息。
        'message': message,
        'posted': time.time(),
        'id': id,
        'uid': uid,
        'login': login,
    })
    pipeline.hmset('status:%s'%id, data)
    pipeline.hincrby('user:%s'%uid, 'posts')     # 更新用户的已发送状态消息数量。
    pipeline.execute()
    return id                                    # 返回新创建的状态消息的 ID。
```

创建状态消息的函数并没有什么让人感到意外的地方，它首先获取用户的用户名，接着获取一个新的状态消息 ID，最后将所有信息组合起来并将它们存储到散列里面。

稍后的 8.4 节将说明程序是如何让关注者看到用户发布的状态消息的，在此之前，让我们先来研究一下最常见的状态消息列表——用户的*主页时间线*。

8.2 主页时间线

用户在已登录的情况下访问 Twitter 时，首先看到的是他们自己的*主页时间线*，这个时间线是一个列表，它由用户以及用户正在关注的人所发布的状态消息组成。因为主页时间线是用户访问网站时的主要入口，所以这些数据必须尽可能地易于获取。

本节将对主页时间线存储的数据进行介绍，并说明如何快速地获取并展示主页时间线。除此之外，本节还会介绍其他重要的状态消息时间线。

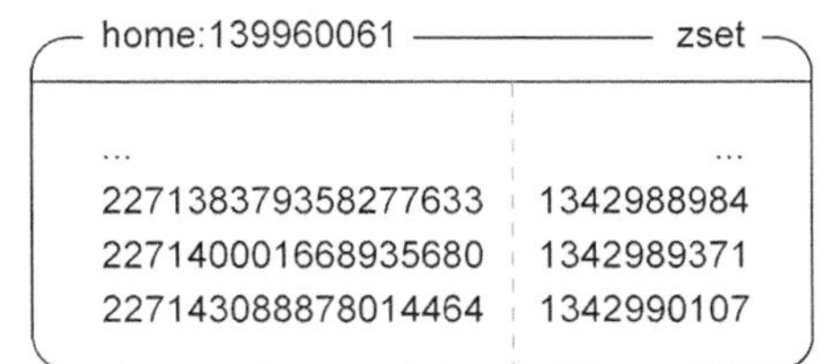

图 8-3 主页时间线将成双成对的状态消息 ID 和时间戳记录到了有序集合里面，其中时间戳用于对状态消息进行排序，而状态消息 ID 则用于获取状态消息本身

正如本章开头所说，我们希望能够尽快地获取展示一个页面所需的全部数据，因此我们决定使用有序集合来实现主页时间线，并使用有序集合的成员来记录状态消息的 ID，而有序集合的分值则用于记录状态消息发布时的时间戳。图 8-3 展

示了一个使用有序集合实现主页时间线的例子。

因为主页时间线只存储了状态消息的 ID 而不是状态消息本身，所以负责获取最新发布的状态消息的函数除了要获取状态消息的 ID 之外，还需要根据所得的 ID 获取相应的状态消息数据。代码清单 8-3 展示了从主页时间线里面获取给定页数的状态消息的代码。

代码清单 8-3 这个函数负责从时间线里面获取给定页数的最新状态消息

```
def get_status_messages(conn, uid, timeline='home:', page=1, count=30):
    statuses = conn.zrevrange(
        '%s%s'%(timeline, uid), (page-1)*count, page*count-1)

    pipeline = conn.pipeline(True)
    for id in statuses:
        pipeline.hgetall('status:%s'%id)

    return filter(None, pipeline.execute())
```

函数接受 3 个可选参数，它们分别用于指定函数要获取哪条时间线、要获取多少页时间线，以及每页要有多少条状态消息。

获取时间线上面最新的状态消息的 ID。

获取状态消息本身。

使用过滤器移除那些已经被删除了的状态消息。

代码清单所示的函数会根据状态消息的发布时间，按照从新到旧的顺序从用户指定的时间线里面获取状态消息，如果用户没有指定要获取的时间线，那么函数默认会获取用户的主页时间线。

除了主页时间线之外，另一个重要的时间线是用户的个人时间线（profile timeline），这两种时间线之间的区别在于主页时间线可以包含其他人发布的状态消息，而个人时间线只会包含用户自己发布的状态消息。用户的个人时间线会在用户的个人页面上进行展示，个人页面是判断一个用户是否有趣的主要入口。只要在调用 `get_status_messages()` 函数的时候，将 `timeline` 参数的值设置为 `profile:`，就可以获取给定用户发布的状态消息。

我们已经知道怎样获取用户的主页时间线了，接下来就让我们来了解一下如何管理用户的正在关注列表以及用户的关注者列表。

8.3 关注者列表和正在关注列表

Twitter 这类平台的一个主要作用，就是让用户与其他人分享自己的构思、想法和梦想，在这些网站上关注一个人意味着你对这个人所说的话感兴趣，并期待着对方也会对你进行关注。

本节将介绍程序是如何管理用户的正在关注列表以及关注者列表的，并说明当用户开始关注某人或者停止关注某人的时候，用户的主页时间线将出现怎样的变化。

正如上一节所说，用户的主页时间线和个人时间线都是由有序集合存储的，这些有序集合存储着状态消息的 ID 以及状态消息发布时的时间戳。用户的正在关注列表以及关注者列表同样由有序集合存储，其中有序集合的成员为用户 ID，而分值则记录了用户开始关注某人或者被某人关注时的时间戳。图 8-4 展示了用户的正在关注列表以及关注者列表的样子。

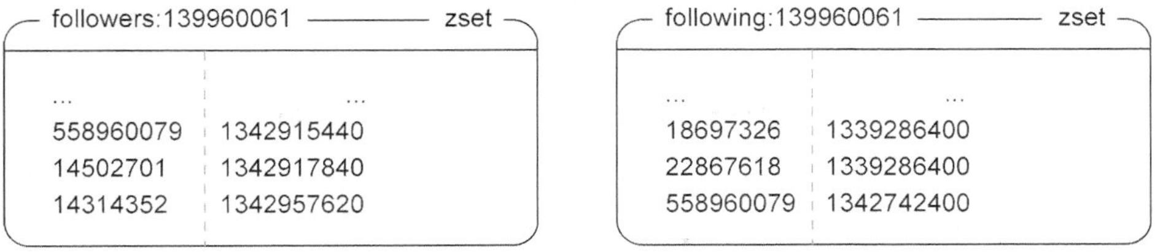

图 8-4 为了记录哪些人正在关注给定的用户，程序会将用户 ID 和时间戳组成一对存储到有序集合里面，其中用户 ID 记录了是谁在关注给定的用户，而时间戳则记录了他们是在什么时候开始关注给定用户的。与此类似，给定用户正在关注的人也是由组成一对的用户 ID 和时间戳存储在有序集合里面，其中用户 ID 记录了被关注的人，而时间戳则记录了给定用户关注他们的时间

当用户开始关注或者停止关注另一个用户的时候，程序就需要对这两个用户的正在关注有序集合以及关注者有序集合进行更新，并修改他们在用户信息散列里面记录的关注数量和被关注数量。如果用户执行的是关注操作，那么程序在对以上提到的有序集合和散列进行更新之后，还需要从被关注用户的个人时间线里面，复制一些状态消息 ID 到执行关注操作的用户的主页时间线里面，从而使得用户在关注另一个用户之后，可以立即看见被关注用户所发布的状态消息。代码清单 8-4 展示了实现关注操作的具体代码。

代码清单 8-4 对执行关注操作的用户的主页时间线进行更新

```
HOME_TIMELINE_SIZE = 1000
def follow_user(conn, uid, other_uid):
    fkey1 = 'following:%s'%uid
    fkey2 = 'followers:%s'%other_uid

    if conn.zscore(fkey1, other_uid):
        return None

    now = time.time()

    pipeline = conn.pipeline(True)
    pipeline.zadd(fkey1, other_uid, now)
    pipeline.zadd(fkey2, uid, now)
    pipeline.zrevrange('profile:%s'%other_uid,
        0, HOME_TIMELINE_SIZE-1, withscores=True)
    following, followers, status_and_score = pipeline.execute()[-3:]

    pipeline.hincrby('user:%s'%uid, 'following', int(following))
    pipeline.hincrby('user:%s'%other_uid, 'followers', int(followers))
    if status_and_score:
        pipeline.zadd('home:%s'%uid, **dict(status_and_score))
    pipeline.zremrangebyrank('home:%s'%uid, 0, -HOME_TIMELINE_SIZE-1)

    pipeline.execute()
    return True
```

把正在关注有序集合以及关注者有序集合的键名缓存起来。

如果 uid 指定的用户已经关注了 other_uid 指定的用户，那么返回。

将两个用户的 ID 分别添加到相应的正在关注有序集合以及关注者有序集合里面。

从被关注用户的个人时间线里面获取 HOME_TIMELINE_SIZE 条最新的状态消息。

修改两个用户的散列，更新他们各自的正在关注数量以及关注者数量。

对执行关注操作的用户的主页时间线进行更新，并保留时间线上面的最新 1000 条状态消息。

返回 True 表示关注操作已经成功执行。

将一列元组转换成字典　在 follow_user() 函数里面，程序从消息列表当中获取到的每条消息都是一个由状态消息 ID 和时间戳组成的二元组，通过将包含多个这样的二元组的列表传递给 dict() 函数，我们将这个列表转换成了一个以状态消息 ID 为键、时间戳为值的字典。

follow_user() 函数的行为和之前描述的一样：它首先将关注者和被关注者双方的用户 ID 添加到相应的正在关注有序集合以及关注者有序集合里面，然后获取这两个有序集合的大小，并从被关注用户的个人时间线上面获取最新的状态消息 ID。当函数取得了所需的数据之后，它就会对用户信息散列里面的正在关注数量以及关注者数量进行更新，并将之前取得的状态消息 ID 添加到执行关注操作的用户的主页时间线里面。

在关注某个人并阅读他的状态消息一段时间之后，用户可能会想要取消对那个人的关注。实现取消关注操作的方法和实现关注操作的方法正好相反：程序会从正在关注有序集合以及关注者有序集合里面移除关注者和被关注者双方的用户 ID，并从执行取消关注操作的用户的主页时间线里面移除被取消关注的人所发布的状态消息，最后对两个用户的正在关注数量以及关注者数量进行更新。代码清单 8-5 展示了取消关注操作的实现方法。

代码清单 8-5　用于取消关注某个用户的函数

```
def unfollow_user(conn, uid, other_uid):
    fkey1 = 'following:%s'%uid
    fkey2 = 'followers:%s'%other_uid

    if not conn.zscore(fkey1, other_uid):
        return None

    pipeline = conn.pipeline(True)
    pipeline.zrem(fkey1, other_uid)
    pipeline.zrem(fkey2, uid)

    pipeline.zrevrange('profile:%s'%other_uid,
        0, HOME_TIMELINE_SIZE-1)
    following, followers, statuses = pipeline.execute()[-3:]

    pipeline. hincrby('user:%s'%uid, 'following', int(following))
    pipeline. hincrby('user:%s'%other_uid, 'followers', int(followers))
    if statuses:
        pipeline.zrem('home:%s'%uid, *statuses)

    pipeline.execute()
    return True
```

把正在关注有序集合以及关注者有序集合的键名缓存起来。

如果 uid 指定的用户并未关注 other_uid 指定的用户，那么函数直接返回。

从正在关注有序集合以及关注者有序集合里面移除双方的用户 ID。

获取被取消关注的用户最近发布的 HOME_TIMELINE_SIZE 条状态消息。

对相应用户信息散列里面的正在关注数量以及关注者数量进行更新。

对执行取消关注操作的用户的主页时间线进行更新，移除被取消关注的用户发布的所有状态消息。

返回 True 表示取消关注操作执行成功。

unfollow_user() 函数会找到执行取消关注操作的用户以及被取消关注的用户，对他们的正在关注有序集合以及关注者有序集合进行更新，并修改他们的正在关注数量以及关注者数量，最后从执行取消关注操作的用户的主页时间线里面移除被取消关注的用户所发布的状态消息。至此，我们已经成功地实现了关注用户和取消关注用户这两个重要的操作。

练习：重新填充时间线

当用户取消关注某个人的时候，该用户的主页时间线上面将有不定数量的状态消息被删除。这时，程序既可以什么也不做，就这样让时间线上面的状态消息变少，也可以通过添加用户仍在关注的其他人的状态消息来重新填满时间线。请编写一个函数，通过添加状态消息到用户的主页时间线来保持它处于被填满的状态。提示：使用 6.4 节中介绍的延迟任务队列，可以让执行重新填充操作的取消关注调用尽快地返回。

练习：用户列表

除了关注者列表以外，Twitter 还允许用户创建具有指定名字的用户列表，每个用户列表里面只会包含由指定的多个用户发布的状态消息。请对 `follow_user()` 函数和 `unfollow_user()` 函数进行更新，让它们能够通过可选的“列表 ID”参数来支持用户列表特性，并添加相应的用户列表创建函数以及用户列表获取函数。提示：可以把用户列表看作是另外一种关注者列表。加分项：请对“重新填充时间线”练习的解答函数进行更新，让它能够对用户列表进行填充操作。

既然我们已经知道了怎样关注一个用户或者取消关注一个用户，并在执行这两个操作的同时对用户的主页时间线进行更新，那么现在是时候来了解一下如何发布一条新的状态消息了。

8.4　状态消息的发布与删除

在类似 Twitter 这样的网站上面，用户可以执行的一个最基本的操作就是发布状态消息。人们通过发布状态消息来与其他人分享自己的想法，并通过阅读其他人发布的状态消息来了解对方的所见所闻。前面的 8.1.2 节中展示了如何创建一条状态消息，也展示了状态消息包含的各项数据，但它既没有介绍怎样将状态消息添加到用户的个人时间线里面，也没有介绍怎样将状态消息添加到用户的每个关注者的主页时间线里面。

本节将对状态消息创建之后发生的事情进行介绍，说明一条新的状态消息是如何被添加到每个关注者的主页时间线里面的。除此之外，本节还会介绍删除已发布的状态消息的方法。

本章前面已经介绍了程序是如何创建新的状态消息的，而在此之后，程序要做的就是想办法把新状态消息的 ID 添加到每个关注者的主页时间线里面。具体的添加方式会根据消息发布人拥有的关注者数量的多少而有所不同。如果用户的关注者数量相对比较少（比如说，不超过 1000 人），那么程序可以立即更新每个关注者的主页时间线。但是，如果用户的关注者数量非常庞大（比如说，100 万人，甚至像 Twitter 上面的某些人那样，有 2500 万关注者），那么尝试直接执行添加操作将导致发布消息的用户需要长时间地进行等待，超出合理的等待时间。

为了让发布操作可以尽快地返回，程序需要做两件事情。首先，在发布状态消息的时候，程序会将状态消息的 ID 添加到前 1000 个关注者的主页时间线里面。根据 Twitter 的一项统计表明，关注者数量在 1000 人以上的用户只有 10 万～25 万，而这 10 万～25 万用户只占了活跃用户数量的 0.1%，这意味着 99.9%的消息发布人在这一阶段就可以完成自己的发布操作，而剩下的 0.1%则需要接着执行下一个步骤。

其次，对于那些关注者数量超过 1000 人的用户来说，程序会使用类似于 6.4 节中介绍的系统来开始一项延迟任务。代码清单 8-6 展示了程序是如何将状态更新推送给各个关注者的。

代码清单 8-6　对用户的个人时间线进行更新

```
def post_status(conn, uid, message, **data):
    id = create_status(conn, uid, message, **data)   # 使用之前介绍过的函数来创建一条新的状态消息。
    if not id:                                        # 如果创建状态消息失败，那么直接返回。
        return None

    posted = conn.hget('status:%s'%id, 'posted')     # 获取消息的发布时间。
    if not posted:                                    # 如果程序未能顺利地获取消息的发布时间，那么直接返回。
        return None

    post = {str(id): float(posted)}
    conn.zadd('profile:%s'%uid, **post)               # 将状态消息添加到用户的个人时间线里面。

    syndicate_status(conn, uid, post)                 # 将状态消息推送给用户的关注者。
    return id
```

注意，`post_status()`函数将状态更新操作分成了两个部分来执行。第一个部分调用 8.2 节中介绍的 `create_status()`函数创建状态消息，并将这条状态消息添加到消息发送人的个人时间线里面。而第二个部分则调用 `syndicate_status()`函数将新建的状态消息添加到各个关注者的主页时间线里面，其中 `syndicate_status()`函数的定义如代码清单 8-7 所示。

代码清单 8-7　对关注者的主页时间线进行更新

```
POSTS_PER_PASS = 1000                                  # 函数每次被调用时，最多只会将状态消息发送给 1000 个关注者。
def syndicate_status(conn, uid, post, start=0):

    followers = conn.zrangebyscore('followers:%s'%uid, start, 'inf',
        start=0, num=POSTS_PER_PASS, withscores=True)  # 以上次被更新的最后一个关注者为起点，获取接下来的 1000 个关注者。

    pipeline = conn.pipeline(False)
    for follower, start in followers:                  # 在遍历关注者的同时，对 start 变量的值进行更新，这个变量可以在有需要的时候传递给下一个 syndicate_status()调用。
        pipeline.zadd('home:%s'%follower, **post)      # 将状态消息添加到所有被获取的关注者的主页时间线里面，并在有需要的时候对关注者的主页时间线进行修剪，防止它超过限定的最大长度。
        pipeline.zremrangebyrank(
            'home:%s'%follower, 0, -HOME_TIMELINE_SIZE-1)
    pipeline.execute()

    if len(followers) >= POSTS_PER_PASS:               # 如果需要更新的关注者数量超过 1 000 人，那么在延迟任务里面继续执行剩余的更新操作。
        execute_later(conn, 'default', 'syndicate_status',
            [conn, uid, post, start])
```

syndicate_status()函数会将状态消息添加到前1000个关注者的主页时间线里面，并在关注者数量超过1000个的时候，调用6.4节中定义的API来开始一个延迟任务，并把剩余的添加操作交给延迟任务来完成。通过上面展示的post_status()函数和syndicate_status()函数，用户现在可以发布新的状态消息，并将状态消息发送给他的所有关注者了。

练习：更新用户列表

上一节中的练习介绍了如何构建具有指定名字的用户列表。请对本节中介绍的syndicate_message()函数进行修改，让它能够对用户列表的时间线进行更新。

除了思考如何发布状态消息之外，我们还要考虑如何去删除一条已经发布的状态消息。

删除一条状态消息的方法实际上非常简单，因为get_status_messages()函数在返回那些被取出的状态消息之前，会先使用Python的filter()函数过滤掉所有已经被删除了的状态消息，所以在删除一条状态消息的时候，程序只需要删除存储了那条状态消息的散列，并对消息发送者的已发送状态消息数量进行更新就可以了。代码清单8-8展示了用于删除已发布的状态消息的函数。

代码清单 8-8 用于删除已发布的状态消息的函数

```
def delete_status(conn, uid, status_id):
    key = 'status:%s'%status_id
    lock = acquire_lock_with_timeout(conn, key, 1)
    if not lock:
        return None

    if conn.hget(key, 'uid') != str(uid):
        release_lock(conn, key, lock)
        return None

    pipeline = conn.pipeline(True)
    pipeline.delete(key)
    pipeline.zrem('profile:%s'%uid, status_id)
    pipeline.zrem('home:%s'%uid, status_id)
    pipeline.hincrby('user:%s'%uid, 'posts', -1)
    pipeline.execute()

    release_lock(conn, key, lock)
    return True
```

对指定的状态消息进行加锁，防止两个程序同时删除同一条状态消息的情况出现。

如果加锁失败，那么直接返回。

如果uid指定的用户并非状态消息的发布人，那么函数直接返回。

删除指定的状态消息。

从用户的个人时间线里面移除被删除状态消息的ID。

从用户的主页时间线里面移除被删除状态消息的ID。

对存储着用户信息的散列进行更新，减少已发布状态消息的数量。

在删除状态消息并对用户已发布状态消息数量进行更新的同时，delete_status()函数还会从用户的主页时间线和个人时间线里面移除被删除的状态消息，虽然这个移除操作在技术上并非必须，但它无须花费多少力气就可以让两条时间线变得更干净一些，这又何乐而不为呢？

练习：清理被删除状态消息的ID

当一条状态消息被删除之后，这条消息的ID就会残留在所有关注者的主页时间线里面，请想个

> 办法清理这些残留的 ID。提示：回想一下状态消息发布操作是如何实现的。加分项：对用户列表时间线上残留的 ID 进行清理。

从用户的角度来看，能够发布和删除状态消息多多少少就算是完成了仿 Twitter 社交网站的基本功能了。如果读者想要进一步提高这个网站的用户体验的话，那么可以考虑给网站增加以下特性。

- 私人用户，关注这些用户需要经过主人的批准。
- 收藏（注意状态消息的私密性）。
- 用户之间可以进行私聊。
- 对消息进行回复将产生一个会话流（conversation flow）。
- 转发消息。
- 使用@指名一个用户，或者使用#标记一个话题。
- 记录用户使用@指名了谁。
- 针对广告行为和滥用行为的投诉与管理机制。

以上提到的特性可以使我们的仿 Twitter 网站的功能变得更加丰富，不过这些特性并非在所有情况下都是必需的，读者可以根据自己的需要选择添加哪些特性。除了 Twitter 提供的特性之外，读者也可以考虑添加一些来自其他社交网站的附加功能。

- 对状态消息进行“赞”或者“+1”。
- 根据“重要性”对状态消息进行排序。
- 在预先设置的一群用户之间进行私聊，就像 6.5.2 节中介绍的那样。
- 对用户进行分组，只有组员能够关注组时间线（group timeline）并在里面发布状态消息。小组可以是公开的、私密的甚至是公告形式的。

到目前为止，我们已经构建起了一个具有基本功能的仿 Twitter 网站，接下来我们要考虑的是怎样为这个网站构建一个处理流 API 请求的系统。

8.5　流 API

在开发社交网站的过程中，我们可能会想要知道更多网站上正在发生的事情——比如网站每个小时会发布多少条新的状态消息，网站上最热门的主题是什么，网站上最经常被@指名的人是谁，诸如此类。要做到这一点，我们既可以专门执行一些调用（call）来收集这些信息，也可以在所有执行操作的函数内部记录这些信息，还有一种方法——也就是本节要介绍的方法——就是构建一些函数来广播（broadcast）简单的事件（event），然后由负责进行数据分析的事件监听器（event listener）来接收并处理这些事件。

在这一节，我们将构建一个与 Twitter 的流 API 具有相似的功能的流 API 后端。

流 API 跟我们前面为了仿制 Twitter 而构建的其他部分完全不同，前面几节实现的 Twitter

典型操作都需要尽快地执行并完成，而流 API 请求则需要在一段比较长的时间内持续地返回数据。

大多数新型社交网站都允许用户通过 API 获取信息。Twitter 最近几年来的一个优势就在于，通过向第三方合作伙伴提供实时事件（real-time event），合作伙伴可以对数据进行各式各样新颖有趣的分析，而这些分析可能是 Twitter 自己没有时间或者没有兴趣开发的。

作为构建流 API 的第一步，让我们先来思考一下，自己到底想要处理和生产什么样的数据。

8.5.1 流 API 提供的数据

当用户使用我们的社交网站时，他们的一举一动都可以通过网站定义的 API 函数看到。在前面几节，我们花了大量时间来实现关注用户、取消关注用户、发布消息和删除消息这 4 个功能，随着我们不断地为社交网站开发新功能，用户的行为还会产生其他不同的事件。而流 API 的作用就是随着时间的推移，产生一个由事件组成的序列，以此来让整个网络上的客户端和其他服务及时地了解到网站目前正在发生的事情。

在构建流 API 的过程中需要进行各式各样的决策，这些决策主要和以下 3 个问题有关。

- 流 API 需要对外公开哪些事件？
- 是否需要进行访问限制？如果需要的话，采取何种方式实现？
- 流 API 应该提供哪些过滤选项？

本节将回答这里提到的第一个问题和第三个问题，但暂时不会回答与访问限制措施有关的第二个问题，因为只有在社交网站涉及用户隐私或者系统资源的时候，我们才需要考虑访问限制的问题。

既然我们的社交网站已经实现了发布消息、删除消息、关注用户和取消关注用户这几个动作，那么我们至少应该为这些动作提供一些事件。为了简单起见，目前我们只会创建发布消息事件和删除消息事件，但是以本节创建和分发的结构为基础，为关注用户、取消关注用户、甚至是之后添加的其他动作创建相应的事件应该都不是一件难事。

我们的社交网站提供的过滤选项（filtering option）在特性和功能方面与 Twitter 为公开流（public stream）[①]提供的 API 非常相似：用户既可以通过关注过滤器（基于用户进行过滤）、监测过滤器（基于关键字进行过滤）以及位置过滤器来获取过滤后的消息，又可以通过类似 Twitter 的消防水管（firehose）和样本（sample）这样的流来获取一些随机的消息。[②]

---

① Twitter 提供了三种类型的流 API 可供使用，它们分别为公开流、用户流（user stream）以及站点流（site stream）。其中公开流用于获取 Twitter 上公开可见的数据流（data flowing），比如公开的用户消息、公开的用户资料等等。——译者注。

② firehose 流和 sample 流都可以随机地获取 Twitter 上面的公开消息，它们的区别在于两者获取的消息数量不同：sample 流只能获取少量公开消息，而 firehose 流则可以获取所有公开消息。——译者注。

在了解了使用流 API 可以取得哪些数据之后，接下来就让我们来看看流 API 是怎样提供这些数据的。

8.5.2 提供数据

在前面的章节中，每当我们展示向 Redis 发送命令请求的函数时，都会假设某个已经存在的 Web 服务器会在合适的时候调用这个函数。但是对于流 API 来说，向客户端提供流式数据所需的步骤比起简单地将函数插入（plug）到已有的 Web 服务栈（stack）里面要复杂得多。这是因为绝大多数 Web 服务器在执行操作的时候，都假设程序会一次性地将全部回复返回给请求，然而这种假设并不适用于流 API。

每当新诞生的状态消息与过滤器相匹配的时候，流 API 就会将这条消息返回给客户端。尽管 WebScokets 和 SPDY 这样的新技术可以以增量的方式不断地生成数据，甚至进行服务器端的消息推送，但是这些技术的相关协议并未完全制定好，而且很多编程语言的客户端也未能完全地支持这些新技术。幸运的是，只要使用分块（chunked）传输编码，我们就可以使用 HTTP 服务器生成并发送增量式数据。

本节将构建一个简单的 Web 服务器，它可以通过分块 HTTP 回复向客户端返回流式数据。而接下来的一节则会在这个简单 Web 服务器的基础上，实现针对流式消息数据（streamed message data）的过滤功能。

为了构建流式 HTTP Web 服务器，我们需要用到 Python 编程语言的更高级的特性。前面章节展示的代码示例通常只会用到 Python 的函数，Python 的生成器（也就是那些包含 `yield` 语句的代码）则是从第 6 章开始使用的，而这一节展示的代码示例则会用到 Python 的类。这是因为 Python 已经包含了多个服务器类，我们只需要把这些类混合（mix）在一起，就可以实现 Web 服务器的各种功能，而不必从零开始构建整个 Web 服务器。如果读者曾经在其他编程语言里面使用过类，那么应该也不会对 Python 的类感到陌生，因为 Python 的类和其他编程语言的类并没有什么不同——这些类都旨在对数据进行封装，并提供操作被封装数据的方法。因为构建流式 HTTP Web 服务器所需的大部分功能都已经在函数库里面实现好了，所以我们只需要把这些功能组合在一起就可以了。

1. HTTP 流服务器

Python 提供了一系列套接字服务器函数库，通过混合这些库可以实现各种不同的功能。首先，我们会创建一个以多线程方式处理已到达请求的服务器，这个服务器每次接收到一个请求，都会创建一个新的线程来执行请求处理器（request handler），而请求处理器则会对 `GET` 和 `POST` 形式的 HTTP 请求进行一些非常简单的路由操作。代码清单 8-9 展示了这个多线程 HTTP 服务器，以及这个服务器使用的请求处理器。

代码清单 8-9 HTTP 流服务器及其请求处理器

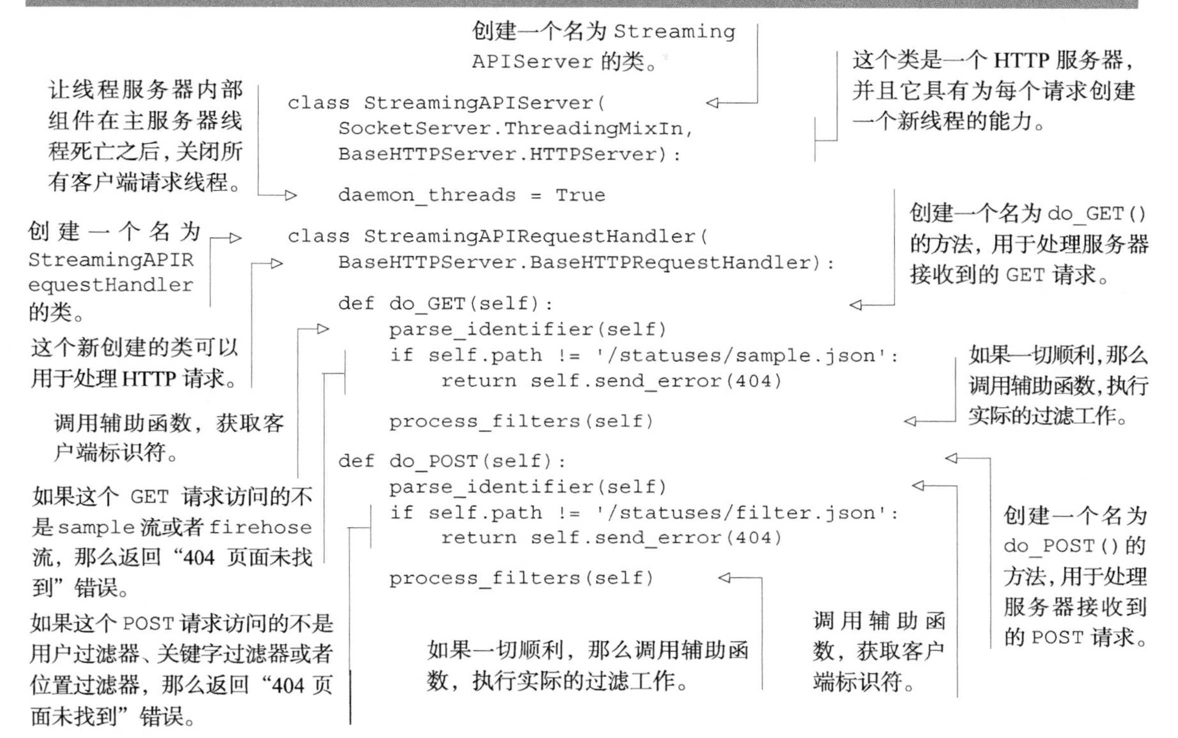


```
class StreamingAPIServer(
    SocketServer.ThreadingMixIn,
    BaseHTTPServer.HTTPServer):

    daemon_threads = True

class StreamingAPIRequestHandler(
    BaseHTTPServer.BaseHTTPRequestHandler):

    def do_GET(self):
        parse_identifier(self)
        if self.path != '/statuses/sample.json':
            return self.send_error(404)

        process_filters(self)

    def do_POST(self):
        parse_identifier(self)
        if self.path != '/statuses/filter.json':
            return self.send_error(404)

        process_filters(self)
```

代码清单 8-9 定义的服务器会为每个请求创建一个线程，线程会调用请求处理器对象的 do_GET 方法或者 do_POST 方法来分别处理两类主要的流 API 请求，其中 do_GET 方法负责处理针对过滤器的访问请求，而 do_POST 方法则负责处理针对随机消息的访问请求。

代码清单 8-9 虽然给出了服务器的定义，但它并没有给出启动服务器所需的代码，而实际运行这个服务器需要用到一些 Python 魔法，这些魔法可以让我们选择是载入模块并使用模块中定义的类，还是直接运行模块来启动流 API 服务器。代码清单 8-10 展示了用于载入模块并以守护进程形式运行服务器的代码。

代码清单 8-10 启动并运行 HTTP 流服务器的代码

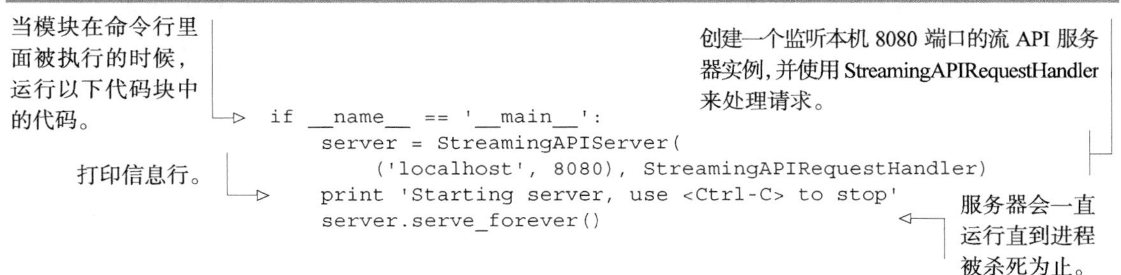


```
if __name__ == '__main__':
    server = StreamingAPIServer(
        ('localhost', 8080), StreamingAPIRequestHandler)
    print 'Starting server, use <Ctrl-C> to stop'
    server.serve_forever()
```

在将流 API 服务器的代码键入文件里面并运行服务器之前，别忘了我们还未介绍过服务器调用的 parse_identifier() 函数和 process_filters() 函数，接下来的两节将分别介绍这两个函数的定义。

2. 标识客户端

代码清单 8-11 展示了 parse_identifier() 函数的定义，这个函数会通过语法分析从请求的查询参数里面提取出一个标识符，以此来获取与客户端有关的标识信息。如果需要把 parse_identifier() 函数应用于生产环境的话，我们还可以考虑增加一些代码，对客户端发来的这个标识符执行一些验证操作。

代码清单 8-11 负责进行语法分析并存储客户端标识符的函数

```
def parse_identifier(handler):
    handler.identifier = None
    handler.query = {}
    if '?' in handler.path:
        handler.path, _, query = handler.path.partition('?')
        handler.query = urlparse.parse_qs(query)
        identifier = handler.query.get('identifier') or [None]
        handler.identifier = identifier[0]
```

将标识符和查询参数设置为预留值。

如果请求里面包含了查询参数，那么处理这些参数。

取出路径里面包含查询参数的部分，并对路径进行更新。

通过语法分析得出查询参数。

获取名为 identifier 的查询参数列表。

使用第一个传入的标识符。

parse_identifier() 函数的定义没有任何令人惊奇的地方：它首先为查询参数和标识符设置了初始值，接着对查询参数进行语法分析，最后将查询参数里面可用的标识符存储起来。

3. 处理 HTTP 流

我们构建的 HTTP 服务器目前并不完整，因为它还缺少将过滤后的消息返回给客户端的代码。为了将过滤后的消息一个接一个地发送给客户端，服务器首先需要验证客户端发来的请求是否合法，如果请求没有问题的话，服务器就会向客户端发送通知，告知它，服务器现在将进入 HTTP 的分块传输模式，这个模式使得服务器可以在接收到消息的时候，将消息一个接一个地发送给客户端。代码清单 8-12 展示了执行验证操作并将过滤后的消息发送给客户端的函数。

代码清单 8-12 负责校验请求并向客户端发送流数据的函数

```
FILTERS = ('track', 'filter', 'location')
def process_filters(handler):
    id = handler.identifier
    if not id:
        return handler.send_error(401, "identifier missing")

    method = handler.path.rsplit('/')[-1].split('.')[0]
    name = None
    args = None
    if method == 'filter':
```

把那些需要传入参数才能使用的过滤器都放到一个列表里面。

如果客户端没有提供标识符，那么返回一个错误。

获取客户端指定的方法，结果应该是 sample（随机消息）或者 filter（过滤器）这两种中的一种。

如果客户端指定的是过滤器方法，那么程序需要获取相应的过滤参数。

```
    data = cgi.FieldStorage(
        fp=handler.rfile,
        headers=handler.headers,
        environ={'REQUEST_METHOD':'POST',
                 'CONTENT_TYPE':handler.headers['Content-Type'],
    })

    for name in data:
        if name in FILTERS:
            args = data.getfirst(name).lower().split(',')
            break

    if not args:
        return handler.send_error(401, "no filter provided")
else:
    args = handler.query

handler.send_response(200)
handler.send_header('Transfer-Encoding', 'chunked')
handler.end_headers()

quit = [False]
for item in filter_content(id, method, name, args, quit):
    try:
        handler.wfile.write('%X\r\n%s\r\n'%(len(item), item))
    except socket.error:
        quit[0] = True
if not quit[0]:
    handler.wfile.write('0\r\n\r\n')
```

对 POST 请求进行语法分析，从而获知过滤器的类型以及参数。

找到客户端在请求中指定的过滤器。

如果客户端没有指定任何过滤器，那么返回一个错误。

如果客户端指定的是随机消息请求，那么将查询参数用作 args 变量的值。

最后，向客户端返回一个回复，告知客户端，服务器接下来将向它发送流回复。

使用 Python 列表作为引用传递（pass-by-reference）变量的占位符，用户可以通过这个变量来让内容过滤器停止接收消息。

对过滤结果进行迭代。

使用分块传输编码向客户端发送经过预编码（pre-encoded）的回复。

如果发送操作引发了错误，那么让订阅者停止订阅并关闭自身。

如果服务器与客户端的连接并未断开，那么向客户端发送表示“分块到此结束”的消息。

尽管 process_filters()函数里面有几个比较难懂的地方，但它的基本构思不外乎就是确保服务器已经取得了客户端的标识符，并且成功地获取了请求指定的过滤参数。如果一切顺利的话，服务器会告知客户端，自己将向它发送流回复，并将实际的过滤器传递给生成器，然后由生成器产生符合过滤标准的消息序列。

以上展示的就是 HTTP 流服务器的构建方法。在接下来的一节中，我们将构建一些过滤器来对系统中的消息进行过滤。

8.5.3 对流消息进行过滤

前面一节构建了一个服务器来处理消息流，而这一节要做的则是为服务器添加消息过滤功能，使得客户端可以只接收自己感兴趣的消息。尽管我们构建的社交网站一时半会儿可能还不会有什么人气，但是在 Twitter、Facebook 甚至 Google+这些热门的社交网站上面，每秒都会有数万甚至数十万的事件发生。对于我们自己和第三方合作伙伴来说，一个不漏地发送这些信息将带来高昂的带宽费用，因此让服务器只发送客户端想要的消息就变得相当重要了。

接下来我们将编写一些函数和类，并将它们插入 8.5.2 节中介绍的流 Web 服务器里面，这些函数和类会在消息以流的形式被发送至客户端之前，对消息进行过滤。正如 8.5 节开头所说，这个带有消息过滤功能的流服务器除了可以像 Twitter 的 firehose 流一样，让客户端访问所有消息之外，还可以让客户端获取随机选取的一部分消息，或者只获取与特定用户、特定关键字或者特定位置有关的消息。

正如之前在第 3 章中提到的那样，我们将使用 Redis 的 PUBLISH 命令和 SUBSCRIBE 命令来实现流服务器的其中一部分功能：当用户发布一条消息的时候，程序会将这条消息通过 PUBLISH 发送给某个频道，而各个过滤器则通过 SUBSCRIBE 来订阅并接收那个频道的消息，并在发现与过滤器相匹配的消息时，将消息回传（yield back）给 Web 服务器，然后由服务器将这些消息发送给客户端。

1. 对状态消息的发布操作与删除操作进行更新

实现流过滤功能首先要做的就是对 8.1.2 节中展示的消息发送函数以及 8.4 节中展示的消息删除函数进行更新，让它们产生一些消息，并把这些消息传递给过滤器。代码清单 8-13 展示了更新之后的 create_status() 函数，函数中新添加的那一行代码负责将消息发送给过滤器进行过滤。

代码清单 8-13 为代码清单 8-2 的 create_status() 函数添加流过滤器支持

```
def create_status(conn, uid, message, **data):
    pipeline = conn.pipeline(True)
    pipeline.hget('user:%s'%uid, 'login')
    pipeline.incr('status:id:')
    login, id = pipeline.execute()

    if not login:
        return None

    data.update({
        'message': message,
        'posted': time.time(),
        'id': id,
        'uid': uid,
        'login': login,
    })
    pipeline.hmset('status:%s'%id, data)
    pipeline.hincrby('user:%s'%uid, 'posts')
    pipeline.publish('streaming:status:', json.dumps(data))    <-- 新添加的这一行代码用于向流过滤器发送消息。
    pipeline.execute()
    return id
```

消息发送函数只需要添加一行代码就可以支持流过滤功能，接下来的代码清单 8-14 展示了更新之后的消息删除函数。

代码清单 8-14 为代码清单 8-8 的 delete_status() 函数添加流过滤器支持

```
def delete_status(conn, uid, status_id):
    key = 'status:%s'%status_id
    lock = acquire_lock_with_timeout(conn, key, 1)
```

```
    if not lock:
        return None

    if conn.hget(key, 'uid') != str(uid):
        release_lock(conn, key, lock)
        return None

    pipeline = conn.pipeline(True)
    status = conn.hgetall(key)
    status['deleted'] = True
    pipeline.publish('streaming:status:', json.dumps(status))
    pipeline.delete(key)
    pipeline.zrem('profile:%s'%uid, status_id)
    pipeline.zrem('home:%s'%uid, status_id)
    pipeline.hincrby('user:%s'%uid, 'posts', -1)
    pipeline.execute()

    release_lock(conn, key, lock)
    return True
```

获取状态消息，以便流过滤器可以通过执行相同的过滤器来判断是否需要将被删除的消息传递给客户端。

将状态消息标记为“已被删除”。

将已被删除的状态消息发送到流里面。

初看上去，读者可能会感到奇怪，`delete_status()`为什么要将被删除的状态消息完整地发送给过滤频道呢？从概念上来讲，程序在删除一条状态消息的时候，需要向所有曾经发布过这条消息的客户端发送“此消息已被删除”的信息，而对被删除消息执行发布该消息时使用的过滤器正好可以做到这一点，这就是程序将被删除的状态消息标记为“已被删除”，然后将它重新发送到过滤频道里面的原因。这种做法使得程序无须为每个客户端记录所有已发送消息的状态 ID，从而简化了服务器的设计并降低了内存占用。

2. 接收并过滤流消息

现在，每当服务器发布一条消息或者删除一条消息，它都会将消息发送至指定的频道，而程序只需要订阅那个频道，就可以开始接收并过滤消息了。代码清单 8-15 展示了服务器用于接收并过滤消息的代码：正如第 3 章中所说，为了订阅指定频道的消息，程序需要创建一个特殊的 `pubsub` 对象；在订阅了频道之后，程序将对接收到的消息进行过滤，并根据消息是被发布还是被删除来判断应该生成两种不同消息中的哪一种。

代码清单 8-15 负责接收和处理流消息的函数

```
@redis_connection('social-network')
def filter_content(conn, id, method, name, args, quit):
    match = create_filters(id, method, name, args)

    pubsub = conn.pubsub()
    pubsub.subscribe(['streaming:status:'])

    for item in pubsub.listen():
        message = item['data']
        decoded = json.loads(message)

        if match(decoded):
```

使用第 5 章中介绍的自动连接装饰器。

创建一个过滤器，让它来判断是否应该将消息发送给客户端。

执行订阅前的准备工作。

通过订阅来获取消息。

从订阅结构中取出状态消息。

检查状态消息是否与过滤器相匹配。

```
            if decoded.get('deleted'):
                yield json.dumps({
                    'id': decoded['id'], 'deleted': True})
            else:
                yield message

        if quit[0]:
            break

    pubsub.reset()
```

在发送被删除的消息之前，先给消息添加一个特殊的“已被删除”占位符。

对于未被删除的匹配状态消息，程序直接发送消息本身。

如果 Web 服务器与客户端之间的连接已经断开，那么停止过滤消息。

重置 Redis 连接，清空因为连接速度不够快而滞留在 Redis 服务器输出缓冲区里面的数据。

正如之前所说，filter_content() 函数需要通过订阅 Redis 中的一个频道来接收状态消息的发布通知或者删除通知。除此之外，它还需要处理断线的流客户端，并正确地对连接进行清理以防止 Redis 存储了太多待发送数据。

正如第 3 章中所说，Redis 服务器提供了 client-output-buffer-limit pubsub 选项，它可以设置服务器在处理订阅操作时为每个客户端分配的最大输出缓冲区大小。为了保证 Redis 服务器在高负载下仍然能够正常运作，我们可能会将这个选项的值设定为低于默认的 32MB，至于这个值实际要设置为多少，则取决于服务器要处理的客户端数量以及服务器的数据库里面存储了多少数据。

3. 过滤消息

到目前为止，我们已经完成了除过滤器之外，实现状态消息过滤功能所需的其他所有程序，现在唯一要做的就是真正地实现过滤器。为了实现消息过滤功能，我们在前面已经做了非常多的准备工作，但过滤器本身的实现却并不复杂。为了创建过滤器，我们首先需要定义代码清单 8-16 展示的 create_filters() 函数，这个函数会根据用户的需要创建相应的过滤器。目前的 create_filters() 函数将假设客户端总是会发送合法的参数，如果读者需要把这个函数应用到生产环境的话，那么可以根据自己的需要，增加相应的正确性校验以及身份验证功能。

代码清单 8-16 负责创建过滤器的工厂函数（factory function）

```
def create_filters(id, method, name, args):
    if method == 'sample':
        return SampleFilter(id, args)
    elif name == 'track':
        return TrackFilter(args)
    elif name == 'follow':
        return FollowFilter(args)
    elif name == 'location':
        return LocationFilter(args)
    raise Exception("Unknown filter")
```

sample 方法不需要用到 name 参数，只需要给定 id 参数和 args 参数即可。

filter 方法需要创建并返回用户指定的过滤器。

如果没有任何过滤器被选中，那么引发一个异常。

很明显，我们需要分别实现 create_filters() 函数中提到的各个不同的过滤器。首先需要实现的是随机取样过滤器，这个过滤器会实现类似 Twitter 风格的 firehose（消防水管）、

gardenhose（橡胶软管）和 spritzer（汽水）访问等级（access level），代码清单 8-17 展示了这个过滤器的实现代码。

代码清单 8-17 对状态消息进行随机取样的过滤器

```
def SampleFilter(id, args):
    percent = int(args.get('percent', ['10'])[0], 10)
    ids = range(100)
    shuffler = random.Random(id)
    shuffler.shuffle(ids)
    keep = set(ids[:max(percent, 1)])

    def check(status):
        return (status['id'] % 100) in keep
    return check
```

定义一个 SampleFilter 函数，它接受 id 和 args 两个参数。

args 参数是一个字典，它来源于 GET 请求传递的参数。

使用 id 参数来随机地选择其中一部分消息 ID，被选中 ID 的数量由传入的 percent 参数决定。

使用 Python 集合来快速地判断给定的状态消息是否符合过滤器的标准。

创建并返回一个闭包函数，这个函数就是被创建出来的随机取样消息过滤器。

为了对状态消息进行过滤，程序会获取给定状态消息的 ID，并将 ID 的值取模 100，然后通过检查取模结果是否存在于 keep 集合来判断给定的状态消息是否符合过滤器的标准。

SampleFilter 函数使用了闭包来将数据和行为封装在一起。除此之外，SampleFilter 函数还做了一件有趣的事情——它使用用户提供的 id 参数来做随机数字生成器的种子（seed），以此来决定被过滤器选中的状态消息的 ID，这使得随机取样过滤器能够接收到状态消息的 deleted 通知，即使在客户端曾经断过线的情况下，也是如此（但是客户端必须在删除通知到达之前重新连接服务器）。此外，程序使用了 Python 的集合而不是列表来判断 ID 在取模 100 之后是否位于过滤器接受的范围之内，这是因为 Python 集合查找一个元素是否存在的时间复杂度为 O(1)，而 Python 列表执行相同操作的复杂度为 $O(n)$。

接下来要实现的是 track 过滤器，这个过滤器允许用户追踪状态消息中的单词（word）或者短语（phrase）。和代码清单 8-17 展示的随机取样过滤器一样，track 过滤器也会使用闭包来将数据和过滤器功能封装在一起。代码清单 8-18 展示了 track 过滤器的定义。

代码清单 8-18 对状态消息中的词组进行匹配的过滤器

```
def TrackFilter(list_of_strings):
    groups = []
    for group in list_of_strings:
        group = set(group.lower().split())
        if group:
            groups.append(group)

    def check(status):
        message_words = set(status['message'].lower().split())
```

函数接受一个由词组构成的列表为参数，如果一条状态消息包含某个词组里面的所有单词，那么这条消息就与过滤器相匹配。

每个词组至少需要包含一个单词。

以空格为分隔符，从消息里面分割出多个单词。

```
    for group in groups:
        if len(group & message_words) == len(group):
            return True
    return False
return check
```

遍历所有词组。

如果某个词组的所有单词都在消息里面出现了，那么过滤器将接受这条消息。

监测过滤器唯一要注意的地方是：消息需要与某个词组的所有单词而不是部分单词相匹配，才能被过滤器所接受。此外，监测过滤器也用到了 Python 集合，它们和 Redis 的集合一样，都提供了计算交集的能力。

接着来看 `follow` 过滤器，这个过滤器会匹配由给定用户群中某个用户所发送的状态消息，以及那些提及了用户群中某个用户的消息。代码清单 8-19 展示了 `follow` 过滤器的实现。

代码清单 8-19　找出由特定用户发送的消息，以及那些与特定用户有关的消息

```
def FollowFilter(names):
    nset = set()
    for name in names:
        nset.add('@' + name.lower().lstrip('@'))

    def check(status):
        message_words = set(status['message'].lower().split())
        message_words.add('@' + status['login'].lower())

        return message_words & nset
    return check
```

过滤器会根据给定的用户名，对消息内容以及消息的发送者进行匹配。

以“@用户名”的形式存储所有给定用户的名字。

根据消息内容以及消息发布者的名字，构建一个由空格分隔的词组。

如果给定的用户名与词组中的某个词语相同，那么这条消息与过滤器相匹配。

和之前展示的其他过滤器一样，关注过滤器也使用了 Python 集合以便快速地判断消息发布者的名字是否存在于用户名集合当中，又或者用户名集合中的某个名字是否出现在了状态消息里面。

我们最后要实现的是位置过滤器。和之前展示过的其他过滤器不同，前面的内容并没有明确地说明怎样在状态消息里面添加位置信息，但是，因为 `create_status()` 函数和 `post_status()` 函数都接受额外的可选关键字参数，所以即使不修改这两个函数，我们也可以向它们提供包括位置信息在内的附加信息。代码清单 8-20 给出了位置过滤器的定义。

代码清单 8-20　那些位于给定经纬度范围之内的消息

```
def LocationFilter(list_of_boxes):
    boxes = []
    for start in xrange(0, len(list_of_boxes)-3, 4):
        boxes.append(map(float, list_of_boxes[start:start+4]))

    def check(self, status):
        location = status.get('location')
        if not location:
            return False
```

创建一个区域集合，这个集合定义了过滤器接受的消息来自于哪些区域。

尝试从状态消息里面取出位置数据。

如果消息未包含任何位置数据，那么这条消息不在任何区域的范围之内。

```
        lat, lon = map(float, location.split(','))
        for box in self.boxes:
            if (box[1] <= lat <= box[3] and
                box[0] <= lon <= box[2]):
                return True
        return False
    return check
```

如果消息包含位置数据，那么取出纬度和经度。

遍历所有区域，尝试进行匹配。

如果状态消息的位置在给定区域的经纬度范围之内，那么这条状态消息与过滤器相匹配。

对于位置过滤器来说，读者最好奇的可能就是程序定义匹配区域的方法了：程序假设客户端发送的请求会以逗号分隔多个数字的方式来定义各个区域，其中每个区域的经纬度范围由 4 个数来定义，这 4 个数依次为最小经度、最小纬度、最大经度和最大纬度——它们的排列顺序和 Twitter 的 API 一样。

大功告成！我们终于成功地构建起了一个基本的社交网站后端，它不仅拥有自己的流 API，而且还有一个可运行的 Web 服务器以及多个过滤器。

8.6 小结

在这一章中，我们构建了一个与 Twitter 具有相似功能的网站，尽管这个仿制的网站在可扩展性方面还远远比不上 Twitter，但只要活用这一章展示的技术，创建一个小型社交网站对于读者来说就应该是绰绰有余的。读者也可以考虑给本章实现的网站加上进行用户交互所需的前端（front end），这样的话就可以立即拥有自己的社交网站了！

这一章想要传达给读者的是，通过使用 Redis 提供的工具，我们可以构建出某些非常流行的网站所拥有的某些功能。

在接下来的第 9 章至第 11 章中，我们将学习如何降低 Redis 的内存占用、如何扩展 Redis 的读负载和写负载，以及如何使用脚本来简化应用程序（在某些情况下，脚本也可以用于扩展应用程序）。这些技术可以帮助我们扩展 Redis 应用程序，使得像本章介绍的社交网站这样的应用程序可以超越单台机器带来的限制。首先，让我们接着阅读第 9 章，并学习里面介绍的降低 Redis 内存占用的方法。

第三部分

进阶内容

本书最后的这几章将对 Redis 用户经常会遇到的一些问题进行介绍（降低内存占用、扩展性能、使用 Lua 语言进行脚本编程），并说明如何使用常规的技术去解决这些问题。

第 9 章　降低内存占用

本章主要内容

- 短结构（short structure）
- 分片结构（shared structure）
- 打包存储二进制位和字节

本章将介绍 3 种非常有价值的降低 Redis 内存占用的方法。降低 Redis 的内存占用有助于减少创建快照和加载快照所需的时间、提升载入 AOF 文件和重写 AOF 文件时的效率、缩短从服务器进行同步所需的时间[①]，并且能让 Redis 存储更多的数据而无须添加额外的硬件。

本章首先会介绍如何使用 Redis 的短数据结构来更高效地表示数据。接着会介绍如何使用分片技术，将一些体积较大的结构分割为多个体积较小的结构。[②]最后介绍如何将固定长度的数据打包存储到字符串键里面，从而进一步地降低内存占用。

笔者曾经通过同时使用本章介绍的这几种技术，成功地将分布在 3 台服务器上的 70 多 GB 数据缩小至 3GB，并且只使用了 1 台服务器进行存储。因为本章介绍的优化技术同样可以应用于本书之前介绍过的某些问题，所以本章在介绍各项优化技术的过程中，会在合适的时候提示如何将这些技术应用到之前介绍过的问题上。接下来，就让我们开始学习最简单的降低内存占用的方法：使用短结构。

9.1　短结构

Redis 为列表、集合、散列和有序集合提供了一组配置选项，这些选项可以让 Redis 以更节约空间的方式存储长度较短的结构（后面简称“短结构”）。本节将对相关的配置选项进行介绍，讲解如何验证这些配置选项的优化效果，并说明使用短结构带来的一些缺点。

---

① 快照、AOF 文件重写以及从服务器同步在第 4 章都有介绍。

② 本章介绍的分片技术主要用于降低单台 Redis 服务器的内存占用，第 10 章将会介绍如何使用类似的技术提升多台 Redis 服务器的读写吞吐量，并对它们进行内存分区。

当列表、散列和有序集合的长度较短或者体积较小的时候，Redis 可以选择使用一种名为压缩列表（ziplist）的紧凑存储方式来存储这些结构。压缩列表是列表、散列和有序集合这 3 种不同类型的对象的一种非结构化（unstructured）表示：与 Redis 在通常情况下使用双链表表示列表、使用散列表表示散列、使用散列表加上跳跃表（skiplist）表示有序集合的做法不同，压缩列表会以序列化的方式存储数据，这些序列化数据每次被读取的时候都要进行解码，每次被写入的时候也要进行局部的重新编码，并且可能需要对内存里面的数据进行移动。

9.1.1 压缩列表表示

为了了解压缩列表比其他数据结构更为节约内存的原因，我们需要对使用压缩列表的几种结构当中，最为简单的列表结构进行观察。在典型的双向链表（doubly linked list）里面，链表包含的每个值都会由一个节点（node）表示，每个节点都会带有指向链表中前一个节点和后一个节点的指针，以及一个指向节点包含的字符串值的指针。每个节点包含的字符串值都会分为 3 个部分进行存储：第一部分存储的是字符串的长度，第二部分存储的是字符串值中剩余可用的字节数量，而最后一部分存储的则是以空字符结尾的字符串本身。图 9-1 展示了一个比较长的双向链表的其中一部分，通过这个图可以看到"one"、"two"、"ten"这 3 个字符串是如何存储在双向链表里面的。

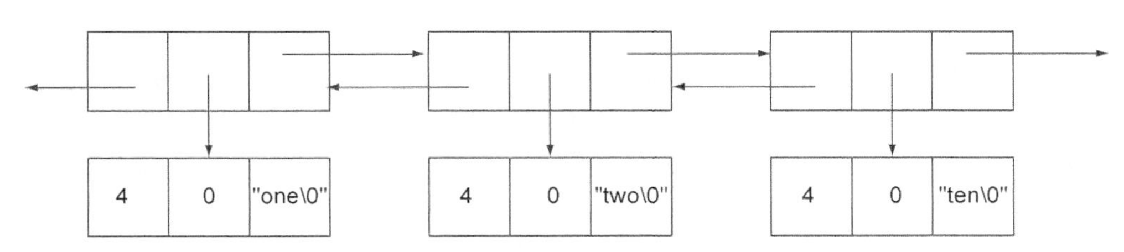

图 9-1 Redis 存储长列表的方式

为了让图片保持简洁，图 9-1 省略了链表的某些细节。图中展示的 3 个 3 字符长的字符串，每个都需要空间来存储 3 个指针、2 个整数（一个是字符串的长度，另一个是字符串值的剩余可用空间）、字符串本身以及一个额外的字节。在 32 位平台上，每存储一个这样的 3 字节长的字符串，就需要付出 21 字节的额外开销（overhead），而这还只是保守的估计值，实际的额外开销还会更多一些。

另一方面，压缩列表是由节点组成的序列（sequence），每个节点都由两个长度值和一个字符串组成。第一个长度值记录的是前一个节点的长度，这个长度值将被用于对压缩列表进行从后向前的遍历，第二个长度值记录了当前节点的长度，而位于节点最后的则是被存储的字符串值。尽管压缩列表节点的长度值在实际中还有一些其他的含义，但是对于我们例子中的"one"、"two"、 "ten"这3个3字节长的字符串来说，它们每个的长度都可以用1字节来存储，所以在使用压缩列表存储这3个字符串的时候，每个节点只会有2字节的额外开销。通过避免存储额外的指针和元数据，使用压缩列表可以将存储示例中的3个字符串所需的额外开销从原来的21字节降低至2字节。

下面就让我们来看看，如何使用紧凑的压缩列表编码。

使用压缩列表编码

为了确保压缩列表只会在有需要降低内存占用的情况下使用，Redis引入了代码清单9-1展示的配置选项，这些选项决定了列表、散列和有序集合会在什么情况下使用压缩列表表示。

代码清单9-1　不同结构关于使用压缩列表表示的配置选项

```
list-max-ziplist-entries 512
list-max-ziplist-value 64

hash-max-ziplist-entries 512
hash-max-ziplist-value 64

zset-max-ziplist-entries 128
zset-max-ziplist-value 64
```

列表结构使用压缩列表表示的限制条件。

散列结构使用压缩列表表示的限制条件（Redis 2.6以前的版本会为散列结构使用不同的编码表示，并且选项的名字也与此不同）。

有序集合使用压缩列表表示的限制条件。

列表、散列和有序集合的基本配置选项都很相似，它们都由-max-ziplist-entries选项和-max-ziplist-value选项组成，并且这3组选项的语义也基本相同：entries选项说明列表、散列和有序集合在被编码为压缩列表的情况下，允许包含的最大元素数量；而value选项则说明了压缩列表每个节点的最大体积是多少个字节。当这些选项设置的限制条件中的任意一个被突破的时候，Redis就会将相应的列表、散列或是有序集合从压缩列表编码转换为其他结构，而内存占用也会因此而增加。

如果用户是以默认配置方式安装Redis 2.6的话，那么Redis提供的默认配置将与代码清单9-1中展示的配置相同。代码清单9-2展示了如何通过添加元素和检查表示方式等手段，调试一个压缩列表表示的列表对象。

代码清单9-2　判断一个结构是否被表示为压缩列表的方法

```
>>> conn.rpush('test', 'a', 'b', 'c', 'd')
4
>>> conn.debug_object('test')
{'encoding': 'ziplist', 'refcount': 1, 'lru_seconds_idle': 20,
'lru': 274841, 'at': '0xb6c9f120', 'serializedlength': 24,
'type': 'Value'}
```

首先将4个元素推入列表。

debug object命令可以查看特定对象的相关信息。

"encoding"信息表示这个对象的编码为压缩列表，这个压缩列表占用了24字节内存。

```
>>> conn.rpush('test', 'e', 'f', 'g', 'h')
8
>>> conn.debug_object('test')
{'encoding': 'ziplist', 'refcount': 1, 'lru_seconds_idle': 0,
'lru': 274846, 'at': '0xb6c9f120', 'serializedlength': 36,
'type': 'Value'}
>>> conn.rpush('test', 65*'a')
9
>>> conn.debug_object('test')
{'encoding': 'linkedlist', 'refcount': 1, 'lru_seconds_idle': 10,
'lru': 274851, 'at': '0xb6c9f120', 'serializedlength': 30,
'type': 'Value'}
>>> conn.rpop('test')
'aaaaaaaaaaaaaaaaaaaaaaaaaaaaaaaaaaaaaaaaaaaaaaaaaaaaaaaaaaaaaaaaa'
>>> conn.debug_object('test')
{'encoding': 'linkedlist', 'refcount': 1, 'lru_seconds_idle': 0,
'lru': 274853, 'at': '0xb6c9f120', 'serializedlength': 17,
'type': 'Value'}
```

再向列表中推入4个元素。

对象的编码依然是压缩列表，只是体积增长到了36字节（前面推入的4个元素，每个元素都需要花费1字节进行存储，并带来2字节的额外开销）。

当一个超出编码允许大小的元素被推入列表里面的时候，列表将从压缩列表编码转换为标准的链表。

尽管序列化长度下降了，但是对于压缩列表编码以及集合的特殊编码之外的其他编码来说，这个数值并不代表结构的实际内存占用量。

当压缩列表被转换为普通的结构之后，即使结构将来重新满足配置选项设置的限制条件，结构也不会重新转换回压缩列表。

通过使用新介绍的 DEBUG OBJECT 命令，我们可以很方便地了解一个对象是否被存储成了压缩列表，这对于减少内存占用非常有好处。

与列表、散列和有序集合不同，集合并没有使用压缩列表表示，而是使用了另外一种具有不同语义和限制的紧凑表示，接下来的一节就会对这种表示进行介绍。

9.1.2 集合的整数集合编码

跟列表、散列和有序集合一样，体积较小的集合也有自己的紧凑表示：如果集合包含的所有成员都可以被解释为十进制整数，而这些整数又处于平台的有符号整数范围之内，并且集合成员的数量又足够少的话（具体的限制大小稍后就会说明），那么 Redis 就会以有序整数数组的方式存储集合，这种存储方式又被称为整数集合（intset）。

以有序数组的方式存储集合不仅可以降低内存消耗，还可以提升所有标准集合操作的执行速度。那么一个集合要符合什么条件才能被存储为整数集合呢？代码清单 9-3 展示了定义整数集合最大元素数量的配置选项。

代码清单 9-3 配置集合在使用整数集合编码时能够包含的最大元素数量

```
set-max-intset-entries 512
```

集合使用整数集合表示的限制条件。

只要集合存储的整数数量没有超过配置设定的大小，Redis 就会使用整数集合表示以减少数据的体积。代码清单 9-4 展示了当整数集合包含的元素数量超过配置选项设定的限制时，集合发生的一系列变化。

代码清单 9-4　当整数集合增长至超出限制大小时，它将被表示为散列表

即使向集合添加 500 个元素，它的编码仍然为整数集合。

```
>>> conn.sadd('set-object', *range(500))
500
>>> conn.debug_object('set-object')
{'encoding': 'intset', 'refcount': 1, 'lru_seconds_idle': 0,
'lru': 283116, 'at': '0xb6d1a1c0', 'serializedlength': 1010,
'type': 'Value'}
>>> conn.sadd('set-object', *range(500, 1000))
500
>>> conn.debug_object('set-object')
{'encoding': 'hashtable', 'refcount': 1, 'lru_seconds_idle': 0,
'lru': 283118, 'at': '0xb6d1a1c0', 'serializedlength': 2874,
'type': 'Value'}
```

当集合的元素数量超过限定的 512 个时，整数集合将被转换为散列表表示。

9.1 节开头的简介部分曾经提到过，对一个压缩列表表示的对象的其中一部分进行读取或者更新，可能会需要对整个压缩列表进行解码，甚至还需要对内存里面的数据进行移动，因此读写一个长度较大的压缩列表可能会给性能带来负面的影响。使用整数集合编码的集合结构也有类似的问题，不过整数集合的问题并非来源于编码和解码数据，而在于它在执行插入操作或者删除操作时需要对数据进行移动。在接下来的一节中，我们将对长度较大的压缩列表在执行操作时产生的性能问题进行研究。

9.1.3　长压缩列表和大整数集合带来的性能问题

当一个结构突破了用户为压缩列表或者整数集合设置的限制条件时，Redis 就会自动将它转换为更为典型的底层结构类型。这样做的主要原因在于，随着紧凑结构的体积变得越来越大，操作这些结构的速度也会变得越来越慢。

为了直接观察这个问题是如何发生的，我们首先需要把 `list-max-ziplist-entries` 选项的值设置为 `110000`。这个值比实际中应用的值要大很多，但这有助于凸显我们想要发现的问题。在修改配置选项并重新启动 Redis 之后，我们将对 Redis 进行性能测试，以此来考察列表在使用长度较大的压缩列表编码时，性能问题是如何出现的。

为了测试列表在使用长度较大的压缩列表作为编码时的性能表现，我们需要用到代码清单 9-5 展示的测试函数。这个函数首先会创建一个列表，并将指定数量的节点添加到列表里面，然后反复地调用 `RPOPLPUSH` 命令，将元素从列表的右端移动到左端，以此来计算列表在使用长度较大的压缩列表作为编码时，执行复杂命令时的性能下界。

正如之前所说，`long_ziplist_performance()` 函数会创建给定长度的列表，然后在流水线里面对列表执行指定数量的 `RPOPLPUSH` 命令调用。通过将 `RPOPLPUSH` 的调用次数除以执行这些调用花费的时间，程序可以计算出列表在使用给定长度的压缩列表作为编码时，每秒能够

执行的操作数量。代码清单 9-6 展示了在列表长度逐渐增加的情况下，各个 long_ziplist_performance() 调用的执行结果，这些结果清晰地展示了列表的操作效率是如何随着压缩列表长度的增加而下降的。

代码清单 9-5　对不同大小的压缩列表进行性能测试的函数

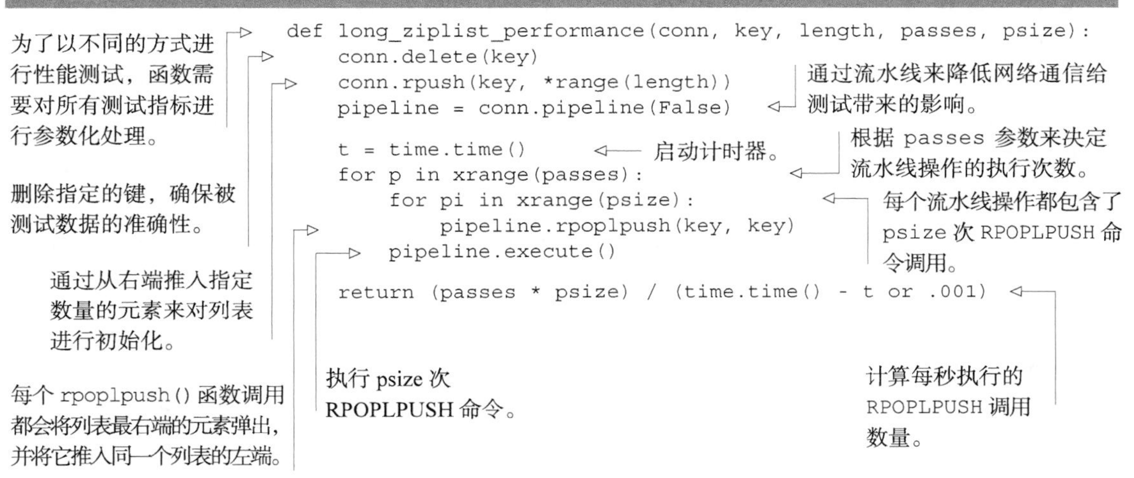

```
def long_ziplist_performance(conn, key, length, passes, psize):
    conn.delete(key)
    conn.rpush(key, *range(length))
    pipeline = conn.pipeline(False)

    t = time.time()
    for p in xrange(passes):
        for pi in xrange(psize):
            pipeline.rpoplpush(key, key)
        pipeline.execute()

    return (passes * psize) / (time.time() - t or .001)
```


代码清单 9-6　随着压缩列表编码的列表不断增长，性能出现下降

```
>>> long_ziplist_performance(conn, 'list', 1, 1000, 100)
52093.558416505381
>>> long_ziplist_performance(conn, 'list', 100, 1000, 100)
51501.154762768667
>>> long_ziplist_performance(conn, 'list', 1000, 1000, 100)
49732.490843316067
>>> long_ziplist_performance(conn, 'list', 5000, 1000, 100)
43424.056529592635
>>> long_ziplist_performance(conn, 'list', 10000, 1000, 100)
36727.062573334966
>>> long_ziplist_performance(conn, 'list', 50000, 1000, 100)
16695.140684975777
>>> long_ziplist_performance(conn, 'list', 100000, 500, 100)
553.10821080054586
```

当压缩列表编码的列表包含的节点数量不超过 1000 个时，Redis 每秒可以执行大约 5 万次操作。

当压缩列表编码的列表包含的节点数量达到 5000 个以上时，内存复制带来的消耗就会越来越大，导致性能下降。

当压缩列表的节点数量达到 5 万个时，性能出现明显下降。

当节点数量达到 10 万个时，压缩列表的性能低得根本没法用了。

初看上去，即使压缩列表的元素数量上升至好几千，测试得出的性能似乎也并不是太坏。但是别忘了这只是执行单个操作时的成绩，而这个操作所做的只不过是取出列表右端的元素然后将它推入列表的左端。尽管压缩列表在执行插入操作时需要移动所有元素的做法导致了性能下降，但压缩列表查找左端和右端的速度并不慢，更别说这个测试还充分地利用了 CPU 缓存。但是当

Redis 需要像 6.1 节中介绍的自动补全例子一样，扫描整个列表以查找某个特定值的时候，又或者需要获取和更新散列的不同域（field）的时候，Redis 就会需要解码很多单独的节点，而 CPU 缓存的作用也会因此而受到影响。从数据上看，假如我们将 `long_ziplist_performance()` 函数中的 RPOPLPUSH 命令调用改为 LINDEX 命令调用，并使用 LINDEX 命令去获取位于列表中间的元素，那么当列表的元素数量超过 5000 个时，函数的性能将只有之前调用 RPOPLPUSH 命令时的一半，有兴趣的读者可以自己亲手去验证这一点。

只要将压缩列表的长度限制在 500～2000 个元素之内，并将每个元素的体积限制在 128 字节或以下，那么压缩列表的性能就会处于合理范围之内。笔者的做法是将压缩列表的长度限制在 1024 个元素之内，并且每个元素的体积不能超过 64 字节，对于大多数散列应用来说，这种配置可以同时兼顾低内存占用和高性能这两方面优点。

当读者在为本书示例以外的其他问题开发解决方案的时候，请时刻记住，减少列表、集合、散列和有序集合的体积可以减少内存占用，并且能够帮助读者把 Redis 应用到解决更多不同的问题上面。

让键名保持简短 本书到目前为止尚未提到的一件事，就是减少键长度的作用，这里所说的“键”包括所有数据库键、散列的域、集合和有序集合的成员以及所有列表的节点。键的长度越长，Redis 需要存储的数据也就越多。一般来说，我们应该尽量使用较为简短的信息作为键或者成员，比如使用 user:joe 就比使用 username:joe 要好得多；如果 user 或者 username 已经是不言而喻的了，那么直接使用 joe 作为键会更好。尽管这种做法在一些情况下作用并不明显，但是当被存储节点的数量达到上百万个或者数十亿个时，节约下来的空间可能就会有好几个 MB 甚至好几个 GB，这时这些空间就能发挥一定的作用了。

在这一节中，我们学习了如何通过 Redis 的短结构来降低内存占用，在接下来的一节中，我们将学会如何通过对结构进行分片，把压缩列表和整数集合应用到更多程序上面，从而对它们的性能进行优化。

9.2 分片结构

分片（sharding）是一种广为人知的技术，很多数据库都使用这种技术来扩展存储空间并提高自己所能处理的负载量。分片本质上就是基于某些简单的规则将数据划分为更小的部分，然后根据数据所属的部分来决定将数据发送到哪个位置上面。

在这一节中，我们将把分片的概念应用到散列、集合和有序集合上面，并在实现这些数据结构的其中一部分标准功能的同时，使用 9.1 节中介绍的短结构以降低内存占用。在这种情况下，程序不再是将值 X 存储到键 Y 里面，而是将值 X 存储到键 Y:<shardid>里面。

对列表进行分片 想要在不使用 Lua 脚本的情况下对列表进行分片是非常困难的事，因此本节并没有介绍对列表进行分片的方法。第 11 章在介绍 Lua 脚本的时候，将会构建一个分片式的列表实现，该实现能够以阻塞和非阻塞两种方式，从列表的两端进行推入和弹出操作。

对有序集合进行分片　无论是分片式散列、分片式集合还是使用 Lua 脚本实现的分片式列表，它们的所有操作基本上都可以在合理的时间之内完成。因为 ZRANGE、ZRANGEBYSCORE、ZRANK、ZCOUNT、ZREMRANGE、ZREMRANGEBYSCORE 这类命令的分片版本需要对有序集合的所有分片进行操作才能计算出命令的最终结果，所以这些操作无法运行得像普通的有序集合操作那么快，因此对有序集合进行分片的作用并不大，这也是本书没有介绍有序集合分片方法的原因。

假如读者需要将完整的信息存储到一个体积较大的有序集合里面，但是只会对分值排名前 N 位和后 N 位的元素进行操作，那么可以使用 9.2.1 节中介绍的散列分片方法对有序集合进行分片：维持额外的最高分值有序集合和最低分值有序集合，然后通过 ZADD 命令为这两个有序集合添加新元素，并通过 ZREMRANGEBYRANK 命令确保元素的数量不会超过限制。

在搜索索引（search index）体积较大的情况下，使用分片式有序集合可以减少执行单个命令时的延迟时间，但是这样一来，要查找分值最大的元素和分值最小的元素，可能就需要调用很多次 ZUNIONSTORE 命令和 ZREMRANGEBYRANK 命令了。

在对结构进行分片的时候，我们既可以实现结构的所有功能，也可以只实现结构的其中一部分功能。为了简单起见，本书在介绍结构的分片方法时，只会为分片结构实现标准结构的其中一部分功能。因为无论是从计算量的角度来看还是从代码量的角度来看，为分片结构实现全部功能需要做的工作实在太多了。尽管本节介绍的分片结构只实现了一部分功能，但使用这些结构已经足以降低现有程序的内存占用，并且在构建新程序的时候，这些分片结构也能提供比其他解决方案更高的效率。

接下来，我们首先要学习的是对散列进行分片的方法。

9.2.1　分片式散列

散列的主要用途就是把简单的键值对批量地存储起来。本书在 5.3 节中曾经开发过一个将 IP 地址映射至世界各地不同位置的程序，除了一个将 IP 地址映射至不同城市 ID 的有序集合之外，该程序还使用了一个散列来存储城市 ID 以及 ID 对应城市的信息。在使用 2012 年 8 月版的城市信息数据库的情况下，这个散列需要存储 37 万多个键值对，而本节要做的就是对这个散列进行分片。

对散列进行分片首先需要选择一个方法来对数据进行划分。因为散列本身就存储着一些键，所以程序在对键进行划分的时候，可以把散列存储的键用作其中一个信息源，并使用散列函数为键计算出一个数字散列值。然后程序会根据需要存储的键的总数量以及每个分片需要存储的键数量，计算出所需的分片数量，并使用这个分片数量和键的散列值来决定应该把键存储到哪个分片里面。

对于数字键，程序会假设它们在某种程度上是连续而且密集地出现的，并且会基于数字键本身的数值来指派分片 ID，从而使得数值上相似的键可以被存储到同一个分片里面。代码清单 9-7 中的函数展示了程序是如何基于基础键（base key）以及散列包含的键来为分片散列计算出一个新键的。

代码清单 9-7 根据基础键以及散列包含的键计算出分片键的函数

```
def shard_key(base, key, total_elements, shard_size):
    if isinstance(key, (int, long)) or key.isdigit():
        shard_id = int(str(key), 10) // shard_size
    else:
        shards = 2 * total_elements // shard_size
        shard_id = binascii.crc32(key) % shards
    return "%s:%s"%(base, shard_id)
```

在调用 shard_key() 函数时，用户需要给定基础散列的名字、将要被存储到分片散列里面的键、预计的元素总数量以及请求的分片数量。

如果值是一个整数或者一个看上去像是整数的字符串，那么它将被直接用于计算分片 ID。

整数键将被程序假定为连续指派的 ID，并基于这个整数 ID 的二进制位的高位来选择分片 ID。此外，程序在进行整数转换的时候还使用了显式的基数（以及 str() 函数），使得键 010 可以被转换为 10，而不是 8。

对于不是整数的键，程序将基于预计的元素总数量以及请求的分片数量，计算出实际所需的分片总数量。

在得知了分片的数量之后，程序就可以通过计算键的散列值与分片数量之间的模数来得到分片 ID。

最后，程序会把基础键和分片 ID 组合在一起，得出分片键。

对于不是整数的键，shard_key() 函数将计算出它们的 CRC32 校验和。函数之所以使用 CRC32 算法，是因为这个算法可以简单直接地返回一个普通的整数，而无须进行任何其他工作。与 MD5 或者 SHA1 散列算法相比，CRC32 的计算速度更快，并且它的效果对于大部分情况来说已经足够好了。

> **保持 total_elements 和 shard_size 的一致性** 在对非数字键进行分片的时候，total_elements 参数和 shard_size 参数会被用于计算实际所需的分片总数量，而在对数字键进行分片的时候，程序在计算分片 ID 的时候也会用到 shard_size 参数。total_elements 和 shard_size 这两个参数对于合理地控制分片的总数量非常有必要，改变这两个参数中的任意一个都会导致分片的数量发生变化，并使得所有数据都需要重新被存储到不同的分片里面。只要有可能的话，就不应该轻易地去改变这两个参数，当万不得已需要对它们进行修改的时候，应该使用重新分片（resharding）程序来将数据从旧分片迁移至新分片。

代码清单 9-8 展示的两个函数会调用 shard_key() 函数为键计算分片 ID，并对分片散列执行类似 HSET 命令和 HGET 命令的操作。

代码清单 9-8 分片式的 HSET 函数和 HGET 函数

```
def shard_hset(conn, base, key, value, total_elements, shard_size):
    shard = shard_key(base, key, total_elements, shard_size)
    return conn.hset(shard, key, value)
```

计算出应该由哪个分片来存储值。

将值存储到分片里面。

```
def shard_hget(conn, base, key, total_elements, shard_size):
    shard = shard_key(base, key, total_elements, shard_size)    # 计算出值可能被存储到了哪个分片里面。
    return conn.hget(shard, key)                                # 取得存储在分片里面的值。
```

以上两个函数的定义都很简单：shard_hset() 函数要做的就是从散列里面找到存储数据的正确位置，然后执行设置操作；而 shard_hget() 函数要做的就是从散列里面找到获取数据的正确位置，然后执行获取操作。为了将之前介绍的 IP 地址所属地查找程序里面的散列替换为分片散列，我们需要把程序里面的 HSET 命令调用和 HGET 命令调用分别替换为 shard_hset() 函数和 shard_hget() 函数，代码清单 9-9 展示了受到这一改动影响的程序代码。

代码清单 9-9 分片式的 IP 地址所属地查找函数

```
TOTAL_SIZE = 320000    # 把传递给分片函数的参数设置为全局常量，确保每次传递的值总是相同的。
SHARD_SIZE = 1024

def import_cities_to_redis(conn, filename):
    for row in csv.reader(open(filename)):
        ...
        shard_hset(conn, 'cityid2city:', city_id,
            json.dumps([city, region, country]),
            TOTAL_SIZE, SHARD_SIZE)
        # 为了对数据进行设置，用户需要传递 TOTAL_SIZE 参数和 SHARD_SIZE 参数。不过因为这个程序处理的 ID 都是数字，所以 TOTAL_SIZE 实际上并没有被使用。

def find_city_by_ip(conn, ip_address):
    ...
    data = shard_hget(conn, 'cityid2city:', city_id,
        TOTAL_SIZE, SHARD_SIZE)
    # 程序在获取数据时，需要根据相同的 TOTAL_SIZE 参数和 SHARD_SIZE 参数查找被分片的键。
    return json.loads(data)
```

在一台 64 位的机器上面，将所有城市信息都存储到同一个散列需要占用大约 44 MB 内存。而通过使用代码清单 9-9 展示的分片散列，并将 hash-max-ziplist-entires 的值设置为 1024、hash-max-ziplist-value 的值设置为 256（这是因为在城市信息里面，最长的城市/国家名字超过了 150 个字符），程序只需花费 12 MB 内存就可以把所有城市信息存储起来。与之前相比，数据的体积在分片之后下降了 70%，这使得程序可以在相同大小的内存空间里面，存储相当于之前 3.5 倍数量的数据。

将字符串存储到散列里面 如果读者发现自己将很多相关联的短字符串或者数字存储到了字符串键里面，并且持续地将这些键命名为 namespace:id 这样的格式，那么可以考虑将这些值存储到分片散列里面，在某些情况下，这种做法可以明显地减少内存占用。

练习：实现其他散列操作

正如读者所见，分片散列的获取操作和设置操作并不难实现。请仿照这两个分片散列操作，尝试实现分片式的 HDEL、HINCRBY 和 HINCRBYFLOAT 操作。

在这一节中，我们学习了如何对体积较大的散列进行分片以降低它们的内存占用数量。接下来的一节中，我们将学习对集合进行分片的方法。

9.2.2 分片集合

第1章和第6章中都曾经提到过MapReduce操作，该操作的其中一种常见用法，就是为网站计算唯一访客的数量。除了在一天结束之后执行MapReduce操作之外，计算唯一访客数量的另一种方法，就是维持一个全天候即时更新的唯一访客计数器。在Redis里面，实现这种计数器的其中一个方法就是使用集合，但是如果将大量唯一访客都存储到同一个集合里面，又会导致集合的体积变得异常庞大。为了解决这个问题，我们将在这一节学习对集合进行分片的方法，并通过这一技术为网站实现唯一访客计数器。

首先，假设每个访客都有一个唯一标识符，这些标识符和第2章为登录会话cookie生成的UUID基本相同。尽管我们可以直接把这些UUID用作集合的成员，并将这些UUID用作键，调用9.2.1节中介绍的分片函数进行分片，但这样一来，程序将无法享受到整数集合编码带来的好处。不过解决这个问题并不困难：因为访客的UUID和之前章节中展示的UUID一样，都是随机生成的，所以程序只需要将UUID的前15个十六进制数字用作被分片的键就可以了。这种做法带来了两个问题：首先，这样做的原因是什么？其次，只使用UUID的前15个十六进制数字是否足够？

对于第一个问题，只使用UUID前15个十六进制数字作为键的原因在于，UUID本质上就是以一种易于阅读的方式进行了格式化的128位数字。对于每个唯一的访客来说，以数字形式存储128位长的UUID需要花费16字节的内存，而直接以字符串形式存储UUID则需要花费36字节的内存[①]。但是，如果将UUID的前15个十六进制数字[②]转换为十进制数字进行存储的话，那么记录每个唯一访客只需要占用8字节的内存。这种做法不仅可以把内存节约下来用于解决其他问题，还使得程序可以继续使用整数集合编码，从而进一步地降低内存占用。

对于第二个问题——关于只使用UUID的前15个十六进制数字作为键是否足够的问题，我们可以把它归结为生日碰撞（birthday collision）问题，简单来说就是两个128位随机标识符的前56个二进制位完全相同的概率有多大的问题，而这个概率在数学上是可以被精确地计算出来的。对于这个例子给定的时间段来说，只要一天内的唯一访客数量不超过2.5亿，那么标识符前56个二进制位相同的概率最大只有1%。这也就是说，即使网站每天都有2.5亿唯一访客，计数器

① 这里所说的UUID是使用Python的`uuid`函数库中的`uuid4()`函数生成的UUID，以下是一个被格式化为字符串的UUID示例：'4df07f45-ff2c-4057-9667-d925543e6ba3'，可以看到，这个字符串由36个ASCII字符组成，所以存储它需要36个字节。——译者注。

② 另外一个问题是，我们为什么要使用56个二进制位而不是64个二进制位呢？这是因为Redis的整数集合最大只能存储64位有符号整数，而在大部分情况下，花费额外的时间将64位无符号整数转换为有符号整数并无必要。如果读者需要额外的精度，那么可以到Python的`struct`模块里面去看看`Q`编码和`q`编码的相关用法。

也只会每 100 天漏算 1 个访客。如果网站每天的唯一访客数量不足 2.5 亿，那么网站需要运行大约 2739 年，才会出现漏算 1 个访客的情况。

在决定使用 UUID 的前 56 个二进制位作为键之后，我们将构建一个分片式的 SADD 函数，并将它用于构建唯一访客计数器。代码清单 9-10 展示了这个分片式 SADD 函数的定义，它重用了 9.2.1 节中介绍过的分片键计算函数，不过由于这个分片键计算函数会假设给定的数字 ID 都是密集出现的，而我们这次使用的 56 位长的 ID 并不符合这个假设，所以程序在计算分片 ID 之前会先为这个 56 位长的 ID 添加一个非数字的字符前缀。

代码清单 9-10 在实现唯一访客计数器时将会用到的分片式 SADD 函数

```
def shard_sadd(conn, base, member, total_elements, shard_size):
    shard = shard_key(base,
        'x'+str(member), total_elements, shard_size)
    return conn.sadd(shard, member)
```

计算成员应该被存储到哪个分片集合里面；因为成员并非连续 ID，所以程序在计算成员所属的分片之前，会先将成员转换为字符串。

将成员存储到分片里面。

通过这个分片式 SADD 函数，现在我们可以实现唯一访客计数器了。每当有访客来临时，程序首先要做的就是基于访客的会话 UUID 计算出一个 56 位长的 ID，如果计算出的这个 ID 之前并未存在于集合当中，那么程序将对当日的唯一访客计数器执行加 1 操作。代码清单 9-11 展示了负责记录每天唯一访客数量的函数。

代码清单 9-11 负责记录每天唯一访客人数的函数

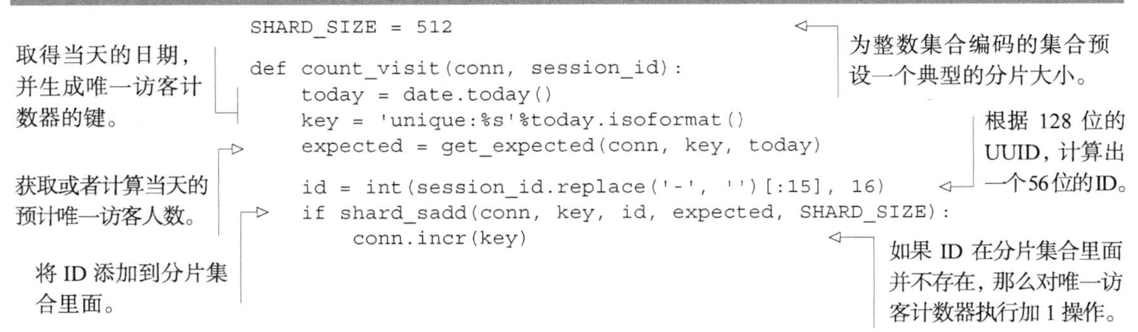

count_visit() 函数的行为和之前描述的完全一样，唯一需要注意的地方就是它调用了 get_expected() 函数来计算每天的预计访客人数。这样做的原因在于：Web 页面的访客数量总是会随着时间发生变化，而每天都维持相同分片数量的做法将无法适应访客人数增多的情况，也无法在访客数量少于 100 万人次的时候缩减分片的数量。

为了对每天的预计访客数量进行修改，我们将编写一个函数，这个函数可以基于昨天的唯一访客数量计算出明天的预计唯一访客数量，这种计算每天只会进行一次，它会假设当天的访客人数至少比昨天多 50%，并将计算得出的值向上舍入至下一个底数为 2 的幂。代码清单 9-12 展示了这个计算预计唯一访客数量的函数。

代码清单 9-12　基于昨天的唯一访客人数计算出明天的预计唯一访客人数

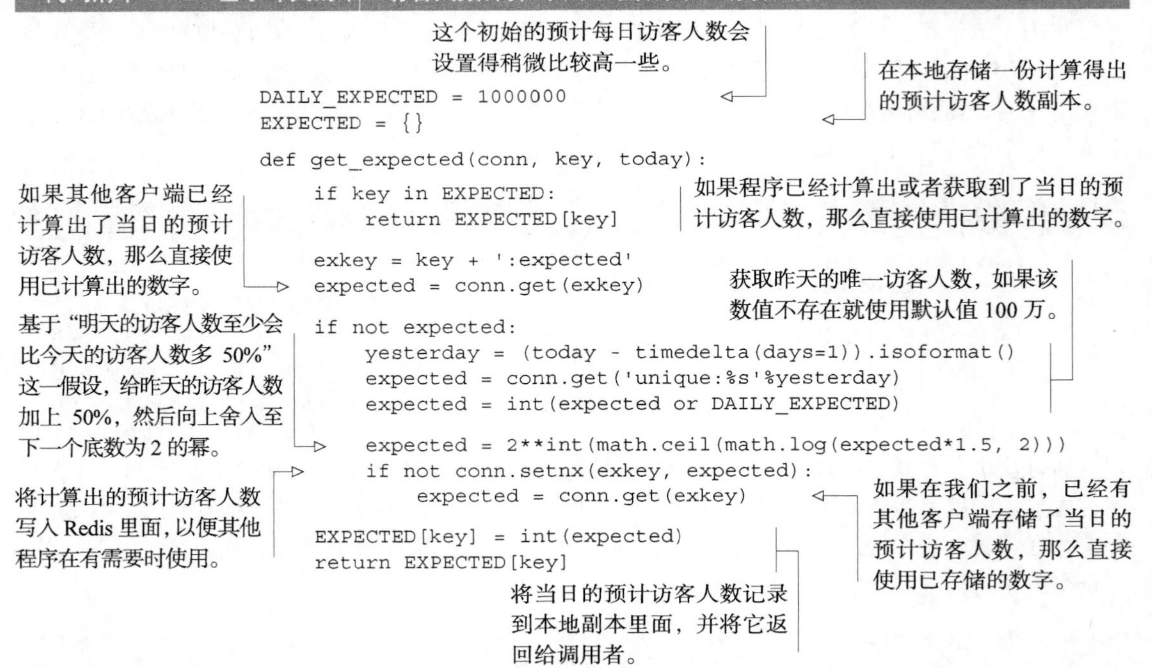


```
DAILY_EXPECTED = 1000000
EXPECTED = {}

def get_expected(conn, key, today):
    if key in EXPECTED:
        return EXPECTED[key]

    exkey = key + ':expected'
    expected = conn.get(exkey)

    if not expected:
        yesterday = (today - timedelta(days=1)).isoformat()
        expected = conn.get('unique:%s'%yesterday)
        expected = int(expected or DAILY_EXPECTED)

        expected = 2**int(math.ceil(math.log(expected*1.5, 2)))
        if not conn.setnx(exkey, expected):
            expected = conn.get(exkey)

    EXPECTED[key] = int(expected)
    return EXPECTED[key]
```

`get_expected()`函数的大部分代码都是在以这样或那样的方式读取数据或者传递数据，但总的来说，它要做的就是获取昨天的唯一访客数量，将它加上 50%，然后向上舍入下一个底数为 2 的幂，并把这个计算结果用作今天的预计唯一访客数量。另一方面，如果这个数值已经计算好了，那么函数将直接使用已经计算好的值。

使用本节介绍的计数器计算 100 万人次的唯一访客，Redis 只需要使用大约 9.5 MB 内存来存储访客 ID，而在不使用分片的情况下，将相同数量的 56 位整数 ID 存储到同一个集合里面需要花费 56 MB 的内存。在这个例子里面，使用分片降低了 83%的内存占用，这使得程序可以在相同的硬件上面存储相当于之前 5.75 倍的数据。

> **练习：实现更多分片式集合 API**
>
> 本节介绍的程序只需要使用一个分片式 SADD 命令就可以计算出当天的唯一访客数量。请仿照这个分片式 SADD 命令，尝试实现分片式 SREM 命令和 SISMEMBER 命令。加分项：假设现在有两个分片集合，它们的预计元素总数量、分片大小（size）以及拥有的分片数量都完全相同，对于相同的 ID 也会产生相同的分片 ID，请尝试为这种分片集合实现分片式的 SINTERSTORE 命令、SUNIONSTORE 命令和 SDIFFSTORE 命令。

计算唯一访客数量的其他方法　如果访客的 ID 不是 UUID 而是数字 ID，并且这些 ID 的最大值相对比较小的话，那么程序除了可以将访客 ID 存储到分片集合里面，还可以使用类似接下来一节要介绍的技术，把访客 ID 以位图（bitmap）的方式存储起来。

在了解了如何对存储大量整数的集合进行分片以降低内存占用之后，接下来我们要学习如何将二进制位和字节打包存储到字符串键里面。

9.3　打包存储二进制位和字节

9.1 节中在讨论如何对散列进行分片的时候，文章曾经简单地提到过，当用户使用诸如 namespace:id 这样的字符串键去存储短字符串或者计数器时，使用分片散列可以有效地降低存储这些数据所需的内存。但是，如果被存储的是一些简短并且长度固定的连续 ID，那么我们还有比使用分片散列更为节约内存的数据存储方法可用。

本节将使用分片 Redis 字符串，为大量带有连续 ID 的用户存储位置信息，并研究如何对被存储的数据进行聚合计算。本节的例子展示了如何使用分片 Redis 字符串去存储诸如 Twitter 用户的位置信息这样的数据。

在开始存储数据之前，让我们先来回顾一下用于高效打包和更新 Redis 字符串的 4 个命令，它们分别是 GETRANGE 命令、SETRANGE 命令、GETBIT 命令和 SETBIT 命令。GETRANGE 命令用于读取被存储字符串的其中一部分内容。SETRANGE 命令用于对存储在字符串里面的其中一部分内容进行设置。与此类似，GETBIT 命令用于获取字符串里面某个二进制位的值，而 SETBIT 命令则用于对字符串里面某个二进制位进行设置。通过这 4 个命令，我们可以在不对数据进行压缩的情况下，使用 Redis 字符串以尽可能紧凑的格式去存储计数器、定长字符串、布尔值等数据。在回顾了以上提到的 4 个命令之后，现在让我们来看看这次要存储的数据。

9.3.1　决定被存储位置信息的格式

正如之前所说，我们在这一节要存储的是用户的位置信息，但是位置信息有各种不同的种类，比如说：如果程序愿意为每个用户使用 1 字节的内存，那么它就可以为用户存储所在国家（或地区）的信息；如果程序愿意为每个用户使用 2 字节的内存，那么它就可以为用户存储所在地区或者州的信息；如果程序愿意为每个用户使用 3 字节的内存，那么它就可以为用户存储所在地区的邮政编码；最后，如果程序愿意为每个用户使用 4 字节的内存，那么它就可以为用户存储所在位置的经纬度，范围可以精确至大约 2 米或者 6 英尺之内。

位置信息的精确程度要视乎具体的情况而定。为了简单起见，本节只会为每个用户花费 2 字节的内存，用于存储他们所在的国家和地区/州。首先来看下面的代码清单 9-13，它展示了全球各个国家（或地区）的 ISO3 国家（或地区）编码，以及美国和加拿大的州/省信息。

代码清单 9-13 一个基本的位置表格，我们可以在有需要时对这个表格进行扩展

```
COUNTRIES = '''
ABW AFG AGO AIA ALA ALB AND ARE ARG ARM ASM ATA ATF ATG AUS AUT AZE BDI
BEL BEN BES BFA BGD BGR BHR BHS BIH BLM BLR BLZ BMU BOL BRA BRB BRN BTN
BVT BWA CAF CAN CCK CHE CHL CHN CIV CMR COD COG COK COL COM CPV CRI CUB
CUW CXR CYM CYP CZE DEU DJI DMA DNK DOM DZA ECU EGY ERI ESH ESP EST ETH
FIN FJI FLK FRA FRO FSM GAB GBR GEO GGY GHA GIB GIN GLP GMB GNB GNQ GRC
GRD GRL GTM GUF GUM GUY HMD HND HRV HTI HUN IDN IMN IND IOT IRL IRN IRQ
ISL ISR ITA JAM JEY JOR JPN KAZ KEN KGZ KHM KIR KNA KOR KWT LAO LBN LBR
LBY LCA LIE LKA LSO LTU LUX LVA MAC MAF MAR MCO MDA MDG MDV MEX MHL MKD
MLI MLT MMR MNE MNG MNP MOZ MRT MSR MTQ MUS MWI MYS MYT NAM NCL NER NFK
NGA NIC NIU NLD NOR NPL NRU NZL OMN PAK PAN PCN PER PHL PLW PNG POL PRI
PRK PRT PRY PSE PYF QAT REU ROU RUS RWA SAU SDN SEN SGP SGS SHN SJM SLB
SLE SLV SMR SOM SPM SRB SSD STP SUR SVK SVN SWE SWZ SXM SYC SYR TCA TCD
TGO THA TJK TKL TKM TLS TON TTO TUN TUR TUV TZA UGA UKR UMI URY USA UZB
VAT VCT VEN VGB VIR VNM VUT WLF WSM YEM ZAF ZMB ZWE'''.split()

STATES = {
    'CAN':'''AB BC MB NB NL NS NT NU ON PE QC SK YT'''.split(),
    'USA':'''AA AE AK AL AP AR AS AZ CA CO CT DC DE FL FM GA GU HI IA ID
IL IN KS KY LA MA MD ME MH MI MN MO MP MS MT NC ND NE NH NJ NM NV NY OH
OK OR PA PR PW RI SC SD TN TX UT VA VI VT WA WI WV WY'''.split(),
}
```

加拿大的省信息和属地信息。

美国各个州的信息。

一个由 ISO3 国家（或地区）编码组成的字符串表格，调用 split() 函数会根据空白对这个字符串进行分割，并将它转换为一个由国家（或地区）编码组成的列表。

代码清单 9-13 以原始的方式展示了程序是如何将字符串转换成数据表格的，这样当我们需要给感兴趣的国家（或地区）添加额外的州、地区、属地或省信息的时候，就可以按照表格里面展示的格式和方法执行添加操作了。通过观察可以看出，程序首先会把表格定义为字符串，接着调用不带任何参数的 split() 函数，而 split() 函数则会根据空格对字符串进行分割，并把分割得出的字符串放进一个列表里面。在弄清楚了程序要存储的位置信息之后，我们接下来要考虑的就是如何为每个用户存储这些位置信息。

假设程序查明了 139960061 号用户居住在美国（U.S.）的加利福尼亚州（California），并打算存储这一信息。为了存储这个信息，它首先要做的就是将这些信息打包到 2 字节里面。打包工作的第一步，就是在存储 ISO3 国家（或地区）编码的 COUNTRIES 列表里面，找到用户所在国家（或地区）的索引值。而打包工作的第二步，就是在存储了用户所在国家（或地区）的州信息的表格里面，找到用户所在州的索引值。比如说，对于例子中居住在美国加利福尼亚州的 139960061 号用户来说，打包程序首先要做的，就是在 COUNTRIES 列表里面找到美国对应的国家（或地区）编码"USA"的索引值，然后再在美国的州信息表格 STATES["USA"]里面，找到加利福尼亚州（California）对应的州缩写"CA"的索引值。代码清单 9-14 展示了 get_code() 函数的具体定义，这个函数可以将给定的国家（或地区）信息和州信息转换成一个 2 字节长的编码。

代码清单 9-14 负责将给定的国家（或地区）信息和州信息转换成编码的函数

```
def get_code(country, state):
    cindex = bisect.bisect_left(COUNTRIES, country)          # 寻找国家（或地区）对应的偏移量。
    if cindex > len(COUNTRIES) or COUNTRIES[cindex] != country:
        cindex = -1                                           # 没有找到指定的国家（或地区）时，将其索引设置为-1。
    cindex += 1        # 因为 Redis 里面的未初始化数据在返回时会被转换为空值，所以我们要将“未找到指定国家”时的返回值改为 0，并将第一个国家（或地区）的索引变为 1，以此类推。

    sindex = -1
    if state and country in STATES:
        states = STATES[country]        # 尝试取出国家（或地区）对应的州信息。
        sindex = bisect.bisect_left(states, state)            # 寻找州对应的偏移量。
        if sindex > len(states) or states[sindex] != state:
            sindex = -1
    sindex += 1        # 像处理“未找到指定国家”时的情况一样，处理“未找到指定州”的情况。
                       # 如果没有找到指定的州，那么索引为 0；如果找到了指定的州，那么索引大于 0。

    return chr(cindex) + chr(sindex)    # chr() 函数会将介于 0 至 255 之间的整数值转换为对应的 ASCII 字符。
```

位置编码的计算过程并不复杂，程序的主要工作就是在表格里面查找某个元素的偏移量，并在找不到元素的情况下，进行相应的处理。在接下来的一节中，我们将会学习如何存储这些打包之后的位置数据。

9.3.2 存储打包后的数据

初看上去，在获得了打包的位置编码之后，程序要做的似乎就是使用 SETRANGE 命令将这些数据存储到字符串键里面。但是在此之前，我们还需要考虑一下程序需要为多少用户存储位置信息。以 Twitter 为例：经过观察发现，最近新创建的 Twitter 用户的 ID 都大于 7.5 亿，因此我们假设 Twitter 有超过 7.5 亿的用户，而存储这些用户的位置信息需要超过 1.5 GB 的内存空间。尽管大多数操作系统都能够智能地分配一大块内存，但 Redis 的字符串键最大却只能存储 512MB 数据，并且 Redis 在对现有的字符串进行设置的时候，如果被设置的部分超过了现有字符串的末尾，那么 Redis 可能就需要分配更多内存以存储新数据，因此对一个长字符串的末尾进行设置，耗费的时间要比执行一个简单的 SETBIT 调用多得多。为了解决以上问题，我们需要使用类似于 9.2.1 节中提到的方法，将数据分片到多个字符串键里面。

对字符串进行分片的情况不同于对散列进行分片以及对集合进行分片，因为 Redis 总是可以直接访问字符串中的任意元素而无须进行任何解码操作，并且还可以高效地对字符串的指定位置进行写入，所以这次我们不必为了保持高效而将分片的大小限制在数千个元素以下。我们需要关心的是如何在分片规模较大的情况下保持高效——具体地讲，就是考虑如何在控制内存碎片的同时，尽可能地减少存储数据所需的键数量。以本节提到的 Twitter 用户数据作为例子，程序需要在每个字符串里面存储 2^{20} 个用户的位置信息，这相当于在字符串里面构建 100 多万个节点，而每个这样的字符串需要占用 2 MB 内存。代码清单 9-15 展示了对用户的位置信息进行更新的函数。

代码清单 9-15 这个函数负责将位置数据存储到分片之后的字符串键里面

```
USERS_PER_SHARD = 2**20                                      # 设置每个分片的大小。

def set_location(conn, user_id, country, state):
    code = get_code(country, state)                          # 取得用户所在位置的编码。

    shard_id, position = divmod(user_id, USERS_PER_SHARD)    # 查找分片 ID 以及用户在指定分片中的位置。
    offset = position * 2                                    # 计算用户数据的偏移量。

    pipe = conn.pipeline(False)
    pipe.setrange('location:%s'%shard_id, offset, code)      # 将用户的位置信息存储到经过分片处理的位置表格里面。

    tkey = str(uuid.uuid4())                                 # 对记录目前已知最大用户 ID 的有序集合进行更新。
    pipe.zadd(tkey, 'max', user_id)
    pipe.zunionstore('location:max',
        [tkey, 'location:max'], aggregate='max')
    pipe.delete(tkey)

    pipe.execute()
```

set_location() 函数的大部分代码都比较容易理解，没有什么难懂的地方。它首先为用户计算出位置编码，然后计算出负责存储位置编码的分片，以及位置编码应该被存储到分片的哪个偏移量上面，最后将用户的位置编码存储到指定分片的正确位置上面。代码里面唯一一个令人感到陌生而且看似并无必要的地方，就是程序会对存储了目前已知最大用户 ID 的有序集合进行更新。但这个操作实际上非常重要，因为程序在对所有用户进行聚合计算的时候，需要根据最大的用户 ID 来决定应该在何时停止计算。

9.3.3 对分片字符串进行聚合计算

对位置信息进行聚合计算需要处理两种情况。第一种情况是对所有用户的位置信息进行聚合计算，第二种情况则是对一部分用户的位置信息进行聚合计算。在接下来的内容里面，我们首先会学习如何进行第一种计算，然后再学习如何进行第二种计算。

为了对全体用户的位置信息进行聚合计算，我们将重用 6.6.4 节中介绍过的用于从给定键里面读取数据块的 readblocks() 函数。在这个函数的帮助下，程序只需要执行一个命令（也就是与 Redis 进行一次通信），就可以取出数千个用户的位置信息。代码清单 9-16 展示了聚合计算函数的定义，以及该函数是如何调用 readblocks() 函数的。

代码清单 9-16 对所有用户的位置信息进行聚合计算的函数

```
def aggregate_location(conn):
    countries = defaultdict(int)                             # 初始化两个特殊结构，以便快速地对已存在的计数器以及缺失的计数器进行更新。
    states = defaultdict(lambda:defaultdict(int))

    max_id = int(conn.zscore('location:max', 'max'))         # 获取目前已知的最大用户 ID，并使用它来计算出程序需要访问的最大分片 ID。
    max_block = max_id // USERS_PER_SHARD
```

```
    for shard_id in xrange(max_block + 1):
        for block in readblocks(conn, 'location:%s'%shard_id):
            for offset in xrange(0, len(block)-1, 2):
                code = block[offset:offset+2]
                update_aggregates(countries, states, [code])
    return countries, states
```

一个接一个地处理每个分片……

……读取分片中的每个块

从块里面提取出各个编码，并根据编码查找原始的位置信息，然后对这些位置信息进行聚合计算。

对聚合数据进行更新。

这个对所有用户的国家（或地区）信息和州信息进行聚合计算的函数使用了 defaultdict 结构，第 6 章在对位置信息进行聚合计算并将结果写回到 Redis 里面的时候也使用了这一结构。在 aggregate_location() 函数的内部，程序将调用代码清单 9-17 展示的辅助函数，由它来对聚合数据进行更新，并将位置编码解码为原始的 ISO3 国家（或地区）编码或者当地的州名缩写。

代码清单 9-17　将位置编码转换成国家信息或地区信息

```
def update_aggregates(countries, states, codes):
    for code in codes:
        if len(code) != 2:
            continue

        country = ord(code[0]) - 1
        state = ord(code[1]) - 1

        if country < 0 or country >= len(COUNTRIES):
            continue

        country = COUNTRIES[country]
        countries[country] += 1

        if country not in STATES:
            continue
        if state < 0 or state >= STATES[country]:
            continue

        state = STATES[country][state]
        states[country][state] += 1
```

只对合法的编码进行查找。

计算出国家（或地区）和州在查找表格中的实际偏移量。

如果国家(或地区)所处的偏移量不在合法范围之内，那么跳过这个编码。

获取 ISO3 国家（或地区）编码。

在对国家（或地区）信息进行解码之后，把用户计入这个国家（或地区）对应的计数器里面。

如果程序没有找到指定的州信息，或者查找州信息时的偏移量不在合法的范围之内，那么跳过这个编码。

根据编码获取州名。

对州计数器执行加 1 操作。

只要有一个将位置编码转换为具体位置信息的函数，以及一个对聚合数据进行更新的函数，我们就具备了对一部分用户进行聚合计算所需的全部工具。作为例子，假设我们拥有大量 Twitter 用户的位置信息，并且知道每个用户都有哪些关注者。在这种情况下，要弄清楚某个给定用户的关注者都居住在什么地方，程序只需要获取那些关注者的位置信息，然后就像之前对所有用户的位置信息进行聚合计算一样，对那些关注者的位置信息进行聚合计算就可以了。代码清单 9-18 展示了一个根据给定的用户 ID 列表，对列表中的所有用户进行聚合计算的函数。

本节介绍的这种将固定长度的数据存储到分片字符串里面的技术非常有用。尽管在这个例子里面，我们会为每个用户存储多个字节的数据，但是在有需要的情况下，我们同样可以使用 GETBIT 命令和 SETBIT 命令去存储单个二进制位，甚至对一组二进制位进行设置。

代码清单 9-18 根据给定的用户 ID 进行位置信息聚合计算的函数

```
def aggregate_location_list(conn, user_ids):
    pipe = conn.pipeline(False)
    countries = defaultdict(int)
    states = defaultdict(lambda: defaultdict(int))

    for i, user_id in enumerate(user_ids):
        shard_id, position = divmod(user_id, USERS_PER_SHARD)
        offset = position * 2

        pipe.substr('location:%s'%shard_id, offset, offset+1)

        if (i+1) % 1000 == 0:
            update_aggregates(countries, states, pipe.execute())

    update_aggregates(countries, states, pipe.execute())

    return countries, states
```

和之前一样，设置好基本的聚合数据。

设置流水线，减少操作执行过程中与 Redis 的通信往返次数。

查找用户位置信息所在分片的 ID，以及信息在分片中的偏移量。

发送另一个被流水线包裹的命令，获取用户的位置信息。

每处理 1000 个请求，程序就会调用之前定义的辅助函数对聚合数据进行一次更新。

对遍历余下的最后一批用户进行处理。

返回聚合数据。

9.4 小结

在这一章，我们学习了几种用于降低 Redis 内存占用的方法，包括使用短结构、通过分片将体积较大的结构重新划分为多个体积较小的结构，以及将数据打包存储在字符串键里面。

本章希望向读者传达这样一个概念：谨慎地选择数据的存储方式，可以有效地降低程序在使用 Redis 时的内存占用。

在接下来的一章中，我们将对只读从服务器、将数据分片到多个主服务器、优化各种不同类型的查询语句等一系列主题进行回顾，学习如何将 Redis 扩展到更大的机器群组上面。

第 10 章　扩展 Redis

本章主要内容

- 扩展读性能
- 扩展写性能以及内存容量
- 扩展复杂的查询

随着 Redis 的使用越来越多，只使用一台 Redis 服务器没办法存储所有数据或者没办法处理所有读写请求的问题迟早都会出现，这时我们就需要使用一些方法对 Redis 进行扩展，让它能够满足我们的需求。

本章将介绍一些对读查询、写查询以及可用内存容量进行扩展的技术，除此之外，本章还会介绍如何对某些较为复杂的查询语句进行扩展。

我们首先要做的，就是在 Redis 能够存储所有数据并且能够正常地处理写查询的情况下，让 Redis 的读查询处理能力超过单台 Redis 服务器所能提供的读查询处理能力。

10.1　扩展读性能

本书在第 8 章构建了一个与 Twitter 具有许多相同特性和功能的社交网站，这个网站的其中一个特性就是允许用户查看他们自己的主页时间线和个人时间线，每当用户查看这些时间线的时候，程序就会从时间线里面获取 30 条消息。因为一台专门负责获取时间线的 Redis 服务器每秒至少可以同时为 3 000～10 000 个用户获取时间线消息，所以获取时间线这一操作对于规模较小的社交网站来说并不会造成什么问题。但是对于规模更大的社交网站来说，程序每秒需要获取的时间线数量将远远超过单台 Redis 服务器所能处理的时间线数量，因此我们必须想办法提升 Redis 每秒能够获取的时间线数量。

在这一节中，我们将会讨论如何使用只读从服务器提升系统处理读查询的性能，使得系统的读查询性能能够超过单台 Redis 服务器所能提供的读查询性能。

在对读查询的性能进行扩展，并将额外的服务器用作从服务器以提高系统处理读查询的性能之前，让我们先来回顾一下提高性能的几个途径。

- 在使用第 9 章中介绍的短结构时，请确保压缩列表的最大长度不会太大以至于影响性能。
- 根据程序需要执行的查询的类型，选择能够为这种查询提供最好性能的结构。比如说，不要把列表当作集合使用；也不要获取整个散列然后在客户端里面对其进行排序，而是应该直接使用有序集合；诸如此类。
- 在将大体积的对象缓存到 Redis 里面之前，考虑对它进行压缩以减少读取和写入对象时所需的网络带宽。对比压缩算法 lz4、gzip 和 bzip2，看看哪个算法能够对被存储的数据提供最好的压缩效果和最好的性能。
- 使用第 4 章中介绍的流水线（流水线是否启用事务性质由具体的程序决定）以及连接池。

在做好了能确保读查询和写查询能够快速执行的一切准备之后，接下来要考虑的就是如何实际解决“怎样才能处理更多读查询”这个问题了。提升 Redis 读取能力的最简单方法，就是添加只读从服务器。在第 4 章中曾经介绍过，用户可以运行一些额外的服务器，让它们与主服务器进行连接，然后接受主服务器发送的数据副本并通过网络进行准实时的更新（具体的更新速度取决于网络带宽）。通过将读请求分散到不同的从服务器上面进行处理，用户可以从新添加的从服务器上获得额外的读查询处理能力。

> **记住：只对主服务器进行写入**　在使用只读从服务器的时候，请务必记得只对 Redis 主服务器进行写入。在默认情况下，尝试对一个被配置为从服务器的 Redis 服务器进行写入将引发一个错误（就算这个从服务器是其他从服务器的主服务器，也是如此）。10.3.1 节将介绍通过设置配置选项使从服务器也能执行写入操作的方法，不过由于这一功能通常都处于关闭状态，所以对从服务器进行写入一般都会引发错误。

第 4 章中介绍了如何通过复制（replication）特性的配置选项让一个 Redis 服务器成为从服务器，并说明了这种复制特性的运作原理以及一些管理大量只读从服务器方法。简单来说，要将一个 Redis 服务器变为从服务器，我们只需要在 Redis 的配置文件里面，加上一条 `slaveof host port` 语句，并将 `host` 和 `port` 两个参数的值分别替换为主服务器的 IP 地址和端口号就可以了。除此之外，我们还可以通过对一个正在运行的 Redis 服务器发送 `SLAVEOF host port` 命令来把它配置为从服务器。需要注意的一点是，当一个从服务器连接至主服务器的时候，从服务器原本存储的所有数据将被清空。最后，通过向从服务器发送 `SLAVEOF no one` 命令，我们可以让这个从服务器断开与主服务器的连接。

使用多个 Redis 从服务器处理读查询时可能会遇到的最棘手的问题，就是主服务器临时下线或者永久下线。每当有从服务器尝试与主服务器建立连接的时候，主服务器就会为从服务器创建一个快照，如果在快照创建完毕之前，有多个从服务器都尝试与主服务器进行连接，那么这些从服务器将接收到同一个快照。从效率的角度来看，这种做法非常好，因为它可以避免创建多个快照。但是，同时向多个从服务器发送快照的多个副本，可能会将主服务器可用的大部分带宽消耗殆尽。使主服务器的延迟变高，甚至导致主服务器已经建立了连接的从服务器断开。

解决从服务器重同步（resync）问题的其中一个方法，就是减少主服务器需要传送给从服务器的数据数量，这可以通过构建一个如图 10-1 所示的树状复制中间层来完成，这个图最早曾在第 4 章中展示过。

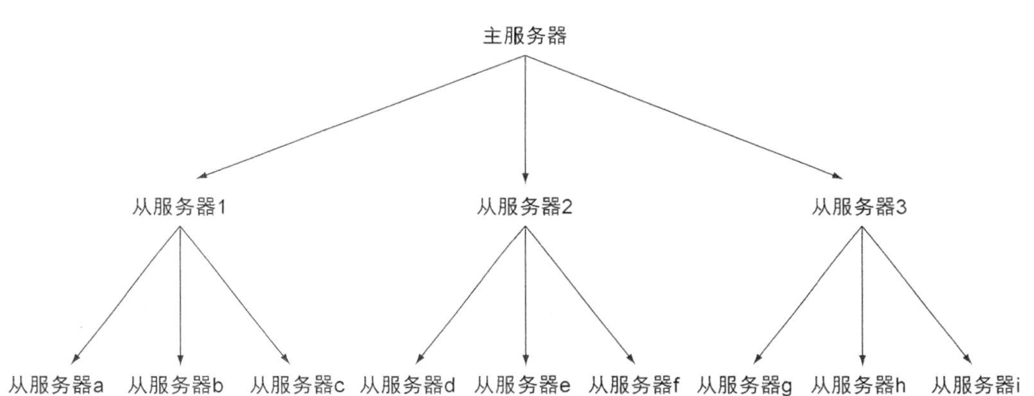

图 10-1　一个 Redis 主从复制树示例，树的最底层由 9 个从服务器组成，而中间层则由 3 个复制辅助服务器组成

从服务器树非常有用，在对不同数据中心（data center）进行复制的时候，这种从服务器树甚至是必需的：通过缓慢的广域网（WAN）连接进行重同步是一件相当耗费资源的工作，这种工作应该交给位于中间层的从服务器去做，而不必劳烦最顶层的主服务器。但是另一方面，构建从服务器树也会带来复杂的网络拓扑结构（topology），这增加了手动和自动处理故障转移的难度。

除了构建树状的从服务器群组之外，解决从服务器重同步问题的另一个方法就是对网络连接进行压缩，从而减少需要传送的数据量。一些 Redis 用户就发现使用带压缩的 SSH 隧道（tunnel）进行连接可以明显地降低带宽占用，比如某个公司就曾经使用这种方法，将复制单个从服务器所需的带宽从原来的 21 Mbit 降低为 1.8 Mbit。如果读者也打算使用这个方法的话，那么请记得使用 SSH 提供的选项来让 SSH 连接在断线后自动进行连接。

加密和压缩开销　一般来说，使用 SSH 隧道带来的加密开销并不会给服务器造成大的负担，因为 2.6 GHz 主频的英特尔酷睿 2 单核处理器在只使用单个处理核心的情况下，每秒能够使用 AES-128 算法加密 180 MB 数据，而在使用 RC4 算法的情况下，每秒则可以加密大约 350 MB 数据。在处理器足够强劲并且拥有千兆（gigabit）网络连接的情况下，程序即使在加密的情况下也能够充分地使用整个网络连接，唯一可能会出问题的地方是压缩——因为 SSH 默认使用的是 gzip 压缩算法。SSH 提供了配置选项，可以让用户选择指定的压缩级别（具体信息可以参考 SSH 的文档），它的 1 级压缩在使用之前提到的 2.6 GHz 处理器的情况下，可以在复制的初始时候，以每秒 24～52 MB 的速度对 Redis 的 RDB 文件进行压缩；并在复制进入持续更新阶段之后，以每秒 60～80 MB 的速度对 Redis 的 AOF 文件进行压缩。需要注意的一点是，更高级别的压缩可以带来更好的压缩效果，但是也会占用更多处理资源，这可能会给那些需要处理高吞吐量、但是只配置了低效处理器的机器带来麻烦。一般来说，笔者个人推荐把压缩等级控制在 5 级或 5 级以下，因为 5 级压缩可以在 1 级压缩的基础上，将数据的总体积减小 10%～20%，并且只需要相当于 1 级压缩 2～3 倍的处理时间；另外，9 级压缩需要相当于 1 级压缩 5～10 倍的处理时间，但是得出的数据总体积只比 5 级压缩减小 1%～5%。只要网络连接的速度还算合理，笔者总是会选择使用第 1 级压缩。

使用 OPENVPN 进行压缩　初看上去，使用 AES 加密和 lzo 压缩的 OpenVPN 似乎是一个绝妙的现成解决方案，跟 SSH 需要使用第三方脚本才能进行自动重连接相比，OpenVPN 不仅提供加密和压缩功能，而且还具有对用户透明的重连接功能。遗憾的是，我能够找到的大部分信息都显示 OpenVPN 在开启 lzo 压缩之后，对于 10 兆网络连接的性能提升只有 25%～30%，而对于速度更快的连接，lzo 压缩不会给性能带来任何提升。

Redis Sentinel 可以配合 Redis 的复制功能使用，并对下线的主服务器进行故障转移。Redis Sentinel 是运行在特殊模式下的 Redis 服务器，但它的行为和一般的 Redis 服务器并不相同。Sentinel 会监视一系列主服务器以及这些主服务器的从服务器，通过向主服务器发送 `PUBLISH` 命令和 `SUBSCRIBE` 命令，并向主服务器和从服务器发送 `PING` 命令，各个 Sentinel 进程可以自主识别可用的从服务器和其他 Sentinel。当主服务器失效的时候，监视这个主服务器的所有 Sentinel 就会基于彼此共有的信息选出一个 Sentinel，并从现有的从服务器当中选出一个新的主服务器。当被选中的从服务器转换成主服务器之后，那个被选中的 Sentinel 就会让剩余的其他从服务器去复制这个新的主服务器（在默认设置下，Sentinel 会一个接一个地迁移从服务器，但这个数量可以通过配置选项进行修改）。

一般来说，使用 Redis Sentinel 的目的就是为了向主服务器属下的从服务器提供自动故障转移服务。此外，Redis Sentinel 还提供了可选的故障转移通知功能，这个功能可以通过调用用户提供的脚本来执行配置更新等操作。

在学习了扩展读性能的方法之后，接下来我们该考虑如何扩展写性能了。

10.2　扩展写性能和内存容量

第 2 章中曾经构建过一个系统，它可以自动将已渲染的 Web 页面缓存到 Redis 里面，从而减少页面的载入时间并降低处理页面所需的资源消耗。随着被缓存的数据越来越多，当数据没办法被存储到一台机器上面的时候，我们就需要想办法把数据分割存储到由多台机器组成的群组里面。

> **扩展写容量** 尽管这一节中讨论的是如何使用分片来增加可用内存的总数量，但是这些方法同样可以在一台 Redis 服务器的写性能到达极限的时候，提升 Redis 的写吞吐量。

本节将讨论通过分片扩展 Redis 内存容量以及写吞吐量的方法，其中使用的技术和之前在第 9 章中展示过的分片技术非常相似。

在对写性能进行扩展之前，首先需要确认我们是否已经用尽了一切办法去降低内存占用，并且是否已经尽可能地减少了需要写入的数据量。

- 对自己编写的所有方法进行了检查，尽可能地减少程序需要读取的数据量。
- 将无关的功能迁移至其他服务器。在使用第 5 章中介绍的连接装饰器的情况下，这种迁移应该很容易就可以完成。
- 像第 6 章中介绍的那样，在对 Redis 进行写入之前，尝试在本地内存中对将要写入的数据进行聚合计算，这一做法可以应用于所有分析方法和统计计算方法。
- 像第 6 章中介绍的那样，使用锁去替换可能会给速度带来限制的 `WATCH/MULTI/EXEC` 事务，或者使用本书将在第 11 章中介绍的 Lua 脚本。
- 在使用 AOF 持久化的情况下，机器的硬盘必须将程序写入的所有数据都存储起来，这需要花费一定的时间。对于 400 000 个较为简短的命令来说，硬盘每秒可能只需要写入几 MB 的数据；但是对于 100 000 个长度为 1 KB 的命令来说，硬盘每秒将需要写入 100 MB 的数据。

如果用尽了一切方法降低内存占用并且尽可能地提高性能之后，问题仍然未解决，那么说明我们已经遇到了只使用一台机器带来的瓶颈，是时候将数据分片到多台机器上面了。本节介绍的数据分片方法要求用户使用固定数量的 Redis 服务器。举个例子，如果写入量预计每 6 个月就会增加 4 倍，那么我们可以将数据预先分片（preshard）到 256 个分片里面，从而拥有一个在接下来的两年时间里面都能够满足预期写入量增长的分片方案（具体要规划多长远的方案要由你自己决定）。

> **为了应对增长而进行预先分片** 在为了应对未来可能出现的流量增长而对系统进行预先分片的时候，我们可能会陷入这样一种处境：目前拥有的数据实在太少，按照预先分片方法计算出的机器数量去存储这些数据只会得不偿失。为了能够如常地对数据进行分割，我们可以在单台机器上面运行多个 Redis 服务器，并将每个服务器用作一个分片；或者使用单个 Redis 服务器上的多个 Redis 数据库。然后以此为起点，使用 10.2.1 节中介绍的复制和配置管理方法，将数据迁移到多台机器上面。注意，在同一台机器上面运行多个 Redis 服务器的时候，请记得让每个服务器都监听不同的端口，并确保所有服务器写入的都是不同的快照文件/AOF 文件。

首先，我们需要了解定义分片配置的方法。

10.2.1 处理分片配置信息

第 5 章中曾经介绍过一个自动地创建并使用具有指定名称的 Redis 配置信息的程序，这个程序首先会使用 Python 装饰器去获取配置信息，接着把获取到的配置信息与已有的配置信息进行对比，然后根据对比的结果决定是创建一个新的连接还是继续使用已有的连接。本节要做的就是为这个程序添加对分片连接的支持，使得我们只需要对第 9 章中编写过的大部分程序进行一些细微的修改，就可以重用那些程序。

作为开始，我们首先需要创建一个简单的函数，它跟第 5 章中介绍的连接装饰器具有相同的配置样式（configuration layout），那时的连接装饰器会使用 JSON 编码的字典记录 Redis 的连接信息，并将那些信息存储到格式为 `config:redis:<component>`的键里面。从装饰器里面提取出与连接管理有关的代码之后，我们最终得到的是一个根据指定名称的配置来决定是创建还是重用 Redis 连接的函数，如代码清单 10-1 所示。

代码清单 10-1 根据指定名字的配置获取 Redis 连接的函数

```
def get_redis_connection(component, wait=1):
    key = 'config:redis:' + component
    old_config = CONFIGS.get(key, object())
    config = get_config(
        config_connection, 'redis', component, wait)

    if config != old_config:
        REDIS_CONNECTIONS[key] = redis.Redis(**config)

    return REDIS_CONNECTIONS.get(key)
```

尝试获取旧的配置。

尝试获取新的配置。

如果新旧配置不相同，那么创建一个新的连接。

返回用户指定的连接对象。

这个简单的函数会尝试获取已有的配置和当前的配置，并在两个配置不相同的情况下，更新已有的配置，然后创建、存储并返回一个新的连接。另一方面，如果配置没有发生变化，那么函数将直接返回之前创建的连接。

在实现了用于获取连接的函数之外，我们还必须实现用于创建分片 Redis 连接的函数，这样一来，即使之后编写的装饰器不适用于某个场景，我们也仍然可以很容易地创建和使用分片连接。为了创建新的分片连接，程序会重用之前的配置程序，但是会给定一些与普通配置不太相同的分片配置。比如说，`logs` 组件的分片 7 将被存储到一个名为 `config:redis:logs:7` 的键里面，这一命名规则使得程序可以重用已有的连接和配置代码，代码清单 10-2 展示了分片连接获取函数的具体定义。

代码清单 10-2　基于分片信息获取一个连接

```
def get_sharded_connection(component, key, shard_count, wait=1):
    shard = shard_key(component, 'x'+str(key), shard_count, 2)
    return get_redis_connection(shard, wait)
```

返回连接。

计算出“<组件名>:<分片数字>”格式的分片 ID。

10.2.2　创建分片服务器连接装饰器

在拥有了能够简单地获取指向分片 Redis 服务器连接的 get_sharded_connection() 函数之后，我们要做的就是模仿第 5 章展示的装饰器，使用 get_sharded_connection() 函数写出一个能够自动创建分片连接，并将分片连接传递给底层函数的装饰器。

和第 5 章一样，本节要介绍的装饰器也会由 3 个嵌套的函数构成，这使得我们可以继续使用第 5 章中介绍过的组件传递功能。除此之外，我们还需要向装饰器传入分片 Redis 服务器的数量。代码清单 10-3 展示了支持分片功能的连接装饰器的具体定义。

代码清单 10-3　一个支持分片功能的连接装饰器

```
def sharded_connection(component, shard_count, wait=1):
    def wrapper(function):
        @functools.wraps(function)
        def call(key, *args, **kwargs):
            conn = get_sharded_connection(
                component, key, shard_count, wait)
            return function(conn, key, *args, **kwargs)
        return call
    return wrapper
```

sharded_connection() 连接装饰器的构建方式使得它几乎可以在不对 count_visit() 函数做任何修改的情况下，直接对 count_visit() 函数进行装饰。但是由于 count_visit() 函数需要维持聚合计数信息，而获取和更新这些信息都需要用到 get_expected() 函数，并且被存储的数据又会在不同的日子里面被不同的用户所使用和重用（reuse），所以我们需要对 get_expected() 函数使用非分片连接（nonsharded connection）。代码清单 10-4 展示了经过修改和装饰之后的 count_visit() 函数，以及经过了细微修改并且同样被装饰了的 get_expected() 函数。

在这个例子里面，程序会将唯一访问集合分片到 16 台不同的机器上面，这些机器的配置会被编码成 JSON 字符串并存储到 config:redis:unique:0 至 config:redis:unique:15 这 16 个键里面。至于每天的计数信息，程序则会将它们存储到一个没有被分片的 Redis 服务器的 config:redis:unique 键里面。

代码清单 10-4　对机器以及数据库键进行分片的 count_visit()函数

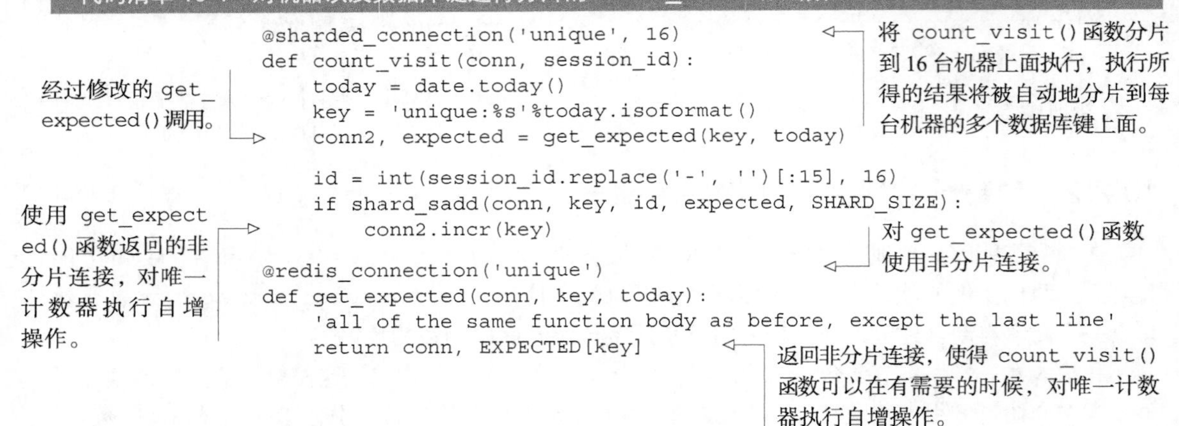

```
@sharded_connection('unique', 16)
def count_visit(conn, session_id):
    today = date.today()
    key = 'unique:%s'%today.isoformat()
    conn2, expected = get_expected(key, today)

    id = int(session_id.replace('-', '')[:15], 16)
    if shard_sadd(conn, key, id, expected, SHARD_SIZE):
        conn2.incr(key)

@redis_connection('unique')
def get_expected(conn, key, today):
    'all of the same function body as before, except the last line'
    return conn, EXPECTED[key]
```


在单台机器上面运行多个 Redis 服务器　本节介绍了如何将写入命令分片到多台服务器上面执行，从而增加系统的可用内存总量并提高系统处理写入操作的能力。但是，如果你在执行诸如搜索和排序这样的复杂查询时，感觉系统的性能受到了 Redis 单线程设计的限制，而你的机器又有更多的计算核心、更多的通信网络资源，以及更多用于存储快照文件和 AOF 文件的硬盘 I/O，那么你可以考虑在单台机器上面运行多个 Redis 服务器。你需要做的就是对位于同一台机器上面的所有服务器进行配置，让它们分别监听不同的端口，并确保它们拥有不同的快照配置或 AOF 配置。

处理唯一访问计数器的另一种方法　通过使用 SETBIT、BITCOUNT 和 BITOP 对二进制位数组进行索引查找，程序实际上可以在无须进行分片的情况下，对唯一访问计数器进行扩展。

现在我们拥有了可以获取分片连接和非分片连接的函数，以及能够自动传递这些连接的装饰器，使用多种类型的 Redis 连接已经变得前所未有的容易。遗憾的是，并非所有需要在分片数据集上执行的操作都像唯一访客计数器那么易于扩展。本章接下来的两节将介绍如何以两种不同的方式对搜索操作进行扩展，以及如何对社交网站进行扩展。

10.3　扩展复杂的查询

在对各式各样的 Redis 服务进行扩展的时候，常常会遇到这样一种情况：因为服务执行的查询并不只是获取值和设置值那么简单，所以只对数据进行分片并不足以达到对其进行扩展的目的。本节将对一个易于扩展的问题和两个较难扩展的问题进行讨论。

10.3.1 扩展搜索查询量

在对第 7 章介绍的搜索引擎（使用 SORT 实现，可以基于有序集合对结果进行排序）、广告定向搜索引擎以及职位搜索引擎进行扩展的时候，我们迟早会遇到一台机器每秒执行的查询数量无法满足程序要求的问题。为了解决这个问题，本节将会介绍如何通过添加查询从服务器（query slave）来提高系统处理搜索请求的能力。

10.1 节展示了如何通过添加只读从服务器来对 Redis 处理读查询的能力进行扩展。如果你还未阅读 10.1 节，那么请先去阅读 10.1 节，然后再来阅读以下的内容。因为第 7 章介绍的搜索查询需要执行 SUNIONSTORE、SINTERSTORE、SDIFFSTORE、ZINTERSTORE 以及 ZUNIONSTORE 等命令，而这些命令都需要对 Redis 进行写入，所以当我们使用 Redis 2.6 或以上版本的只读从服务器时，第 7 章中介绍的搜索查询将无法执行。

为了对 Redis 2.6 或更高版本的从服务器进行写入，我们需要对 Redis 从服务器的配置文件进行修改。在 Redis 的配置文件里面，有一个选项可以关闭或者开启对从服务器的写入功能，这个选项的名字叫 slave-read-only，它的默认值为 yes。只要将 slave-read-only 的值修改为 no 并重启从服务器，搜索查询就可以在 Redis 从服务器上面正常执行了。需要注意的一点是，搜索查询的执行结果现在只是被缓存了起来，并且这些缓存结果只存在于执行了查询的那个从服务器上面，因此如果我们有需要重用这些被缓存的执行结果，那么可能就需要执行某种程度的定期持久化操作（比如让客户端重复地向相同的 Web 服务器发送请求，而接收到请求的 Web 服务器又重复地向相同的 Redis 服务器发送请求，诸如此类）。

笔者就曾经使用过以上这种方法，对定向广告引擎进行快速而简单的扩展。如果读者也打算使用这种方法来扩展搜索查询的话，那么请记得小心地处理 10.1 节中提到的重同步问题。

当机器拥有足够多的内存，并且它执行的都是只读操作（或者说这些操作至少不会修改其他查询所使用的底层数据）的时候，添加从服务器能够帮助我们实现横向扩展（scale out）。但是有时候数据量可能会超过可用的内存容量，并且程序还得在这样的情况下执行复杂的查询。那么，我们该如何在数据量比可用内存容量还大的情况下，对搜索进行扩展呢？

10.3.2 扩展搜索索引大小

搜索引擎的一个可预期的地方，就是它的搜索索引总是会随着时间不断地增长，并且在搜索索引增长的同时，这些索引使用的内存也会不断地增加。根据增长速度的不同，用户可能有能力购买或者租用性能更为强劲的计算机继续处理索引，也可能没有，但是对于大多数人来说，不断地购买或者租用性能更强的计算机都是一件不切实际的事情。

本节将介绍通过组织数据来支持分片搜索查询的方法，并展示分片搜索查询的实现代码，这些代码可以在多个分片 Redis 主服务器上面执行，也可以在分片主服务器的从服务器上面执行，只要这些从服务器遵守了 10.3.1 节中介绍的指示即可。

为了对搜索查询进行分片，我们必须先对搜索索引进行分片，确保对于每个被索引的文档来说，同一个文档的所有数据都会被存储到同一个分片里面。因为第 7 章中的 index_document() 函数接受的其中一个参数就是一个连接对象，所以我们可以选择手动对连接对象进行分片，或者直接使用代码清单 10-3 展示的自动分片装饰器对其进行分片。

在将文档索引至各个分片之后，程序只要对分片执行查询就可以取得搜索结果。执行查询的具体方法由索引的类型而定：基于 SORT 命令实现的索引和基于有序集合实现的索引，两者的查询方法并不相同。为了实现分片式搜索，接下来就让我们首先对基于 SORT 命令实现的索引进行更新吧。

1. 对基于 SORT 命令实现的搜索操作进行分片

所有分片搜索都需要通过某种手段将各个分片上面的搜索结果合并起来，我们的搜索程序也不例外。第 7 章中介绍过的 search_and_sort() 函数接受查询结果包含的文档数量以及存储着指定查询结果的 ID 作为参数，它非常适合用作构建分片搜索程序的基础组件，但总的来说，我们仍然需要编写一些函数去执行以下操作。

（1）编写一个能够在单个分片上面执行的查询程序，让它进行搜索并获取待排序的搜索结果。

（2）在所有分片执行上面提到的查询程序。

（3）对各个分片的查询结果进行合并，然后选出想要的那部分结果。

首先让我们来研究一下，如何在单个分片上面进行搜索并获取搜索结果。

因为我们已经拥有了第 7 章介绍的 search_and_sort() 函数，所以程序可以使用它去获取搜索结果，并在取得搜索结果之后，获取每个搜索结果的相关数据。需要注意的是，因为程序并不清楚已经执行了的搜索操作的每条结果都来自于哪个分片，所以它必须小心翼翼地进行分片操作。因此，为了确保被返回的第 91～100 个搜索结果总是正确的，程序需要从每个分片里面获取前 100 个搜索结果。代码清单 10-5 展示了程序是如何获取所需的全部搜索结果以及相关数据的。

代码清单 10-5 基于 SORT 命令实现的搜索程序，它能够获取已排序的搜索结果

```
def search_get_values(conn, query, id=None, ttl=300, sort="-updated",
                      start=0, num=20):
```

这个函数接受的参数与 search_and_sort() 函数接受的完全相同。

```
    count, docids, id = search_and_sort(
        conn, query, id, ttl, sort, 0, start+num)
```

首先取得搜索操作和排序操作的执行结果。

```
    key = "kb:doc:%s"
    sort = sort.lstrip('-')

    pipe = conn.pipeline(False)
```

```
    for docid in docids:
        pipe.hget(key%docid, sort)
    sort_column = pipe.execute()

    data_pairs = zip(docids, sort_column)
    return count, data_pairs, id
```

根据结果的排序方式来获取数据。

将文档 ID 以及对文档进行排序产生的数据进行配对。

返回结果包含的文档数量、排序之后的搜索结果以及结果的缓存 ID。

search_get_values() 函数从单个分片里面获取所有必需的信息，以便为最后的合并操作做好准备。我们接下来要做的就是在所有分片里面执行这个函数。

在所有分片上执行 search_get_values() 函数的方法有两种。第一种是一个接一个地在每个分片上面执行它，第二种是同时在所有分片上面执行它。为了简单起见，我们的程序会一个接一个地在每个分片上面执行 search_get_values() 函数，然后将所有分片的执行结果收集起来，如代码清单 10-6 所示。

代码清单 10-6 这个函数负责在所有分片上面执行搜索函数

```
def get_shard_results(component, shards, query, ids=None, ttl=300,
                      sort="-updated", start=0, num=20, wait=1):

    count = 0
    data = []
    ids = ids or shards * [None]
    for shard in xrange(shards):
        conn = get_redis_connection('%s:%s'%(component, shard), wait)
        c, d, i = search_get_values(
            conn, query, ids[shard], ttl, sort, start, num)

        count += c
        data.extend(d)
        ids[shard] = i

    return count, data, ids
```

程序为了获知自己要连接的服务器，会假定所有分片服务器的信息都记录在一个标准的配置位置里面。

准备一些结构，用于存储之后获取的数据。

尝试使用已被缓存的搜索结果；如果没有缓存结果可用，那么重新执行查询。

获取或者创建一个连向指定分片的连接。

获取搜索结果以及它们的排序数据。

将这个分片的计算结果与所有其他分片的计算结果进行合并。

把所有分片的原始计算结果返回给调用者。

get_shard_results() 函数的运作原理和之前介绍的一样：它会一个接一个地对每个分片进行查询，直到取得了所有分片的计算结果为止。另外需要注意的一点是，为了对所有分片进行查询，我们必须将正确的分片数量传递给 get_shard_results() 函数。

练习：以并行方式进行查询

Python 提供了多种不同的方法，让用户可以以并行的方式对 Redis 服务器执行命令调用。因为执行查询时的大部分工作实际上就是在等待 Redis 对查询进行响应，所以我们可以使用 Python 内置的线程函数库或者队列函数库，向分片 Redis 服务器发送请求并等待响应。请编写一个新版的 get_shard_results() 函数，让它可以使用多个线程并行地获取所有分片的搜索结果。

在取得所有分片的全部查询结果之后，程序要做的就是重新对这些结果进行排序，从而使得所有查询的结果都变得有序起来。实现这一操作并不复杂，但是程序必须注意数字排序和非数字排序之间的区别，谨慎处理缺失（missing）的值以及数字排序时遇到的非数字值。代码清单 10-7 展示的函数可以对所有分片的搜索结果进行合并，然后返回用户指定的一部分搜索结果。

代码清单 10-7 负责对分片搜索结果进行合并的函数

```
def to_numeric_key(data):
    try:
        return Decimal(data[1] or '0')
    except:
        return Decimal('0')

def to_string_key(data):
    return data[1] or ''

def search_shards(component, shards, query, ids=None, ttl=300,
                  sort="-updated", start=0, num=20, wait=1):

    count, data, ids = get_shard_results(
        component, shards, query, ids, ttl, sort, start, num, wait)

    reversed = sort.startswith('-')
    sort = sort.strip('-')
    key = to_numeric_key
    if sort not in ('updated', 'id', 'created'):
        key = to_string_key

    data.sort(key=key, reverse=reversed)

    results = []
    for docid, score in data[start:start+num]:
        results.append(docid)

    return count, results, ids
```

这里之所以使用 Decimal 数字类型，是因为这种类型可以合理地对整数和浮点数进行转换，并在值缺失或者不是数字值的时候，返回默认值 0。

这个函数需要接受所有分片参数和搜索参数，这些参数大部分都会被传给底层的函数，而这个函数本身只会用到 sort 参数以及搜索偏移量。

总是返回一个字符串，即使在值缺失的情况下，也是如此。

获取未经排序的分片搜索结果。

准备好进行排序所需的各个参数。

根据 sort 参数对搜索结果进行排序。

只获取用户指定的那一页搜索结果。

返回被选中的结果，其中包括由每个分片的缓存 ID 组成的序列。

为了正确地进行排序，代码清单 10-7 中的程序使用了两个函数来将 Redis 返回的数据转换成可以以一致的方式进行排序的值。此外，程序在对数字进行排序的时候使用了 Python 的 Decimal 值，因为这种值可以用更少的代码取得相同的排序结果，并且能够正确和透明地处理无限大小的数字。在此之后，所有代码的行为就和预期中的一样：程序首先获取各个分片的搜索结果，接着对这些搜索结果进行排序，并从排序后的搜索结果里面返回位于指定范围之内的文档 ID。

现在我们拥有了一个新版的基于 SORT 命令实现的搜索程序，它可以运行在多个分片 Redis 服务器上面，我们剩下要做的就是对基于有序集合实现的搜索操作的索引进行分片。

2. 对基于有序集合实现的搜索操作进行分片

跟基于 SORT 命令实现的搜索操作一样，对基于有序集合实现的搜索操作进行分片也需要在所有分片上面执行搜索查询操作，并获取排序搜索结果所需的分值，最后对各个分片的搜索结果进行合并。本节要执行的操作与上一节对基于 SORT 命令实现的搜索操作进行分片时执行的一样：程序将一个接一个地在每个分片上面进行搜索，并在取得所有分片的搜索结果之后，对结果进行合并。

为了在单个分片上进行搜索，需要对第 7 章中基于有序集合实现的 search_and_zsort() 函数进行包装，并从被缓存的有序集合里面获取搜索结果及其分值，如代码清单 10-8 所示。

代码清单 10-8 基于有序集合实现的搜索操作，它会返回搜索结果以及搜索结果的分值

```
def search_get_zset_values(conn, query, id=None, ttl=300, update=1,
                    vote=0, start=0, num=20, desc=True):

    count, r, id = search_and_zsort(
        conn, query, id, ttl, update, vote, 0, 1, desc)

    if desc:
        data = conn.zrevrange(id, 0, start + num - 1, withscores=True)
    else:
        data = conn.zrange(id, 0, start + num - 1, withscores=True)

    return count, data, id
```

这个函数接受 search_and_zsort() 函数所需的全部参数。

调用底层的 search_and_zsort() 函数，获取搜索结果的缓存 ID 以及结果包含的文档数量。

获取指定的搜索结果以及这些结果的分值。

返回搜索结果的数量、搜索结果本身、搜索结果的分值以及搜索结果的缓存 ID。

与代码清单 10-5 中执行类似工作的 search_get_values() 函数相比，search_get_zset_values() 函数尝试让事情变得尽可能地简单：它忽略了那些没有分值的结果，并直接从缓存后的有序集合里面获取带有分值的结果。因为搜索结果的分值都是易于排序的浮点数值，它们无须进行任何转换操作，所以我们剩下要做的，就是把负责对所有分片进行搜索的函数以及负责合并然后排序搜索结果的函数组合起来。

跟之前一样，程序将一个接一个地对每个分片进行搜索，接着合并所有分片的搜索结果，然后根据搜索结果的分值进行排序，最后把排序后的搜索结果返回给调用者。代码清单 10-9 展示了实现这一操作的函数。

代码清单 10-9 一个对有序集合进行分片搜索查询的函数，它返回的是分页之后的搜索结果

```
def search_shards_zset(component, shards, query, ids=None, ttl=300,
                update=1, vote=0, start=0, num=20, desc=True, wait=1):

    count = 0
    data = []
    ids = ids or shards * [None]
    for shard in xrange(shards):
        conn = get_redis_connection('%s:%s'%(component, shard), wait)
        c, d, i = search_get_zset_values(conn, query, ids[shard],
            ttl, update, vote, start, num, desc)

        count += c
        data.extend(d)
        ids[shard] = i

    def key(result):
        return result[1]

    data.sort(key=key, reversed=desc)
    results = []
```

函数需要接受所有分片参数以及所有搜索参数。

准备一些结构，用于存储之后获取到的数据。

尝试使用已有的缓存结果；如果没有缓存结果可用，那么开始一次新的搜索。

获取或者创建指向每个分片的连接。

在分片上面进行搜索，并取得搜索结果的分值。

对每个分片的搜索结果进行合并。

定义一个简单的排序辅助函数，让它只返回与分值有关的信息。

对所有搜索结果进行排序。

```
    for docid, score in data[start:start+num]:
        results.append(docid)

    return count, results, ids
```

从结果里面提取出文档 ID，并丢弃与之关联的分值。

将搜索结果返回给调用者。

search_shards_zset() 函数能够帮助我们更好地理解处理分片搜索查询所需的各种事情。需要注意的一点是，随着分片数量的不断增加，程序在执行查询时需要获取的数据也会越来越多。在某个时间点上，我们可能还需要把获取操作以及合并操作委托给其他进程执行，甚至以树状结构对搜索结果进行合并。到那时候，我们也可以考虑使用专门的搜索解决方案——如 Lucene、Solr、Elastic Search 或者亚马逊的云搜索（Cloud Search）来代替这个自制的搜索程序。

在学习了如何对基于有序集合实现的搜索操作进行扩展之后，接下来就让我们来看看如何对第 8 章中介绍的社交网站进行扩展——这个程序是除了以上提到的两个搜索操作之外，本书介绍过的另一个可能会需要进行性能扩展的程序。

10.3.3 对社交网站进行扩展

第 8 章在介绍社交网站的构建方法时，曾经说过，这个社交网站并不打算扩展成为像 Twitter 那样的大型网站，因为当时我们的首要任务是理解构建一个社交网站所需的结构和方法，而不是要学习如何对网站进行扩展。本节将介绍几种通过分片对社交网站进行扩展的方法，这些方法几乎可以无限制地进行——只要资金允许，我们可以将这个社交网站扩展至任意规模。

对社交网站进行扩展的第一步，就是找出经常被读取的数据以及经常被写入的数据，并思考是否有可能将常用数据和不常用数据分开。首先，假设我们已经把用户已发布的状态消息迁移到了一个独立的 Redis 服务器里面，并使用只读从服务器处理针对这些消息数据的大量读取操作。那么社交网站上需要进行扩展的主要数据就剩下时间线、关注者列表以及正在关注列表。

扩展已发布状态消息的数据库大小 在成功构建出整个社交网站并获得一定的访问量之后，在某个时间点上，我们将需要对存储着已发布状态消息的数据库做进一步的扩展，而不仅仅是为它设置只读从服务器。因为每条消息都完整地存储在一个单独的散列里面，所以程序可以很容易地基于散列所在的键，把各个消息散列分片到由多个 Redis 服务器组成的集群里面。因为对消息散列进行分片并不困难，并且 10.3.2 节在对搜索操作进行分片的时候已经展示了如何从多个分片里面获取数据，所以对消息散列进行分片的工作应该并不难完成。扩展消息数据库的另一种方法，就是将 Redis 用作缓存，并把最新发布的消息存储到 Redis 里面，而较旧（也就是较少读取）的消息则存储到以硬盘存储为主的服务器里面，像 PostgreSQL、MySQL、Riak、MongoDB 等。在碰到难以解决的问题时，请随时到本书提供的论坛或者 Redis 的邮件列表上进行求助。

在第 8 章构建的社交网站上面，主要的时间线有 3 种：主页时间线、个人时间线以及列表时间线。各个时间线本身都是相似的，不过列表时间线和主页时间线最大只能包含 1000 条消息。与此类似，关注者列表、正在关注列表以及用户列表基本上也是相同的，所以我们将以相同的方式处理它们。首先让我们来学习一下，通过分片对时间线进行扩展的方法。

1. 对时间线进行分片

本节前面所说的“对时间线进行分片”实际上有点儿词不达意，因为主页时间线和列表时间线都比较短（最大只有 1000 个节点，实际的数量由 zset-max-ziplist-size 选项的值决定）[①]，所以我们实际上并不需要对时间线上面的内容进行分片；我们真正要做的是根据时间线的键名，把每条时间线分别存储到不同的分片上面。

另一方面，我们社交网站的个人时间线的大小目前是可以无限增长的。尽管绝大多数用户每天最多只会发布寥寥几条消息，但也可能会有比较喜欢唠叨的用户以明显高于这一频率的速度发布大量消息。以 Twitter 为例，该网站上发布消息最多的 1000 个用户，每人都发布了超过 150 000 条的状态消息，而其中发布消息最多的 15 个用户，每人都发布了上百万条消息。

从实用性的角度来看，一个合乎情理的做法是限制每个用户的时间线最多只能存储大约 20 000 条消息，并将最旧的消息删除或者隐藏起来——这种做法足以处理 99.999%的 Twitter 用户，而我们也会使用这一方案来对社交网站的个人时间线进行扩展。扩展个人时间线的另一种方法，就是使用本节稍后介绍的对关注者列表以及正在关注列表进行扩展的技术。

为了根据键名对时间线进行分片，我们需要编写一系列的函数来实现分片版本的 ZADD、ZREM 和 ZRANGE 命令，遗憾的是，这些分片函数都是由简短的 3 行代码构成的，重复地编写这样的函数很快就会让人感到厌倦。为了避免这样的问题，我们将编写一个类，通过 Python 的字典操作来自动创建连向各个分片的连接。

首先，我们将通过更新第 8 章中的 follow_user() 函数来展示我们想要构建的分片函数 API 是什么样子的。更新后的函数首先会创建一个通用的分片连接对象，这个连接对象可以根据被访问的键创建出指向该键所在分片的连接。在取得连接之后，程序就可以在那个分片上面调用标准 Redis 命令执行各种指定的操作，代码清单 10-10 展示了我们想要构建的 API 是什么样子的，以及我们为什么需要对之前介绍过的函数进行更新。

代码清单 10-10 这个函数展示了分片 API 是如何运作起来的

```
sharded_timelines = KeyShardedConnection('timelines', 8)

def follow_user(conn, uid, other_uid):
    fkey1 = 'following:%s'%uid
```

创建一个连接，这个连接拥有在指定分片数量的情况下，对一个组件进行分片所需的全部信息。

① 程序向主页时间线以及列表时间线添加元素的方式，实际上可能会导致列表的节点数量在短时间内上升至 2000 个。因为当结构的长度突破了限制之后，Redis 就不会再将结构转换回压缩列表编码，所以我们可以考虑将 zset-max-ziplist-size 的值设置成稍微大于 2 000，从而保证这两种时间线都能够高效地被编码。

```
    fkey2 = 'followers:%s'%other_uid

    if conn.zscore(fkey1, other_uid):
        print "already followed", uid, other_uid
        return None

    now = time.time()

    pipeline = conn.pipeline(True)
    pipeline.zadd(fkey1, other_uid, now)
    pipeline.zadd(fkey2, uid, now)
    pipeline.zcard(fkey1)
    pipeline.zcard(fkey2)
    following, followers = pipeline.execute()[-2:]
    pipeline.hset('user:%s'%uid, 'following', following)
    pipeline.hset('user:%s'%other_uid, 'followers', followers)
    pipeline.execute()

    pkey = 'profile:%s'%other_uid
    status_and_score = sharded_timelines[pkey].zrevrange(
        pkey, 0, HOME_TIMELINE_SIZE-1, withscores=True)

    if status_and_score:
        hkey = 'home:%s'%uid
        pipe = sharded_timelines[hkey].pipeline(True)
        pipe.zadd(hkey, **dict(status_and_score))
        pipe.zremrangebyrank(hkey, 0, -HOME_TIMELINE_SIZE-1)
        pipe.execute()

    return True
```

从正在关注的用户的个人时间线里面，取出最新的状态消息。

根据被分片的键获取一个连接，然后通过连接获取一个流水线对象。

将一系列状态消息添加到分片的主页时间线有序集合里面，并在添加操作完成之后对有序集合进行修剪。

执行事务。

在了解了分片 API 的样子之后，接下来要做的就是实现它。首先要实现这样一个对象：它接受组件名和分片数量作为参数，当这个对象通过字典查找的方式引用一个键的时候，程序需要找出键所属的分片，并返回一个指向那个分片的连接。代码清单 10-11 展示了实现这一功能的 Python 类。

代码清单 10-11 一个根据给定键查找分片连接的类

```
class KeyShardedConnection(object):
    def __init__(self, component, shards):
        self.component = component
        self.shards = shards
    def __getitem__(self, key):
        return get_sharded_connection(
            self.component, key, self.shards)
```

对象使用组件名字以及分片数量进行初始化。

当用户尝试从对象里面获取一个元素的时候，这个方法就会被调用，而调用这个方法时传入的参数就是用户请求的元素。

根据传入的键以及之前已知的组件名字和分片数量，获取分片连接。

对于简单的键分片操作来说，以上就是调用绝大多数 Redis 命令时所需要做的全部工作。扩展时间线剩下要做的工作，就是对 unfollow_user()函数、refill_timeline()函数以及其他所有访问主页时间线和列表时间线的函数进行更新。如果读者打算对社交网站进行扩展的话，那么现在就可以开始着手对这些函数进行更新了，至于无意进行扩展的读者则可以继续阅读以下内容。

练习：将消息广播至主页时间线和列表时间线

在对主页时间线和列表时间线的数据存储位置进行修改之后，请对第 8 章中展示的时间线广播操作进行更新，让它可以从分片后的个人时间线里面取出将要被广播的消息，并且尽可能地让更新后的操作和原来一样快。提示：如果你被这个问题难住了，那么可以去参考一下代码清单 10-15，那里展示了一个对分片后的关注者列表执行消息广播操作的函数。

接下来要介绍的是对关注者列表以及正在关注列表进行扩展的方法。

2. 通过分片对关注者列表以及正在关注列表进行扩展

虽然对时间线进行扩展的方法相当直观易懂，但是对关注者列表和正在关注列表这些由有序集合构成的“列表”进行扩展却并不容易。这些有序集合绝大多数都很短（如 Twitter 上 99.99% 的用户的关注者都少于 1000 人），但是也存在少量用户，他们关注了非常多的人或者拥有数量庞大的关注者。从实用性的角度来考虑，一个合理的做法是给用户以及列表可以关注的人数设置一个稍微有点小的限制值（如设置为 1000，以便与主页时间线和列表时间线的最大长度保持一致），使得想要关注更多人的用户只能创建多个列表。不过这个方法虽然可以控制用户的关注人数，但是仍然解决不了用户的关注者人数过多的问题。

为了处理关注者列表和正在关注列表可能会变得非常巨大的情况，我们需要将实现这些列表的有序集合划分到多个分片上面，说得更具体一样，也就是根据分片的数量把用户的关注者划分为多个部分。为此，我们需要为 ZADD 命令、ZREM 命令和 ZRANGEBYSCORE 命令实现特定的分片版本。

可能有读者会感到疑惑：我们不是刚刚才创建了一个能够自动处理分片连接的类嘛，为什么不使用那个类呢？在某种程度上，我们仍然会使用那个类，但是因为这次分片的对象是数据而不是键，所以直接使用之前定义的类是没办法解决这次的问题的。此外，为了减少程序创建和调用连接的数量，把关注者和被关注者双方的数据放置在同一个分片里面将是一种非常有意义的做法。因此这次我们将使用新的方法对数据进行分片，而不是沿用第 9 章或者 10.2 节中介绍的分片方法。

为了能够在对关注者数据以及被关注者数据进行分片的时候，把关注者和被关注者双方的数据都存储到同一个分片里面，程序将会把关注者和被关注者双方的 ID 用作查找分片键的其中一个参数。和对时间线进行分片时的做法一样，我们首先通过更新 follow_user() 函数来展示分片 API 的样子，然后再创建实现分片功能所需的类。代码清单 10-12 展示了更新后的 follow_user() 函数，以及我们想要实现的 API。

代码清单 10-12　访问存储着关注者有序集合以及正在关注有序集合的分片

```
sharded_timelines = KeyShardedConnection('timelines', 8)
sharded_followers = KeyDataShardedConnection('followers', 16)

def follow_user(conn, uid, other_uid):
    fkey1 = 'following:%s'%uid
    fkey2 = 'followers:%s'%other_uid
```

创建一个连接，这个连接拥有在指定分片数量的情况下，对一个组件进行分片所需的全部信息。

```
    sconn = sharded_followers[uid, other_uid]
    if sconn.zscore(fkey1, other_uid):
        return None

    now = time.time()
    spipe = sconn.pipeline(True)
    spipe.zadd(fkey1, other_uid, now)
    spipe.zadd(fkey2, uid, now)
    following, followers = spipe.execute()

    pipeline = conn.pipeline(True)
    pipeline.hincrby('user:%s'%uid, 'following', int(following))
    pipeline.hincrby('user:%s'%other_uid, 'followers', int(followers))
    pipeline.execute()

    pkey = 'profile:%s'%other_uid
    status_and_score = sharded_timelines[pkey].zrevrange(
        pkey, 0, HOME_TIMELINE_SIZE-1, withscores=True)

    if status_and_score:
        hkey = 'home:%s'%uid
        pipe = sharded_timelines[hkey].pipeline(True)
        pipe.zadd(hkey, **dict(status_and_score))
        pipe.zremrangebyrank(hkey, 0, -HOME_TIMELINE_SIZE-1)
        pipe.execute()

    return True
```

根据 uid 和 other_uid 获取连接对象。

检查uid代表的用户是否已经关注了other_uid代表的用户。

把关注者和被关注者的信息都添加到有序集合里面。

为执行关注操作的用户以及被关注的用户更新关注者信息和正在关注信息。

除了一些位置调整和代码更新之外，这个函数和之前展示过的时间线扩展函数之间的唯一不同，就是之前的函数通过传递键来查找分片，而这个函数则是通过传入一对 ID 对来查找分片。通过传入的两个 ID，函数会计算出与这两个 ID 相关的数据应该被存储到哪个分片里面。代码清单 10-13 展示了实现这一 API 的类。

代码清单 10-13 根据 ID 对查找相应的分片连接

```
class KeyDataShardedConnection(object):
    def __init__(self, component, shards):
        self.component = component
        self.shards = shards
    def __getitem__(self, ids):
        id1, id2 = map(int, ids)
        if id2 < id1:
            id1, id2 = id2, id1
        key = "%s:%s"%(id1, id2)
        return get_sharded_connection(
            self.component, key, self.shards)
```

对象使用组件名和分片数量进行初始化。

当一对 ID 作为字典查找操作的其中一个参数被传入时，这个方法将被调用。

取出那对 ID，并确保它们都是整数。

如果第二个 ID 小于第一个 ID，那么对调两个 ID 的位置，从而确保第一个 ID 总是小于等于第二个 ID。

基于那两个 ID 构建出一个键。

使用构建出的键以及之前已知的组件名和分片数量，获取分片连接。

这个分片连接生成器和代码清单 10-11 之间唯一的区别就是，这个生成器接受的是一对 ID 而不是一个键。对于传入的两个 ID，程序将为它们生成一个键，其中较小的 ID 放在键的前面，而较大的 ID 则放在键的后面。通过使用这种方法来构建键，程序可以确保用户无论在何时以何种顺序引用同样的两个 ID，最后得到的分片总是相同的。

通过这个分片连接生成器，我们可以对几乎所有剩余的关注者有序集合操作以及正在关注有序集合操作进行更新。其中一项需要进行的更新就是正确地实现分片版本的 ZRANGEBYSCORE，因为程序在好几个地方都使用了这个命令来以"页"为单位获取关注者。通常情况下，当用户更新一条状态消息的时候，程序会调用这个命令来将消息同步至主页时间线和列表时间线。在对时间线进行广播的时候，程序可以一个接一个地扫描分片上面的所有有序集合，并将消息传递给被扫描的有序集合。但只要我们多做一点工作，程序就可以同时将消息传递给所有有序集合，这将带来一个非常有用的分片式 ZRANGEBYSCORE 操作，并且这个操作还可以在其他场景中使用。

正如我们在 10.3.2 节中所见，因为当时的程序唯一知道的就是用户想要从哪个索引开始执行获取操作，所以为了从分片有序集合里面获取排名 100 位至 109 位的元素，程序必须获取排名 0 位至 109 位的元素，并对这些元素进行合并。不过因为这次的程序可以根据分值而不是索引来进行扫描，所以如果用户想要获取接下来 10 个分值大于 X 的元素，那么它只需要从所有分片里面获取接下来 10 个分值大于 X 的元素，然后对结果进行合并即可。代码清单 10-14 展示了一个能够在多个分片上面执行 ZRANGEBYSCORE 命令的函数。

代码清单 10-14 分片版的 ZRANGEBYSCORE 命令的实现函数

```
def sharded_zrangebyscore(component, shards, key, min, max, num):
    data = []
    for shard in xrange(shards):
        conn = get_redis_connection("%s:%s"%(component, shard))
        data.extend(conn.zrangebyscore(
            key, min, max, start=0, num=num, withscores=True))

    def key(pair):
        return pair[1], pair[0]
    data.sort(key=key)

    return data[:num]
```

函数接受组件名称、分片数量以及那些可以在分片环境下产生正确行为的参数作为参数。

获取指向当前分片的分片连接。

从 Redis 分片上面取出数据。

首先基于分值对数据进行排序，然后再基于成员进行排序。

根据用户请求的数量返回元素。

这个函数的运作方式和 10.3.2 节中执行查询然后进行合并的函数非常相似，但是因为这个函数处理的是分值而不是索引，所以它可以在有序集合的中间开始进行查找。

使用有序集合对个人时间线进行分片 社交网站在实现关注者列表和正在关注列表时使用了时间戳，这种做法避免了 10.3.2 节中曾经提到的对分片有序集合进行分页带来的缺陷。如果你打算使用本节介绍的方法对个人时间线进行分片，那么就需要回过头去修改个人时间线的相关代码，让它们使用时间戳而不是索引偏移量，并仿照代码清单 10-14，实现一个分片式的 ZREVRANGEBYSCORE 命令实现，要做到这一点应该不会太难。

在拥有了分片版本的 ZRANGEBYSCORE 函数之后，我们现在可以对那个将消息广播至主页时间线以及列表时间线的函数进行更新了，具体的更新如代码清单 10-15 所示。此外，我们还可以考虑让这个函数支持分片后的主页时间线。

代码清单 10-15 更新后的状态广播函数

```
def syndicate_status(uid, post, start=0, on_lists=False):
    root = 'followers'
    key = 'followers:%s'%uid
    base = 'home:%s'
    if on_lists:
        root = 'list:out'
        key = 'list:out:%s'%uid
        base = 'list:statuses:%s'

    followers = sharded_zrangebyscore(root,
        sharded_followers.shards, key, start, 'inf', POSTS_PER_PASS)

    to_send = defaultdict(list)
    for follower, start in followers:
        timeline = base % follower
        shard = shard_key('timelines',
            timeline, sharded_timelines.shards, 2)
        to_send[shard].append(timeline)

    for timelines in to_send.itervalues():
        pipe = sharded_timelines[timelines[0]].pipeline(False)
        for timeline in timelines:
            pipe.zadd(timeline, **post)
            pipe.zremrangebyrank(
                timeline, 0, -HOME_TIMELINE_SIZE-1)
        pipe.execute()

    conn = redis.Redis()
    if len(followers) >= POSTS_PER_PASS:
        execute_later(conn, 'default', 'syndicate_status',
            [uid, post, start, on_lists])

    elif not on_lists:
        execute_later(conn, 'default', 'syndicate_status',
            [uid, post, 0, True])
```

通过 ZRANGEBYSCORE 调用，找出下一组关注者。

基于预先分片的结果对个人信息进行分组，并把分组后的信息存储到预先准备好的结构里面。

构造出存储时间线的键。

找到负责存储这个时间线的分片。

把时间线的键添加到位于同一个分片的其他时间线的后面。

根据存储这组时间线的服务器，找出连向它的连接，然后创建一个流水线对象。

把新发送的消息添加到时间线上面，并移除过于陈旧的消息。

正如这段代码所示，更新后的 syndicate_status() 函数使用了分片版本的 ZRANGEBYSCORE 函数去获取对消息感兴趣的用户。此外，为了让传播过程能够迅速地进行，程序会将所有需要发送至同一主页时间线或者同一列表时间线的请求归类为一组。在对所有写入进行分组之后，程序会通过流水线，将消息添加到位于给定分片服务器的所有时间线上面，尽管这个函数可能运行得并不如非分片版本快，但它却可以让我们将社交网络扩展得比之前要大很多。

在完成分片版本的 syndicate_status() 函数之后，我们剩下要做的就是对其他函数进行更新，让它们可以支持这一节末尾所做的全部分片操作。和之前一样，对扩展社交网站有兴趣的读者可以自己尝试对相应的函数进行更新。此外，在尝试对非分片代码进行分片的时候，读者可以将 8.4 节中介绍的原版 `syndicate_status()` 函数与代码清单 10-15 展示的分片版 `syndicate_status()` 函数进行比较，以此来学习如何将非分片代码改为分片代码。

10.4 小结

本章对各式各样的程序进行了回顾，介绍了一些对它们进行扩展以处理更多读写流量并获得更多可用内存的方法，其中包括使用只读从服务器、使用可以执行写查询的从服务器、使用分片以及使用支持分片功能的类和函数。尽管这些方法可能没有完全覆盖读者在扩展特定程序时可能会遇到的所有问题，但是这些例子中展示的每项技术都可以广泛地应用到其他情景里面。

本章希望向读者传达这样一个概念：对任何系统进行扩展都是一项颇具挑战性的任务。但是通过 Redis，我们可以使用多种不同的方法来对平台进行扩展，从而争取把平台扩展成我们想要的规模。

接下来的一章，也是本书的最后一章，将对 Redis 的 Lua 脚本功能进行介绍。我们将对之前展示过的几个问题进行回顾，说明如何使用 Redis 2.6 开始引入的 Lua 脚本特性来简化问题的解法并提高性能。

第 11 章　Redis 的 Lua 脚本编程

本章主要内容

- 在不编写 C 代码的情况下添加新功能
- 使用 Lua 重写锁和信号量
- 移除 WATCH/MULTI/EXEC 事务
- 使用 Lua 对列表进行分片

前面几章介绍了如何构建一些工具并将它们应用到已有的程序里面，与此同时还介绍了一些可以用于解决各种问题的技术。这一章要做的事情也是类似的，并且效果将比你想象中的还要好。Redis 从 2.6 版本开始引入使用 Lua 编程语言进行的服务器端脚本编程功能，这个功能可以让用户直接在 Redis 内部执行各种操作，从而达到简化代码并提高性能的作用。

本章首先会使用第 8 章中介绍的社交网站程序作为例子，说明使用 Lua 脚本与在客户端上面执行操作相比有哪些好处。接着本章会通过两个分别来源于第 4 章和第 6 章中的问题，展示如何使用 Lua 去代替 WATCH/MULTI/EXEC 事务。之后本章将会回顾本书第 6 章介绍的锁和信号量，展示如何使用 Lua 去实现这两种技术，从而为它们提供公平的多客户端访问机制以及更好的性能。最后本章将介绍使用 Lua 对列表进行分片的方法，这个分片列表实现了大量（但并不是全部）与标准列表命令具有相同作用的操作。

首先让我们来了解一下 Lua 脚本为用户提供了哪些功能。

11.1　在不编写 C 代码的情况下添加新功能

在 Redis 2.6 之前，如果用户想要添加一些 Redis 不具备的高层次功能，那么他们就只能通过编写客户端代码（如前 10 章所做的那样）或者修改 Redis 的 C 源代码来实现自己想要的功能。尽管修改 Redis 的源代码并不是特别困难，但是在一个商业环境里面对这种修改后的代码进行支持，又或者尝试说服管理人员运行自有版本的 Redis 服务器，都是一个不小的挑战。

本节将介绍一些在 Redis 服务器内部执行 Lua 代码的方法。通过使用 Lua 对 Redis 进行脚本编程，我们可以避免一些减慢开发速度或者导致性能下降的常见陷阱。

接下来，就让我们来看看使用 Lua 脚本可以做些什么。

11.1.1 将 Lua 脚本载入 Redis

因为一些比较旧（但是仍在使用）的 Python Redis 客户端并未为 Redis 2.6 提供直接载入或者执行 Lua 脚本的功能，所以我们需要花费一点时间来创建一个脚本载入程序。将脚本载入 Redis 需要用到一个名为 SCRIPT LOAD 的命令，这个命令接受一个字符串格式的 Lua 脚本为参数，它会把脚本存储起来等待之后使用，然后返回被存储脚本的 SHA1 校验和。之后，用户只要调用 EVALSHA 命令，并输入脚本的 SHA1 校验和以及脚本所需的全部参数就可以调用之前存储的脚本。

我们编写的脚本载入程序的原型为 Python 的 Redis 客户端代码，这个脚本载入程序允许我们使用任何指定的连接而无须显式地创建新的脚本对象，这在处理服务器分片的时候非常有用。脚本载入程序 script_load() 函数接受一个 Lua 脚本作为参数，它会为传入的脚本创建一个函数，之后用户只要调用这个函数就可以在 Redis 里面执行传入的脚本。在调用 script_load() 创建的脚本函数时，用户需要向函数提供一个 Redis 连接，这个连接在函数第一次执行的时候会调用 SCRIPT LOAD 命令，而之后则会调用 EVALSHA 命令。代码清单 11-1 展示了 script_load() 函数的定义。

代码清单 11-1 将脚本载入 Redis 里面，等待将来使用

将 SCRIPT LOAD 命令返回的已载入脚本的 SHA1 校验和存储到一个列表里面，以便之后在 call() 函数内部对其进行修改。

在调用已载入脚本的时候，用户需要将 Redis 连接、脚本要处理的键以及脚本的其他参数传递给脚本。

程序只会在 SHA1 校验和未被缓存的情况下尝试载入脚本。

```
def script_load(script):
    sha = [None]
    def call(conn, keys=[], args=[], force_eval=False):
        if not force_eval:
            if not sha[0]:
                sha[0] = conn.execute_command(
                    "SCRIPT", "LOAD", script, parse="LOAD")

            try:
                return conn.execute_command(
                    "EVALSHA", sha[0], len(keys), *(keys+args))

            except redis.exceptions.ResponseError as msg:
                if not msg.args[0].startswith("NOSCRIPT"):
                    raise

        return conn.execute_command(
            "EVAL", script, len(keys), *(keys+args))

    return call
```

使用已缓存的 SHA1 校验和执行命令。

如果错误与脚本缺失无关，那么重新抛出异常。

当程序接收到脚本错误时，或者程序需要强制执行脚本时，它会使用 EVAL 命令直接执行给定的脚本。EVAL 命令在执行完脚本之后，会自动把脚本缓存起来，而缓存产生的 SHA1 校验和跟使用 EVALSHA 命令缓存脚本产生的 SHA1 校验和是完全相同的。

返回一个函数，这个函数在被调用的时候会自动载入并执行脚本。

除了调用 SCRIPT LOAD 命令和 EVALSHA 命令之外，script_load() 函数还会捕捉一个异常：当函数缓存了某个脚本的 SHA1 校验和，但是服务器却并没有存储这个 SHA1 校验和对应的脚本时，异常就会被抛出。在服务器重启之后，或者用户执行了 SCRIPT FLUSH 命令清空脚本缓存之后，又或者程序在不同的时间给函数提供了指向不同 Redis 服务器的连接时，这个异常都会出现。当函数检测到脚本缺失的时候，它就会使用 EVAL 命令直接执行脚本，而 EVAL 命令除了会执行脚本之外，还会将被执行的脚本缓存到 Redis 服务器里面。除此之外，script_load() 函数还允许用户通过 force_eval 参数来直接执行脚本，当我们需要在事务或者流水线里面执行脚本的时候，这个功能就会非常有用。

传递给 Lua 脚本的键和参数 尽管被脚本载入程序包裹了起来，但你可能已经发现了，调用 Lua 脚本至少需要传递 3 个参数：第一个是必不可少的 Redis 连接，第二个是由任意多个键组成的列表，第三个则是由任意多个需要传递给脚本的参数组成的列表。

传入键和传入参数之间的区别在于，keys 参数记录的是脚本可能会读取或者写入的所有键。将键集中到 keys 参数的做法使得用户在使用类似本书第 10 章介绍的多服务器技术时，其他软件层可以在有需要的时候检查是否所有传入脚本的键都位于相同的分片里面。

除此之外，提供自动的多服务器分片功能的 Redis 集群在执行一个脚本之前，也会对脚本将要访问的所有键进行检查，如果脚本将要访问的键并不是全部都位于同一个服务器里面，那么 Redis 将返回一个错误。

至于由参数组成的第二个列表则没有这一限制，它的作用是存储那些需要在 Lua 脚本内部使用的数据。

首先，让我们在控制终端上面对这个脚本载入程序进行一些简单的测试。

在大多数情况下，我们都会把脚本载入程序返回的函数引用存储起来。

在此之后，我们就可以通过传入连接对象以及脚本需要的其他参数来调用函数。

只要条件允许，就将脚本返回的结果转换成相应的 Python 类型。

```
>>> ret_1 = script_load("return 1")
>>> ret_1(conn)
1L
```

这个例子创建了一个只会返回数字 1 的简单脚本。当用户传入连接对象并调用脚本载入程序返回的函数时，脚本将会被载入并执行，最后返回数字值 1。

从 Lua 脚本里面返回非字符串和非整数值

由于 Lua 的数据传入和传出限制，Lua 里面的某些数据类型是不允许进行传出的，而另外一些数据类型则需要在传出之前进行相应的修改，表 11-1 展示了这些修改。

因为脚本在返回各种不同类型的数据时可能会产生含糊不清的结果，所以我们应该尽量显式地返回字符串，然后手动地进行分析操作。本章展示的例子只会返回布尔值、字符串、整数和 Lua 表格（table），其中表格将被转换为 Python 列表。

表 11-1 Lua 脚本返回的值，以及针对这些值的转换规则

Lua 值	转换成 Python 值的方法
true	转换为 1
false	转换为 None
nil	这个值不会被转换，但它会让脚本停止返回 Lua 表格中剩余的任何值
1.5 或者其他浮点数	舍弃小数部分，然后转换成整数
1e30 或者其他数值巨大的浮点数	转换成当前 Python 版本的最小整数
strings	无须进行转换
1 或者其他介于 $\pm 2^{53}-1$ 的整数	无须进行转换

在学习了如何载入和执行脚本之后，接下来我们将要学习如何使用脚本去创建第 8 章中提到的状态消息。

11.1.2 创建新的状态消息

在构建执行一系列操作的 Lua 脚本时，我们最好先从一些不太复杂并且与数据结构结合得不太紧密的简单示例开始。在这一节中，我们将通过编写一个 Lua 脚本以及一些包装器代码来实现状态消息的发送功能。

Lua 脚本跟单个 Redis 命令以及"MULTI"/"EXEC"事务一样，都是原子操作 因为 Redis 一次只会执行一个命令，所以对于 Redis 来说，每个单独的命令都是原子的。通过使用 MULTI/EXEC，用户可以保证自己的多个命令在执行时不会受到其他命令的干扰。除此之外，Redis 也把 EVAL 和 EVALSHA 看作是单个命令来进行处理（尽管这两个命令可以由相当复杂的操作组成），所以这两个命令在执行的时候同样不会受到其他结构命令的干扰。

已经对结构进行了修改的 Lua 脚本将无法被中断 在使用 EVAL 或者 EVALSHA 执行 Lua 脚本的时候，用户可能会写出永远也不返回的脚本，导致其他客户端无法正常地执行命令。为了解决这一问题，Redis 提供了两种方法来停止正在运行的脚本，选择使用哪种方法取决于脚本是否执行了 Redis 的写命令。

对于不执行任何写命令的只读脚本来说，用户可以在脚本的运行时间超过 lua- time-limit 选项指定的时间之后，执行 SCRIPT KILL 命令杀死正在运行的脚本（lua-time-limit 的详细信息可以通过 Redis 的配置文件查看）。

另一方面，如果脚本已经对 Redis 存储的数据进行了写入，那么杀死脚本将导致 Redis 存储的数据进入一种不一致的状态。在这种情况下，用户唯一能够使用的恢复（recover）手段就是使用 SHUTDOWN NOSAVE 命令杀死 Redis 服务器，这将导致 Redis 丢失最近一次创建快照之后或者最近一次将命令写入 AOF 文件之后数据发生的所有变化。

因为以上这些限制，我们必须在将脚本放到生产环境里面运行之前，先对脚本进行测试。

第 8 章中的代码清单 8-2 展示了创建并发送状态消息的 create_status() 函数，代码清

单 11-2 重新展示了这个函数。

代码清单 11-2 之前在代码清单 8-2 展示过的创建状态消息散列的函数

```
def create_status(conn, uid, message, **data):
    pipeline = conn.pipeline(True)
    pipeline.hget('user:%s' % uid, 'login')      # 根据用户 ID 获取用户的用户名。
    pipeline.incr('status:id:')                  # 为这条状态消息创建一个新的 ID。
    login, id = pipeline.execute()

    if not login:                                # 在发布状态消息之前，先验证用户的账号是否存在。
        return None

    data.update({                                # 准备并设置状态消息的各项信息。
        'message': message,
        'posted': time.time(),
        'id': id,
        'uid': uid,
        'login': login,
    })
    pipeline.hmset('status:%s' % id, data)
    pipeline.hincrby('user:%s' % uid, 'posts')   # 更新用户的已发送状态消息数量。
    pipeline.execute()
    return id                                    # 返回新创建的状态消息的 ID。
```

一般来说，将发送状态消息所需的通信往返次数从两次降低为一次对于性能的影响并不大。但既然我们可以将这里的两次通信往返减少为一次，那么说明其他程序的通信往返次数也有优化的空间，通过对各个程序进行优化，积少成多，节约下来的通信往返次数就会变得相当可观。对于一组给定的命令来说，更少的通信往返次数意味着更低的延迟，更低的延迟意味着更短的等待时间和更少的 Web 服务器请求，并且整个系统的综合性能也会有所提高。

正如代码清单 11-2 所示，发布一条新的状态消息需要执行以下步骤：首先在散列里面查找用户的名字，接着对一个计数器执行自增操作以获取一个新的消息 ID，然后将消息数据添加到一个 Redis 散列里面，最后对用户散列里面存储着已发布消息数量的计数器执行自增操作。使用 Lua 脚本完成这些操作并不困难，代码清单 11-3 就展示了使用 Lua 脚本实现消息发布操作的具体方法，其中包括一个 Lua 脚本以及与原版消息发布操作具有相同 API 的 Python 包装器。

这个函数执行的操作和之前单纯使用 Python 代码写的函数执行的操作完全一样，它们之间的唯一区别在于，旧的消息发布操作需要与 Redis 进行两次通信，而新的消息发布操作只需要与 Redis 进行一次通信即可（新的消息发布操作第一次执行的时候需要将脚本载入 Redis 并调用已载入的脚本，但是之后执行的时候只需要直接调用已载入的脚本即可）。对于状态消息发布操作来说，多进行一次通信并不是什么大问题，但对于本书前面章节介绍的很多程序来说，进行多次通信将花费不必要的时间，甚至还可能会造成 `WATCH/MULTI/EXEC` 事务冲突。

代码清单 11-3　使用 Lua 脚本创建一条状态消息

```
def create_status(conn, uid, message, **data):    # 这个函数接受的参数和原版消息发布函数接受的参数一样。
    args = [                                       # 准备好对状态消息进行设置所需的各个参数和属性。
        'message', message,
        'posted', time.time(),
        'uid', uid,
    ]
    for key, value in data.iteritems():
        args.append(key)
        args.append(value)

    return create_status_lua(                      # 调用脚本。
        conn, ['user:%s' % uid, 'status:id:'], args)

create_status_lua = script_load('''
local login = redis.call('hget', KEYS[1], 'login')    -- 根据用户 ID，获取用户的用户名。记住，Lua 表格的索引是从 1 开始的，而不是像 Python 和很多其他语言那样从 0 开始。
if not login then                                     -- 如果用户并未登录，那么向调用者说明这一情况。
    return false
end
local id = redis.call('incr', KEYS[2])                -- 获取一个新的状态消息 ID。
local key = string.format('status:%s', id)            -- 准备好负责存储状态消息的键。

redis.call('hmset', key,                              -- 为状态消息执行数据设置操作。
    'login', login,
    'id', id,
    unpack(ARGV))
redis.call('hincrby', KEYS[1], 'posts', 1)            -- 对用户的已发布消息计数器执行自增操作。

return id                                             -- 返回状态消息的 ID。
''')
```

在脚本里面对未记录在"KEYS"参数之内的键进行写入　11.1.1 节中的注记部分曾经提到过，用户应该把所有需要读取或者写入的键都传入脚本的 keys 参数里面，但代码清单 11-3 却对一个没有被传入 keys 参数里面的散列进行了写入。这种行为将导致脚本无法兼容 Redis 集群，至于这一行为在非集群的分片服务器环境下能否正常运作，则取决于用户使用的分片方法。代码清单 11-3 强调了有些时候我们可能会无法遵守"把所有需要读取或者写入的键都传入脚本的 keys 参数里面"这一规则，而这种行为将导致我们无法使用 Redis 集群。

脚本载入程序和辅助程序　代码清单 11-3 展示的程序由两个部分组成：第一部分是一个 Python 函数，它负责将原来的 API 转换成相应的 Lua 脚本调用；第二部分则是通过 script_load() 函数载入 Lua 脚本。因为 Lua 脚本功能的 API 相当简陋（只有 KEYS 参数和 ARGV 参数可用），很难在多个上下文里面调用这些 API，所以本章接下来的内容会继续使用代码清单 11-3 的模式来构建 Lua 脚本程序。

随着 Redis 2.6 的完成和发布，各种主流语言的函数库对 Redis 的 Lua 脚本功能的支持也会越来越好、越来越完整。至于 Python 方面，redis-py 项目的源码库上面已经提供了一个脚本载入程序，它和我们本节编写的脚本载入程序非常类似，用户只需要通过 Python 包索引（Python Package Index）服务就能够取得 redis-py 的脚本载入程序。本节之所以使用自制的脚本载入器，是因为它在处理分片网络连接的时候可以提供更好的灵活性和易用性。

随着程序与 Redis 之间的互动变得越来越多，用户可以通过使用锁和信号量来减少 WATCH/MULTI/EXEC 事务带来的竞争问题。接下来的一节将展示如何使用 Lua 脚本重写锁和信号量，从而进一步提高它们的性能。

11.2 使用 Lua 重写锁和信号量

本书第 6 章在介绍锁和信号量的时候，展示了如何在高流量场景下，使用悲观的锁去减少 WATCH/MULTI/EXEC 事务带来的冲突。但是获取或者释放一个锁在最好的情况下也会引起 2～3 次的通信往返，并且锁本身在一些情况下也可能会出现冲突。

本节将对 6.2 节中介绍的锁进行回顾，并使用 Lua 重写锁的实现，从而进一步提高它的性能。之后，本节将对 6.3 节中介绍的信号量示例进行回顾，学习如何实现一个完全公平的锁，并提高它的性能。

让我们先来看一个使用 Lua 实现的锁，并解释一下我们继续使用锁的原因。

11.2.1 使用 Lua 实现锁的原因

我们决定使用 Lua 构建锁的主要原因有两个。

第一个原因是：正如 11.1.1 节和 11.1.2 节中的注记部分所言，从技术上来讲，在使用 EVAL 命令或者 EVALSHA 命令去执行 Lua 脚本的时候，跟在脚本或 SHA1 校验和之后的第一组参数就是 Lua 脚本需要读取或者写入的键。这样做的主要目的是为了让 Redis 的集群服务器可以拒绝那些尝试在指定的分片上面，对不可用的键进行读取或者写入的脚本。如果我们事先不知道哪些键会被读取和写入，那么就应该使用 WATCH/MULTI/EXEC 事务或者锁，而不是脚本。因此，在脚本里面对未被记录到 KEYS 参数中的键进行读取或者写入，可能会在程序迁移至 Redis 集群的时候出现不兼容或者故障。

第二个原因是：在处理 Redis 存储的数据时，程序可能会需要一些数据，但这些数据没办法在最开始的调用中取得。其中一个例子就是，从 Redis 获取一些散列值，然后使用这些值去访问存储在关系数据库里面的信息，最后再把这些信息写入 Redis 里面。2.4 节中在调度数据库行的缓存操作时就展示过一个这样的例子，因为将同一个数据库行的两个副本写入 Redis 里面两次并不会造成什么严重的问题，所以当时的缓存操作并没有使用锁。但是对于其他缓存程序来说，多次读取将要被缓存的数据可能会带来更多的额外消耗，甚至可能会导致新数据被旧数据覆盖。

因为以上这两个原因，我们将使用 Lua 脚本重写锁实现。

11.2.2 重写锁实现

6.2 节中展示的加锁操作首先生成了一个 ID，然后使用 SETNX 命令对键进行了有条件的设置操作，并在设置操作执行成功的时候，为键设置了过期时间。尽管加锁操作在概念上并不复杂，但程序还是需要处理各种失败和重试情况，最终得出的就是代码清单 11-4 展示的加锁实现的原代码。

代码清单 11-4 曾经在 6.2.5 节中展示过的最终版 acquire_lock_with_timeout()函数

```
def acquire_lock_with_timeout(
    conn, lockname, acquire_timeout=10, lock_timeout=10):
    identifier = str(uuid.uuid4())
    lockname = 'lock:' + lockname
    lock_timeout = int(math.ceil(lock_timeout))

    end = time.time() + acquire_timeout
    while time.time() < end:
        if conn.setnx(lockname, identifier):
            conn.expire(lockname, lock_timeout)
            return identifier
        elif not conn.ttl(lockname):
            conn.expire(lockname, lock_timeout)

        time.sleep(.001)

    return False
```

128 位随机标识符。

确保传给 EXPIRE 的都是整数。

获取锁并设置过期时间。

检查过期时间，并在有需要时对其进行更新。

如果读者还对 6.2 节中介绍的锁构建方法有印象的话，那么应该不会对这些代码感到陌生。代码清单 11-5 展示了如何将加锁操作的核心代码迁移到 Lua 脚本里面，并提供具有相同功能的加锁操作的。

代码清单 11-5 使用 Lua 重写的 acquire_lock_with_timeout()函数

```
def acquire_lock_with_timeout(
    conn, lockname, acquire_timeout=10, lock_timeout=10):
    identifier = str(uuid.uuid4())
    lockname = 'lock:' + lockname
    lock_timeout = int(math.ceil(lock_timeout))

    acquired = False
    end = time.time() + acquire_timeout
    while time.time() < end and not acquired:
        acquired = acquire_lock_with_timeout_lua(
            conn, [lockname], [lock_timeout, identifier]) == 'OK'

        time.sleep(.001 * (not acquired))

    return acquired and identifier

acquire_lock_with_timeout_lua = script_load('''
if redis.call('exists', KEYS[1]) == 0 then
    return redis.call('setex', KEYS[1], unpack(ARGV))
end
''')
```

执行实际的锁获取操作，通过检查确保 Lua 调用已经执行成功。

检测锁是否已经存在。（再次提醒，Lua 表格的索引是从 1 开始的。）

使用给定的过期时间以及标识符去设置键。

除了将之前的 SETNX 命令和 EXPIRE 命令替换成 SETEX 命令，从而确保客户端获取的锁总是具有过期时间之外，Lua 脚本实现的加锁操作跟原来的加锁操作之间并无明显的不同。接下来，让我们乘胜前进，继续使用 Lua 脚本重写锁的释放操作。

正如之前介绍的那样，锁释放操作首先要做的就是使用 WATCH 命令去监视代表锁的键，检查该键是否仍然存储着加锁时设置的标识符。如果是的话，程序就解除锁；如果不是的话，程序就说指定的锁已经丢失。代码清单 11-6 展示了 Lua 版本的 release_lock() 函数。

代码清单 11-6 使用 Lua 重写的 release_lock() 函数

```
def release_lock(conn, lockname, identifier):
    lockname = 'lock:' + lockname
    return release_lock_lua(conn, [lockname], [identifier])    <-- 调用负责释放锁的 Lua 函数。

release_lock_lua = script_load('''
if redis.call('get', KEYS[1]) == ARGV[1] then    <-- 检查锁是否匹配。
    return redis.call('del', KEYS[1]) or true    <-- 删除锁并确保脚本总是返回真值。
end
''')
```

与加锁操作不同，Lua 版本的锁释放操作比原版更为简洁，因为程序无须再执行典型的 WATCH/MULTI/EXEC 步骤。

虽然减少代码量是一件非常好的事情，但是如果 Lua 版本的锁实现不能带来实际的性能提升，那么它的作用将是非常有限的。为了测试原版锁实现和 Lua 锁实现之间的性能差异，我们给这两种锁实现的代码增加了一些指令，并通过测试代码分别执行 1 个、2 个、5 个和 10 个并行的进程，让这些进程反复不断地对锁执行获取操作和释放操作，然后记录两个版本的锁实现在 10 秒内执行锁获取操作的次数以及成功取得锁的次数，表 11-2 展示了这次测试的结果。

表 11-2 原版锁实现和 Lua 版本的锁实现在 10 秒内的性能对比

测试配置	10 秒内执行锁获取操作的次数	10 秒内成功取得锁的次数
原版锁实现，1 个客户端	31 359	31 359
原版锁实现，2 个客户端	30 085	22 507
原版锁实现，5 个客户端	47 694	19 695
原版锁实现，10 个客户端	71 917	14 361
Lua 版锁实现，1 个客户端	44 494	44 494
Lua 版锁实现，2 个客户端	50 404	42 199
Lua 版锁实现，5 个客户端	70 807	40 826
Lua 版锁实现，10 个客户端	96 871	33 990

通过观察表 11-2 中右边那一栏可以看到，在测试循环里面，Lua 版本的锁实现在获取锁和释放锁方面的表现要明显优于原版锁实现：在使用单个客户端的情况下，Lua 锁的性能要高 40%多；在使用两个客户端的情况下，Lua 锁的性能要高 87%；而在使用 5 个或者 10 个客户端的情况下，

Lua 锁的性能要高 1 倍以上。通过对比中间栏和右边栏，我们还可以看到，由于 Lua 版本的锁实现减少了加锁时所需的通信往返次数，所以 Lua 版本的锁实现在尝试获取锁时的速度比原版的锁要快得多。

除了性能变得更好之外，Lua 版本的加锁操作和锁释放操作的代码也明显地变得更容易理解了，这使得我们可以很容易地验证这些代码的正确性。

我们曾经构建过的另外一个同步基础设施就是信号量，接下来的内容将介绍使用 Lua 重新实现信号量的方法。

11.2.3 使用 Lua 实现计数信号量

本书第 6 章在实现计数信号量的时候，曾经花了很多时间来确保信号量具有某种程度的公平性（fairness）。当时的信号量程序使用计数器为客户端创建数字标识符，并通过这些标识符来判断客户端是否成功地取得了信号量，但是由于这个信号量程序在获取信号量的时候可能会出现竞争条件，所以它最终使用了锁来确保信号量获取操作可以正确地执行。

代码清单 11-7 展示了第 6 章中介绍的计数信号量实现，让我们重新观察一下这个程序，并考虑如何使用 Lua 脚本去改进它。

代码清单 11-7　来自 6.3.1 节的 acquire_semaphore() 函数

```
def acquire_semaphore(conn, semname, limit, timeout=10):
    identifier = str(uuid.uuid4())                          # 128 位随机标识符。
    now = time.time()

    pipeline = conn.pipeline(True)
    pipeline.zremrangebyscore(semname, '-inf', now - timeout)   # 清理过期的信号量持有者。
    pipeline.zadd(semname, identifier, now)                 # 尝试获取信号量。
    pipeline.zrank(semname, identifier)
    if pipeline.execute()[-1] < limit:                      # 检查是否成功取得了信号量。
        return identifier

    conn.zrem(semname, identifier)                          # 获取信号量失败，删除之前添加的标识符。
    return None
```

因为在清理完过期的信号量之后，程序就可以知道是否有信号量可用了，所以 Lua 版本的信号量获取操作简化了在没有信号量可用的情况下的代码。另外，因为所有操作都是在 Redis 内部完成的，所以 Lua 版本的信号量实现将不再需要计数器以及信号量拥有者有序集合：因为在信号量仍然可用的情况下，第一个执行 Lua 脚本的客户端就是获得信号量的客户端。代码清单 11-8 展示了 Lua 版本的 `acquire_semaphore()` 函数。

重写之后的 `acquire_semaphore()` 函数与代码清单 6-14 展示的 `acquire_semaphore_with_lock()` 函数具有相同的作用，并且它还是一个完全公平的信号量。另外，因为 Lua 版本的信号量实现进行了大量的简化（它无须使用锁、`ZINTERSTORE` 或者 `ZRANGEBYRANK`），所以它的运行速度比原来的信号量实现快了很多。

代码清单 11-8 使用 Lua 重写的 `acquire_semaphore()` 函数

```
def acquire_semaphore(conn, semname, limit, timeout=10):
    now = time.time()
    return acquire_semaphore_lua(conn, [semname],
        [now-timeout, limit, now, str(uuid.uuid4())])

acquire_semaphore_lua = script_load('''
redis.call('zremrangebyscore', KEYS[1], '-inf', ARGV[1])

if redis.call('zcard', KEYS[1]) < tonumber(ARGV[2]) then
    redis.call('zadd', KEYS[1], ARGV[3], ARGV[4])
    return ARGV[4]
end
''')
```

取得当前时间戳，用于处理超时信号量。

把所有必须的参数传递给 Lua 函数，实际地执行信号量获取操作。

清除所有已过期的信号量。

如果还有剩余的信号量可用，那么获取信号量。

把时间戳添加到超时有序集合里面。

得益于 Lua 脚本对信号量获取操作的简化，释放信号量的工作可以直接使用 6.3.1 节中的 `release_semaphore()` 函数进行。我们剩下要做的就是使用 Lua 脚本实现一个信号量刷新函数，并使用它去替换 6.3.3 节中的公平信号量刷新函数。代码清单 11-9 展示了使用 Lua 脚本实现的信号量刷新函数。

代码清单 11-9 使用 Lua 实现的 `refresh_semaphore()` 函数

```
def refresh_semaphore(conn, semname, identifier):
    return refresh_semaphore_lua(conn, [semname],
        [identifier, time.time()]) != None

refresh_semaphore_lua = script_load('''
if redis.call('zscore', KEYS[1], ARGV[1]) then
    return redis.call('zadd', KEYS[1], ARGV[2], ARGV[1]) or true
end
''')
```

如果信号量没有被刷新，那么 Lua 脚本将返回空值，而 Python 会将这个空值转换成 None 并返回给调用者。

如果信号量仍然存在，那么对它的时间戳进行更新。

通过使用 Lua 重写信号量的获取和刷新函数，我们对于如何使用 Lua 脚本来提高性能已经有了初步的了解。

接下来的一节将展示如何使用 Lua 脚本去移除两个之前展示过的程序中的 WATCH/MULTI/EXEC 事务和锁，并观察这一改变对程序的性能有多大的提高。

11.3 移除 WATCH/MULTI/EXEC 事务

本书前面的章节经常会使用 WATCH、MULTI 和 EXEC 命令组建 Redis 事务。一般来说，如果只有少数几个客户端尝试对被 WATCH 命令监视的数据进行修改，那么事务通常可以在不发生明显冲突或重试的情况下完成。但是，如果操作需要进行好几次通信往返，或者操作发生冲突的概率较高，又或者网络的延迟较大，那么客户端可能需要重试很多次才能完成操作。

本节将回顾第 6 章中介绍的自动补全程序以及第 4 章中介绍的商品买卖市场，展示如何使用 Lua 脚本简化这两个程序的代码并提高它们的性能。

让我们先来回顾一下本书第 6 章介绍的自动补全示例。

11.3.1 回顾群组自动补全程序

本书在第 6 章中介绍了一个自动补全程序，这个程序使用了有序集合来存储需要进行自动补全的用户名。

自动补全程序首先会计算出两个字符串，它们能够包围起所有需要进行自动补全的值。接着把这两个字符串插入有序集合里面，并使用 WATCH 命令监视有序集合，以便观察是否有另一个自动补全操作在执行。当一切就绪之后，程序会从被插入的两个字符串之间获取 10 个值，最后在一个由 MULTI 命令和 EXEC 命令组成的事务里面，移除之前插入的两个字符串。代码清单 11-10 展示了这个自动补全程序的具体实现。

代码清单 11-10 来自 6.1.2 节的自动补全代码

```
def autocomplete_on_prefix(conn, guild, prefix):
    start, end = find_prefix_range(prefix)
    identifier = str(uuid.uuid4())
    start += identifier
    end += identifier
    zset_name = 'members:' + guild

    conn.zadd(zset_name, start, 0, end, 0)
    pipeline = conn.pipeline(True)
    while 1:
        try:
            pipeline.watch(zset_name)
            sindex = pipeline.zrank(zset_name, start)
            eindex = pipeline.zrank(zset_name, end)
            erange = min(sindex + 9, eindex - 2)
            pipeline.multi()
            pipeline.zrem(zset_name, start, end)
            pipeline.zrange(zset_name, sindex, erange)
            items = pipeline.execute()[-1]
            break
        except redis.exceptions.WatchError:
            continue

    return [item for item in items if '{' not in item]
```

根据给定的前缀计算出查找范围的起点和终点。

将范围的起始元素和结束元素添加到有序集合里面。

找到两个被插入元素在有序集合中的排名。

获取范围内的值，然后删除之前插入的起始元素和结束元素。

如果自动补全有序集合已经被其他客户端修改过了，那么进行重试。

如果有其他自动补全操作正在执行，那么从获取到的元素里面移除起始元素和结束元素。

如果同一时间之内只有少数几个自动补全操作在执行，那么这些操作应该不会引起多少次重试。但无论重试的次数是多还是少，程序还是得使用大量的代码去处理重试出现的情况，而这些代码占了整个程序代码量的大约 40%。代码清单 11-11 展示了移除所有重试代码，并将核心功能迁移到 Lua 脚本之后的自动补全操作。

代码清单 11-11 使用 Lua 脚本对用户名前缀进行自动补全

```
def autocomplete_on_prefix(conn, guild, prefix):
    start, end = find_prefix_range(prefix)          # 取得范围和标识符。
    identifier = str(uuid.uuid4())

    items = autocomplete_on_prefix_lua(conn,        # 使用 Lua 脚本从 Redis 里面获取数据。
        ['members:' + guild],
        [start+identifier, end+identifier])

    return [item for item in items if '{' not in item]   # 过滤掉所有不想要的元素。

autocomplete_on_prefix_lua = script_load('''
redis.call('zadd', KEYS[1], 0, ARGV[1], 0, ARGV[2])       -- 把标记范围起点和终点的元素添加到有序集合里面。
local sindex = redis.call('zrank', KEYS[1], ARGV[1])      -- 在有序集合里面找到范围元素的位置。
local eindex = redis.call('zrank', KEYS[1], ARGV[2])
eindex = math.min(sindex + 9, eindex - 2)                 -- 计算出想要获取的元素所处的范围。

redis.call('zrem', KEYS[1], unpack(ARGV))                 -- 移除范围元素。
return redis.call('zrange', KEYS[1], sindex, eindex)      -- 获取并返回结果。
''')
```

因为 Lua 版本的自动补全程序就是第 6 章原版自动补全程序的一个翻译版，所以读者对它应该不会感到陌生。与原版自动补全程序相比，新版本的自动补全程序不仅代码量明显减少，而且速度也有了大幅的提高。通过使用类似第 6 章介绍的性能测试方法，并分别运行 1 个、2 个、5 个和 10 个并发进程，让两个版本的自动补全程序以尽可能快的速度处理同一个公会的自动补全请求，我们得出了表 11-3 所示的测试结果。为了让这个表保持简单，表中只展示了程序在 10 秒内尝试执行自动补全的次数以及成功执行自动补全的次数。

表 11-3 原版自动补全程序和 Lua 版自动补全程序在 10 秒内的性能测试结果

测试配置	10 秒内尝试执行自动补全的次数	10 秒内成功执行自动补全的次数
原版自动补全程序，1 个客户端	26 339	26 339
原版自动补全程序，2 个客户端	25 188	17 551
原版自动补全程序，5 个客户端	59 544	10 989
原版自动补全程序，10 个客户端	57 305	6 141
Lua 版自动补全程序，1 个客户端	64 440	64 440
Lua 版自动补全程序，2 个客户端	89 140	89 140
Lua 版自动补全程序，5 个客户端	125 971	125 971
Lua 版自动补全程序，10 个客户端	128 217	128 217

正如表中的测试结果所示，使用 `WATCH/MULTI/EXEC` 事务实现的原版自动补全程序在客户端增多的情况下，事务完成的概率也会随之下降，并且它的总计尝试次数在这个短短 10 秒的测

试里面就出现了瓶颈。与此相反，Lua 版本的自动补全程序每秒进行的尝试次数和完成次数则多得多，这主要是因为 Lua 实现减少了通信往返带来的额外开销，并且无须担心因为事务竞争而引发任何 WATCH 错误。对比两个自动补全程序在并发运行 10 个客户端时的表现，Lua 版本完成的自动补全次数要比原版多出 20 倍！

在了解了如何使用 Lua 脚本对自动补全程序进行优化之后，接下来我们将学习如何使用 Lua 脚本去优化商品买卖市场。

11.3.2 再次对商品买卖市场进行改进

6.2 节中曾经对 4.4 节中介绍的商品买卖市场进行过回顾，使用锁替换了商品买卖市场原来的 WATCH/MULTI/EXEC 事务，还展示了使用粗粒度锁和细粒度锁去减少冲突提高性能的方法。

本节将再度对商品买卖市场进行回顾，通过移除锁并把代码迁移到 Lua 脚本来进一步地提升商品买卖市场的性能。

代码清单 11-12 展示了曾经在 6.2 节中介绍过的，使用锁实现的商品购买函数。这个函数首先会获取一个锁，并对买家的用户信息散列进行监视，然后在买家有足够钱的情况下，把卖家出售的商品转交给买家。

代码清单 11-12 来自 6.2 节的带有锁的商品购买函数

```
def purchase_item_with_lock(conn, buyerid, itemid, sellerid):
    buyer = "users:%s" % buyerid
    seller = "users:%s" % sellerid
    item = "%s.%s" % (itemid, sellerid)
    inventory = "inventory:%s" % buyerid

    locked = acquire_lock(conn, 'market:')          <—— 尝试获取锁。
    if not locked:
        return False

    pipe = conn.pipeline(True)
    try:
        pipe.zscore("market:", item)
        pipe.hget(buyer, 'funds')
        price, funds = pipe.execute()
        if price is None or price > funds:
            return None
                                                    检查商品是否已经售出，
                                                    以及买家是否有足够的
                                                    钱来购买商品。

        pipe.hincrby(seller, 'funds', int(price))
        pipe.hincrby(buyer, 'funds', int(-price))
        pipe.sadd(inventory, itemid)
        pipe.zrem("market:", item)
        pipe.execute()
        return True
                                                    将买家支付的钱转移
                                                    给卖家，并将售出的
                                                    商品转移给买家。
    finally:
        release_lock(conn, 'market:', locked)       <—— 释放锁。
```

为了确保商品买卖双方在交易过程中不会受到其他用户的干扰，代码清单 11-12 展示的程序对商品买卖市场进行了加锁。

通过使用 Lua 重写这个函数，我们可以去掉里面的锁，使得实现代码变得既简单又直接：首先确认商品是否仍在销售，接着确认买家是否有足够的钱来购买商品，然后将卖家销售的商品转移给买家，并将买家支付的钱转移给卖家。代码清单 11-13 展示了使用 Lua 重写后的商品购买函数。

代码清单 11-13　使用 Lua 重写的商品购买函数

```
def purchase_item(conn, buyerid, itemid, sellerid):
    buyer = "users:%s" % buyerid
    seller = "users:%s" % sellerid
    item = "%s.%s"%(itemid, sellerid)
    inventory = "inventory:%s" % buyerid

    return purchase_item_lua(conn,
        ['market:', buyer, seller, inventory], [item, itemid])

purchase_item_lua = script_load('''
local price = tonumber(redis.call('zscore', KEYS[1], ARGV[1]))
local funds = tonumber(redis.call('hget', KEYS[2], 'funds'))

if price and funds and funds >= price then
    redis.call('hincrby', KEYS[3], 'funds', price)
    redis.call('hincrby', KEYS[2], 'funds', -price)
    redis.call('sadd', KEYS[4], ARGV[2])
    redis.call('zrem', KEYS[1], ARGV[1])

    return true
end
''')
```

准备好执行 Lua 脚本所需的全部键和参数。

获取商品的价格以及买家可用的钱数。

如果商品仍在销售，并且买家也有足够的钱，那么对商品和钱进行相应的转移。

返回真值表示购买操作执行成功。

对比两个版本的商品购买函数可以发现，Lua 版本的商品购买函数的代码明显更容易理解，并且因为 Lua 版本的商品购买函数无须为了实现一次购买操作而进行多次通信往返（加锁、获取商品价格并检查买家的钱数，然后执行购买操作，最后释放锁），所以它的执行速度要明显快于第 6 章中使用细粒度锁实现的商品购买函数，而我们接下来要弄清楚的就是这两个版本之间的性能差距到底有多大。

练习：使用 Lua 重写商品上架操作

为了进行性能测试，本节使用 Lua 脚本重写了商品购买函数，请你使用 Lua 脚本对 4.4.2 节中介绍的商品上架（item-listing）函数进行重写。提示：本章附带的源码文件里面包含了这一练习的答案，并且本书每个章节对应的源码文件里面也包含了章节中出现过的大部分练习的答案。

本节在正文中给出了使用 Lua 重写的商品购买函数，如果你完成了上面的练习，那么应该也拥有了使用 Lua 重写的商品上架函数。为了对比商品购买操作的 WATCH/MULTI/EXEC 事务版本、粗粒度锁版本和细粒度锁版本这 3 种不同版本的性能，本书曾在 6.2.4 节的末尾进行过一些性能测试。通过使用 5 个进程运行 Lua 版本的商品上架函数，并使用 5 个进程运行 Lua 版本的商品购买函数，然后重新进行性能测试，我们得到了表 11-4 所示的结果。

表 11-4 对比商品买卖程序的 Lua 版本、无锁版本、粗粒度锁版本和细粒度版本这 4 个版本在 60 秒内的性能

	上架商品数量	买入商品数量	购买重试次数	每次购买的平均等待时间
5 个卖家，5 个买家，使用 WATCH	206 000	<600	161 000	498 ms
5 个卖家，5 个买家，使用锁	21 000	20 500	0	14 ms
5 个卖家，5 个买家，使用细粒度锁	116 000	111 000	0	<3 ms
5 个卖家，5 个买家，使用 Lua 脚本	505 000	480 000	0	<1 ms

跟其他使用 Lua 进行重写的程序一样，使用 Lua 重写的商品买卖程序也获得了非常大的性能提升。正如表中展示的测试结果所示，Lua 版本的商品上架函数和商品购买函数的性能比细粒度锁版本提高了 4.25 倍以上，并且购买操作执行时的延迟值低于 1 毫秒（实际的延迟值一直徘徊在 0.61 毫秒左右）。通过这个表，我们可以看出使用 Lua 脚本获得的性能优势最大，之后依次是细粒度锁、粗粒度锁以及 WATCH/MULTI/EXEC 事务。虽然 Lua 脚本可以提供巨大的性能优势，并且能在一些情况下大幅地简化代码，但是我们也要记住，运行在 Redis 内部的 Lua 脚本只能访问位于 Lua 脚本之内或者 Redis 数据库之内的数据，而锁或 WATCH/MULTI/EXEC 事务并没有这一限制。

在了解了使用 Lua 脚本带来的巨大的性能提升之后，接下来的例子将向我们展示如何使用 Lua 脚本来降低内存占用。

11.4 使用 Lua 对列表进行分片

9.2 节和 9.3 节中介绍了对散列、集合以及字符串进行分片从而降低内存占用的方法。而 10.3 节中则介绍了如何对有序集合进行分片，使得搜索索引的大小可以不受单台机器内存大小的限制，并提升搜索操作的执行性能。

为了兑现 9.2 节中许下的承诺，本节将创建一种分片列表表示，并使用它去降低长度较大的列表的内存占用。这个分片列表支持对列表两端进行推入操作，以及阻塞和非阻塞的弹出操作。

在实现分片列表的各项操作之前，让我们先来看一看分片列表的构成方式。

11.4.1 分片列表的构成

为了能够对分片列表的两端执行推入操作和弹出操作，程序在构建分片列表时除了需要存储组成列表的各个分片之外，还需要记录列表第一个分片的 ID 以及最后一个分片的 ID。

为了记录分片列表的第一个分片和最后一个分片，程序会将这两个分片的 ID 分别存储到名为<listname>:first 和<listname>:last 的 Redis 字符串里面。当分片列表为空时，这两

个字符串存储的分片 ID 将是相同的。图 11-1 展示了程序是如何记录第一个分片和最后一个分片的 ID 的。

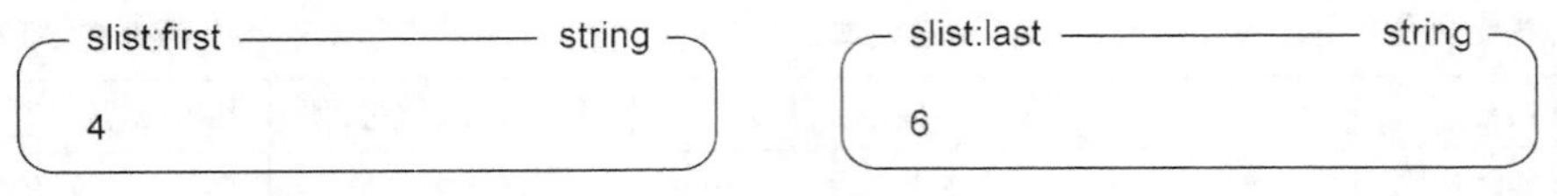

图 11-1 分片列表的第一个分片和最后一个分片的 ID

另一方面，组成分片列表的每个分片都会被命名为<listname>:<shardid>，并按顺序进行分配。具体来说，如果程序总是从左端弹出元素，并从右端推入元素，那么最后一个分片的索引就会逐渐增大，并且新分片的 ID 也会变得越来越大。与此类似，如果程序总是从右端弹出元素，并从左端推入元素，那么第一个分片的索引就会逐渐减少，并且新分片的 ID 也会变得越来越小。图 11-2 展示了一个由数个分片组成的分片列表示例。

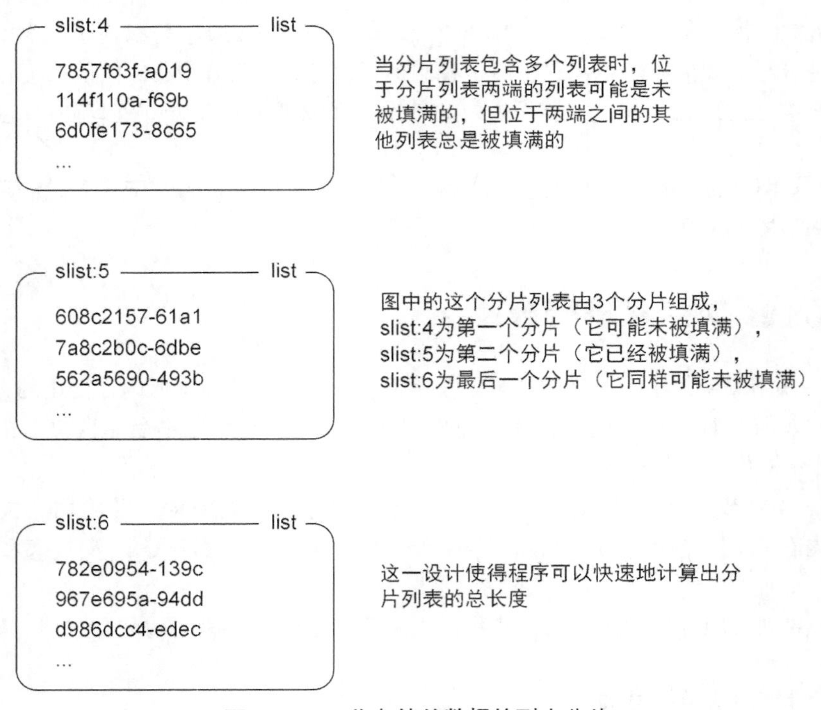

图 11-2 一些存储着数据的列表分片

分片列表的构成方式并不复杂，它要做的就是将单个列表分割成多个部分，并记录第一个分片和最后一个分片的 ID。接下来的内容将介绍为这个分片列表实现各种推入和弹出操作的具体方法。

11.4.2　将元素推入分片列表

分片列表要执行的最简单的操作，就是将元素推入分片列表的两端。由于阻塞弹出操作的运作方式在 Redis 2.6 里出现了一些细小的语义变化，所以我们必须使用一些措施来确保程序不会不小心地让分片的元素数量超出了限制，具体的方法稍后在介绍弹出操作的实现代码时就会讲到。

在将元素推入分片列表之前，程序需要将数据分拆成块（chunk）以便进行发送。这是因为程序在向分片列表发送数据的时候，虽然可以知道列表的总容量，但它并不清楚是否有客户端正在对列表执行阻塞弹出操作[①]，因此用户在推入大量元素的时候，程序可能会需要进行多次数据发送操作。

在此之后，程序会将准备好的数据传送给底层的 Lua 脚本，而 Lua 脚本则会找到列表的第一个分片或最后一个分片，并将元素推入分片对应的列表里面，直到列表被填满为止。当推入操作执行完毕之后，它会返回被推入元素的数量。代码清单 11-14 展示了对分片列表两端执行推入操作所需的 Python 代码和 Lua 代码。

代码清单 11-14　将元素推入分片列表里面的函数

```
def sharded_push_helper(conn, key, *items, **kwargs):
    items = list(items)
    total = 0
    while items:
        pushed = sharded_push_lua(conn,
            [key+':', key+':first', key+':last'],
            [kwargs['cmd']] + items[:64])
        total += pushed
        del items[:pushed]
    return total

def sharded_lpush(conn, key, *items):
    return sharded_push_helper(conn, key, *items, cmd='lpush')

def sharded_rpush(conn, key, *items):
    return sharded_push_helper(conn, key, *items, cmd='rpush')

sharded_push_lua = script_load('''
local max = tonumber(redis.call(
    'config', 'get', 'list-max-ziplist-entries')[2])
if #ARGV < 2 or max < 2 then return 0 end

local skey = ARGV[1] == 'lpush' and KEYS[2] or KEYS[3]
local shard = redis.call('get', skey) or '0'

while 1 do
    local current = tonumber(redis.call('llen', KEYS[1]..shard))
```

……通过调用 Lua 脚本，把元素推入分片列表里面。

把元素组成的序列转换成列表。

仍然有元素需要推入时……

这个程序目前每次最多只会推入 64 个元素，读者可以根据自己的压缩列表最大长度来调整这个数值。

计算被推入的元素数量。

移除那些已经被推入分片列表里面的元素。

返回被推入元素的总数量。

调用 sharded_push_helper() 函数，并通过指定的参数告诉它应该执行左端推入操作还是右端推入操作。

确定每个列表分片的最大长度。

如果没有元素需要进行推入，又或者压缩列表的最大长度太小，那么返回 0。

弄清楚程序要对列表的左端还是右端进行推入，然后取得那一端对应的分片。

取得分片的当前长度。

① 在旧版 Redis 里面，向一个造成客户端阻塞的列表执行推入操作，将导致被推入的元素立即被弹出，而随后执行的 LLEN 命令返回的是列表在将元素发送给被阻塞客户端之后的长度。但是从 Redis 2.6 开始，这一情况就发生了改变——阻塞弹出操作将在当前命令完成之后再执行。这也就是说，阻塞弹出操作将在当前 Lua 调用执行完毕之后再进行处理。

```
            local topush = math.min(#ARGV - 1, max - current - 1)
            if topush > 0 then
                redis.call(ARGV[1], KEYS[1]..shard, unpack(ARGV, 2, topush+1))
                return topush
            end
            shard = redis.call(ARGV[1] == 'lpush' and 'decr' or 'incr', skey)
        end
        ''')
```

计算出在不超过限制的情况下，可以将多少个元素推入目前的列表里面。此外，在列表里面保留一个节点的空间以便处理之后可能发生的阻塞弹出操作。

在条件允许的情况下，向列表推入尽可能多的元素。

否则，生成一个新的分片并继续进行未完成的推入工作。

正如之前所说，因为程序无法知道是否有客户端正在被弹出操作所阻塞，所以它每次最多只能推入 64 个元素，而不是一次把所有元素都推入列表里面。读者也可以根据自己的压缩列表最大长度来增加或者减少每次推入元素的数量。

这个分片列表实现的限制 本章在前面曾经说过，为了让 Redis 集群可以正确地对分片数据库的各个键进行检查，用户需要将所有需要进行读取或者修改的键都记录到脚本的 KEYS 参数里面。但是，因为这个分片列表实现无法预先知道元素会被推入哪个分片里面，所以它无法满足以上提到的要求。受此影响，本节介绍的分片列表实现实际上只能在单个 Redis 服务器上面使用，它无法被应用到多台服务器上面。

为了在一个分片被填满的情况下，将剩余的元素继续推入下一个分片，分片推入操作在内部使用了一个循环。因为脚本运行期间不会有其他命令被执行，所以这个循环最多只会进行两次：第一次是察觉到最初的分片已经被填满的时候，而第二次则是将元素推入新生成的空分片里面的时候。

练习：计算分片列表的长度

在了解了如何创建分片列表之后，能够知道分片列表的长度将是非常有用的，当我们需要使用分片列表去存储大量元素的时候，更是如此。请分别以使用 Lua 脚本和不使用 Lua 脚本两种方式，写出能够返回分片列表长度的函数。

接下来我们要实现的是分片列表的弹出操作。

11.4.3 从分片里面弹出元素

从技术上来讲，实现分片列表的弹出操作实际上并不需要用到 Lua 脚本，因为使用 WATCH/MULTI/EXEC 事务已经足以保证弹出操作的正确性了。但正如我们之前所说，当事务冲突频繁出现的时候，WATCH/MULTI/EXEC 事务的执行速度将变得非常缓慢，而对于一个需要进行分片的长列表来说，这种情况是必然会出现的。

为了使用 Lua 脚本实现分片列表的非阻塞弹出操作，程序需要找到位于列表一端的分片，然后在分片非空的情况下，从分片里面弹出一个元素，如果列表在执行弹出操作之后不再包含任何元素，那么程序就对记录着列表端分片信息的字符串键进行修改，如代码清单 11-15 所示。

代码清单 11-15　负责从分片列表里面弹出元素的 Lua 脚本

```
def sharded_lpop(conn, key):
    return sharded_list_pop_lua(
        conn, [key+':', key+':first', key+':last'], ['lpop'])

def sharded_rpop(conn, key):
    return sharded_list_pop_lua(
        conn, [key+':', key+':first', key+':last'], ['rpop'])

sharded_list_pop_lua = script_load('''
local skey = ARGV[1] == 'lpop' and KEYS[2] or KEYS[3]
local okey = ARGV[1] ~= 'lpop' and KEYS[2] or KEYS[3]
local shard = redis.call('get', skey) or '0'

local ret = redis.call(ARGV[1], KEYS[1]..shard)
if not ret or redis.call('llen', KEYS[1]..shard) == '0' then
    local oshard = redis.call('get', okey) or '0'

    if shard == oshard then
        return ret
    end

    local cmd = ARGV[1] == 'lpop' and 'incr' or 'decr'

    shard = redis.call(cmd, skey)
    if not ret then
        ret = redis.call(ARGV[1], KEYS[1]..shard)
    end
end
return ret
''')
```

找到需要执行弹出操作的分片。

找到不需要执行弹出操作的分片。

获取需要执行弹出操作的分片的 ID。

从分片对应的列表里面弹出一个元素。

获取不需要执行弹出操作的分片的 ID。

如果程序因为分片为空而没有得到弹出元素，又或者弹出操作使得分片变空了，那么对分片端点进行清理。

如果分片列表的两端相同，那么说明它已经不包含任何元素，操作执行完毕。

根据被弹出的元素来自列表的左端还是右端，决定应该增加还是减少分片的 ID。

调整分片的端点（endpoint）。

如果之前没有取得弹出元素，那么尝试对新分片进行弹出。

在对分片列表执行元素弹出操作的时候，弹出程序可能会碰到当前列表端分片为空的情况，这时程序就需要进行判断，看是否仅仅只是当前的列表端分片为空，还是说整个分片列表都为空。在只是列表端分片为空的情况下，程序将对列表端分片的位置进行调整，然后再次尝试从正确的分片里面弹出元素，前面展示的代码就是这样做的。

我们最后要实现的分片列表 API 将是阻塞弹出操作。

11.4.4　对分片列表执行阻塞弹出操作

前面的内容介绍了将元素推入分片列表两端的方法以及从分片列表两端弹出元素的方法，如果读者完成了之前的练习的话，那么可能还知道了计算分片列表长度的方法。在这一节中，我们将学习对分片列表两端执行阻塞弹出操作的方法。本书前面的章节曾经使用列表阻塞弹出操作去实现消息传递和任务队列，并且这些阻塞弹出操作还可以用于其他用途。

因为Lua脚本和WATCH/MULTI/EXEC事务目前提供的语义和命令在某些情况下还是可能会产生不正确的数据，所以在不需要实际地阻塞客户端并且等待请求的情况下，程序应该尽可能地使用分片列表的非阻塞操作。虽然 Lua 脚本和 WATCH/MULTI/EXEC 事务出错的情况并不常见，并且我们也会采取一些措施来防止这些情况发生，但每个系统都有它们各自的局限性。

实现阻塞弹出操作需要用到一些小把戏。首先，程序会在一个给定的时限里面，尝试通过执行非阻塞弹出操作来获得元素。如果这一方法成功，那么操作就此完成。如果这个方法未能成功地取得元素，那么程序将不断地循环执行指定的几个步骤，直到取得元素或者用户指定的时限到达为止。

在程序要执行的一系列操作当中，最先执行的就是非阻塞弹出命令。如果这个命令未能取得弹出元素，那么程序就会获取第一个分片和最后一个分片的 ID。如果两个分片的 ID 相同，那么程序将对这个分片 ID 执行阻塞弹出操作。

因为通信往返带来的延迟，在程序获取分片列表端点之后，直到程序尝试对端分片执行弹出操作之前的这段时间里面，列表的端点可能已经发生了变化。为了解决这个问题，程序在执行阻塞弹出操作之前，会先发送一个被流水线包裹的 EVAL 脚本调用。这个脚本会检查程序是否在尝试从正确的列表里面弹出元素，如果是的话，那么脚本将不做任何操作，而之后执行的阻塞弹出操作也会正确地执行。但如果程序执行的弹出操作针对的是错误的列表，那么脚本将向那个列表推入一个额外的“伪元素”（dummy item），而这个元素将被随后执行的阻塞弹出操作弹出。

在 Lua 脚本被执行和阻塞弹出操作被执行之间的这段时间里面，存在着一个潜在的竞争条件：如果有客户端在 Lua 脚本被执行之后，阻塞弹出操作被执行之前，对同一个分片执行了推入操作或者弹出操作，那么程序得到的将是不正确的数据（另一个执行弹出操作的客户端将取得脚本推入的伪元素），这也可能会导致客户端被阻塞在错误的分片上面。

> **不使用"MULTI"/"EXEC"事务的原因** 前面的很多章节都使用了 MULTI/EXEC 事务作为消除竞争条件的手段，我们这次之所以没有使用 WATCH/MULTI/EXEC 来保护相关的数据，并将 BLPOP 或者 BRPOP 用作执行 EXEC 之前的最后一个命令，是因为被 MULTI/EXEC 包围的 BLPOP 命令或者 BRPOP 命令在遇上空列表的时候，会因为事务不允许其他客户端执行命令的原因而导致服务器一直处于被阻塞的状态。为了防止这个错误出现，客户端会把 MULTI/EXEC 包围的 BLPOP 或 BRPOP 替换成它们的非阻塞版本 LPOP 或 RPOP（除非用户给弹出操作设置了多个列表作为弹出来源）。

为了防止程序被阻塞在错误的分片上面，尽管我们的程序允许用户进行无限时间的阻塞，但它实际上每次只会阻塞 1 秒。另外，为了解决阻塞弹出操作取得的数据并非来自列表端分片的问题，程序会基于以下假设进行操作：如果数据在两个非事务流水线调用之间到达，那么程序就认为这一数据是正确的。代码清单 11-16 展示了阻塞弹出操作的实现函数。

代码清单 11-16 对分片列表执行阻塞弹出操作的函数

预先定义好的伪元素，读者也可以按自己的需要，把这个伪元素替换成某个不可能出现在分片列表里面的值。

定义一个辅助函数，这个函数会为左端阻塞弹出操作以及右端阻塞弹出操作执行实际的弹出动作。

准备好流水线对象和超时信息。

取得程序认为需要对其执行弹出操作的分片。

尝试执行一次非阻塞弹出，如果这个操作成功取得了一个弹出值，并且这个值并不是伪元素，那么返回这个值。

运行Lua脚本辅助程序，它会在程序尝试从错误的分片里面弹出元素的时候，将一个伪元素推入那个分片里面。

因为程序不能在流水线里面执行一个可能会失败的 EVALSHA 调用，所以这里需要使用 force_eval 参数，确保程序调用的是 EVAL 命令而不是 EVALSHA 命令。

使用用户传入的 BLPOP 命令或 BRPOP 命令，对列表执行阻塞弹出操作。

如果命令返回了一个元素，那么程序执行完毕；否则的话，进行重试。

```
DUMMY = str(uuid.uuid4())

def sharded_bpop_helper(conn, key, timeout, pop, bpop, endp, push):
    pipe = conn.pipeline(False)
    timeout = max(timeout, 0) or 2**64
    end = time.time() + timeout

    while time.time() < end:
        result = pop(conn, key)
        if result not in (None, DUMMY):
            return result

        shard = conn.get(key + endp) or '0'
        sharded_bpop_helper_lua(pipe, [key + ':', key + endp],
            [shard, push, DUMMY], force_eval=True)
        getattr(pipe, bpop)(key + ':' + shard, 1)

        result = (pipe.execute()[-1] or [None])[-1]
        if result not in (None, DUMMY):
            return result
```

这些函数负责调用底层的阻塞弹出操作。

```
def sharded_blpop(conn, key, timeout=0):
    return sharded_bpop_helper(
        conn, key, timeout, sharded_lpop, 'blpop', ':first', 'lpush')

def sharded_brpop(conn, key, timeout=0):
    return sharded_bpop_helper(
        conn, key, timeout, sharded_rpop, 'brpop', ':last', 'rpush')
```

找到程序想要对其执行弹出操作的列表端，并取得这个列表端对应的分片。

如果程序接下来要从错误的分片里面弹出元素，那么将伪元素推入那个分片里面。

```
sharded_bpop_helper_lua = script_load('''
local shard = redis.call('get', KEYS[2]) or '0'
if shard ~= ARGV[1] then
    redis.call(ARGV[2], KEYS[1]..ARGV[1], ARGV[3])
end
''')
```

为了让阻塞弹出操作能够实际地运作起来，程序使用了很多不同的组件，但这些组件基本上都可以分为 3 个部分。第一部分是一个辅助函数，它负责执行循环并尝试获取元素。在循环的内部，程序将调用第二部分，这个部分由一个 Lua 辅助函数以及一对阻塞函数组成，这些函数负责处理调用的阻塞部分。第三部分则是用户实际使用的 API，它们负责将所有正确的参数传递给辅助函数。

虽然分片列表的所有操作命令都可以使用 WATCH/MULTI/EXEC 事务来实现，但是由于这些列表操作不仅需要同时对多个键进行处理，还需要对一些事务相关的结构进行处理，所以当一定数量的事务冲突出现的时候，这种实现的可用性就会出现问题。对整个结构进行加锁只能在某种程度上减轻这个问题，只有使用 Lua 才能带来显著的性能提升。

11.5 小结

本章希望向读者传达这样一个概念：使用 Lua 脚本可以极大地提高性能，并对需要执行的操作进行大幅的简化。尽管 Redis 的脚本功能在分片环境下使用时，会出现一些锁或者 WATCH/MULTI/EXEC 事务所没有的限制，但是在大部分情况下，Lua 脚本都具有明显的优势。

恭喜你，你已经读完了本书的所有章节！接下来的附录将介绍在 3 个主流平台上面安装 Redis 的方法，以及各种有用的软件、函数库和文档的参考信息。

附录 A　快速安装指南

因为在不同平台上面安装 Redis 的难度和步骤都各不相同，所以这个附录将用 3 节分别介绍在 3 种常见的平台上安装 Redis 的方法，并说明安装并配置 Python 以及 Python 上面的 Redis 客户端库的方法，读者可以根据自己使用的平台来决定阅读哪一节。

A.1　在 Debian Linux 或者 Ubuntu Linux 上面安装 Redis 的方法

如果读者使用的是 Debian 衍生的 Linux 系统，那么第一个想法可能就是使用 `apt-get install redis-server` 命令来安装 Redis，但这种安装方法并不值得推荐，因为根据 Debian 或者 Ubuntu 版本的不同，这种安装方法有可能会让读者安装到旧版的 Redis。举个例子，在 Ubuntu 10.4 上面执行 `apt-get install redis-server` 命令，只会将 2010 年 3 月发布的 Redis 1.2.6 安装到系统上面，而本书介绍的很多命令都不能在这个旧版本上面执行。

为了避免这一问题，我们需要直接使用源码来编译并安装 Redis。本节首先介绍如何安装编译 Redis 所需的工具，然后再介绍下载、编译和安装 Redis 的方法。在成功运行 Redis 之后，本节会说明如何下载 Python 语言的 Redis 客户端库。

首先，执行代码清单 A-1 展示的命令，获取并安装 `make` 等一系列构建工具。

代码清单 A-1　在 Debian Linux 上面安装构建工具

```
~$ sudo apt-get update
~$ sudo apt-get install make gcc python-dev
```

如果读者的系统已经安装了所需的构建工具，那么上述命令会提示读者相应的工具已经安装过了。在构建工具安装完毕之后，读者需要执行以下操作。

（1）从 http://redis.io/download 下载最新的 stable 版本 Redis 源码。

（2）解压源码，编译、安装并启动 Redis。

（3）下载并安装 Python 语言的 Redis 客户端库。

代码清单 A-2 展示了前两个操作的执行过程。

代码清单 A-2 在 Linux 系统上安装 Redis

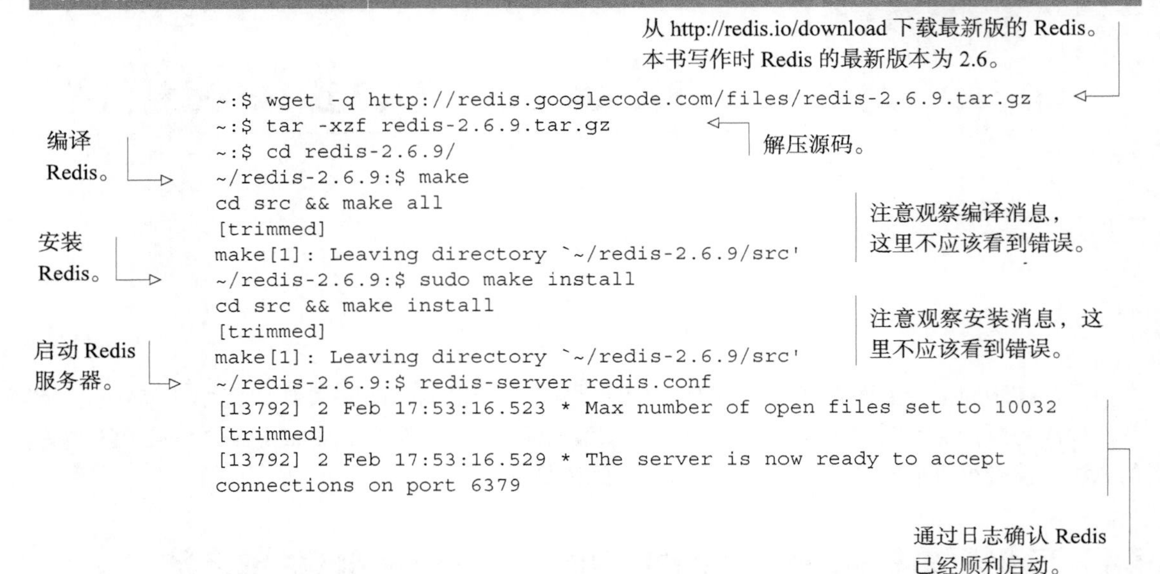

在安装并运行 Redis 之后，读者需要为 Python 语言安装 Redis 客户端库。因为最近几年发布的 Ubuntu 和 Debian 都预装了 Python 2.6 或者 2.7，所以读者并不需要花时间去安装 Python，不过为了更方便地下载和安装 Redis 客户端库，读者需要下载并安装一个名为 `setuptools` 的简单辅助包（simple helper package）[①]。代码清单 A-3 展示了为 Python 语言安装 Redis 客户端库的整个过程。

代码清单 A-3 在 Linux 上为 Python 语言安装 Redis 客户端库

```
~:$ wget -q http://peak.telecommunity.com/dist/ez_setup.py
~:$ sudo python ez_setup.py
Downloading http://pypi.python.org/packages/2.7/s/setuptools/...
[trimmed]
Finished processing dependencies for setuptools==0.6c11
~:$ sudo python -m easy_install redis hiredis
Searching for redis
[trimmed]
Finished processing dependencies for redis
```

下载 `ez_setup` 模块。

通过运行 `ez_setup` 模块来下载并安装 `setuptools`。

通过运行 `setuptools` 的 `easy_install` 包来安装 `redis` 包以及 `hiredis` 包。

`redis` 包为 Python 提供了一个连接至 Redis 的接口。

---

① 有经验的 Python 用户可能会问，为什么要安装 `setuptools` 而不是 `pip` 呢？（`pip` 是另一个用于安装 Python 库的软件包。）这是因为 `pip` 进行简易下载所需的 `virtualenv` 不在本书介绍的内容范围之内。

```
Searching for hiredis
[trimmed]
Finished processing dependencies for hiredis
~:$
```

hiredis 包是一个 C 库，它可以提高 Python 的 Redis 客户端库的速度。

在成功地安装 Python 的 Redis 客户端库之后，请跳到 A.4 节，按照该节介绍的步骤在 Python 里面对 Redis 进行测试，为之后在其他章节里面使用 Redis 做好准备。

A.2　在 OS X 上面安装 Redis 的方法

之前提到过，不同平台下载和安装 Redis 以及 Python 的 Redis 客户端库的方法也各不相同。这一节将讨论以下内容。

（1）在 OS X 系统上下载、安装和运行 Redis。

（2）为 Python 安装 Redis 客户端库。

在上一节中，我们推荐使用 Linux 系统的读者通过安装构建工具并编译源码的方式来获得可运行的 Redis 服务器程序。但是在 OS X 系统上面，Xcode 的安装步骤比较复杂，而且 Xcode 的体积比起 Linux 上面的构建工具的体积要大 10 多倍，光是下载 Xcode 就要花不少时间。因此，本节将介绍不需要用到编译器的 Redis 安装方法。

为了在不使用编译器的情况下，把 Redis 安装到 OS X 上面，我们需要用到一个名为 Rudix 的工具，这个工具可以直接以预编译二进制的形式安装各式各样的软件。

为了下载并安装 Rudix 和 Redis，请在 OS X 的应用程序工具栏里面找到终端程序，然后运行终端并按照代码清单 A-4 展示的步骤执行 Rudix 和 Redis 的安装操作。

代码清单 A-4　在 OS X 系统上安装 Redis

```
~:$ curl -O http://rudix.googlecode.com/hg/Ports/rudix/rudix.py
[trimmed]
~:$ sudo python rudix.py install rudix
Downloading rudix.googlecode.com/files/rudix-12.10-0.pkg
[trimmed]
installer: The install was successful.
All done
~:$ sudo rudix install redis
Downloading rudix.googlecode.com/files/redis-2.6.9-0.pkg
[trimmed]
installer: The install was successful.
All done
~:$ redis-server
[699] 6 Feb 21:18:09 # Warning: no config file specified, using the
default config. In order to specify a config file use 'redis-server
/path/to/redis.conf'
[699] 6 Feb 21:18:09 * Server started, Redis version 2.6.9
```

下载用于安装 Rudix 的引导脚本。

命令 Rudix 安装自身。

Rudix 下载并安装它自身。

命令 Rudix 安装 Redis。

Rudix 下载并安装 Redis。

启动 Redis 服务器。

Redis 使用默认配置启动并运行。

```
[699] 6 Feb 21:18:09 * The server is now ready to accept connections
on port 6379
[699] 6 Feb 21:18:09 - 0 clients connected (0 slaves), 922304 bytes
in use
```

在成功安装 Redis 之后，接下来就该为 Python 安装 Redis 客户端库了。因为 10.6 版本和 10.7 版本的 OS X 都预装了 Python 2.6 或者 Python 2.7，所以我们无须自己去安装 Python。因为 Redis 正在终端的其中一个标签里面运行，所以读者需要按 command + T 组合键，创建一个新的标签，然后按照代码清单 A-5 展示的步骤，在新标签里面执行安装 Redis 客户端库的操作。

代码清单 A-5 在 OS X 系统上为 Python 安装 Redis 客户端库

```
~:$ sudo rudix install pip
Downloading rudix.googlecode.com/files/pip-1.1-1.pkg
[trimmed]
installer: The install was successful.
All done
~:$ sudo pip install redis
Downloading/unpacking redis
[trimmed]
Cleaning up...
~:$
```

通过 Rudix 安装名为 pip 的 Python 包管理器。

Rudix 正在安装 pip。

现在可以使用 pip 来为 Python 安装 Redis 客户端库了。

Pip 正在为 Python 安装 Redis 客户端库。

如果读者把这个附录介绍的在 Linux 和 Windows 上面安装 Redis 的方法也看了的话，就会发现另外两节都是使用 setuptools 的 easy_install 方法来安装 Redis 客户端库的，只有本节使用的是 pip。这是因为 Rudix 提供了 pip 的安装包而没有提供 setuptools 的安装包，因此首先安装 pip，然后使用 pip 来为 Python 安装 Redis 客户端库，要比手动下载并安装 setuptools 简单得多。

另外，如果读者把这个附录介绍的在 Linux 上面安装 Redis 的方法也看了的话，就会发现在 Linux 上面安装 Redis 客户端的时候，我们把 hiredis 这个辅助库也安装上了，但是在 OS X 上面我们却没有这么做。这么做的原因和之前没有使用编译方法来安装 Redis 的原因一样——因为不确定读者是否已经安装了 Xcode，所以我们只能基于已有的软件来执行安装操作。

现在读者已经成功地为 Python 安装了 Redis 客户端库，接下来可以跳到 A.4 节，学习如何在 Python 里面操作 Redis 了。

A.3 在 Windows 上安装 Redis 的方法

在学习如何在 Windows 上面安装 Redis 之前，读者需要知道，因为种种原因，在 Windows 上面运行 Redis 并不值得推荐。本节将介绍以下内容。

- 不推荐在 Windows 上面运行 Redis 的原因。
- 如何下载、安装并运行预编译的 Windows 二进制程序。
- 如何在 Windows 系统上下载并安装 Python。
- 如何安装 Redis 客户端库。

先来解释一下，为什么读者不应该在 Windows 系统上运行 Redis。

A.3.1 在 Windows 系统上运行 Redis 的弊端

Redis 在将数据库持久化到硬盘的时候，需要用到 `fork` 系统调用，而 Windows 并不支持这个调用。在缺少 `fork` 调用的情况下，Redis 在执行持久化操作期间就只能够阻塞所有客户端，直到持久化操作执行完毕为止。

微软的一些工程师最近花了不少时间来解决 Windows 版的 Redis 无法进行后台保存操作的问题，并决定使用线程代替 `fork` 产生的子进程来对硬盘执行写操作。在写这篇文章的时候，微软开发了 Redis 2.6 的一个 alpha 分支，但是这个分支只提供了源码而没有提供预编译二进制文件，并且微软不保证它能否用于生产环境。

在最近一段时间，由 Dusan Majkic 创建的非官方移植版 Redis 提供了 Redis 2.4.5 的预编译二进制文件，但这个版本也会在执行持久化操作时阻塞客户端。

在 Windows 上面自行编译 Redis 如果读者需要在 Windows 上面使用最新版本的 Redis，那么只能够自己来编译 Redis 了。编译 Redis 的最好选择是使用微软官方的移植版本，而编译这个版本需要用到微软的 Visual Studio，或者免费的 Visual Studio Express 2010。如果读者决定自己编译 Redis 的话，那么请注意，除了开发和测试之外，微软对这个移植版 Redis 的健壮性不做任何保证。

在了解了 Windows 版本的 Redis 的现状之后，如果读者还是想要在 Windows 上面安装 Redis 的话，那么就请看接下来介绍的安装方法吧。

A.3.2 在 Windows 上安装 Redis

首先，访问 Dusan Majkic 的 GitHub 页面，根据你正在使用的 Windows 版本，下载适用于 32 位系统或者 64 位系统的预编译 Redis。

在下载完成之后，从下载所得的 zip 文件里面解压出可执行的文件。因为 Windows XP 或以上版本的 Windows 都预装了解压 zip 文件所需的软件，所以如果你使用的是 Windows XP 或者以上版本的 Windows 系统，那么就可以在不安装其他软件的情况下，解压下载所得的 zip 文件。在将 32 位或者 64 位的 Redis 解压到指定的位置之后，只要双击 `redis-server` 这个可执行文件就可以启动 Redis 服务器（记住，64 位的 Windows 可以执行 32 位或者 64 位的 Redis，但是 32 位的 Windows 只能执行 32 位的 Redis）。在 Redis 启动之后，你应该会看到类似图 A-1 所展示的窗口。

在成功地运行 Redis 之后，接下来要做的就是安装 Python 了。

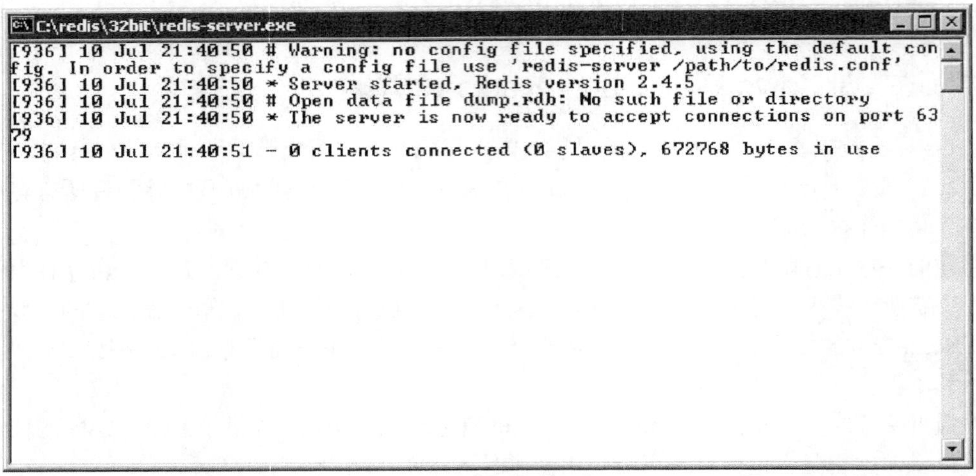

```
C:\redis\32bit\redis-server.exe
[936] 10 Jul 21:40:50 # Warning: no config file specified, using the default con
fig. In order to specify a config file use 'redis-server /path/to/redis.conf'
[936] 10 Jul 21:40:50 * Server started, Redis version 2.4.5
[936] 10 Jul 21:40:50 # Open data file dump.rdb: No such file or directory
[936] 10 Jul 21:40:50 * The server is now ready to accept connections on port 63
79
[936] 10 Jul 21:40:51 - 0 clients connected (0 slaves), 672768 bytes in use
```

图 A-1　在 Windows 上运行 Redis

A.3.3　在 Windows 上安装 Python

如果你还没有在系统上安装 Python 2.6 或者 Python 2.7，那么最好下载 Python 2.7 的最新版本，因为这是 Redis 客户端支持的最新版 Python。首先访问 Python 官方网站的下载页面，选择 Windows 可用的 2.7 系列的最新版本，然后根据你的系统下载 32 位或者 64 位的版本。下载完成之后，通过双击下载所得的.msi 文件来进行安装。

在默认情况下，Python 2.7 将被安装到 C:\Python27\文件夹。接下来要做的就是为 Python 安装 Redis 客户端库。注意：如果你使用的是 Python 2.6，那么每次书本引用位置 Python27 的时候，你都需要将 Python27 替换成 Python26。

为了安装 Redis 客户端库，我们首先需要通过命令行来安装 `setuptools` 包，然后再通过 `setuptools` 包安装 `easy_install` 工具。首先，单击 Windows 菜单栏上的“开始”按钮，在“附件”程序组里面找到“命令提示符”，然后单击并打开命令提示符程序。在打开命令提示符程序之后，按照代码清单 A-6 展示的操作，依次下载并安装 `setuptools` 和 Redis 客户端库。

代码清单 A-6　在 Windows 上为 Python 安装 Redis 客户端库

```
C:\Users\josiah>c:\python27\python
Python 2.7.3 (default, Apr 10 2012, 23:31:26) [MSC v.1500 32 bit...
Type "help", "copyright", "credits" or "license" for more information.
>>> from urllib import urlopen
>>> data = urlopen('http://peak.telecommunity.com/dist/ez_setup.py')
```

以交互模式启动Python。

从 `urllib` 模块里面载入 `urlopen` 工厂函数。

获取一个能够帮助你安装其他包的模块。

```
>>> open('ez_setup.py', 'wb').write(data.read())
>>> exit()

C:\Users\josiah>c:\python27\python ez_setup.py
Downloading http://pypi.python.org/packages/2.7/s/setuptools/...
[trimmed]
Finished processing dependencies for setuptools==0.6c11

C:\Users\josiah>c:\python27\python -m easy_install redis
Searching for redis
[trimmed]
Finished processing dependencies for redis
C:\Users\josiah>
```

将下载后的模块写入硬盘文件里。

通过执行内置的exit()函数来退出Python解释器。

运行ez_setup辅助模块。

ez_setup 辅助模块会下载并安装 setuptools，而 setuptools 可以方便地下载并安装 Redis 客户端库。

使用 setuptools 的 easy_install 模块来下载并安装 Redis。

现在你已经成功地安装了 Python 以及 Redis 客户端库了，请接着阅读 A.4 节，学习如何在 Python 里面使用 Redis。

A.4 Redis，你好！

在安装了 Redis 之后，读者还需要确保 Python 有合适的库可以访问 Redis。如果你是遵照之前说明的步骤来执行安装操作的话，那么你现在应该还打开着一个命令提示符窗口（如果你已经关闭了那个窗口的话，那么请重新打开一个），请在那个命令提示符窗口运行 Python，并按照代码清单 A-7 展示的步骤，在 Python 控制台里面尝试连接 Redis 并发送几个命令。

代码清单 A-7　使用 Python 来测试 Redis

```
~:$ python
Python 2.6.5 (r265:79063, Apr 16 2010, 13:09:56)
[GCC 4.4.3] on linux2
Type "help", "copyright", "credits" or "license" for more information.
>>> import redis
>>> conn = redis.Redis()
>>> conn.set('hello', 'world')
True
>>> conn.get('hello')
'world'
```

启动 Python，并使用它来验证 Redis 的各项功能是否正常。

导入 Redis 客户端库，如果系统已经安装了 hiredis 这个 C 加速库的话，那么 Redis 客户端库会自动使用 hiredis。

创建一个指向 Redis 的连接。

设置一个值，然后通过获取返回值来判断设置操作是否执行成功。

获取刚刚设置的值。

以其他方式运行 Python　除了在终端里面运行 Python 之外，还有很多各式各样功能丰富的 Python 控制台可以供我们使用。比如 Windows 和 OS X 上的 Python 都附带了一个名为 Idle 的软件（Linux 用户也可以通过安装 idle-python2.6 或者 idle-python2.7 来获得这个软件），只要在命令行中输入 python -m idlelib.idle 就可以启动它。Idle 是一个相当基础的编辑器兼控制台，适合于那些刚开始学习编程的人使用，而另外一些人则喜欢使用提供了丰富功能的 IPython 作为 Python 的控制台，你可以根据自己的实际情况来选择合适的软件。

OS X 和 Windows 的 Redis 目前 Windows 和 OS X 使用的预编译 Redis 都是 2.4 版本的。因为本书在某些章节里面会用到 Redis 2.6 或者之后的版本才支持的新特性，所以如果你发现书中的程序不能正常运作，并且你使用的是 Redis 2.4，那么有可能这些程序里面用到了 Redis 2.6 才有的新特性。本书第 3 章列举了一些需要用到新特性的例子。

配置 Redis 在默认情况下，Redis 会根据配置使用快照持久化或者 AOF 持久化来保存数据，直到客户端发送 `SHUTDOWN` 命令为止。如果用户在启动 Redis 时没有指定持久化文件的保存位置，那么持久化文件将会被保存到 Redis 启动时所使用的路径上面。改变持久化文件的保存路径需要对 `redis.conf` 文件进行修改，并根据你的平台选用合适的系统启动脚本，另外别忘了把已有的持久化文件移动到配置指定的路径上面。关于配置 Redis 的更多消息可以参考本书的第 4 章。

hiredis 在非 Linux 平台上是否可用？ 正在使用 Windows 系统或者 OS X 系统，但是阅读了 Debian/Ubuntu 安装步骤的读者可能会发现，在 Linux 系统上，我们为 Python 安装了一个名为 `hiredis` 的库，这个库是一个加速器，它可以将处理协议的工作交给一个 C 库来完成。尽管这个库可以在 Windows 和 OS X 上进行编译，但网上很少有人会提供这个库的二进制版本，所以如果读者想要在 Windows 或者 OS X 上编译并使用 `hiredis` 的话，那么只能靠自己了。

本书的各个章节会时不时地使用 Python 控制台来展示如何与 Redis 进行交互，并在本书的正文中展示用 Python 编写的函数定义和可执行语句。在不使用 Python 控制台的情况下，我们假设那些在正文中展示的函数定义都位于一个 Python 模块里面。如果你以前从来没有使用过 Python，那么你应该阅读《Python 语言教程》的模块部分（http://docs.python.org/tutorial/modules.html）从开头直到 6.1.1 节中介绍的所有内容，了解模块的定义以及将模块当作脚本来执行的方法。

如果读者并不熟悉 Python，但是能够通过阅读语言文档和教程来了解一门语言的话，那么可以考虑完整地阅读一遍《Python 语言教程》(http://docs.python.org/tutorial/)。如果读者只对 Python 语法和语义中最重要的部分感兴趣，那么可以阅读教程的第 3 章到第 7 章，然后再读一下与生成器有关的 9.10 节和 9.11 节，因为本书会在好几个地方用到生成器。

现在你已经成功地启动了 Redis 以及 Python 解释器，如果你是从第 1 章的引用信息跳到这个附录的，那么现在你可以回过头去继续阅读第 1 章的后续内容了。

如果你在安装 Redis 或者 Python 的过程中遇到了困难，那么请到 Manning 的 *Redis in Action* 一书论坛上发布求助信息，或者查看已有的帖子，看看是否已经有人解决了你遇到的问题。

附录 B　其他资源和参考资料

前面的 11 章及附录 A 介绍了各式各样与 Redis 有关的主题。在使用 Redis 解决一个又一个问题的同时，本书也引入了一些读者可能不太熟悉的概念，并给出了这些概念的参考资料以便读者能够查找更多相关信息。

为了方便查找与本书介绍过的各个主题有关的软件、函数库、服务以及文档，这个附录综合了书中出现过的所有参考资料，并按照不同的主题对这些资料进行了分组。

B.1　提供帮助的论坛

如果读者在使用 Redis 或者阅读本书的过程中遇到困难的话，可以到以下论坛求助。

- https://groups.google.com/forum/#!forum/redis-db——Redis 论坛。
- http://www.manning-sandbox.com/forum.jspa?forumID=809——Manning 出版社专门为本书（Redis in Action）开设的论坛。

B.2　入门主题

以下资源对 Redis 的基本信息以及使用方法进行了介绍。

- http://redis.io/——Redis 的主网站。
- http://redis.io/commands——完整的 Redis 命令列表。
- http://redis.io/clients——Redis 的客户端列表。
- http://redis.io/documentation——这个页面列出了 Lua 脚本、发布与订阅、复制、持久化等特性的文档。
- http://github.com/dmajkic/redis/——Dusan Majkic 移植的 Windows 版 Redis。
- http://github.com/MSOpenTech/redis/——微软官方移植的 Windows 版 Redis。

以下资源对 Python 的基本信息以及使用方法进行了介绍。

- http://www.python.org/——Python 编程语言的主网站。
- http://docs.python.org/——Python 的文档主页。
- http://docs.python.org/tutorial/——适合 Python 初学者阅读的 Python 文档。
- http://docs.python.org/reference/——记录完整语法和语义细节的 Python 语言参考手册。
- http://mng.bz/TTKb——生成器表达式。
- http://mng.bz/I31v——Python 模块教程。
- http://mng.bz/9wXM——定义函数。
- http://mng.bz/q7eo——可变参数列表。
- http://mng.bz/1jLF——可变参数和关键字参数。
- http://mng.bz/0rmB——List 速构（comprehension）。
- http://mng.bz/uIdf——Python 生成器。
- http://mng.bz/1XMr——函数装饰器以及方法装饰器。

B.3 队列函数库以及一些其他用途的函数库

- http://celeryproject.org/——Python 编写的队列函数库，支持包括 Redis 在内的多种后端。
- https://github.com/josiahcarlson/rpqueue/——只使用 Redis 后端的 Python 队列函数库。
- https://github.com/resque/resque——使用 Ruby 编写的 Redis 队列函数库。
- http://www.rabbitmq.com/——队列服务器，支持多种编程语言。
- http://activemq.apache.org/——队列服务器，支持多种编程语言。
- https://github.com/Doist/bitmapist——强大的 Redis 分析函数库，支持位图分析（bitmap-enabled analytics）。

B.4 Redis 经验分享和相关文章

- http://mng.bz/UgAD——使用 Redis 字符串存储实时数据。
- http://mng.bz/X564——简单地总结了一些适合使用 Redis 来解决的问题，其中一部分问题在本书已经提到过了。
- http://mng.bz/oClc——讲述了 Craigslist 是如何对 Redis 进行数据分片的。
- http://mng.bz/4dgD——介绍了 Disqus 是怎样在生产环境中使用 Redis 的。
- http://mng.bz/L254——一个早期的例子，介绍了如何使用 Redis 的列表来存储过滤后的 Twitter 消息。